本书为农业农村部软科学研究项目"我国村庄变迁研究"（项目编号：2018040）研究成果；山东省高校科研计划（人文社科类）重点基金项目"传统文化育人与乡村振兴背景下的农圣文化理论体系建设研究"（项目编号：J18RZ018）研究成果；山东省艺术科学重点课题"传统文化与经济社会发展专项课题""《齐民要术》农学思想文化主体精神与当代价值研究"（项目编号：ZY201610119）延伸研究成果；山东省艺术科学重点课题"传统文化育人背景下的农圣文化理论体系建设研究"研究成果（项目编号：201806373）；"十三五"山东省高等学校人文社会科学研究基地农圣文化研究中心重点研究项目"农圣文化理论体系建设研究"成果（项目编号：2018NS001）。

农圣文化概论

李兴军 著

科学出版社

北 京

内 容 简 介

本书基于传统文化育人和乡村振兴战略双重背景，以农圣贾思勰及"中国古代农业百科全书"《齐民要术》为研究对象，联系当代"三农"经济发展，提出了"农圣文化"这一学术概念，并从精神、物质、社会等文化生产的三个维度，构建了农圣文化理论体系，分析了农圣文化产生的历史背景、社会条件，总结了农圣文化的特点，重点阐述了农圣文化理论价值体系的内涵、农圣文化十大主体精神及其当代价值，并剖析了农圣文化主体精神与社会主义核心价值观的关系，深入论析了农圣文化的文化渊源。

本书可供农学、历史学、传统文化等领域专业人士或社会人员阅读和参考。

图书在版编目（CIP）数据

农圣文化概论 / 李兴军著. —北京：科学出版社，2019.1
（农圣文化研究文库）
ISBN 978-7-03-059865-3

Ⅰ. ①农… Ⅱ. ①李… Ⅲ. ①农业史-文化史-概论-中国 Ⅳ. ①S-092

中国版本图书馆 CIP 数据核字（2018）第 265948 号

责任编辑：任晓刚 / 责任校对：韩 杨
责任印制：张 伟 / 封面设计：楠竹文化

科 学 出 版 社 出版
北京东黄城根北街 16 号
邮政编码：100717
http://www.sciencep.com

北京中石油彩色印刷有限责任公司 印刷

科学出版社发行 各地新华书店经销

*

2019 年 1 月第 一 版 开本：720×1000 B5
2019 年 1 月第一次印刷 印张：27 3/4
字数：430 000
定价：**98.00 元**

（如有印装质量问题，我社负责调换）

农圣文化研究文库

编辑委员会

学术指导专家

（按姓氏笔画排序）

目　　录

绪　　论

　　一方水土养育一方人，一方人创造、享用并延续一种生活状态，久而成习成俗，进而演变成为一种规范人们的行为、语言、心理的一种基本力量[①]，即所谓"百里不同俗，千里不同风"。从社会学意义上讲，这种生活状态和久而所成之俗即是一种文化。一国有一国之文化，一民族有一民族之文化，一地亦更有一地之文化。而一个国家、一个民族的强盛，除了经济因素外，总是以文化兴盛为支撑的，而毁掉一个民族、一个国家，最可怕的就是毁掉这一民族和国家的文化。这就是我们为什么要坚持发展文化事业，研究文化发展规律和特点，以及传承创新中华优秀传统文化的根本所在。在中华优秀传统文化育人和新时代中国特色社会主义乡村振兴双重背景下，如何挖掘、阐释、践行中华优秀传统文化，发挥中华优秀传统文化的育人功能，服务乡村振兴战略，提供坚实的文化支持，是时代之需，发展之需，也是凝聚人心，坚定"四个自信"，实现中华民族伟大复兴的重要理论探讨和实践。

　　一国之文化都是由多个或多种不同形态、不同特质、不同风格的地域文化，在适者生存的自然法则和求同存异的社会法则共同作用下，在长期的历史发展中不断融合、互补、积淀、凝练而成的。整个人类文明则是世界各国人民在不同时期、不同地域所创造的优秀文化成果的总和。相对于人类文明来说，各国人民所创造的优秀文化成果，就是以不同国家为单位的地域文化总和。就中华文明来说，56个民族所创造的、具有自己鲜明特色的优秀文化成果，就是中华民族共有的优秀地域文化总和。大至世界，小至一国、一省、一区、一地，无不显示出地域文化

---

① 钟敬文：《民俗学概论》，上海：上海文艺出版社，1998年，第2页。

的独特魅力和瑰丽多彩。追溯我国的历史文化传统，最关键的就是要传承创新好千百年来我们中华民族自己所创造的优秀传统文化，而这就要求我们在重视中华文明主流文化的同时，有必要对融入、丰富和壮大主流文化的地域文化作一些细致深入的研究，从而为乡村振兴、文化兴盛提供一些核心支撑。这是我们研究地域文化杰出代表——农圣文化的初衷。

研究地域文化，就必然要涉及该地域内的政治、经济、环境、民风民俗、代表人物、文化产品等关键元素。我们认为，地域文化的特色大多体现在当地民风民俗和老百姓生产生活的各个方面，纷繁芜杂，难以准确把握，除了检索当地的历史文献外，还必须进行实地考察和调查研究。此外，我们还可以从当地历史上知名人物那里得到相关信息，因为他们的思想、行为、业绩等不可避免地带有当地的某些特点，是我们研究地域文化不可多得的宝贵资料。另外，我们还可以从当地风俗，或者是有代表性的文化产品中得到有益启示，由点及面，进行关联性梳理研究。这是我们建立农圣文化理论价值体系的出发点和基本设想。

我国是一个崇尚圣贤的国度，作为我国传统文化的核心区，齐鲁大地更是一个圣贤辈出的"风水宝地"。我国又是一个以农业为主的发展中国家，农业始终是国民经济的重要基础。只要谈及中国古代农业科技发展，被誉为"中国古代农业百科全书"的《齐民要术》就无法绕开；而提到《齐民要术》，贾思勰又是必谈的。寿光市是农圣贾思勰的故里，作为历史上齐文化发展核心区的腹地，寿光不仅农业经济发达，而且文化发展受齐文化的影响，以贾思勰农学思想为价值核心，以《齐民要术》为重要内涵载体的农圣文化，是齐鲁文化乃至中华优秀传统文化的重要组成部分，更是潍坊（寿光）地域文化的杰出代表。我们认为，任何称得上"文化"的一切文明成果，因为其具有精神层面、物质层面、社会层面的价值内涵，从而体现出鲜明的文化特色，理所当然地会形成自身的理论价值体系。农圣文化作为中华优秀传统文化的一部分，自然也不例外。这是我们建立农圣文化理论价值体系的信心所在和基本逻辑。

传承创新农圣文化，特别是在乡村振兴的时代大背景下，如何推动农业全面升级、农村全面进步、农民全面发展，传承发展提升农耕文明，走乡村文化兴盛之路，从而培育文明乡风、良好家风、淳朴民风，提升包括全体农民在内的区域群众的精神风貌，我们认为，首先必须要建立农圣文化的理论价值体系，让人们知道什么是农圣文化？农圣文化有什么特点和当代价值？应当传承什么？创新什么？从而有的放矢，否则就会徒劳无功，或者得其皮毛而失之本真，只会停留在妄自尊大的自以为是，这是不负责任的。而研究农圣文化，农圣贾思勰本人及其作品《齐民要术》是根本，挖掘贾思勰农学思想内涵，探究《齐民要术》文本，从而梳理出其中有价值的东西，形成一种系统的、较完整的理论，应该说是打开农圣文化之门的不二法门，更是建立农圣文化理论价值体系必须面对和选择的首要材料。这是我们建立农圣文化理论价值体系的理论支点和基本思路。

既然我们探讨的是如何建立一种文化的理论价值体系，那么就必须对这种文化现象全面解读。首先，我们需要对其文化理论价值体系和逻辑建构有一个基本的思考和研究，即需要建立文化的理论框架体系。其次，我们必须对其中的关键因素有丰富的材料支持和理论提炼，即对人物的情况，包括其身世、思想、成就、文化作品等有一些基本的了解和把握。思想是行动的先导，因此其中的人物思想又最为关键。再次，作为一种文化类别和形式，文化的存在有其产生的条件和环境因素，也有其产生的根源，因此，又有必要对文化的源和流进行研究，为理论体系建设提供坚实的基石。最后，建立农圣文化的理论价值体系，我们认为至少有六个方面的工作必须开展。

第一，研究贾思勰本人。文化是由人所创造，并由人来使用、延续、创新、发展的，任何文化形式都与人有着不可割绝的直接联系。农圣文化就是以贾思勰的世俗荣誉"农圣"命名的，因此，贾思勰是农圣文化首要的关键元素。一定意义上讲，农圣文化就是以农圣贾思勰的思想精神为特色和主体的思想文化价值体系。毫无疑问，建立农圣文化理论价值体系就必须要研究贾思勰，同时还要研究贾思勰之所以成为"农圣"的原因及其相关信息，这对理解农圣文化的产生原因，构建农圣文化理论体系大有裨益，也是最基本的，不可视而不见。虽然贾思勰是"人以文传"，史籍上缺乏对他的详细记载，但只要我们有足够的信心和耐心，并循着一定轨迹、一定思路，结合相关历史文献、史物材料、诸家前贤和专家学者研究的散珠片玉，进行有益探索和梳理，就必定会有所收获。本书第二章第一、四节所论即是。

第二，研究贾思勰家族和其身边有联系的人。天、地、人和谐一体，向来是中国人自然观念下的系统思维特点，看似毫无联系的人、物、事，在中国人的眼里却总能发生一定联系。因此，仅仅对贾思勰个人开展单方面的研究是绝对不够的，尤其对一个缺乏权威记载的历史人物，就更加不够。我们还应当旁推侧敲、"观邻识友"、由脉及流，对其家族历史，以及其身边的朋友进行关联性研究，才有可能让贾思勰的形象更加饱满和丰富起来，也能为进一步了解其农学思想的形成逻辑和影响因素，提供有力的旁证和理论上的支持。本书第二章第二、三节所论即是。

第三，研究农圣贾思勰的著作《齐民要术》，梳理农圣文化价值体系的理论支点。任何文化都具有其固有的表现载体，并借此得以长足发展和繁荣昌盛。《齐民要术》是传承创新农圣文化唯一的客观载体，在没有发现贾思勰其他作品的前提下，甚至可以说，贾思勰的相关资料、农圣文化的基本内涵信息，以及农圣文化理论体系的建立，只能从《齐民要术》得来的证据最为可靠。此外，对《齐民要术》进行全面、系统、深入、反复、与时代紧密融合的研究，是打开农圣文化宝藏唯一的一把金钥匙，也是建立农圣文化理论价值体系唯一的源头活水。第三章所述内容皆是。

第四，明确农圣文化的基本内涵。一种文化理论体系的建设，必然要有属于该文化理论的基本内涵。而文化内涵的凝练，我们认为必须要有一个审慎严谨、客观公允的态度，必须对本文化体系架构有一个基本和清晰的认知，它既需要对本文化全面准确地把握，又需要与本文化内涵和特点相结合，还应该有时代性、发展性、综合性的考量。删繁就简，我们充分根据农圣文化的特点和《齐民要术》所蕴含的文化内涵的基本形态，试图从精神、物质、社会三个层面建立农圣文化理论的三大价值体系，并做了基本阐释。第四章全章所述内容皆是。

第五，凝练农圣文化的主体精神，阐明其当代价值。我们认为，一种文化是否具有生命力，关键看它是否具有适应社会发展、时代发展和群众需要的时代价值，而那些包括技术性内容在内的物质层面的文化内涵，包括民风民俗等在内的社会层面的文化内涵，往往因为时代的发展变化而不可避免的随之发生相应变化，得以传承者亦必有创新，此即所谓的与时俱进，反之，则因为其内涵与价值远远落后于时代发展而为历史所淘汰。

我们所侧重的是农圣文化精神层面的价值体系内涵研究，虽然离不开农史的基本范畴，但与一般专门的农史研究不同。这里面应当以贾思勰的农学思想和哲学思想为主，可喜的是不少专家学者已对此进行过专项或专门的研究，并且推出了大量研究成果，也取得了学界和社会的广泛认可。而我们不是单纯探讨贾思勰的农学思想或哲学思想，因为这些思想的学术性太强，属于形而上的东西，非专业人士大概难以把握，并且这些思想在农圣文化其他两大价值体系中也必然会有所涉及。因此，我们研究的重点是贾思勰农学思想与哲学思想的源点，或者姑且称之为贾思勰创作的原动力所在。换句话说，是什么原因促使贾思勰产生了这样的思想，并支撑他倾其毕生精力，完成这样一部举世闻名的农学巨著。故本书凝练并详述了农圣文化的十大主体精神，并结合时代发展，对其当代价值进行了简要分析，期望能为农圣文化的传承创新提供支持。第五章全章、第六章第三节所论内容即此。

第六，历史钩沉，找到农圣文化的源头，为农圣文化价值体系建设提供强有力的理论和史实支撑。无源之水不会长流，无根之木难以繁茂，任何一种文化，特别是具有强劲生命力的文化的发展都有其源头，正如唐代韩愈所言"根之茂者其实遂，膏之沃者其光晔"，农圣文化诞生于齐鲁大地之上的寿光市，对寿光人文历史进行一些必要的调查研究，对贾思勰生活的时代，甚至更早历史进行相关的挖掘，是探寻农圣文化之根的必要工作。如此而来，追溯历史，吹沙拂尘，一步步走向历史纵深之后，我们惊喜而又欣然地发现了农圣文化发展的生命轨迹：寿光地域文化（农圣文化）——齐鲁文化（齐文化）——东夷文化——中华优秀传统文化，这是回头看，是溯源；反之，这又何尝不是农圣文化的正态发展之路呢？也是对农圣文化顺中华传统文化之流而下的文化发展，是远望。这条完整的文化生态链与中华民族生生不息的发展脉络紧密关联，与中华优秀传统文化一脉相承。这样的发现让我们激动不已，也让我们对农圣文化理论价值体系建设充满了无限信心，对农圣文化的创造性转化、创新性发展，充满了希望。故有第六章第一、二节所论。

以上六条，既是我们认为建立农圣文化理论价值体系的关键所在，又是我们对本书内容的逻辑性梳理，权当按图索骥之"图"，至于能否获得农圣文化之真"骥"，笔者不敢偏爱妄度，更不敢自娱妄喜，谨奉之诸君尊前，以期能与诸位同道共研其旨，更待诸位方家斧正。此外，笔者附上《农圣文化概论》理论逻辑简图（图 0-1），以供读者了解本书论述脉络。

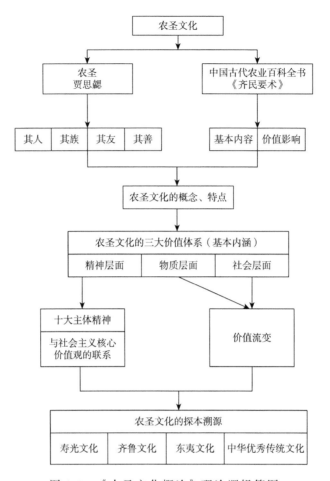

图 0-1 《农圣文化概论》理论逻辑简图

第一章　农圣故里

　　任何一种文化的形成，都具有其相应的背景和条件，而其中的地理条件、社会因素相对于地域文化来讲又是至关重要的。寿光是农圣贾思勰的故里，是一个"弥望皆平田息壤，无悬崖倒壑之观"①的平原地区，优越的地理条件，丰富的人文积淀，创造了寿光辉煌的文化积淀。一方水土养一方人，作为农圣文化的主体，农圣贾思勰就是这"一方人"之中的关键，而生之养之的"一方水土"就是农圣故里——山东省寿光市。这一结论在此首先提出虽显武断，但绝非妄言，也绝非先入为主式的前置误导。具体的原因和理由，我们会在后文有详细的研究结论支持。因为一个人的世界观、人生观和价值观的形成，与其出生、成长的环境和时代有着密不可分的联系，了解寿光人文历史和地理环境状况，对理解贾思勰农学思想形成之因是必不可少的，对理解贾思勰为什么是在寿光而不是其他什么地方写成《齐民要术》也是有所帮助的。

　　寿光市是山东省潍坊市下辖的一个县级市，地处山东半岛中北部，渤海莱州湾南畔，处于黄河三角洲高效生态经济区、胶东半岛高端产业聚集区、山东半岛蓝色经济开发区的叠加位置和关键节点，是中国最主要的蔬菜和全国三大重点盐业产区之一。寿光交通便利，公路、铁路、航空、港口俱全。全市总面积为2072平方千米。寿光市下辖14个镇（街道办事处），人口113.94万，是中国著名的蔬菜之乡、海盐之都、诗词之乡、民间文化之乡。

　　寿光市先后荣获中国优秀旅游城市、国家卫生城市、国家环保模范城市、全国文明城市、中国金融生态城市、中国改革10强县市和中国人居环境奖等省部级荣誉称号50多项。

---

① 康熙《寿光县志》序言，康熙三十七年（1698）刻本。

第一节　寿光地理概况

一、优越的地理位置

寿光市位于山东半岛中北部，渤海莱州湾南畔。地理位置位于东经118°32′—119°10′，北纬36°41′—37°19′。无论是气候还是自然条件，寿光都适宜人类居住，也是许多文史胜迹的汇聚之地，也正是这样的自然条件为寿光农业发展和人文繁荣提供了充分保障。寿光市城区位于境内西南部，寿光东临潍坊市寒亭区，西界东营市广饶县，南接青州市和昌乐县，北濒渤海。

二、有利的自然条件

（一）地质

寿光境内除第四系地层广泛分布外，主要为新生界古近系地层，次为分布在寿光凸起区的古生界寒武系地层，市境东南部有新生界新近系地层分布。

在大地构造位置上，寿光市地处鲁西隆起区的东北部，济阳坳陷东端，沂沭断裂带的北段西侧。具体说来，处在济阳坳陷之中。境内断裂构造主要有东西向、北东向和北西向三组，形成网格状。最大断裂带为北东向的弥河隐伏断裂，断裂两侧有褶皱构造。

寿光土壤条件，境域北部地区如《史记·货殖列传》中所言"齐地负海潟卤"，多盐碱地，宜渔、盐、棉和水产养殖；中部、南部地区土壤肥沃，宜粮、蔬、果、木种植。

不同的地质和土壤条件，为寿光农业经济的多样化发展提供了天然的物质基础，也为综合农业生产格局的形成提供了保障。贾思勰《齐民要术》中涉及的农业生产内容都能在寿光找到相应的土壤条件和悠久的历史渊源，这是贾思勰在寿光写成《齐民要术》的重要原因，也是农圣文化产生的重要基础。

（二）地貌

寿光大地是一个自南（泰沂山脉北侧）而北（渤海之南）缓慢降低的平原区，平原地区主要由弥河冲积平原与渤海退海之地构成。"此地人多长年，且其地滨海，弥望皆平田息壤，无绝崖倒壑之观"。海拔最高点在孙家集镇三元朱村东南角，高49.5米；最低点在原大家洼镇（现潍坊滨海经济开发区）的老河口附近，高1米。南北相对高差48.5米，水平距离70千米。河流和地表径流自西南向东北流动，形成微地貌差异。

平原地区有发展农业生产的先天优越条件，这无疑为寿光农业生产提供了充分的自然条件，也是形成寿光悠久的农业发展历史和辉煌农业发展成就的重要因素。

（三）水系

水是生命之源，也是文明之源，更是农业生产的先决条件之一。纵观人类发展史，江河湖泊处往往是早期的人类聚居区和文明的发祥地。寿光境内多河流湖泊，为农耕文明的发展奠定了基础。全市有河流 17 条，其中小清河从市境北端入海，常年流水，有水上运输之利。除了小清河之外，寿光境内其余的河流都是季节性间歇河。寿光民间流传着"寿光县，弥河串"的民谣，反映了弥河对寿光乃至寿光人民的重要性。弥河是寿光最大的河流，呈"S"形纵贯市境南北，将全市水系分为东西两部分（图1-1）。弥河以西为小清河水系，弥河以东为弥河水系。

图 1-1　寿光市母亲河——弥河一角风光

弥河，古称巨洋水，《水经注》载："巨洋水即《国语》所谓具水。"汉朝称沫水，《后汉书》载"耿弇追张步至沫水"，即指此。晋朝袁宏称巨沫，南朝宋又称巨蔑，唐时又称米河，今称弥河。弥河源出沂山山麓，经青州由纪台镇吕家庄入境，向北转折与白浪河汇流入渤海。历史上弥河多次改道，每到汛期给沿河百姓带来很多灾祸。中华人民共和国成立后，特别是改革开放以来，寿光人民在党和政府的关怀下，开展了一系列弥河改造工程，现在在纪台、王口、建桥、寒桥、北洛、上口等河区节点建立了拦河橡胶坝，利用寿光南高北低的地势特点蓄水放流，灌田涵水，发挥了弥河的积极作用。特别是在寿光城区，弥河穿城而过，沿河湿地风光旖旎，已成为连接新城与旧城的一道风景线，又因为政府在沿河两岸修建了弥河农业生态观光带，寿光城区又增添了无限生机。

巨淀湖，古作钜定，位于寿光市西北部，系由淄河、跃龙河、王钦河、织女河、阳河诸水汇注而成。湖面南北长约10千米，东西宽约7.5千米，蓄水面积为25平方千米，最大蓄水量为1250万立方米，历史上水流畅旺，物产丰饶，以盛产苇草、鱼虾著名。巨淀湖是潍坊最大的天然湿地，也是寿光境内唯一的天然湖泊。泆淀湖原称青丘泺，相传齐景公"有马千驷，田于青丘"（唐李吉甫《元和郡县图志》）后，将青丘泺更名钜定湖，《韩非子》载："齐景公与晏子游于少海，登柏寝之台，而还望其国曰：'美哉，泱泱乎，堂堂乎！'"《汉书·武帝纪》中有"征和四年春正月，行幸东莱，临大海。三月，上耕于钜定"的记载。明清时期，钜定湖更名清水泊。抗日战争时期，寿光牛头镇人马保三领导的八路军鲁东抗日游击队第八支队，曾神出鬼没于湖区芦苇荡中打击日寇，在央上庄建立了清河地委指挥战斗，著名的清水泊战役就发生在此地，现在巨淀湖经过开发，已发展为重要的红色旅游基地和国家AAAA级景区、国家水利风景区、全国休闲渔业示范基地、山东省首批生态旅游示范单位和休闲农业与乡村旅游示范点"水上王城"巨淀湖风景区（图1-2）。

图 1-2　水上王城——巨淀湖湿地公园风景区

寿光北部紧连渤海莱州湾，境内诸河流均注入此，附近还有黄河、潍河、白浪河等淡水河入海。沿海近岸水域，潮汐为正规半日潮，每天涨落2次，有时出现3次潮汐的特殊情况。涨潮时海水流向西南，水位提高1.5米左右，退潮时流向东北。水温变化曲线与气温相似，15℃以上日数为150天左右，集中在5月中旬至9月中旬，最高水温达28℃。

现在，国家南水北调工程东线蓄水工程节点——双王城水库，西水东送工程——引黄济青渠，两大人工水利工程或建于寿光或穿寿光而过，成为寿光水系家族的新成员。因此，寿光境内既有黄河水，也有长江水。黄河、长江是中华文明的发祥地，也是中华民族的母亲河，一江一河共惠寿光，更是加重了寿光人文历史的厚度，未来也必将能增加其深度，这在国内是不多见的。

（四）气候

寿光地处中纬度地区，北濒渤海，属暖温带季风区大陆性气候。受暖冷气流的交替影响，四季分明，形成了"春季干旱少雨，夏季炎热多雨，秋季爽凉有旱，冬季干冷少雪"的气候特点，农业生产上属于典型的北方旱作区域，正是贾思勰《齐民要术》里所载农业科技知识的主要实践区域。

（1）日照。全年平均日照时间2548.8小时，但全年日照时间分布不均，以5月日照时间最多，为273.3小时；12月最少，为176.4小时。0℃以上的日照时间为2086.4小时。10℃以上的日照时间为1568.6小时。

（2）辐射。全年平均太阳总辐射量为124.3千卡/平方厘米。五六月最多，为15.1千卡/平方厘米。12月最少，为5.7千卡/平方厘米。

（3）气温。极端最低气温-22.3℃，出现在1972年1月27日；极端最高气温41℃，出现在1968年6月11日。春季温度回升较快，平均气温在6℃以上，0℃以下温度出现较少。夏季天气炎热，平均气温在23℃以上，日最高温度在30℃以上的时间，平均每年68天。秋季气温逐日降低，平均气温19℃，有寒潮出现。冬季从12月开始，平均气温在-1.0℃以下，日气温低于-10℃以下的时间平均每年22天。

（4）降水。历年平均降水量593.8毫米。最大降水1286.7毫米（1964），最小降水299.5毫米（1981）。季节降水多集中于夏季（6月、7月、8月）。全年平均降水日数73.7天（≥0.3毫米为一降水日），7月最多，平均13.6天；1月最少，平均2.4天。

（5）风向。全年主导风向为东南偏南风。冬春季盛行西北偏北风，夏秋两季盛行东南风。正如《齐民要术·耕田》中所载"春既多风，若不寻劳，地必虚燥"，春季多风是寿光重要的气候特点，春耕之地必须随手耢平，"耢平"即将土地整理平整，以防止水分过多蒸发，从而有利于保持农作物生长所需水分。

三、丰富的自然资源

寿光资源丰富。中南部地下水源丰沛，土质肥沃，是国家确定的粮食、蔬菜、果品等生产基地；北部卤水储量丰富，宜盐面积260万亩（1亩≈666.67平方米），是全国三大重点盐业产区之一和重要的盐化工基地；西北部石油、天然气储量可观，沿海滩涂45万亩，主要经济鱼类20多种。《齐民要术》卷六《养鱼第六十一》、卷八《常满盐、花盐第六十九》专门讲述养鱼和制盐技术知识，与寿光地处沿海资源丰富有着必然联系。

（1）矿产资源。寿光地下有较丰富的矿产，一是石油，二是煤炭，三是卤水。石油矿床位于境内北部，储量可观。1986年始由江汉油田着手开发，被命名为"清河油田"。境内中部有煤炭发现，埋深在500米以下，有开采价值。卤水资源储量大，含盐量一般为100—150克/升，有的高达190克/升，比正常海水含盐量高3—4倍。地下卤水集中在境内北部，深度为东高西低，呈平行于海岸线的连续带状分布，长30千米，宽约15千米，卤水总储量（0—80米）约30亿立方米。

（2）植物资源。食用植物粮油类有小麦、大麦、玉米、高粱、谷子、黄豆、黑豆、绿豆、赤豆、荞麦、芝麻、花生、油菜等。果菜类有黄瓜、冬瓜、西瓜、丝瓜、南瓜、甜瓜、杏、桃、枣、梨、石榴、葡萄、苹果、韭菜、葱、洋葱、蒜、萝卜、菠菜、胡萝卜、白菜、芹菜、花菜、椒、茼蒿、扁豆、豆角、蘑菇、茄子、山药、马铃薯等。这些植物资源在贾思勰的《齐民要术》中都能找到久远的影子，有些甚至名字都未改变，如小麦、大麦、绿豆、赤豆、冬瓜、茄子等，有些名字发生了一定演变，如现在的高粱在《齐民要术》中被称为"粱秫"，黄瓜被称为"胡瓜"，苹果被称为"柰"等，因此，单从古今的物产也可以看出《齐民要术》与寿光的历史渊源。

第二节 寿光人文概况

寿光历史文化悠久，人杰地灵，有7000余年的文物可考史、2100多年的置县史（前148年置县），是历史上齐国的重要属地。自古以来，寿光就有"东秦壮县，称雄左辅""人物辐辏，衣冠文采，标盛东齐"的美誉（康熙《寿光县志·后序》）。齐国是"春秋五霸"时期的首霸，其都城就在今天的淄博市临淄区，而寿光距离临淄不过百里之地，可以说是居齐文化之腹地，而齐鲁文化又是中华传统文化之核心，寿光能"标盛东齐"说明了寿光一地绝非寻常之地。

寿光曾是历史上夏代斟灌国、西周纪国、汉代菑川国的建都地。相传，秦始皇东巡在黑冢子（寿光地名）筑台以观沧海，汉武帝躬耕今巨淀湖教化黎民，唐王东征大军在寒桥（寿光地名）借冰桥而过。在寿光还诞生了"三圣"：相传文圣仓颉，在寿光创造了象形文字，中华文明自此开启了新的篇章；相传盐圣夙沙氏，在寿光北部的渤海之滨"煮海为盐"，盐为百味之祖，因为盐的存在让人类生活从此有了滋味；农圣贾思勰，也是在寿光完成了《齐民要术》的创作。

一、寿光名称的由来

寿光开始置县出现在汉景帝中元二年（前148），这是寿光之名最早见于史书的记载。寿光之名的由来有多种说法，一种说法是战国时期齐宣王时，闾邱长老向齐宣王乞寿的故事。据《高士传》载，齐宣王猎于杜山（在今山东临淄县西），闾邱先生与长老十三人相与劳王曰："欲得寿于王。"王曰："死生有命，非寡人所得为也。"闾邱进曰："选良吏，平法度，臣得寿矣"，《说苑》所载略同。但据史书确切记载，汉景帝中元二年的西汉时期，始置寿光县，嘉庆《寿光县志》也载："汉置寿光县，隋置闾邱县，盖皆取此"，因此闾邱乞寿而得寿光县名之说不可靠。

第二种说法是，因"此地人多长年，且其地滨海，弥望皆平田息壤，无绝崖倒壑之观"，故名寿光（康熙《寿光县志》）；"人年长曰寿，土地平曰光"，故名寿光（《青州府志》）。如果结合寿光的地理状况看，此说似有可信，但事实是否如此，也不得而知，因此也仅供参考而已。

第三种说法是，青州市境的"云门山巅，镂一巨'寿'，高可数仞，出自神仙之笔，夜烁金光，射寿境，故名"（1960年编《寿光县志》）。寿光县系汉朝时设置，云门山的"寿"字是明代青州衡王府总管事周铨所书，此说显然是牵强附会，不足为据，但为寿光名称之由来增添了些许传奇色彩，亦可作为谈资一乐。

二、寿光辉煌的史前文明

寿光的文物古迹多而全，从远古到秦汉以后各个时期的历史遗存都有。自1972年以来，考古工作者在寿光境内发现古文化遗址143处，出土文物2000余件。遗址分布密集，已发现北辛文化、大汶口文化和龙山文化遗址20多处；岳石文化，商、周文化和秦汉文化的遗址30多处。另有散布各乡镇的聚落遗址89处，都曾出土过大量文物。

上古时期，中国主要有以黄帝、炎帝为首的华夏部落，以蚩尤、舜、后羿为首的东夷部落，以及以祝融为首的苗蛮部落三大部落集团。基于这一学术共识分析，寿光属于东夷部落，因此，寿光无疑是古代东夷文化的创造地之一。中华文化源远流长，而东夷文化是学术界公认的华夏文明的重要源头之一，东夷文化无疑也是寿光文化的源头所在。寿光具有代表性的重要古文化遗址有：

（1）边线王龙山文化城堡。位于市区西南11千米孙家集街道办事处边线王村北30米处的土埠上。1984—1986年发掘。城堡为圆角梯形，西南—东北向。每边长约240米，总面积57 600平方米。分内城、外城，内城（小城堡）为圆角方形，每边长约100米。经中国社会科学院专家考证，属于龙山文化第三期，距今约4000年。这是国内迄今已发现的3座龙山文化城堡中最大的1座。其周边文化遗址有：三元王遗址（县级保护单位）、岳寺韩遗址、二甲遗址（商）、安家遗址（大汶口文化），北京大学著名考古学家邹衡先生称"较之沣镐，有过之而无不及"。

（2）纪国故城遗址。城址在市区南14千米纪台镇纪台村，为周代纪国故城。纪国，姜姓，侯爵，始封于西周初。公元前690年（周庄王七年）灭于齐。故城遗址略呈长方形，东西两面各长1500—1600米，南北各宽1200米，城墙为夯土筑成。四周遍布古冢，近城有大冢8座，封土最高者达20米，当是纪国贵族的墓葬。故城先后出土文物有铜钟、簋等。从所具铭文看，钟为纪侯之器，簋为纪侯媵女姜萦之器。出土的铜器造型优美，制作技艺精巧，其中，清代乾隆时出土的纪侯钟，据考古学家王献唐考证，最晚应是春秋初年之物，因而对研究纪国文化有重要意义。1977年，纪国故城遗址被定为省级重点文物保护单位。

（3）益都侯城遗址。位于市区北8千米的古城街道办事处古城村南，羊临公路从东部穿过。遗址呈长方形，东西长780米，南北宽644米，总面积50多万平方米。民国《寿光县志》载："王胡城，在县城北十五里，古益都城也。《汉书·王子侯表》：武帝元朔二年，封淄川懿王子胡为益都侯，即此。"中华人民共和国成立初期出土"大布黄千"库币和石质钱范。1958年出土方孔铜钱700余斤。1983年出土纪国铜器64件，内19件有"己"（古"纪"字）字铭文。识者认为铭文有"己"无"侯"，当属封爵前的器物。纪国历史远起商代，迄于春秋，曾拥有邢（在今临朐）、郚（在今安丘）、鄑（在今昌邑）、鄙（在今临淄）等邑，历史久远，疆域辽阔。其出土文物，为研究纪族部落活动和商周文化提供了大量的新资料。今列为县级重点文物保护单位。

（4）呙宋台遗址。位于市区南5千米呙宋台村西。遗址面积达上百万平方米，是山东境内罕见的大型遗址之一。文化层5—6米，内涵十分丰富。已出土商、西周至战国的铜器、陶器上百件，遗址附近还发现了规模宏大的西周制骨器作坊。遗址北部、南部断崖，暴露出6个大墓，深达7米。东南角断崖暴露出许多小墓，有的并列，有的叠压，非常密集。其中不足20米的一段露出骨架30余具。遗址范围内灰坑遍布，陶片成堆，遗物有陶罐、鬲、豆、陶拍、骨锥、石网坠、石铲、贝币等。由于大量商周文物的发现，依据与年代相应的遗迹、遗物，结合地理位置的考证，考古学家有呙宋台即古营丘的新说。目前各家之说，各有所据，迄无定论，尚待进一步探讨。1977年，呙宋台遗址定为省级重点文物保护单位。

（5）纪台遗址。在纪台镇纪台村东北，为古纪国建筑物。据清代寿光本土文人安致远《纪城文稿》所记："城中有台，岿然独存，高三仞，广可亩许，上有神祠，为里人香火之所。"可知古代的纪台，曾是人们祀神游览的地方。另据乡里故老相传，台上有山门、亭榭、殿堂等建筑物。台西有方池，台南有高阁，台西南有寿圣寺等。古人游此，每咏诗以抒怀。诗有三首，择一记之。诗云：

纪台诗

（明）冯惟敏

山色遥连四野开，水声长绕故城隈。

前朝后市今村落，衰草斜阳古殿台。

千载废兴谁复念，九原珠玉总堪哀。

玄冬天气冰霜苦，匹马行吟几度来。

此外，在寿光出土的重要文物还有：从胡营火山埠遗址发掘出土的黑陶罍，是龙山文化中晚期的器物，被国家文物机构认定为国家一级文物。从化龙镇埠子顶遗址出土了"黑如漆，硬如瓷，击如磬，明如镜，薄如蛋壳"的蛋壳黑陶杯，被认定为国家二级文物，在世界考古界享有"4000 年前地球文明最精致之制作"之誉（图 1-3）。不仅如此，寿光境内还有古斟灌城、益城、丰城、乐城、乐望城、霜雪城、牟城、七里营城、铁央台、南皮台、官台、斗鸡台、凤凰台、店子台、八角台、青邱台等众多历史遗址。

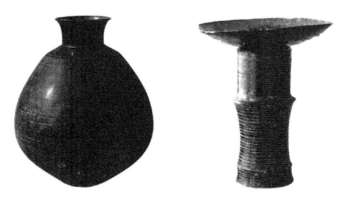

图 1-3　龙山文化中晚期的器物黑陶罍和蛋壳陶杯

众多有重要影响和代表性文化遗址的挖掘、众多精美和高价值文物的出土，标志着寿光在史前时期的文明已经发展到了一个较高层次，这是寿光古代文明的骄傲，也是寿光先人聪明智慧的历史见证。应该说，在这样富有营养的文化土壤里，产生农圣文化是情理之中的事。

三、寿光厚重的古国文化

中国古代社会进入奴隶社会和封建社会阶段后，寿光的人文历史仍然在中国发展的大历史背景中占有重要地位。最具说服力的是，中国古代历史上的三大古国都曾在寿光建都立业，繁荣发展，并影响或改变了中国历史发展的进程。

（一）夏朝的斟灌国

夏朝的斟灌国，建都于今寿光市洛城街道办事处的斟灌村，据传是太康之弟仲康之子相所建。后来后羿"因夏民以代夏政"（《左传·襄公四年》）篡夺夏政，成为夏朝君主。据《史记·夏本纪》载："羿恃其善射，不修民事，淫于田兽，弃其良臣武罗、伯姻、熊髡、龙圉而信寒浞。"后来，后羿偏信寒浞"以为己相"，以致不理政事，导致"寒浞杀羿于桃梧，而烹之以食其子。其子不忍食之，死于穷门。浞遂代夏，立为帝"。寒浞夺权杀了后羿立"寒国"。后来相之子少康灭寒浞复国，夏朝得以复兴，史书称为"少康中兴"，斟灌国也得以重建（图1-4）。

图 1-4　寿光市洛城街道办事处的斟灌故城遗址

斟灌国是大禹建夏后分封的古代诸侯国，据民国《寿光县志》载："斟灌城在今县城东北四十里"，应劭注《汉志》云'寿光，古斟灌，禹后。今灌亭是。'"嘉庆《寿光县志》卷五"冢墓"记载："寒浞冢，在斟灌故城东北隅百步许。按《竹书纪年》，夏帝相二十六年，寒浞使其子浇率师灭斟灌，二十八年，寒浞使其子弑帝。伯靡出奔鬲，自鬲帅斟鄩、斟灌之师以伐浞，意浞为伯靡所杀，遂瘗于此也。"现在的斟灌村还有一段古城墙遗物。

斟灌国的兴衰，反映了夷夏之争的史实，是华夏族平定中原方国部落，尤其是东夷族的关键事件，更是寿光古代文明发展的重要见证。

（二）商周时期的纪国

商周时期的纪国也是建都于寿光的重要古国，纪国在商代时建都于今寿光市古城街道办事处的古城村，西周时建都于今寿光市纪台镇纪台村，属商周时期的东方大国，有极为发达的青铜和盐文化（图1-5）。到了东周战国时期为齐国所灭，成为齐国附庸。公元前523年，纪国彻底被灭国。早在乾隆年间，寿光纪国故城纪台遗址就出土了纪侯钟，证明当时纪国礼乐文化发达。1983年，在汉代益都侯城遗址发掘出青铜礼器、兵器64件，陶器9件，玉器4件，蚌饰12件，卜骨2片，这是迄今所见出土纪国器物年代最早、数量最多的一次。纪国的兴衰反映了春秋战国时期社会局势动荡不安的历史事实，具有重要的学术研究价值。

图 1-5　发掘于纪国故城遗址商末的纪国铜鼎

资料来源：贾效孔主编：《寿光文物与考古》，北京：中国文史出版社，2005年

纪国位于齐国以东，姜姓，是与商朝的齐国、鲁国一样的重要诸侯国，其疆域不亚于齐国、鲁国。西周时期，发生了震惊中国历史的"夷王烹杀齐哀公"，这一事件也为纪国招来灭国之灾埋下伏笔。悲剧的起

因是纪炀侯向周夷王（姬燮）说了齐哀公坏话，《史记·齐太公世家》载："哀公时，纪侯谮之周，周烹哀公。""周烹哀公"反映了西周末期诸侯相伐，周室衰微，西周走向衰落的历史。

（三）汉代的菑川国

汉代的菑川国，西汉初年置，是七国之乱时齐地四国之一，建都于今天的寿光市纪台镇纪台村。第一代菑川王是汉高祖刘邦之庶长子（是古代家庭成员中的一种名分，一般是低于正室的嫔妃所生之子称为庶子，其中年龄最大的称为庶长子），齐国齐悼惠王刘肥的儿子武城侯刘贤。菑川国共历9代王，至公元9年菑川王刘永被王莽降为公而除国。据《春秋公羊传》载："公，爵名，五等之首曰公；其余大国称侯；小国称伯、子、男。"又据夏、商、周三代，禄爵之位分公、侯、伯、子、男五等。

从国内外发展历史来看，一国之都历来都是一国政治、经济、文化的中心，而这些古国都曾建都于寿光，充分说明寿光虽为华夏之一域，却有着古代一国之制的重要历程，足以证明其经济和文化在当时已达到相当高的发展水平。

四、著名人文胜迹代表

（一）文圣仓颉墓

据新编《寿光县志》"仓颉墓"载：仓颉墓在旧县城西门外迤北，大道西旁（今渤海路北段路西原城乡建设委员会院内），旧为寿光游览胜地。世传仓颉墓有三：一在陕西白水县，一在山东东阿县，一在山东寿光市，而以在寿光最为可信。据郦道元《水经注》卷二十六载"城（笔者注：指汉代时寿光旧城所在地，即现在的牟城村）之西南，水（笔者注：指弥河）东有孔子石室，故庙堂也。中有孔子像，弟子问经，既无碑志，未详所立"，"孔子石室"即为藏储仓颉所造"鸟迹书"所在地（图1-6），宋代郑樵《通志》卷七十三《金石略第一》载："仓颉石室记有二十八字，在仓颉北海墓中，土人呼为藏书室。"寿光当地民谣中有"仓颉造字圣人猜"的传唱。

图 1-6　仓颉鸟迹书 28 个字

仓颉墓之封土长宽各 4.47 米，高 2.26 米，上生蓍草。墓地面积共 10 余亩，四面护以短墙，墙外绿水环绕。匝岸多垂柳，夏日枝叶纷披，翠柳藏莺，风景清幽。正门为月形圆门，门前小桥流水，倍增雅趣。墓前一亭，曰：启秘亭，亭为石基木构，计 12 楹，飞檐翘角，别具一格，有楹联云："千古大文三尺土，两间灵气一孤亭。"清嘉庆年间，知县宋铭匾曰："始制文字"。1917 年，县知事尹志皋镌石亭联云："石室志藏书，廿八言文字蟠螭，除秦李斯、汉叔孙通无能识者；幽宫留宿土，四千年洪荒遗蜕，并娲皇墓、少昊陵相与传之。"亭内设石凳，供游人憩息对弈。亭前有东西二水井，即旧"八景"所称"仓颉双井"。园中杂种松、柏、槐、柳，炎夏古木成荫，清风拂拂，是夏日避暑佳境，亦是吊古览胜之名区，历代文人，多有凭吊诗文。1960 年拆除。

（二）古代盐业遗址群

由山东省文物考古研究所、北京大学考古文博学院、北京大学中国考古学研究中心组成的考古挖掘小组，从 2003 年开始，在寿光市羊口镇双王城水库周围 30 平方千米范围内进行了七次大规模的田野调查、钻探和试掘工作，发现古遗址 83 处。其中，龙山文化时期遗址 3 处，商代至西周初期 76 处，东周时期 4 处，宋元时期 6 处（宋元遗址多与商周遗址重合）。从出土遗物分析，这些遗址大多与古代制盐有关，是目前在渤海南岸发现的规模最大的盐业遗址群。2008 年发掘的 014A 地点主要为商代晚期的制盐作坊遗址，面积约 4000 平方米，发现了卤水井、盐灶、储卤坑等重要遗迹，基本上可以弄清制盐作坊的基本布局；014B 地点主要为西周早期的制盐作坊遗址，面积近 6000 平方米，2008 年的发掘主要是对作坊中部的盐灶、储卤坑及相关遗迹进行了清理，其布局与 014A 基本相同。发现的遗物主要为盔形器，多集中分布在盐灶及储卤坑内（图1-7）。"双王城盐业遗址群"规模大、年代早、内涵丰富，完整地反映了古代整个制盐情景，被评为"2008 年全国十大考古发现"之一。

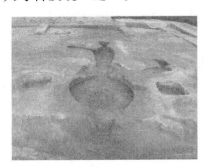

图 1-7　寿光北部滨海地区发掘的商周时期盐业遗址与盔形制盐器具

贾思勰《齐民要术》卷八中专门介绍了制盐和精盐制作方法，这与寿光区域悠久的制盐历史不无联系，更加有力地说明了农圣文化与寿光的渊源。

（三）寿光文庙

寿光文庙又称孔庙，位于原县城小东门内，面积15亩8分（1分≈66.67平方米），南北长158.3米，东西宽67米。据旧县志记载，孔庙始建于元代以前，从元至民国历代均有重修："元大德至正间修三次，自明景泰三年至万历三十二年修五次……清康熙七年地震倾圮，知县士泽重修"，从康熙七年（1668）至1933年又重修过三次。寿光孔庙建筑极为雄伟，其原来规模中为大成殿，后为崇圣祠，左右为东西庑，前为戟门和泮水池，池旁分列历代重修碑记，外为棂星门，东西便门各一。门外街旁立石碑，上书"文武官员军民人等至此下马"。其中大成殿最为壮观，据说是仿照北京故宫宫殿而建，殿高约15米，共5大间，四面出厦，环立石柱20根，南边中间2根雕龙，殿顶覆以黄绿琉璃瓦，远望金碧辉煌，宏丽轩昂。大成殿后为崇圣祠，较大成殿矮小，内列历代古圣先贤灵位。前之棂星门，双檐瓦顶，下建石座，顶座之间由4条圆形木柱支撑，其他全系几何形雕木扣成，构筑精美，技艺极为工巧，体现了中国传统的古建筑风貌。1949年后，曾为寿光中学临时校址。1959年辟为寿光县综合性展览馆，1974年拆毁。

（四）慈化寺与王高塔

寿光原县城北30里（1里=500米）王高村之东侧有古塔一座，系原慈化寺建筑物之遗迹，始建年代不详。塔身是古青砖结构，七层八棱，高32.3米，直径11.3米，周长35.5米，墙厚2.2米。塔底有古井，井上蹲巨型铁佛一尊。塔前有石碑两块，唯碑额有"大魏重修慈化寺碑"八字可辨，"金慈化寺重塑佛记"等字已漫灭不可考，据此分析，此塔应建于北魏之前，至少有1500多年历史。王高塔1966年被炸毁，2010年12月22日，潍坊市政府民族宗教事务局批复同意慈化寺、王高塔重建项目，现在寺、塔均已建成，成为寿光宗教文化活动的重要场所和观光旅游胜地（图1-8）。北魏时期，信教建寺蔚然成风，从现在仅存的王高塔重修的碑额文字，我们似乎仍能从中感受到贾思勰所处时代佛教盛行的影响。

图1-8 寿光王高塔旧貌与复建后的新王高塔雄姿

（五）贾思伯、贾思同墓

北魏尚书贾思伯及其弟贾思同二人墓，在寿光市区西南10里李二村东北隅，东距益羊公路500米，西南距李二村100米。两墓东西并列，贾思伯墓居西，封土圆形，直径33米，高7米。贾思同墓居东，圆形封土，直径23米，高7米。据《魏书》载，贾思伯、贾思同为齐郡益都（今寿光）人，按北魏时益都即今寿光市治之南的益城村，其葬地属实，《魏书》中也各有其传。1973年12月，李二村群众整平地面将贾思伯墓挖毁，县博物馆派人查看后进行了抢救性挖掘，因墓已被盗，工作人员仅得可复原的16件器物及2方墓志（贾思伯及其夫人刘静怜墓志，墓志由村民捡用，后经寿光博物馆原馆长贾效孔先生几番交涉，方得用车载回存馆）。1995年10月，因地下沙层塌陷，贾思同墓墓室暴露，寿光市博物馆组织人员对该墓进行了抢救性发掘，发现胸椎2块，顶骨（残）、寰椎、骶骨、趾骨各1块，瓷器、陶器等随葬器物若干[①]，未见墓志铭，但在《寿光县志·金石志》中有关于贾思同墓碑的记载："益都段松苓《山左碑目》云'兴和三年建在城南李二庄'，今佚。"据在贾思同墓中发现的两处盗洞看，其墓志可能也曾存在，只是不知何时被盗。两墓的发现，特别是贾思伯与其夫人刘静怜墓志铭的发掘，对确认贾思勰的里籍，考察其墓所在提供了重要历史证据。贾思伯、贾思同墓的发掘对研究贾思勰里籍、生平事迹以及对于研究中古青齐地区早期移民家族的地域认同问题都具有重要价值。据当地人讲，贾思伯、贾思同墓南500米处，原有一座无名大冢，是不是官职较低的一代农圣贾思勰之墓，还有待进一步发掘考证。

五、古代著名的代表性人物

在寿光这片神奇的土地上，涌现出了一批批贤哲志士，他们通过自己的辛勤努力和拼搏实践，创造了令人敬佩的业绩，泽被后世，彪炳史册，成为寿光历史乃至中国历史上浓墨重彩的一笔。

（一）三大圣人，名耀中华

1. 文圣仓颉

传说仓颉龙颜四目，声有睿德（图1-9），他"仰观奎星圆曲之势，俯察龟纹、鸟羽、山川、指掌而创文字。天为雨粟，鬼为夜哭，龙乃潜藏"，《春秋纬元命苞》《淮南子》等史书皆有记载。全国各地有多处纪念仓颉的遗迹，据研究考证，仓颉墓始建于汉代者四处：河南南乐、虞城、开封和陕西白水；晋代有两处：山东寿光和东阿；宋代有两处：河南阳武、洛宁，仓颉故里随之也成为各地争夺的焦点。但据专家考

[①] 寿光市博物馆：《山东寿光东魏贾思同墓清理简报》，《中原文物》2016年第5期，第4—10页。

证，仓颉在寿光造字藏书的可能性最大，至少到南北朝时期，寿光牟城村还藏有相传为仓颉所造的28个字的一间石屋，证据是南北朝时的地理学家、文学家郦道元在《水经注》中对此有记载。

图 1-9　寿光市仓圣公园内的文祖仓颉雕像

关于寿光藏有的仓颉鸟迹书，据说孔子当年还来看过，不过没认出一个字，因此寿光民歌中流传有"仓颉造字圣人猜"的俚语。我国民间还有歌谣称"仓颉造字一担粟，传给孔子九斗六。还有四升不外传，留给道士画符咒"。虽然仓颉造字只是传说，甚至连仓颉也是传说人物，但它反映了人类对文明和文明开创者的敬畏。笔者曾撰联歌颂文圣仓颉的功绩。

> 蟠螭廿八言，从此文章光日月；
> 重典千万卷，长令俎豆兆乾坤。

2. 盐圣夙沙氏

夙沙氏（图1-10）虽然也是传说中的人物，但在寿光市北部沿海地区发掘了大范围的商周时期先人们的制盐遗址，被评为"2008 年全国十大考古新发现"之一。据《中国盐业志》记载："世界制盐莫先于中国，中国制盐莫先于山东。"自秦汉时期，历代统治者都在寿光设置盐官，管理盐务。元世祖忽必烈至元初年（1264），元朝在今寿光市羊口镇官台村设立专门的盐运司衙，设置专门的盐业官员——官勾，管理官台场一带盐务。今官台村尚遗有元代雕龙碑残件（仅余碑身、赑屃碑座）。

图 1-10　寿光文博会期间展示的盐圣夙沙氏盐雕

民国《寿光县志》载："元初有盐官，名官台场，大德十一年，台上建孔子庙，后废。清初时官台盐场大使署在此。乾隆三十四年（1769），潮水漫溢，始徙于侯镇。"各省盐商来侯镇办理"盐引"贸易，盐商云集，盐业贸易日臻繁荣。证明寿光市在海盐制作方面的悠久历史，其是无愧的"中国海盐之都"。笔者也曾撰联歌颂盐圣的功绩。

煮海为盐，得一味便成百味之祖；

寻经觅史，问几人能有此人懋功。

3. 农圣贾思勰

贾思勰（图1-11）是农圣文化的创造者，后面我们会有专题研究，这里只把笔者创作的歌颂农圣业绩的一副楹联予以分享。

穆穆其风，心怀九域悲欣，孰言稼穑无大义；

皇皇巨册，泽惠齐民要术，公乃农家第一人。

图 1-11　济南泉城广场上的贾思勰雕像

中华民族历来有崇拜圣贤的民族传统，可以说一个人能做到圣贤也就达到了人生的极致。一个地方能够出一个圣贤，已是莫大的荣耀，而寿光一地就出了三圣，更加显示了寿光深厚的文化底蕴。以改革创新为核心的时代精神，是中华民族历来具有的富于进取的思想品格，也是中华民族生生不息的重要精神源泉。寿光三圣以及他们的业绩，应该说是对他们所处时代的改革创新精神的完美阐释。

（二）两大名相，彪炳青史

1. 布衣擢相的汉代公孙弘

公孙弘（前200—前121），名弘，字季，齐地菑川国（郡治在寿光原纪台乡）薛人，是西汉建立以来第一位以丞相封侯者，为西汉后来"以丞相褒侯"开创先例，著有《公孙弘》十篇，现已失佚。公孙弘出身贫寒，曾在海边牧猪为生，早年曾任狱吏，因罪被免职。公元前140年，汉武帝即位，60岁的公孙弘，以贤良被征为博士。后因出使匈奴不合帝意再被免职。元光五年（前130），诏令征求文学儒士，淄川国推举公孙弘应诏，其策奏被汉武帝选为第一，召见后拜为博士。公元前126年，公孙弘任御史大夫，两年后拜为丞相，成为汉初第一个以布衣擢居相位的人。在此之前，丞相一职均由侯爵担任，为此，武帝特地下诏封公孙弘为平津侯，公孙弘任丞相4年，汉武帝元狩二年（前121）80岁时其于丞相位逝世，谥献侯。

40岁时公孙弘开始研究《春秋公羊传》，是著名的公羊学家。公孙弘"恢奇多闻"，通晓文书法律，并以儒术加以文饰。在朝议事，善于体察武帝心意，提出多种意见以供选择；如果不合旨意，并不坚持己见，因此颇受武帝赏识，不久被提升为左内史。他常为顺从皇帝而改变原来商定的议案，因而遭到一些王公大臣的非议，但武帝反倒"益厚遇之"。公孙弘"为人意忌，外宽内深"，生活节俭，虽俸禄丰厚，仍布衣粗食，而以大部分俸禄供养故人宾客。成语"东阁待贤"即源于公孙弘被任用为丞相之后，在自己的丞相府邸东边开了一个小门，营建馆所接待贤士宾客，并与他们共商国是。后世衍生词"东阁""孙弘阁""孙阁""弘阁""丞相阁""平津阁""平津邸""平津馆""招贤地"等，都与公孙弘有关，指的是款待宾客、招纳贤才之所；"开阁"则指纳贤待客。

后来居上、燕见不冠、齐人多诈、如发蒙耳、东阁待贤、三馆待宾、宁逢恶宾、字值百金、长倩遗赠、削竹抄书等轶事典故都与公孙弘相关。

2. "扪虱谈兵"的前秦丞相王猛

王猛（325—375）字景略，北海剧（今寿光境）人，东晋十六国时前秦丞相。出身贫寒，曾以卖畚箕为业："博学好兵书，谨重严毅，气度雄远，细事不干其虑。"曾在华阴山隐居，待机建功立业。东晋大将桓温入关时，他身着布衣见桓，"谈当世之事，扪虱而言，旁若无人"，传为"扪虱谈兵"的历史佳话。他拒绝桓温之聘，后被符坚聘用。

符坚与王猛"一见便若平生，语及废兴大事，异符同契，若玄德之遇孔明也"。357年，符坚称帝后便任命王猛为中书侍郎。王猛主张以严刑峻法禁勒豪强，压制以特权自恃的贵族，加强中央集权。一时被他镇压的贵族豪强有20余人。"于是百僚震肃，豪右屏气，路不拾遗，风化大行"。因为他执法很严，遭到某些官吏的反对和控告。符坚责问他上任不久就杀戮太多，他明确阐述了"宰宁国以礼，治乱邦以法"的观点。符坚对群臣说："王景略固是夷吾、子产之俦也。"一年之内，王猛连续五次提升官职，虽然招致一些权臣的嫉妒和谗言毁谤，但符坚仍十分信任、重用他。

370年，王猛率兵6万北伐前燕。当时前燕兵力约40万。结果，在王猛的率领下，兵士纪律严明，作战奋勇，在关键时刻"破釜弃粮，大呼竞进"，以少胜多，击溃燕军，使前秦暂时统一了北方。王猛因功而晋封清河郡侯，但他对美女、骏马、车仗等赏赐固辞不受。当时符坚命令他镇守冀州，并授予他"六州之内听以便宜从事，简召英俊，以补关东守宰"的大权。燕地平靖之后，王猛便要辞退重任，符坚不许。不久拜为丞相，复授司徒。虽然王猛一再拜辞，符坚仍然不许，自此"军国内外万机之务，事无巨细，莫不归之"，成为符坚主要的辅佐。

王猛任职18年，为官公正，撤换庸吏，选用贤才，"外修兵革，内崇儒学，劝课农桑，教以廉耻，无罪而不刑，无才而不任……于是兵强国富，垂及升平"。符坚得意地说，他有王猛"若文王得太公"，王猛谦让说自己不敢比古人，符坚却更进一步说："以吾观之，太公岂能过也。"并且嘱咐儿子符洪和符丕："汝事王公，如事我也。"

王猛性情刚肃，能明辨善恶，但对个人恩怨必有所报，"一餐之惠，睚眦之忿，靡不报焉"，这也引起当时人们的很多议论。

苻坚得知王猛病重，亲自到南北郊、宗庙、社稷为他祈告，并"分遣侍臣祷河岳诸祀"，甚至用大赦来表示他的虔诚。王猛在临终前曾劝告苻坚，与东晋要"亲仁善邻"，而鲜卑、羌等终究要成为祸患，"宜渐除之，以便社稷"。这一具有远见的遗奏，未被认真采纳，383年苻坚攻打东晋，在"淝水之战"大败后，不久就被羌族的姚苌所取代。

王猛死后，苻坚曾三次到他遗体前致哀，破例地为他动用了皇家葬礼的器物仪仗，朝野巷哭三日，谥武侯。

在封建时代，丞相辅佐一国之君治理天下，可谓居一人之下万人之上，权重朝野，责及江山万代。无论布衣擢相的公孙弘，还是"扪虱谈兵"的前秦丞相王猛，他们身上所体现出来的都是国家为重、精忠报国的家国情怀和奉献精神。

（三）文坛双璧，以文载道

1. "建安七子"之一的徐干

徐干（170—217）字伟长，东汉末北海剧（今寿光境）人，哲学家、文学家，"建安七子"之一。自幼勤奋好学，15岁前就已能"诵文数十万言"。由于他"发愤忘食，下帷专思，以夜继日"，在20岁前便能"五经悉载于口，博览传记，言则成章，操翰成文"。

徐干所处的时代，正值汉灵帝末年，宦官专权，朝政腐败，而徐干却专志于学，"病俗迷昏，闭户自守，不与之群"。他"轻官忽禄，不耽世荣"。曹操曾任命他为司空军谋祭酒参军五官将文学，他以病辞官，"潜身穷巷，颐志保真"，虽"并日而食"，过着极贫寒清苦的生活，却从不悲愁。曹操又任命他为上艾长，他仍称疾不就。曹丕论徐干云："观古今文人类不护细行，鲜能以名节自立，而伟长独怀文抱质，恬淡寡欲，有箕山之志，可谓彬彬君子矣！"

徐干擅长辞赋，能诗，"其五言诗，妙绝当时"，曹丕极为赞赏。曾说："干时有逸气……干之《玄猿》《漏卮》《圆扇》《橘赋》，虽张（衡）、蔡（邕）不过也。"现存传世之作《中论》，较全面地反映了他的哲学思想及其文章风貌。其中《治学》篇中提出的"不患才之不赡而患志之不立"，强调主观努力的重要；又说"大义为先，物名为后"，反对"鄙儒""矜于诂训，摘其章句，而不能统大义之所及"，批评了当时舍本逐末形式主义的治学态度。在《虚道》篇里，他说："人之为德其犹虚器欤！器虚则物注，满则止焉。故君子常虚其心志，恭其容貌，不以逸群之才加乎众人之上，视彼犹贤，自视犹不足也，故人愿告之"，用比喻形象地说明谦虚能使人受益的道理。他还说："人之耳目尽为我用，则我之聪明无敌于天下矣！是谓人一之，我万之"，把博采众识的道理说得极为透彻。他认为"贤者"仅只是品德端正还不够，还要"殷民阜利，使万物无不尽其极"，立功立事益于世，才能称得上"明哲"，要求读书人应有匡时济世的抱负，真正做一些有益于人民的事。徐干的这些见解，在当时很有进步意义。曹丕曾就此大加赞扬说："……著《中论》二十余篇，成一家之言，辞义典雅，足传于后，此子为不朽矣！"

徐干的著作除《中论》外俱已散佚，《四库全书》《四库全书荟要》《四部丛刊》等经典文献均有收录，后人辑的《徐伟长集》也已罕见。旧《寿光县志》载有他的诗八首，《齐都赋》一篇（残）。徐干不幸死于217年（建安二十二年）的一场大瘟疫，年仅47岁。寿光文化名人、潍坊科技学院退休教师魏道揆著有《建安七子——徐干〈中论〉评注》，可资参考。

徐干反对名实不符的"乱德之道"，在"人人自谓握灵蛇之珠，家家自谓抱荆山之玉"的汉末，开启了汉魏之际名理学的先河。作为"建安七子"中唯一有学术著作的人，其《中论》是一部关于政治方略和道德伦理方面的哲学文集，对后世影响深远。

2. 有"任笔沈诗"之誉的任昉

任昉（460—508）字彦升，南北朝时期的著名文学家。乐安博昌（今山东寿光）人。仕于南朝宋、齐、梁诸朝。《南史》《梁书》有传。

任昉幼即聪悟，8岁能写文章，他的叔父任昺曾很得意地夸赞他："吾家千里驹也。"16岁即被聘请为丹阳主簿，他"雅善属文，尤长载笔，才思无穷，当世王公表奏，莫不请焉"。南朝卫将军王俭非常器重他，"每见其文，必三复殷勤，以为当时无辈"。才华横溢的文人王融，自以为当代无人可比，可是见到任昉的文章后也自愧不如。任昉写文章一遍成稿，不须修改，深为当时一代词宗沈约所推称。其文情真意切，透辟凌厉。像《为竟陵世子临会稽郡教》悲慨感人，《王文宪集序》逼真传神,《让宣城郡公表》憨态直露,《荐士表》剀切中理,《弹奏萧颖达》凌厉无畏。他的文章与沈约的诗齐名,有"任笔沈诗"之誉。晚年常有诗作,想超过沈约,但因用典故太多,少有佳作。

任昉性至孝,"每侍亲疾,衣不解带……汤药饮食必先经口"。父丧,"哀瘠过礼"。继母丧,庐墓"哭泣之地,草不为生"。他广交士友,与他同时以文学游于竟陵王萧子良门下的有沈约、谢朓等8人,被称为"竟陵八友"。他能奖掖后学,荐举贤才,少而风神警拔的王曰柬和家贫靠抄写奉养母亲的王僧孺,都因他的推荐而能各展其才。他酷好典籍,家虽贫,藏书还多达万余卷,且有许多珍本,是当时的三大藏书家之一。

齐明帝时他任太子步兵校尉,掌东宫书记,中书郎,司徒右长史。梁武帝任命他为骠骑记室参军,主持文翰书记;拜黄门侍郎、吏部郎。后来出任义兴太守,召为御史中丞、秘书监,最后任新安太守。他为官清廉,从义兴调往新安时,船上只有米五斛,连一件拜会穿的衣服也没有。临终前,遗言不许带新安一物还都,杂木为棺,旧衣入殓。他性情豁达,不修边幅,更不摆官架,有时在路旁遇到争讼的事便就地询察审理。"为政清省,吏民便之。"死后,阖境百姓痛惜,在城南为他"共立祠堂",岁岁祭祀。梁武帝听到他去世的消息,十分悲痛,追赠他为太常卿,谥敬子。

任昉著《杂传》247卷,《地记》252卷,大多散佚,现存明人所辑《任彦升集》。民国《寿光县志》载有他的《上萧太傅固辞夺礼启》和《弹奏曹景宗》二文。寿光文化名人、潍坊科技学院退休教师魏道揆著有《任昉评传》,可资参考。

(四)虎将雄风,忠诚卫国

1. 名门之后王镇恶

王镇恶(373—418),北海剧(今山东寿光东南)人,东晋著名将领,前秦丞相王猛之孙。《宋书·王镇恶列传》载,镇恶阴历五月五日出生,家人以为不祥,王猛却说:"此非常儿,昔孟尝君恶月生而相齐,是儿亦将兴吾门矣!"因名镇恶。

王镇恶"颇读诸子兵书,论军国大事……果决能断"。战场上,王镇恶身先士卒,作战英勇,"身被五箭",手中矟折断也不顾,保卫边疆也屡立战功。可惜46岁死于军中内斗，刘裕称帝后追封他为龙阳县侯，谥号壮侯。从寿光众多的名将功臣中选择王镇恶，想证明两点，一是寿光的文化传统注重传承，不仅文人如此，武行出身者亦是如此。二是打破传统意识中对从武之人勇而无谋、无智，鲁莽武断的偏颇认识，更加客观全面地认识中国的历史人物。

2. *海疆大吏姚堂*

姚堂（？—1723）字尔升，寿光县丰城乡姚屯人。臂力过人且精于骑射。清康熙帝见姚堂气度雄伟，超格提拔，康熙五十一年（1712）任镇守台湾挂印总兵官，康熙六十年（1721）升任广东提督（《续修台湾县志》卷四），又任福建水师提督，姚堂亲往镇守，加强战备训练，严密警戒巡逻，使军民和睦相处，海疆多年赖以宁静。雍正元年（1723），死于回朝觐见的路上。从寿光众多的为官从政者中选择姚堂，笔者关注重点在于说明寿光人在民族大义面前义不容辞的凛然正气，以及为国戍边敢于担当的民族情怀，这是寿光文化主体精神的重要内核之一。

作为名门之后的王镇恶骁勇善战的英雄气概，姚堂驻守海疆台湾，"寓兵于农"耕战结合的吏治功勋，都充分体现了流淌在寿光人血液里那种不畏艰难、奋勇直前的责任担当和家国情怀。

（五）一门双英，贵为帝师

本小节主要是想介绍下贾思伯、贾思同兄弟二人，因为后文会有专门的寿光贾氏一族的研究，故此不赘述。

（六）一代名医，悬壶济世

李莪华，寿光侯镇李家官庄人，清代名医，悬壶济世，妙手回春，凡登门就医者不分亲疏贵贱，一律依次诊治，而且常是先照顾家境贫寒的人，深受百姓尊重，李家官庄李大老爷庙门的楹联"为人民做好事千古称颂，替群众解疾苦万世留名"就是对李莪华高尚医德的最好评价。每年农历四月十三是李莪华生日，李家官庄李大老爷庙会因此而起，香火旺盛至今不衰。在当地政府的支持下，现在的李莪华纪念堂扩建得更加宏伟，已成为人们纪念一代名医，寄托愿想的精神家园。寿光九巷李公祠是李莪华驻寿光城行医时，百姓为他建的生祠，寿光中医院也立有其雕像。寿光民间还流传有"舍了秋和麦，舍不了官庄会"的民谣，可见其影响之深远。

大医精诚，李莪华不仅医术高超，且行医不计亲疏贵贱，体恤患者的高尚医德，是寿光人文精神的重要内涵。正是各行各业敬业奉献的崇高职业道德，才丰富和充实了寿光文化的内涵，让寿光文化绽放出夺目的光彩。

（七）圣人妻圣人母李玉

自孔子去世后，后世历代帝王对孔子的尊崇加封不断，其后裔也备得恩泽。在众多的授官与封号中，"衍圣公"这一封号使用时间最长最稳定。而清代刑部右侍郎（正二品）寿光斟灌人李迥的六女儿李玉，就是"衍圣公"孔子第68代孙孔传铎的继配夫人（原配夫人王氏，是保和殿大学士兼礼部尚书王熙的四女儿），诰封为一品夫人，所以人们称李玉是"圣人妻"；根据世袭原则，李玉的长子孔继濩自然又承袭了衍圣公，成为第69代衍圣公，李玉自然又升一级成了"圣人母"。在寿光民间，至今还流传着很多"圣人妻圣人母"的故事，曲阜孔庙中也还供奉着李玉的画像（图1-12）。

图 1-12　供奉于曲阜孔庙中的 68 代衍圣公夫人李玉画像

从中国传统婚姻和民俗学角度讲，这桩伟大的婚姻至少告诉我们这样一些事实：一是寿光斟灌李氏家族是世家望族，无论是其家族背景，还是家庭经济、文化修养、社会地位，在当时是非常显赫的，并且有重要影响。第二，寿光文化之根源可溯至东夷文化，也可追到齐文化，又与儒家文化密切相关，更以与圣人之后联姻而声名远播，文化传承代代相沿，文化世家累世不乏，祖祖辈辈的寿光人为寿光文化发展做出了积极和巨大的贡献。

（八）崂山道士孙玄清

孙玄清（1497—1569）是著名的崂山道士，全真龙门派第四代弟子。明朝青州府寿光化龙镇人，九岁时因父母双亡悲痛过度，双目失明，后来在青岛崂山明霞洞出家，苦修二十多年，道法大进，明嘉靖三十七年（1558）到京师白云观坐钵堂求雨有效，被赐封为"护国天师左赞教主紫阳真人"。孙玄清开创了全真道教龙门派下的一个支派——金山派，也叫崂山派（图1-13）。隆庆三年（1569）六月逝世，享年七十三。

图 1-13　青岛崂山太清宫

道教产生于战国中期的齐国，奉老子为教祖，老子的《道德经》是道教的核心教义。作为中国本土产生的唯一宗教，它不仅对中国人的世界观、价值观、人生观产生深远影响，而且在世界宗教领域也占有重要的历史地位。寿光化龙镇孙玄清创立的金山派在中国道教史上具有重要影响，是寿光文化多元化的具体体现，也是寿光为中华传统文化所做出的重要贡献之一。《齐民要术》中"造神曲并酒"中制曲前的祈祷就是道教仪式中的重要内容。

（九）秋水无尘的封疆大吏李封

寿光斟灌李氏家族，祖孙八世累代为官，李封就是清朝著名的封疆大吏，官至湖北巡抚，一生为官清廉，留有"贫莫断书香，贵莫贪贿赃"的家风家训。年高后主动辞职归乡，去世后礼部尚书、协办大学士纪晓岚亲自为他撰写墓志铭，铭文中有"人以官富，公以官贫，贫则贫矣，而秋水无尘"的颂词，反映了李封为官正气清廉，品德高尚，是寿光人文精神的重要代表。

贾思勰在《齐民要术》序中对"用之无节""政令失所"，以及奢靡的社会风气表达了强烈的反对，李封拒受 8000 两纹银馈赠，惩贼匪、赈灾民、饬民风的正气清廉，不正是对农圣文化勤俭朴素精神的一脉相承吗？

（十）寿光才子安致远

纪台镇安家庄村安致远（1628—1701）是明末清初著名学者、文学家，曾应试十五次而未中，遂放弃科举，在家乡建"晚读堂"与其子安积读书著说。清初杰出诗人、文学家王渔洋（即王士禛）曾亲自向主考官举荐安致远。康熙三十七年（1698），他主持编纂了被列为国家一级文物的《寿光县志》，提出"不敢枉古人以从我，不敢欺后人以自信"的编史态度，其作品均被收入《四库全书》，安致远写的《寿圹碑记》被人们誉为"才子碑"，现在还安放在纪台镇安家庄，其故居也在。

安致远身上体现出来的敬业奉献、实事求是精神，在农圣文化主体精神中都能找到渊源，后文关于农圣文化主体精神我们会有详细分析，故不赘述。

寿光的人和事就如同寿光的母亲河——弥河一样，浩浩荡荡，曲曲折折，北流入海，向世人诉说着一段段光辉的历史……我们可以自信地说，即使弥河干涸了，那些曾经产生或流传于弥河两岸，悲喜相杂、可歌可泣的故事，也一定会像一股股清流，永远在人们的心底吟唱；而寿光人不畏艰难、脚踏实地、只争朝夕的精神，也一定会以全新的"弥河"形象，成为人们心间永远的激流，激励着一代代寿光人不忘初心，继续前进……

六、赋说寿光，千字言概

寿光赋

甲午荷月，宅居，偶见报征《寿光赋》启事，兴起焉，遂于7月30日草就一节。后，辗转反侧，自苦自新，斟酌者三，文稿初成。后，缮之，复营之者再三，8月3日方得全文，4日复缮，定之。是为序。

海退陆升，扩地百里。弥水北折，沃野千顷。远山岳而其阔现，近沧海则势趋平，亲彼水其泽恒润，就其地厚德载物，曰寿曰光。肇汉风之烈烈兮[1]，三圣[2]出，将相和，贤更不辍，此消彼长，百世其昌。新政肃之己丑兮[3]，天时地利人和，生机一派。正名更之壬申兮[4]，春和景明，城乡一体，均衡发展。大业蒸云，声誉日隆。款款然，祥瑞之气，太平之象，初露端倪。

斯地也，富渔盐之利丰饶北域，殷粮棉之实中满仓廪，盛果蔬之誉焕彩南舆。银棚连绵，天下无冬，冠擢菜乡；盐山堆雪，百味之祖，名彰盐都。月宫图，卤盐术[5]，文化非遗，四海惊艳；虎头鸡，扒谷团，风味特产，人间称绝。陶陶然，民风淳朴，人文辐辏，百业昌盛，富甲一方。

斯城也，一河两翼，满城秀色，风光旖旎，幸福宜居。楼林摩天，街衢相经；美池桑竹，不逊桃源；碧水蓝天，信为佳境；黄发垂髫，怡然自乐；箫韶霓裳，有凤来仪；科学环保，生态园林；休闲观光，谋事兴业，各得其所。

斯业也，沐改革春风，聚有为之伍，行创新之路，谋民生之计，运筹帷幄，务实奋进。宏宏焉，蓝图美景，同心圆梦；灿灿焉，科教领航，立异标新；攘攘焉，市园星聚[6]，气象恢宏；熠熠焉，菜博盛会，举世共骧；融融焉，社区连营，温馨和谐；熙熙焉，文化繁荣，

---

[1] 意指寿光之名始于汉。
[2] 三圣：指文圣仓颉、盐圣夙沙氏、农圣贾思勰。
[3] 新政肃：指中华人民共和国成立后寿光政权回到劳动人民手中。己丑：指1949年的农历纪年。
[4] 正名更：指1993年寿光撤县设市。壬申：指1993年的农历纪年。
[5] 卤盐术：指寿光人用地下卤水制盐的技艺，2014年7月此技艺入选第四批全国非物质文化遗产代表性项目名录。
[6] 市园星聚："市"指商场、超市等大型购物休闲娱乐场所，"园"指寿光市境内的工业、农业、物流、服务业等园区建设。

幸福荡漾。

弥水岸左，古槐翼下，采四时果蔬，摆齐民大宴①，品农圣神曲佳酿②。翩翩然，群贤毕至。仓颉造字，夙沙煮海，农圣著书，各示所长；少敏无言③，保三叱咤，伯祥铿锵，俱怀忧思；览任笔④潇洒，谈公孙相国，伴伟长论道，共景略谈兵，并翼德、耿弇演武，乐不思蜀。欣欣然，少长咸集。觅古宋台⑤，阅奇静山，听慈化梵呗，赏林海风月，观水上王城，眺南水北流，履汉帝巨淀遗踪⑥，登秦王望海云台⑦，流连忘返；勃勃然，百舸争流。晨鸣惊人⑧，凯马驰跃，墨龙飞天，百万之众，御风破浪，适彼乐土。

壮乎哉，乾乾⑨寿光。众志成城，开来继往。日新月异，超越梦想。天佑其民，续我华章。

---

① 指寿光人民根据贾思勰《齐民要术》一书关于饮食宴饮记载创制的一整套宴饮菜点，共有菜点 200 多款，内容有"齐民小吃宴""齐民素宴""齐民大宴全席"等多个系列，制作精美，品味独特，有古之遗风。

② 农圣神曲佳酿：贾思勰《齐民要术》一书有大量制酒的记载，寿光齐民思酒业、宏源酒厂都有大量的古法制酒产品，很好地传承了古代的酿酒技艺。

③ 指陈少敏（1902—1977），女，原名孙肇修，今寿光孙家集街道办事处范于村人。在党的八届十二中全会上，她公开抵制开除刘少奇党籍的错误决定，因此受到林彪、康生、江青等人的残酷迫害。

④ 指南北朝时期的寿光人、著名文学家任昉，因其文情真意切，透辟凌厉，深为当时一代词宗沈约所推称，其文章与沈约的诗齐名，有"任笔沈诗"之誉。

⑤ 指寿光境内的省级重点文物保护单位——呙宋台遗址，遗址面积近百万平方米，是齐鲁境内罕见的大型古文化遗址之一，内含商末、西周早中晚、春秋、战国、汉至南北朝几个时期的遗物。

⑥ 汉帝巨淀遗踪：《寿光县志》载"公元前89年，武帝征和四年，春三月，帝耕于钜定（即今山东寿光巨淀湖畔）。"《汉书》《资冶通鉴》《中国通史》对此事都有记载。

⑦ 秦王望海云台：指秦始皇东巡时曾筑望海崇台事。新编《寿光县志》望海崇台条"望海崇台，俗名黑冢。址在道口乡西黑村侧。此处即汉平望县故城，俗名圣母台。《读史方舆纪要》载：'望海台，秦始皇所筑，盖升以望海者，或命名所由也'。今已圯废"。

⑧ 晨鸣惊人："晨鸣"指寿光大型企业山东晨鸣纸业集团股份有限公司。

⑨ 意为自强不息。

第二章　农圣贾思勰

我们研究的既然是农圣文化，那么首先要解决的关键问题就是"农圣"是谁？对于一种自成体系的文化而言，除了要弄清楚文化的主体外，我们还有必要了解他生活的时代，了解他是一个什么样的（寿光）人？又有着哪些成就和历史贡献？他被尊为农圣的原因是什么？这对我们把握农圣文化的基本内涵，进一步理解农圣文化主体精神，厘清农圣文化与中华优秀传统文化的渊源关系，大有裨益。

查阅历史文献，我们很难发现有关贾思勰生卒年月、身世和经历等详细的史籍资料记载，贾思勰显然是一个"人以文传"的古代农业科学家。那么，我们是不是就没有办法去了解贾思勰的相关情况呢？应当说，只要我们细心梳理、大胆假设、科学论证，还是能从一些古典文献或史料中得到部分有用信息，最可靠的还有贾思勰的传世作品——《齐民要术》所反映的相关信息，以及先贤前哲的相关研究成果支持。通过本章的研究，我们大略能勾勒出农圣贾思勰的基本形象。

第一节　"后魏高阳太守"贾思勰

一、贾思勰其人之"谜"

关于贾思勰的相关信息，历代史籍中都缺乏详细记载，因此，在没有贾思勰其他作品或史料支撑的情况下，如果要了解贾思勰的相关信息，当前我们首先也只能从其撰写的《齐民要术》中找到一些蛛丝马迹，简略地、粗线条地勾勒出与其基本形象相关的关键要素。

（一）《齐民要术》隐含信息解答

《齐民要术》卷首书有"后魏高阳太守贾思勰撰"字样，从中我们至少可以得到以下确切信息（图 2-1）。

图 2-1　寿光齐民思酒厂院内的贾思勰与《齐民要术》雕塑

1. 《齐民要术》的作者问题

综合历史典籍和各家版本的研究，从全书的署名看，可以毫无疑问地确定《齐民要术》的作者就是贾思勰。

2. 贾思勰生活的时代问题

"后魏"即南北朝之后史书中所称的北魏，而"后魏"是后世（最早是北魏）对北魏的习惯称法，以区别于三国时期曹操建立的曹魏政权。因此，我们大概可以推断"后魏高阳太守贾思勰撰"的署名有两种可能性：第一种可能，这一署名就是贾思勰本人的亲笔署名，其原因可能是贾思勰自己以"后魏"之名来区别于三国时曹操建立的"曹魏"政权而已，这也是古往今来有学识之人的惯用之法，而并不是有的专家所说的后人代署，我们所持观点即倾向于此。第二种可能，这一行字也有可能是后人在传抄过程中，为了尊重作者而有意识加上的，也即后人代署，究其根本原因无非也是有别于三国时期的曹魏政权而已。持此观点的人认为，从历史惯用手法角度讲，作为北魏本朝当时代内的一个人物，作者一般不会以"后魏"自称，学术界持此观点者不在少数。因无史证，故此观点也难以成为定论。总之，无论持哪一种观点，至少都可以证明，《齐民要术》是贾思勰所著，其生活时代是北魏时期，这应该是毫无疑问的。

北魏是由鲜卑族拓跋氏于386年在我国北部（初期设都于代，后来迁至大同，孝文帝改革后迁都至洛阳）建立的一个由少数民族执政的封建王朝，其国号为"魏"，这也是南北朝时期北朝的第一个朝代。534年，北魏分裂为东魏（推元善见为帝，史称孝静帝）和西魏（推元宝炬为帝，史称文帝）。东魏、西魏存在的时间都不长，并且都自诩为后"魏"的正统继承者。按照中国传统的皇位承袭制度，正史一般以东魏为正统。550年，高洋灭东魏，建立北齐政权；557年，宇文氏灭西魏，建立北周政权。北齐、北周也都是短命王朝，存在时间不过20多年。

根据北魏、东魏、西魏政权的存在时间（表2-1），结合贾思勰"后魏高阳太守"的署名分析，我们可以肯定，贾思勰就生活在从北魏后期到北齐灭亡的这段时间，即北魏末至东魏初。据南京农业大学的郭文韬、严火其教授研究推测，贾思勰生卒年在488—556年，或相去不远。

表 2-1　北魏、东魏、西魏时期帝王年表

庙号	谥号	姓名	年号	使用时间
—	献明皇帝（北魏太祖追崇）	拓跋寔	—	—
太祖	道武皇帝（初谥宣武皇帝）	拓跋珪	登国	386—396 年
			皇始	396—398 年
			天兴	398—404 年
			天赐	404—409 年
太宗	明元皇帝	拓跋嗣	永兴	409—413 年
			神瑞	414—416 年
			泰常	416—423 年
世祖	太武皇帝	拓跋焘	始光	424—428 年
			神䴥	428—431 年
			延和	432—434 年
			太延	435—440 年
			太平真君	440—451 年
			正平	451—452 年

庙号	谥号	姓名	年号	使用时间
一	南安王	拓跋余	承平或永平	452 年
恭宗 （高宗追崇）	景穆皇帝	拓跋晃	一	一
高宗	文成皇帝	拓跋濬	兴安	452—454 年
			兴光	454—455 年
			太安	455—459 年
			和平	460—465 年
显祖	献文皇帝	拓跋弘	天安	466—467 年
			皇兴	467—471 年
高祖	孝文皇帝	元宏 （拓跋宏）	延兴	471—476 年
			承明	476 年
			太和	477—499 年
世宗	宣武皇帝	元恪	景明	500—503 年
			正始	504—508 年
			永平	508—512 年
			延昌	512—515 年
肃宗	孝明皇帝	元诩	熙平	516—518 年
			神龟	518—520 年
			正光	520—525 年
			孝昌	525—527 年
			武泰	528 年
一	一	元氏	一	528 年
一	一	元钊	建义	528 年
肃祖 （敬宗追崇）	文穆皇帝	元勰	一	一
一	孝宣皇帝 （北魏敬宗追崇）	元劭	一	一
敬宗	孝庄皇帝 （初谥武怀皇帝）	元子攸	建义	528 年
			永安	528—530 年
一	长广王	元晔	建明	530—531 年
一	节闵皇帝　前废帝	元恭	普泰	531—532 年
一	后废帝	元朗	中兴	531—532 年
一	武穆皇帝 （孝武皇帝追崇）	元怀	一	一
一	孝武皇帝（出皇帝）	元修	太昌	532 年
			永兴	532 年
			永熙	532—534 年

续表

庙号	谥号	姓名	年号	使用时间
—	（东魏）孝静帝	元善见	天平	534—537年
			元象	538年
			兴和	539—542年
			武定	543—550年
—	（西魏）文帝	元宝炬	大统	535—551年
—	（西魏）废帝	元钦	—	552—554年
—	（西魏）恭帝	元廓	—	554—556年

3. 贾思勰的任职地域及官职问题

由署名可知，贾思勰任职地是北魏的"高阳郡"，所任官职是"太守"。考察北魏时期的官制，可以得知在官员体制和用人政策上，北魏实行的是与三国曹魏时期一样的"九品中正制"。"九品中正制"又称"九品官人法"，主要是根据家世（家庭出身和背景）、行状（个人品行才能）、定品（确定的品级）三方面内容选拔人才，将人才确定为上品、中品、下品三个类别，而各品又再细分为上、中、下三品，形成上上、上中、上下、中上、中中、中下、下上、下中、下下九个品级。曹魏时期，"九品中正制"的特点是任人唯才，属于正常的人才选拔方式，但到了北魏时期，这一制度逐渐演变为任人唯亲唯贵不唯才的畸形用人制度，等级森严的门阀制度使北魏官场形成了"上品无寒门，下品无士族"的非正常局面。

据《魏书》卷九《肃宗纪》载，孝昌三年（527）二月，孝明帝下诏："关陇遭罹寇难，燕赵贼逆凭陵，苍生波流，耕农靡业，加诸转运，劳役已甚，州仓储实，无宜悬匮，自非开输赏之格，何以息漕运之烦。凡有能输粟入瀛、定、岐、雍四州者，官斗二百斛赏一阶；入二华州者，五百石赏一阶。不限多少，粟毕授官。"①说明北魏当时的社会局势非常严峻，朝廷通过"输赏之格"来解决尖锐的社会问题，虽属无奈之举，却由此开启了卖官鬻爵之恶风。到了孝庄帝初年，"输赏之格"进一步发展成为一种"入粟授官"制度，据《魏书·食货志》载："庄帝初，承丧乱之后，仓廪虚罄，遂班入粟之制。输粟八千石，赏散侯；六千石，散伯；四千石，散子；三千石，散男。职人输七百石，赏

---

① 许嘉璐主编：《二十四史全译·魏书》第1册，上海：上海汉语大词典出版社，2004年，第198页。

一大阶，授以实官。白民输五百石，听依第出身，一千石，加一大阶；无第者输五百石，听正九品出身，一千石，加一大阶。诸沙门有输粟四千石入京仓者，授本州统，若无本州者，授大州都；若不入京仓，入外州郡仓者，三千石，畿郡都统，依州格；若输五百石入京仓者，授本郡维那，其无本郡者，授以外郡；粟入外州郡仓七百石者，京仓三百石者，授县维那。"①由此看出，此时输粟所授之官有虚、实职之分，只有"职人"（在职之人）输粟才能授以实官，而平民百姓只能授以虚职。由此推断，贾思勰的官职是虚职的可能性极大，是不是通过输粟授官也很难说。

太守一职是北魏地方官吏中一个"郡"的主要官员，"谓古今亲民之官，莫如守令。故守令皆以劝农为职"（《四库全书·齐民要术·后序》），点明"守令"之职重在"劝农"事稼穑。而一"郡"之守官，又根据辖地之广狭情况分为上郡太守（北魏官制第四品职级）、中郡太守（北魏官制第五品职级）、下郡太守（北魏官制第六品职级）三个层次，其俸禄为官秩公田食租10顷。根据北魏官制，太守之职上有刺史，下有令长，因此未能实际治民，所以太守一职也大多是空有其名而无其实。从贾思勰撰著《齐民要术》这样的鸿篇巨制来说，他如果不是有相当精力和时间，如果没有丰富的农业生产经验的话，绝对难以实现。由此也可以间接证明，贾思勰所任"高阳太守"为虚职的可能性最大，这一推断也基本合乎北魏官制的现实特点。正因为高阳太守是虚职，是不是也可以间接证明贾思勰官职得益于"兄弟行"的贾思伯、贾思同之利呢？这也需要我们进一步的思考和研究来证实。

此外，根据现已掌握的文献资料推理考证，学界普遍认同贾思伯、贾思同、贾思勰都是"齐郡益都"（治所包括今淄博市临淄区、潍坊市青州市、寿光市的大部分范围）钓台里（今寿光市城区南李二村附近）人，是同属寿光贾氏家族的同辈兄弟。贾思伯最后官至太常卿（北魏正三品职，相当于国家祭祀部部长），兼任度支尚书（北魏正三品职，相当于国务院财政部长），贾思同最后官至散骑常侍（北魏从三品职，相当于顾问院总顾问长），兼任七兵尚书（相当于国防部长），又任过侍中（北魏三品职）。联系北魏的用人制度，考虑贾思伯、贾思同的官位权势和影

---

① 许嘉璐主编：《二十四史全译·魏书》第3册，上海：上海汉语大词典出版社，2004年，第2335页。

响，在没有其他确凿证据材料的情况下，我们不排除贾思勰也是因为同族兄弟贾思伯、贾思同的关系，才有机会担任高阳太守的极大可能性。

综合各种分析，我们认为"高阳太守"一职是贾思勰仕途中最高也极有可能是最后的一个，而且是一个空有其名的闲职而已。因为按照中国史书编写的惯例，显赫人物的传记中或多或少必然会涉及同族上下有着重要影响的一些人，一则显示出望族之百世其昌，光宗耀祖，大增其家族之荣耀；二则体现出同族乃至同辈人之优秀，同时也就为传主人增添些许光环和色彩。例如，在《魏书》^①卷八十一《刘仁之传》中，记有刘仁之"其先代人，徙于洛。父尔头，在《外戚传》"。再查《魏书·刘罗辰传》，果然记有刘罗辰"子尔头，位魏昌、瘿陶二县令，赠巨鹿太守。子仁之，自有传"。虽寥寥数语，但已将酷吏刘仁之的外戚裙带关系，先辈官职等身世和家族背景交代得清楚明白。再如《魏书》卷七十二《贾思伯传》记载："贾思伯，字士休，齐郡益都人也。世父元寿，高祖时中书侍郎，有学行，见称于时"，就交代了他的伯父贾元寿的官职和学问德行情况。同时，《魏书·贾思伯传》文末还记有："子彦始，武定中，淮阳太守。"说明他的儿子为贾彦始，武定年间，其任职淮阳太守。此外，就连贾思伯的兄弟贾思同，也因为官居要职，并且是皇帝侍讲等原因，在《魏书·贾思伯传》后再立《贾思同传》，从而彰显了贾氏一门的荣耀和地位，这是史家惯用之法，也是世人通用之法。但《魏书》在记述《贾思伯传》《贾思同传》时独独对贾思勰只字未提，按照中国传统文化的价值观，如果贾思勰与贾思伯、贾思同是"一门三英"，即便是职位较低的"高阳太守"，应当并且一定也是会入传的，而没有将贾思勰入传就有背常理，这一反常写法反而为我们提供了一个了解贾思勰真实情况的重要信息，这即是贾思勰与贾思伯、贾思同并不是同一个家庭的亲兄弟，而极有可能是同族兄弟。

如果从家庭关系的角度分析，贾思勰一定不是贾思伯、贾思同的亲兄弟，嘉庆《寿光县志》就有记载："贾思勰亦元魏人，与思伯、思同亦兄弟行。"可以推断，贾思勰与贾思伯、贾思同极有可能是堂兄弟或族兄弟。此外，结合北魏时期的用人制度，我们有理由推断，贾思勰在当朝所任官职极有可能是因为贾思伯、贾思同的原因，并且不是要职或

---

① 许嘉璐主编：《二十四史全译·魏书》，上海：汉语大词典出版社，2004年。下文凡引用《魏书》资料者皆同，不另注。

显职，很大程度上说应该就是一个空有其名的闲职。试想若为实职，在以农为本的古代社会，作为地方官吏的管理之职、督课之责以及税赋之责是相当繁重的，根本不可能有如此宽裕的时间去写这样一部皇皇巨著，否则以之常情贾思勰及其《齐民要术》在《魏书·贾思伯传》中也应当会有所提及的。

（二）里籍问题

关于贾思勰的里籍史家也多有争论，趋同观点是：贾思勰是山东寿光人（北魏齐郡益都钓台里，今寿光市李二村人）。其堂兄为贾思伯、贾思同（二人在《魏书》《北齐书》中皆有传），其远祖是西汉时名士贾谊，被毛泽东誉为"少年倜傥廊庙才"。

1. 史证分析

（1）古代志书证析。1895年，清代学者姚振宗著《隋书经籍志考证》里记载："《魏书》有贾思伯，字士休，齐郡益都人，弟思同，字士明。孝明帝时并为侍讲，授静帝《杜氏春秋》。思伯谥文贞，思同谥文献，已在魏之季世，当南朝梁武帝天监、普通、大同之时，思勰或与之同时同族，为郡守以后不仕而农者欤！"清嘉庆四年（1799）刘翰周编撰的《寿光县志》也载："贾思勰，亦元魏人，与思伯、思同亦兄弟行。"都认为贾思勰与贾思伯、贾思同为同时期同家族之人，是排行兄弟，贾思勰做了高阳郡太守后又主动辞职归田而专注于农业生产实践。另据，绍兴十四年（1144），南宋葛佑之为《齐民要术》所作序中称此书"旧多行于东州"，此"东州"即青（州）齐（郡）之地。

在《山东通志》《青州府志》等文献资料的记载中，也都可以找到这样的证明。这些史料充分说明，贾思勰与贾思伯、贾思同都是北魏时的"齐郡益都人"。

（2）地方志书证析。据清代经学家、文学家洪亮吉《三国疆域志》载："益都，今青州府寿光县地。"清光绪三十三年（1907）编写的《益都县图志》于卷首"凡例"中载："若魏之贾思伯，本传虽云益都人，然彼时益都实在今寿光县境，故亦不载。"1989年出版的《青州市志·建置沿革》称："北齐天保七年，撤销临淄县，把原在今寿光县境内的益都县治所移到东阳城。"而《寿光县志·古迹志》"城台"章中记载："曹魏于今寿光南十里汉益县故城置益都县。""益城在今县城南七里，汉益县也。""沿革"章也记载"高齐天保七年，移益都治东阳城，即今益都治也"。

以上史志说明，北魏时的"齐郡益都"县治就在今寿光市的益城村，北齐天保年间县治才移至青州东阳城。由此更进一步说明，贾思勰是寿光人。

（3）关于"钓台里"所在。今天的寿光市有个钓鱼台村，是不是《贾思伯墓志铭》中所说的"钓台里"呢？应当不是。从地名特征分析，该村必近河而居，而弥河古称巨洋水，是寿光境内最重要的一条河流，历史上因山洪、地势等原因多次改道，《水经注》记载："巨洋水又东北迳益县故城东……又东北积而为潭，枝津出焉，谓之百尺沟，西北流迳北益都城也……又西北流而注于巨淀矣。"这里说的"益县故城东""西北流迳北益都城"，指的是北魏时的益都县，即今寿光市益城村和古城村，因此，钓台里当在益城村不远，现在的李二庄村因为发掘出了贾思伯、贾思同墓，可知李二庄附近即是《贾思伯墓志铭》中所说的"益都县钓台里"所在，因此，贾思勰是李二庄人应当是可信的。

（4）现代考证析。《中国小通史·两晋南北朝》载："贾思勰，山东益都人，曾做过高阳太守。"近代学者胡立初《齐民要术引用书目考证》中说："盖贾君者，青齐之旧族，高阳之太守也。贾宗双凤，擅美当世，《杜氏春秋》讲授颛门。家有经师，宜其博识宏通。"

综合以上史料，我们可以推断并得出以下几个结论。

第一，贾思勰与贾思同不是同一人，贾思勰与贾思伯、贾思同也不是一母同胞的亲兄弟，而极有可能是同族兄弟。第二，贾氏是青州齐郡望族，因为贾思伯、贾思同是齐郡益都人，贾思勰作为其同族兄弟，自然也是齐郡益都人。第三，北魏前期的齐郡益都县治所在今寿光市"益城"，即魏承汉制的汉代"益县"，也即今寿光市城南的益城村，而非古青州城，只是后来益都县治移至今青州东阳城。第四，"高齐天保七年"即556年，齐郡益都县治才由今寿光市益城村移到今青州故城东阳城，因此《魏书·贾思伯传》中所言"齐郡益都"即现在的寿光市益城村，而下文《贾思伯墓志铭》中所言"齐郡益都县钓台里人也"，此"钓台里"即今天寿光市城南的李二村。第五，由此可推知，贾思勰的里籍在寿光确凿无疑，并且其与贾思伯、贾思同是同族兄弟，都是今寿光市城南李二村人。

2. 物证分析

（1）古墓葬证析。贾思伯墓（实为夫妇二人）、贾思同墓在寿光市城南4千米的李二庄东北隅，西南距李二庄500米。两墓东西并列，贾思伯墓居西，封土圆形，直径33米，高7米；贾思同墓居东，封土亦圆形，直径23米，高7米。1973年冬，在此挖掘出土了《魏故散骑常侍、尚书右仆射、使持节镇东将军青州使君贾君墓志铭》（即《贾思伯墓志铭》）及贾思伯夫人刘静怜墓志铭（笔者注：两墓为合葬墓，两铭在墓室东南角，东西并列，《贾思伯墓志铭》在东，《刘静怜墓志铭》在西，出土陶、瓷器多集中于墓志铭北部），从而揭开了贾思伯里籍为"齐郡益都"的历史公案（社会上原多认为"齐郡益都"即今青州市治所，事实相左）之真相。1995年10月，贾思同墓也因地下沙层塌陷，墓室暴露，寿光市博物馆组织人员对该墓进行了抢救性发掘，出土了一批重要文物。贾思伯、贾思同墓的发掘，为证实贾思勰身份和出生地、埋葬地提供了间接而有力的实物证据。

由《贾思伯墓志铭》所载贾思伯乃"齐郡益都钓台里人也"，以及其墓志铭出土位置，可推知"钓台里"即现在的寿光市城南李二村。而另据清代段松苓著《山左碑目》载，贾思同碑兴和三年（541）建，在寿光城南李二村，今佚。据李元卿教授在李二村的几次实地考察，李二村南500米外原有一座高约6米，占地约3亩的古墓，但无标志和文字记载，当地人称为无名冢，可惜1968年因村民取土遭到破坏，且未作挖掘，推测其极有可能就是贾思勰墓，现已埋于路下。

（2）出土文物证析。从贾思伯、刘静怜夫妇墓和贾思同墓已出土的文物（图2-2、图2-3、图2-4），我们可以进行一些史学和文化学上的考证。最重要的有贾思伯、刘静怜夫妇的墓志铭（图2-5、图2-6），贾思同墓碑据《寿光县志·金石志》的记载："益都段松苓《山左碑目》云'兴和三年建在城南李二庄'，今佚"。由《贾思伯墓志铭》可知，寿光贾氏远祖为西汉名士贾谊，世称"贾生"（《过秦论》《论积贮疏》等曾入选高中《语文》教材）。贾家于2世纪中叶定居甘肃武威，3世纪迁河北，4世纪末来齐地定居。作为贾思伯、贾思同同族兄弟，贾思勰家庭的命运与变故应当不会与之相异。

图 2-2　贾思伯、刘静怜夫妇墓出土的随葬器物

资料来源：贾效孔：《寿光考古与文物》，北京：中国文史出版社，2012 年，第 12 页

注：有瓷器 2 件、陶器 14 件、墓志 2 方，图为陶牛、陶马、陶男俑、陶女俑、瓷四系罐、陶盘口壶等部分出土文物

图 2-3　贾思同墓出土的残存碎骨（左）及戴风帽的胡俑（右）

资料来源：寿光博物馆：《山东寿光东魏贾思同墓清理简报》，《中原文物》2016 年第 5 期

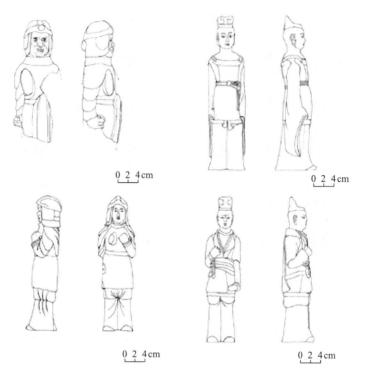

0 2 4cm

0 2 4cm

0 2 4cm

0 2 4cm

图 2-4 贾思同墓出土的随葬器物

资料来源：寿光博物馆：《山东寿光东魏贾思同墓清理简报》，《中原文物》2016 年第 5 期

注：有瓷器 4 件、可辨识者 84 件，图为随葬武士俑，依次为镇墓武士俑、披裲裆甲俑、
披甲胄武士俑、背箭箙俑，大量武士俑的出土与史书所载贾思同的身份相吻合

图 2-5 贾思伯墓志铭原碑及拓片（现藏于寿光市博物馆）

图 2-6　贾思伯夫人刘静怜墓志铭原碑及局部拓片（现藏于寿光市博物馆）

综合以上资料分析，我们可以说明以下几个问题。

第一，贾思伯里籍"齐郡益都钓台里"，可以确定就是现在寿光市城南的李二村。第二，贾思伯墓与贾思同墓相去不远，出土文物也与史书中关于贾思伯、贾思同的记载信息相吻合，可靠可信。第三，贾思伯墓是贾思伯与其夫人刘静怜的合葬墓。据墓志铭可知，贾思伯死于525年七月的洛阳怀仁里，同年十一月归葬寿光老家；刘静怜于541年六月在寿光益城（当时益城还是益都县治所在，556年才移治今青州东阳城）里去世，时隔三年后的544年十一月才与贾思伯合葬，与史书记载吻合。第四，贾思同与贾思伯是亲兄弟无疑，其墓葬在贾思伯、刘静怜合葬墓之东，也是去世后归葬于老家——寿光市城南的李二村。第五，联系《齐民要术》中贾思勰所述与刘仁之的关系，结合贾思伯与冯元兴、冯元兴与刘仁之的关系分析，贾思伯、贾思同墓南 500 米左右处的无名大冢，极有可能就是贾思勰的墓葬所在。第六，贾思勰是寿光人应该是确凿无疑的。

二、贾思勰身份之"谜"

由于历史资料的匮乏，贾思勰的身份一直是个"迷"。除了探究与其相关的历史人物，从而形成一些模糊的认知，我们还没有更好的办法和途径来确定贾思勰的身份。其实，相对于《齐民要术》这样一部农学巨著来说，贾思勰到底是谁？他是一个什么样的人？倒不是那么重要了。但从学术角度研究《齐民要术》，特别是对贾思勰《齐民要术》农学思想文化进行深入研究，就非常有必要对贾思勰其人进行一些相关的研究，有利于传承创新以贾思勰《齐民要术》农学思想为主体的农圣文化。

关于贾思勰的身份，学界有一个基本认同的观点可资参考，这一观点认为贾思勰是集官僚、知识分子、地主三重身份于一身的一个历史人物。[①]第一，《齐民要术》引用古代经典著作150多部（种），数量之多，内容之精细，无论古今皆堪为学之楷模，同时也充分反映了贾思勰对古代经典著作的熟识，以及藏书的丰富，是贾思勰作为古代知识分子的有力证明。同时，《齐民要术》卷三《杂说第三十》中详细记载了古代读书、治书、藏书、修书、补书等知识技能，可谓细致入微，是典型的知识分子所擅长的技艺，也是贾思勰知识分子身份的重要证据。第二，贾思勰在《齐民要术》自"序"署"后魏高阳太守贾思勰撰"，从具体的任职时代、工作地域、官职等级等关键处，非常清楚地点明了贾思勰的官员身份。在这里，贾思勰点明自己的官职，也充分显示出我国古代社会以官为荣的官本位思想和光宗耀祖的传统观念。第三，纵观《齐民要术》全书，贾思勰在记述作物种植、土地经营等方面，动辄以"顷"以"百、千、万"为单位计算，这在当时绝非一般家庭所能及。据《魏书·食货志》载："（孝文帝时期太和）九年，下诏均给天下民田：诸男夫十五以上，受露田四十亩，妇人二十亩，奴婢依良。丁牛一头受田三十亩，限四牛。所授之田率倍之，三易之田再倍之，以供耕作及还受之盈缩。"即使在这样的"均田制"下，男女虽然都有受田可耕，但在社会动荡时期，对于一个贫困的农家来说，能够使用这样大的度量衡进行家庭或农业生产的计量单位，也是让人根本无法想象的。这不仅显示出贾思勰绝不是一般的农家子弟，更充分证明贾思勰拥有大量的土地资产、财产，甚至他自己家里还曾养过 200 多只羊，这在北魏社会动荡，一般人家生存都成问题的现实情况下，对于这样庞大的家庭养殖来说根本难以实现，这也有力证明了贾思勰至少是一个小地主阶级。

此外，贾思勰在自序里说《齐民要术》的写作是为了"晓示家童""故丁宁周至，言提其耳，每事指斥，不尚浮辞"，据缪启愉先生考证，古代对家奴中的小儿用"童"字，而对自己的儿女一般用"僮"

---

① 郭文韬，严火其：《贾思勰王祯评传》，南京：南京大学出版社，2001 年，第13—16页。

字，并且在原书里也能找到这样的例证等。由此判断，贾思勰的地主身份也就昭然若揭。同时，从《齐民要术》所包含的文化思想、农学思想、经营思想等中也均能得到充分证明。

其实，假若再进一步全面说明贾思勰的身份，还可以再加上全面的农业技术专家、精明的商人、朴素的思想家、食品加工和酿造专家、烹饪专家、经学专家等一些重要的头衔。因为，通过深入研究《齐民要术》可知，凡是书中有详细记载的技术内容，无论是论述的专业性、科学性、前沿性，还是技术运用的规范性、实用性、熟练性等，贾思勰都可以称得上是专家。此外，《齐民要术》涉及农、林、牧、副、渔等现代大农业生产的各个方面，内容庞杂，不一而足，也无愧为一部"中国古代农业百科全书"。因此，给贾思勰冠以以上头衔也实属师出有名，绝非妄言。

如果客观的评价贾思勰，可以说贾思勰出仕治学，躬耕田畴，至少曾任过"高阳太守"一职，他"身居一郡，博识宏通"，足迹遍至今河南、山西、河北、山东等地，积累了丰富的农业生产实践经验。贾思勰主张"民生在勤，勤则不匮"，认为农业是人民衣食之本，也是富国安邦之本，倡导"食为政首""要在安民，富而教之"；强调"力能胜贫，谨能胜祸"，农业生产应"顺天时，量地利""任情返道，劳而无获"；他把商业流通看作是"益国利民，不朽之术"，还主张节约，反对奢靡浪费。辞官后，贾思勰"采捃经传，爰及歌谣，询之老成，验之行事"，历时约 16 年或更长的时间写成农学巨著《齐民要术》[①]，在我国乃至世界农业科学技术史上都有极其重要的地位，被誉为"中国古代农业百科全书"，贾思勰也被世人尊称为"农圣"。

三、贾思勰任职高阳郡属地之"谜"

北魏时"高阳郡"有两个，贾思勰究竟担任的是哪一个高阳郡的太守？历来争议颇多，一般认为是青州辖下的高阳（今山东省淄博市临淄附近），姑且存议。《传世名著百部》（蓝天出版社，1998 年）第 57 卷《齐民要术》载："据《齐民要术》中曾提到杜洛周、葛荣起义失败后老百姓以桑葚充饥之事（杜、葛起义活动地区主要在今河北省中部），

---

① 郭文韬，严火其：《贾思勰王祯评传》，南京：南京大学出版社，2001 年，第 5—8 页。

很有可能贾思勰做官之处为河北的高阳。"查阅《魏书·地形志》可以知道，北魏时的两个高阳郡，一个是当时青州所辖的高阳郡，领县五，人口 17 667 人；一个是当时瀛州所辖的高阳郡，领县九，人口 140 107 人[①]，是比青州高阳郡大得多的一个郡治，当属中上郡规模。这一规模与人口，是我们考证贾思勰任职高阳郡不可忽视的重要前置信息之一。如果我们再去考究与贾思勰同族的贾思伯、贾思同兄弟两人，还会有惊人的发现。在社会普遍认为贾思勰所任职高阳郡是今淄博市临淄区境内高阳郡的情况下，我们从社会学、关系学等角度出发，做了一些相关性研究，提出以下几点线索和不同看法以供商榷。

（一）贾氏兄弟的关系线索

基于贾思勰与贾思伯、贾思同乃同族兄弟关系的前提，我们可以从中发现一些与贾思勰任职地相关的价值信息。贾思伯、贾思同兄弟两人官居高位，而且又都做过皇帝的侍讲，可谓是皇帝身边的红人。朝廷有人好做官、城里有人好办事，这是过去人们时常挂在嘴边的一句俗语，其意思无非是说一个人的前程与自己身边的亲朋好友有着较大关系，如果一个人在城里有亲朋好友，或者亲戚朋友的官职做得足够大，那么，从一定意义上讲这个人的前程有极大可能是顺风顺水、一路坦途。联系北魏"九品中正制"的用人制度，我们能为这一世俗说法找到很多例证。可以想象，有着如此显赫家世的贾思勰，即便做的是空有其名的闲职太守，也不至于是中、下郡的太守，因此有理由相信贾思勰所任的高阳太守，应该是河北瀛州的高阳郡太守。梁家勉教授的考证从推理到史料分析符合逻辑推理，也颇具道理，结论也与此同，可参考。栾调甫教授认为贾思勰与贾思同是同一个人，该结论不可取。还有其他学者考证贾思勰为他人者，则更不可取。

（二）著述原则线索

贾思勰在《齐民要术·序》中曾言及"其有五谷、果、蓏非中国所殖者，存其名目而已；种莳之法，盖无闻焉。舍本逐末，贤哲所非，日富岁贫，饥寒之渐，故商贾之事，阙而不录。花草之流，可以悦目，徒有春花，而无秋实，匹诸浮伪，盖不足存"。这几句的核心意思为：不

---

① 许嘉璐主编：《二十四史全译·魏书·地形志》，上海：汉语大词典出版社，2004 年。

是自己国家所产的"只存其名目",原因是自己没有听说过,不知道,所以不写。对于投机倒把的商业活动,因为"贤哲所非",更主要的原因是有风险,是"饥寒之渐"的根源,所以他也"阙而不录"。对于花草之流,贾思勰认为是些浮华虚假的东西,不值得记录保存。纵观全书,"皆余目所亲见,非信传疑""已尝经试"等语句所表达出的意思,以及所记内容也无一例外地印证了这一写作原则,可见贾思勰是言行一致的。这些坦诚直白的表达,充分体现了贾思勰实事求是的原则精神,在一定程度上我们既可以将其看作是贾思勰著书的基本原则,也可以说是贾思勰为人处事的原则。

基于此,我们有理由相信,对于道听途说或者穿凿附会的东西,贾思勰是不会轻易入书的。以此为据,贾思勰在《齐民要术》中述及的可考地名,便不可能是随便听来即入书的,如东北地区的辽(昔阳一带)、河北的渔阳、北京的密云等地,相对贾思勰出生的"齐地"寿光来说,可谓遥之又远,若非亲到或亲临彼地不远之处,亲耳所闻或亲眼所见,对当地之事恐怕难以知其周详如此,也不会郑重其事如数家珍般地写入书中,否则就违背了贾思勰的原则。而这些地方虽然与临淄相距较远,却恰恰与瀛州相去较近。由此来讲,贾思勰任职地若为临淄之高阳,在当时条件下要想涉地如此之远者,其可能性相当小,不仅如此,在北魏战乱不断、动荡不安的时代,搭上身家性命也是有可能的。

(三)处境与身家关系线索

近朱者赤,近墨者黑,这是我国古代先贤从生活哲学的意义上,对一个人与其所处环境的关系做出的一个理性论断,反映了环境对人的客观性影响。"'鲍鱼之肆,不自以气为臭;四夷之人,不自以食为异:生习使之然也。居积习之中,见生然之事,夫孰自知非者也?'斯何异蓼中之虫,而不知蓝之甘乎?"这是贾思勰在《齐民要术·序》中的观点,其道理与传统意义上"近朱者赤,近墨者黑"是相通的,并且贾思勰的论述更加深入具体。基于这样的经验理论基础,我们再反观贾思勰生活时代的情况:作为高阳郡的父母官,可以说,贾思勰上有浩荡皇恩,即北魏朝廷对其信而任之的知遇之恩;中有望族贵亲,即显赫于朝的贾思伯、贾思同两位兄长的影响和威势所在;下有黎民百姓的生死之忧所系,对己有前途发展之攸关,这三者对贾思勰形成一种思想上的无形压力和行为上的客观约束。

同时，从社会礼制发展的现实来看，儒学经过汉朝王权的确立与推崇，已发展成为社会上的显学，以绝对权威而成为人们的思想指南和行为圭臬，全面而深入地影响着人们的一切活动。贾思勰是一个饱读诗书之人，自然深知儒学中"仁""礼"的核心价值，是关系一个人声名与发展的重要因素。因此，从此意义上讲，有着显赫家族背景、熟读儒家经典的贾思勰绝不可能对上置朝廷"圣意"于不敬，而失大礼；对下，置百姓死生于不顾，而失大仁；对中，置兄长职权利弊于不惜，而失大义；对己，置个人仕途发展于不爱，而失大计，会有此闲情逸致云游四方。既熟读诗书又深明事理，若不是任职所在地的辖域之内，在北魏时期动荡不安的社会环境下，贾思勰是没有机会，也不可能四处闲适而游。所以，贾思勰书中所述地名，更多的可能是其为官一方的辖内之地，必定是他亲至或者至后所闻所得，因有周知之必要或撰述之需要，而最终被得以巧妙地载入《齐民要术》。我们从此也可以体会到作为一名地方官吏，贾思勰是如何遵守朝纲，尽职尽责，敬业为民。

（四）社会原因线索

国家兴亡，匹夫有责。作为一名饱读诗书的地方官吏，贾思勰深知国家灾难之际，也就是作为朝廷命官的自己挺身而出、勇于担当之时。无论古今中外，可以说这是任何一位有志之士的必然之举。

北魏末期，社会动荡不安，战乱四起，经济萧条，民不聊生，人人自危，或因饥荒难保饿殍满地，或因战乱出逃居无定所。此情此景，身为地方官员的贾思勰自然是入眼入心，也必定产生了思想上的震动，所以才会在《齐民要术》自序中开篇言旨"要在安民，富而教之"。面对难民四处流浪以求活命的现实，作为一郡之太守，心存居安思危的忧患意识和"要在安民，富而教之"责任担当精神的贾思勰，他采取了以下几个措施督促自己。

第一，他引用《淮南子》"圣人不耻身之贱也，愧道之不行也；不忧命之长短，而忧百姓之穷。是故禹为治水，以身解于阳盱之河；汤由苦旱，以身祷于桑林之祭。……"以圣人的所作所为当作自己的学习楷模，来表达自己绝不会在其位不谋其政，贪享乐而偏安于朝的决心。

第二，贾思勰引用《仲长子》"稼穑不修，桑果不茂，畜产不肥，鞭之可也；杝落不完，垣墙不牢，扫除不净，笞之可也"。用地方官吏的督课之责，来强调为官一方的职责与任务，鲜明地表达了自己绝不会不顾职责和使命在身，而远离属地失职闲游。此外，贾思勰在自序中引用历史上的任延、王景、皇甫隆、茨充、崔寔、黄霸、龚遂、召信臣、颜斐、王丹、杜畿等地方官吏督课农桑的故事，强调劝农务桑是地方官吏的基本职责，提出"庸人之性，率之则自力，纵之则惰窳"的观点。

从以上资料我们可以更加清晰地看到贾思勰对地方官吏履职尽责的重视，也体现了贾思勰作为一郡太守的责任担当。由此，结合贾思勰的创作原则，我们也就更容易理解贾思勰所到之处的真实性，而绝不会像有些专家所认为的那样，仅仅是因为贾思勰关心农业，而到过许多地方考察那么简单了，历史真相极有可能就是这些地方是贾思勰曾经任职管辖之地，而高阳郡仅仅是其最后或最高一职的任职之地而已。

第三，贾思勰对朝廷政令失所，朝野内外奢靡浪费之风表现出极大的愤慨，他认为"夫财货之生，既艰难矣，用之又无节；凡人之性，好懒惰矣，率之又不笃；加以政令失所，水旱为灾，一谷不登，胔腐相继：古今同患，所不能止也，嗟乎！"他对国家不幸、人民灾难、生活贫乏的现状表现出极大的关心和同情，应该说拥有这样心胸的贾思勰注定了要成为一个关心国家、关心百姓的好官。

第四，面对家国之难、百姓之忧、生产粗放的社会现实，抱有"要在安民，富而教之"理想的贾思勰，应当也绝不会毫无责任心和压力感，置政务于不顾而恣意于旁左，否则他也不会在《齐民要术·序》中说"丁宁周至，言提其耳，每事指斥，不尚浮辞"。因为，他著书的目的是"要在安民，富而教之"，是为老百姓服务的，也是为北魏地方官吏治理好地方，发展地方经济服务的，也因此才有"起自耕农，终于醯醢，资生之业，靡不毕书"的《齐民要术》面世。

（五）史实推理线索

在缺乏史料佐证的情况下，考证贾思勰任职之地的依据只能依靠其著作《齐民要术》。《齐民要术》卷五《种桑柘第四十五》中，贾思勰自注："今自河以北，大家收百石，少者尚数十斛。故杜葛乱后，饥馑荐臻，唯仰以全躯命，数州之内，民死而生者，干椹之力也。"《魏书》中有"杜葛之乱"的记载，即"杜葛之乱"始于525年，528年失败，其活动范围也仅在河北（时称瀛州）数州之内。入其境方得其真，行之深方知其切，耳听为虚，眼见为实，何况贾思勰有非亲眼所见亲身所历者不予记载的著述原则，贾思勰如果不是在瀛州高阳郡任太守一职，那么他对"杜葛之乱"这一事件对当地造成的严重后果与恶劣影响，也很难以有如此深切的体会和反映。

贾思勰在《齐民要术》中一再提到"齐"地的农业情况，学术界普遍认为这是认定贾思勰任职今天临淄境内"高阳郡"的铁证。但换个角度讲，我们是不是也可以认定这正是印证贾思勰是"齐人"的更加有力的证据？对此，梁家勉先生对原著中留下的些许蛛丝马迹有着较为合理的考证，他认为，（1）书中自述，曾亲历"井陉以东"地区。井陉属今河北省境内，可能就是当著者（笔者注：即贾思勰，下同）赴任时从山西东北行所经之地。（2）本书（笔者注：指《齐民要术》，下同）《白醪曲第六十五》中提到的"皇甫吏部"，很可能是皇甫场。此人为元雍的女婿。元雍受封高阳，封地在青州境还是在瀛州境？虽史无明文，但结合他当时为镇北（后迁"征北"）将军和都督冀、瀛等州诸军事的任务推测，则其封地当是瀛州高阳郡。其时元雍家属，可能部分居洛阳，部分居瀛州或其邻州。皇甫场也可能一度居其地（瀛州一带），他作白醪曲的"家法"，如果是著者莅官高阳时就地查询所得的话，那就更有力地说明著者所官的高阳是瀛州境而非青州境。（3）从本书述及"今自河以北……杜葛乱后……数州之内……"的话推测：当时杜洛周、葛荣的活动，正在这一高阳郡及其邻境，包括冀、定、沧、瀛、殷五州（《魏书·世宗纪》）。高阳在瀛州算是较大的郡，大概杜、葛失败后，贾思勰才来此任太守，所以有此反映。[①]这些论证逻辑合理可信度较高，对于考证贾思勰任职地大有裨益，值得参考和重视。

（六）时代原因线索

每个时代都有其时代的局限性，不可避免地要影响到该时代的社会发展，这是历史发展现实。北魏时期社会经济条件还相当低下，人们的交通代步工具也十分有限。在陆地交通方面，以牛车代步是官员身份的象征，绝非寻常百姓家可以享受，徒步而行是普通百姓的实际情况。马匹作为重要的战略资源，也仅仅是作为战争时期和朝廷传递公文之用，而牛在农家主要作为重要的农耕畜力使用。所以，北魏时候，一个人

---

① 梁家勉：《有关〈齐民要术〉若干问题的再探讨》，倪根金主编：《梁家勉农史文集》，北京：中国农业出版社，2002 年。

如果想要到达一个较远的地方，假如不是凭借一定的代步工具，其难度是相当大的。我们再根据《齐民要术》中出现的地名，对贾思勰所经之地作一些详细地考察，会发现基本上与北魏朝廷的迁都过程有着极大的相符性，可谓遍及大部分或全部北魏统治区域，如果不是凭借官员的身份而能假用他物，仅凭自己的徒步行进，恐怕难以做出合理的解释。

因此，《齐民要术》中所列地名便有两种可能而得以入书：第一，必是贾思勰任职所辖之地或途经之地，是贾思勰亲至亲闻甚至亲见的，总之一定是贾思勰所到之处，否则贾思勰是不会轻易地写入书内。第二，必是与贾思勰任职之地相距不远，其所闻所见或在督课巡视之时，或在考察访民之途，或是实地验证之至，绝非道听途说不负责任的随意而为。假若果真如此，那么贾思勰任职之高阳位于瀛州的可能性最大。

（七）《高阳县志》线索

河北省《高阳县志》所知最早的版本，是由明朝时任柱国少傅兼太子太师、兵部尚书兼文渊阁大学士孙承宗于天启四年（1624）编纂的，清康熙八年己酉（1669）进行了编修但未刊印，1941年在作修改补充后得以铅印出版。1978年，又由台成文出版社出版了"据民国李大本等修李晓冷等纂，1941年铅印影印"的《高阳县志》（全二册）。

《高阳县志》"凡例"中载"时事日新，今昔异势。旧志体例自宜变通。此次省令征集地方志资料，原定门类计大纲十六，即依此例分类编辑，以期省县一致。""旧志原载为省定门类所无者，或与沿革有关，或多名人题咏，别为一编名曰旧志摘存，以资参考。""集文遗文仍如旧志，增入新篇。"[①]意思是说，时事变化日新月异，今昔形势不同了，旧志体例自然应当变通。这次是省里下令征集史志资料，原修志确定16门类大纲，就是根据省里体例分类编辑的，目的是"省县一致"。旧志中原来记载的但省里确定的门类没有，有的与发展沿革有关，有的多是名人题咏之作，今另编为"旧志摘存"一编，以备参考之用。"集文遗文"一编仍然按旧志，又增加了些新内容。

"集文遗文"是旧志中原有内容，后人编修志时保留了原貌并增加了新内容。按常规，一般志书是将最重要的文献置前，之后再依人、文

---

① 民国《高阳县志》，台北：成文出版社，1978年，第19—20页。

之影响而序列，因此新增加的内容一般多是附在旧志原文之后的，以示新增，除非是声名特别卓著者。一为《高阳县志》"集文遗文"在卷九，其前面文章首篇为不知何时的《颛顼戒》。二为隋大业九年（613）《炀帝改博陵为高阳郡诏》，三为北宋知定州的苏轼写的奏章《乞增修弓箭社条约状》。四为三国时期曹植的《颛顼赞》。五为北魏贾思勰的《齐民要术序》。六为唐朝的《许远传》……

高阳自古就被称为"颛顼故都，八才旧里"，相传为三皇五帝之一的颛顼初封之地，明天启四年（1624）《高阳县志》载："邑受名以高河之阳，古侯国也，为颛顼氏封国。""盖帝封始建而邑，古远矣。"为最古当居"集文"第一。隋朝，隋炀帝改博陵为高阳郡，是高阳沿革中的大事，故为"集文"第二。宋朝，苏东坡文名嘉、官名远、仕地广，又《乞增修弓箭社条约状》为苏东坡知定州时所呈奏章，与高阳关系密切，当为第三。三国时曹植七步成诗名闻天下，因古高阳是颛顼初封地，故而其《颛顼赞》与高阳有关，邑人以赞颛顼即赞高阳为荣，故入"集文"第四。北魏时，贾思勰为高阳太守，虽无显著政绩记载，但其《齐民要术》序多论"农本"富国思想，是地方官吏的施政宣言，与政府主张相辅，志书独收其"序"而对其他具体内容不载，反映了修志"式训式行于以临民敷政，以仰承圣天子，一道同风之治"[①]，"考古证今，阐幽扬善"[②]之目的，若旧籍无贾氏在高阳为官之历，高阳人断然不会将其文入志，这是最为关键所在。许远是唐朝人，志列入卷三"人物"系列"忠烈"类，《许远传》列"集文"第六。

从《高阳县志》记载可知，高阳人许护，大概在太和年间（477—499）任高阳、章武二郡太守，按郭文韬教授的推测，其间（488年前后）贾思勰刚出生；太和二十年（496）高阳人崔振为高阳内史，贾思勰尚年幼；永熙三年（534）库狄峙去职高阳太守，时贾思勰46岁左右，已是盛年，大概此后不久即任高阳太守了；乾明元年（560），贾思勰去世仅4年，崔国拜高阳郡太守，又当是贾思勰去职高阳太守之后的事。如此，贾思勰任高阳太守当在534—556年，如果因为事农心切辞官归里专心著述，估算贾思勰在家10年左右，大概在546年贾思勰离职，那么贾思勰在高阳太守一位又当在534—546年或更少。果如此，贾

---

① 民国《高阳县志》，台北：成文出版社，1978年，第23页。
② 民国《高阳县志》，台北：成文出版社，1978年，第55页。

思勰任高阳太守一职当在瀛州为实。

（八）文化传统原因线索

文化对人们的思想、行为，甚至生活习惯都有着不可估量的影响，这种影响的深远性并非随环境的改变而改变，也不因人们的身份和地位的变化而改变，譬如东西方的文化所形成的东西方人在价值观、世界观、人生观上的不同，绝不会因为居所改变而彻底颠覆。当文化的影响深入一个人思想和精神内核时，是伴随其终老一生的。学界普遍认为，如果贾思勰不是在临淄的高阳郡做太守，就无法解释书中为何动辄即"齐地"如何如何，无法解释贾思勰为何对齐地风俗、种植之法如此熟悉。我们认为，这恰恰可以作为认定贾思勰是"青州齐郡益都县钓台里"，也即今天寿光人的有力旁证。换个视角，如果从社会发展和人生成长的关系上分析，这其实也是一件非常容易理解的事情。

一个人的童年往往是在自己家乡（出生地）度过的，在社会条件低下、以农耕为主的封建社会，一个农家孩子自然会熟悉自己家乡相关的农业活动、社会风俗等，也会在脑海里留下不可磨灭的印象，这是由中国的文化传统和特点所决定了的事实，根本无须回避也无须否认。因为得到朝廷重用，或考取功名，或其他原因而远走他乡的，也实属常事。事实上即使一个人背井离乡，漂泊在外，这种童年的生活经历和印象也不会淡漠。就像今天的我们，没有人会忘记童年那些印在脑海中的事情，不仅不会忘却，而且在他的文章里、生活中总会流露出对那些童年记忆的流连情愫，这也是非常自然的事情。贾思勰辞官归田回到家乡，专心于《齐民要术》的创作，必然会更加深入全面地了解家乡的农业生产实际，再结合自己宦游所见所闻所感，不自主地将家乡农事现状与所历所见情况进行比对，更加深入地发表自己的见解，也是著书人常用之法。

此外，看《魏书》贾思伯、贾思同传，可知兄弟两人在朝为官多居京师，贾思伯逝于北魏孝明帝孝昌元年（525），是在北魏迁都后的洛阳，死后朝廷才追赠了他镇东将军、青州刺史这些与其家乡相关的虚职；贾思伯之子贾彦始官至淮阳太守，而淮阳是今天的河南一带，也非贾氏家乡所在地。贾思同逝于东魏孝静帝兴和二年（540）的邺（今河南省临漳一带），死前最后一职是"侍中"，死后朝廷也追赠了其包括都督青徐光三州诸军事、青州刺史等与自己家乡相关的虚职，这是对中国传统文化"落叶归根"观念的最好解释。而从贾思同之前所任的"侍中"一职看，能充分证明贾思同是在皇帝身边侍其左右的，当然也不会是在自己的家乡做官，这应该是确凿无疑的。那么，为什么贾思勰就一定是在离家乡不远的地方任职？这样的说法值得商榷。

综合专家考证论述，贾思勰撰著《齐民要术》的时限大约在528—566年，他抱着"要在安民，富而教之"的理想抱负，贾思勰自然会在著书的过程中结合自己亲历，对寿光老家齐郡一带农业生产等经济和社会活动情况进行系统地总结性提炼，来丰富自己的农书创作。不仅如此，贾思勰还亲自参加农事实践活动，还在自己家里养过羊，做过醋等，对自己的理论进行实践验证，可谓是贾思勰农学思想主体精神中实事求是精神和实践精神的集中体现。因此，不能仅凭《齐民要术》中对"齐地"之事记录多就轻易断言，贾思勰任职之地的高阳郡就是今天临淄的高阳，这是一种形而上的错误。因为持这种观点的人忽视了一个因素，即在中国自古至今"家"是一个人一生最深的记忆，"家"是一个人一生永远的怀念，"家"也是一个人一生最亲切的地方，所以才有叶落归根的传统习俗。当然，在没有确凿史证物证的情况下，我们也不能臆断贾思勰任职地就是瀛州的高阳郡。但我们可以确信地是，无论研究历史，还是研究当代问题，我们都不应离开中国传统文化土壤这一特定的背景和环境条件，否则就容易出问题闹笑话。

基于以上研究分析，我们不妨这样大胆推测还原：北魏社会动荡不安，瀛州一带突发"杜葛之乱"，北魏朝廷在平定战乱的同时，迫切地希望恢复当地的农业生产，此时贾思勰因重视农本、体恤民情而声闻于朝野，又凭借着族兄贾思伯、贾思同两人在朝廷的地位和影响，从而得到北魏朝廷的重用，临危受命赴任瀛州高阳郡太守。除此之外还有另一种可能，那就是贾思勰不安于自己的饱食无忧，怀着"要在安民，富而教之""岁岁开广，百姓充给"的伟大理想，通过贾思伯、贾思同的关系，得以上书，为朝廷分担"杜葛之乱"造成的破坏性影响，最终得以委任瀛州高阳太守。或者其他，等等。总之，贾思勰做的是瀛州高阳郡太守似乎更合道理。

四、小结

登堂入室，必得其门户；溯流探源，必有其依托。贾思勰是农圣文化的创造者，也是了解农圣文化基本内涵的关键人物之一。在史籍缺乏贾思勰相关记载的情况下，通过对贾思勰其人、身份、任职地等综合分析，我们让一个在史书上原本只有十几个字介绍的历史人物不再是模糊的，虽然谈不上丰满，但也多少有了些立体感，使得贾思勰的形象也充实了不少，这对于我们进一步了解其农学思想，准确把握农圣文化基本内涵及其主体精神能起到积极作用。

第二节　家学深厚的寿光贾氏一族

国是家之众，家是国中家。家的概念在中国人的思想中是根深蒂固的，家风是影响一个人的成长、成才和发展的重要因素之一。一个家族的发展史对家族成员中的个人成长、个人性格或者个人的志向发展，往往都会产生深远的影响，而家族成员的个人发展也会为整个家族带来积极或消极的综合效应。在中国历史上不乏有家族势力式的利益集团存在，也不乏耕读人家和书香门第的绵延传承，甚至因为家族势力的膨胀与发展，让某个家族的发展影响了一个时代的进程。家在中国社会发展中的作用可谓积小流以成江海，这是中国传统文化的特色所在，也是深入中国人的血液和骨子里的家国情怀、中国元素。基于这样的文化传统与历史渊源，我们可以通过对贾思勰家族发展史的研究，来进一步丰富贾思勰学术思想内涵的研究，为把握农圣文化基本内涵及其主体精神，找到相关的旁证资料。

学术界普遍认同贾思勰与贾思伯、贾思同是同族兄弟，都是北魏青州齐郡益都钓台里（即今寿光市城南李二村）人。在缺乏贾思勰相关历史文献资料的情况下，我们通过分析研究贾思伯、贾思同的相关文献资料，大概也可以了解贾思勰的部分情况。

一、彪炳青史的世家望族

1973 年冬，在寿光县城南李二村东北 0.5 千米处发掘了一座古代大墓，出土了两方墓志铭，一是《魏故散骑常侍、尚书右仆射、使持节镇东将军青州使君贾君墓志铭》（以下简称《贾思伯墓志铭》。《贾思伯墓志》由青石镌刻，高57.2厘米、宽58厘米。志盖出土后遗失，盝顶，无字，志文33行，满行33字，另有一行文字刻于志石左侧面，共1114字，均刻在方形界格内，首行题"魏故散骑常侍尚书右仆射使持节镇东将军青州使君贾君墓志铭"），二是贾思伯夫人刘静怜的墓志铭，墓志亦为青石镌刻，正方形，高、宽各79厘米。志盖，盝顶，无字。志文28行，满行28字，首行题"魏故镇东将军兖州刺史尚书右仆射文贞贾公夫人刘氏墓志铭"，铭文显示：东魏孝静帝武定二年（544）十一月二十九日刘静怜与贾思伯合葬于寿光。从两块墓志铭文（本节下文引用文字未特别注明者，皆引于《贾思伯墓志铭》，铭文附于书后"附录"中，可参阅）可知，这是南北朝时期北魏贾思伯和其夫人刘静怜的合葬墓，此墓之东并列有贾思同墓，另外两墓之南不远处还有一座无名冢，据推测可能就是贾思勰墓，可惜未作考古挖掘，现已深埋于公路之下。

《贾思伯墓志铭》载："其先乃武威之冠族，远祖谊，英情高迈，才峻汉朝。"意思是说，贾思伯的先祖是甘肃武威显贵的豪门世族，他的远祖是西汉初年著名的政论家、文学家——贾谊。贾谊英雄豪情非凡超逸，才气横溢，名冠西汉。据史料记载，贾谊21岁受汉文帝征召，委任以博士（秩比六百石，掌通古今）之职，是当时所聘博士中最年轻的。贾谊深受汉文帝赏识，一年之内便破格提拔升任太中大夫（掌顾问应对，无常事，唯诏令所使）。他的散文（政论）、辞赋都有相当高的水平，其中又以政论文独步西汉。

西汉著名的史学家、文学家司马迁曾为贾谊和屈原两人写了一篇合传《屈原贾生列传》载入《史记》，对贾谊给予高度评价。东汉著名的史学家、文学家班固在《汉书》中也专门列有一篇《贾谊传》。在人类历史的长河中，一个人能够被史学家所重而名载史册绝非易事，能够为历史所公认流芳百世也绝非一般人所能做到，由此可见贾谊的历史地位是极高的。毛泽东同志也曾写过两首诗咏赞贾谊，其中一首为《七绝·贾谊》，原诗是：

> 贾生才调世无伦，哭泣情怀吊屈文。
> 梁王坠马寻常事，何用哀伤付一生。

另一首是《七律·咏贾谊》，原诗是：

少年倜傥廊庙才，壮志未酬事堪哀。

胸罗文章兵百万，胆照华国树千台。

雄英无计倾圣主，高节终竟受疑猜。

千古同情长沙傅，空白汩罗步尘埃。

鲁迅先生更是盛赞其才，说贾谊的作品是"西汉鸿文，沾溉后人，其泽甚远"。贾谊的代表作《过秦论》《论积贮疏》等还编入了中学课本，对后世影响极大，可见贾谊的才情非同寻常。可惜贾谊英年早逝，据史料记载贾谊仅仅活了33岁。

"十世祖文和，佐命黄运，经纶魏道。"贾思伯的十世祖叫贾诩（147—223）。贾诩曾辅佐曹魏，帮助曹操建立了曹魏政权，与孙权的东吴、刘备的蜀汉构成了三国鼎立之势。贾诩，字文和，是东汉末年至三国曹魏初年著名谋士、军事战略家，也是曹魏时期的开国功臣，《唐会要》尊称他为"魏晋八君子"之首。贾诩精通兵法，著有《钞孙子兵法》一卷，并为《吴起兵法》作过校注，官至太尉（职掌军政，至年终则据武官功过而课其殿最，以行赏罚，一般由列侯担任），晋爵魏寿乡侯。当代学者易中天曾评价说："贾诩能在乱世中审时度势，自己是活得时间最长的，还保全了家人。这才是真正的大智慧，贾诩可能是三国时期最聪明的人。"

"九世祖机，作牧幽蓟，中途值乱，避地东徙，遂宅中齐，为四履冠冕。"贾思伯的九世祖叫贾机（亦有写作"玑"的），曾做过幽州（今河北省一带）和蓟州（今河北省蓟县一带）的地方官吏，其间因为后燕分裂战乱，为躲避战乱他渡过黄河东迁，进入齐地在古青州区域（指今寿光）居住下来，成为齐地（北魏属青州齐郡辖地）的世家望族。

贾机是贾诩的次子，官至驸马都尉、关内侯，正是因为贾机举家东迁后，贾氏一族才在齐地（今天的山东寿光）一带长期定居下来，并得到了长足发展。在中国古代严谨的家学传承情况下，贾机深受其父的家学影响是不可避免的，其学问自然也是非同寻常。受三国曹魏时期"九品中正制"的影响（笔者注：曹魏时期的"九品中正制"与北魏时期的"九品中正制"截然不同，在考察选拔任用人才时，还是以德才为主），贾机如果没有相当的学问修养，也不可能会做官做到驸马都尉、关内侯的位置。也就是说，贾氏家学的传承到了贾机东迁齐地后依然非常兴旺，这就奠定了齐地（主要指今寿光一带）贾氏一族的家学传统，以及对其后人的影响。

"考道最州主簿、州中正、本郡太守。"考，原意是指父亲，后来多指已去世的父亲。这句话的意思是说，贾思伯父亲的名字叫贾道最，曾做过青州主簿、青州中正和齐郡太守之职。在北魏时期郡太守是朝廷第四品的官位，可见寿光贾氏一族在当时的社会地位是很高的。那么，主簿是个什么职务呢？查史料可知，主簿是郡府重要官吏，主要掌管文书工作，是古代典型的文官。东晋著名史学家、文学家习凿齿（？—383）就曾做过东汉名儒桓荣的后代桓温的主簿，时人称习凿齿是"三十年看儒书，不如一诣习主簿"，足见习凿齿学识渊博，同时也说明了主簿这一职务只有知识丰富的人才能胜任。贾道最既然也做过州主簿，可见到了贾思伯、贾思勰这一代，贾氏家族仍然是有着非常深厚的家学传统的。

"伯父元寿，中书侍郎，追赠青州刺史。自大傅已降，贤明间出。"意思是说，贾思伯的伯父叫贾元寿，曾做过中书侍郎一职，死后追赠青州刺史，从此以后，寿光贾氏一族之中时有贤明之士出现。中书侍郎是中书省的长官，副中书令帮助中书令管理中书省的事务，是中书省固定编制的宰相，在北魏时期中书侍郎是从四品的官职。由此可以得知，贾氏一族在寿光是实至名归的世族、望族，贾氏族人非官即宦，是当地的读书人、文化人。贾思勰呢？从《齐民要术》的署名来看，贾思勰做的是"高阳太守"，也是四品的官职。至于对读书治学等家学传统的尊重自然也不例外，只是因为每个人的思想主张不同、选择不同、理想不同、官职不同，贾思勰更偏重于农业方面罢了。

综合上面的分析，我们可以看出，寿光贾氏一族在中国历史上有着重要地位，甚至产生过重要影响。他们有着显赫的社会地位，有着读书学习的良好基础、条件、环境和家学传统，在当时这是一般乡村人家难以企及的。因此，贾思勰绝不是一般的农家子弟，他应该就是一个文化人，并且是一个饱读诗书的资深文化人。

二、贵为帝师的两位族兄

贾思伯、贾思同是贾思勰的同族兄弟，他们之间自然有着千丝万缕不可分割的联系。基于贾思伯、贾思同、贾思勰的同族关系，通过对贾思伯、贾思同相关资料和情况的研究，对我们了解贾思勰的思想和学习情况，应该是不可多得的信息资料，也是大有裨益的。

（一）"负经国之器""有夷齐之操"的族兄：贾思伯

贾思伯（468—525），曾做过太子步兵校尉、中书舍人、荥阳太守、南青州刺史、征虏将军、光禄少卿、太常卿、度支尚书、正都官、兖州刺史等官职，最大的官职做到度支尚书（正三品），相当于现在的国务院财政部部长一职。经当时山东老乡、"三公"之一的太保崔光推荐，贾思伯担任了北魏肃宗帝（孝明皇帝）元诩的侍讲，给肃宗皇帝讲授《杜氏春秋》。由此可见，贾思伯位高权重，是皇帝身边的近臣。自古以来，伴君如伴虎，贾思伯却能给皇帝讲授《杜氏春秋》，这充分说明他的学识是非常渊博，不是一般人所能达到的。

《贾思伯墓志铭》记载：贾思伯"十岁能诵书诗，成童敦悦礼传，备阅流略之书，多识前古之载。工草隶，善辞赋，文苑儒宗，遐迩归属"。意思是说，贾思伯 10 岁就能诵读诗书，成年后尊崇礼仪经传，详细阅读学习了前代的大量书籍，知道很多历史知识。贾思伯书法艺术水平很高，工于草书和隶书，擅长写作辞赋，是北魏时文化界的儒雅大家，远近的人都愿意向他学习。此外，《贾思伯墓志铭》还记载："年廿一，释褐奉朝请。"21 岁那年，贾思伯脱去平民之衣，入朝做了"奉朝请"一职，"奉朝请"就是能够定期参加北魏朝廷朝会的官职。如果是胸无点墨、没有突出才能的平庸之辈，根本不可能达到这一步，因此，贾思伯可以称得上是少年得志。北魏孝明帝孝昌元年（525）卒，贾思伯去世后，北魏朝廷给其以高规格的礼遇："赠镇东将军、青州刺史，又赠尚书右仆射，谥曰文贞。"

《贾思伯墓志铭》评价贾思伯"含利主之道，负经国之器，忠以奉帝，孝以承亲"，说他怀揣有利于朝廷（皇帝）的学识，拥有治国才干，对皇帝忠诚，孝敬父母长辈，可谓忠孝双全、德才兼备。刻于北魏孝明帝神龟二年（519），现存于曲阜孔庙的《魏兖州贾使君之碑》称贾思伯为"晋太师贾他之后"（贾他为春秋时期人，由此也可知贾家确为世家望族），并誉称贾思伯"冰清玉映，有夷齐之操"，有冰清玉洁的品格和伯夷和叔齐的操守。伯夷和叔齐是商末孤竹国君的两位王子，伯夷为长，叔齐为季。相传孤竹国君遗命要立季子叔齐为继承人。孤竹国君薨后，叔齐却让位与伯夷，伯夷不受；伯夷又让位与叔齐，叔齐亦不受命。原因是，伯夷尊父命，不可不孝，故不受；而叔齐尊天理，长幼有序，不可打乱社会秩序，故亦不受。于是，伯夷出前门离开了孤竹国，叔齐出后宰门也悄悄离开了孤竹国，国人于是立中子为孤竹国王。伯夷、叔齐让位故事所体现出来的，正是为世人所称道的中国传统文化，也是儒家文化中所强调的"仁""礼"思想，后人以之评价贾思伯的德行和为人，不可不谓高矣。

《魏书·贾思伯传》中还记载了贾思伯的四个故事，是研究贾思伯人品、学识的重要资料。由此及彼，也是我们了解其同族兄弟贾思勰情况的重要参考。

1. 虚怀若谷，不伐其功的贾思伯

507年，南朝与北魏在钟离地区发生了"钟离之围"，钟离之围也叫钟离之战、邵阳之役，是北魏时期一次著名的战役。南朝梁武帝讨伐北魏期间，两军以钟离城及其邻近之邵阳洲为主战场，发生钟离之战，这是南朝大规模北伐行动中具有关键意义的一战，也是中国历史上以少胜多的战役之一，结果南梁获得胜利。在此次战役中，贾思伯以朝廷任命的持节军司（笔者注：军司即军师，持节军司因为是朝廷任命的因此代表政府，所以又比一般的军司身份要高）的身份，随任城王元澄围攻钟离，兵败退却，任城王元澄让贾思伯一介儒生殿后，却没有想到贾思伯能够成功突围。当人们问起贾思伯如何突围时，"思伯托以失道，不伐其功"，贾思伯说是自己走错了路才出来的，完全没有居功自傲，充分显示出读书人温良敦厚、谦虚无取的高尚品质，受到当时人们的尊敬。贾思伯在任兖州刺史期间，政绩显著，深受当地百姓的拥戴，兖州百姓曾为贾思伯立德政碑以表怀念。该碑于孝明帝神龟二年（519）立于兖州，被称为《贾使君碑》（"附录"部分有此碑文及拓片，可参考）。"贾史君碑"又称"贾思伯碑"，由于此碑书法高古，结构精绝，为北魏名碑，"疑褚书得此笔法"，历来被书家尊为学习魏碑书法的典范碑帖，此碑现已移至山东曲阜孔庙内。

贾思勰为官之政绩虽然史籍没有记载，但其致力于"要在安民，富而教之"的理想追求，甘于默默无闻地专注于农学的研究与总结，最终写成农学巨著《齐民要术》，可以说完全是一名知识分子的行径，他的做法也大有其长兄贾思伯的儒将风范，同样是贾氏一族的优

秀典范。

2. 知恩图报，一心为民的贾思伯

509年，贾思伯做了南青州刺史，之后他给自己当年的老师——北海的阴凤先生送去100匹细绢，并派人驱车延请老师，阴凤因为当年自己不识人才之故，羞愧自责没有接受邀请。其原因在《魏书·贾思伯传》中也有记载："初，思伯与弟思同师事北海阴凤授业，无资酬之，凤遂质其衣物。"当年贾思伯、贾思同两人拜北海的阴凤先生为师读书学习，最后却拿不出钱资来酬谢老师，阴凤就把他们哥俩的衣物作为抵押。阴凤当然不会想到，当年穷的连学费都交不起的贾思伯兄弟两人日后会发达，都做了朝廷的高官。因此，当贾思伯来请他时自然羞愧难当。当时人们流传一句笑语"阴生读书不免痴，不识双凤脱人衣"，说的就是贾思伯、贾思同兄弟两人的故事。然而身居高官的贾思伯却完全没有抱怨自己的老师，显示出读书人博大的胸怀。

贾思勰不辞艰辛踏遍北魏疆域，阅读了百余种古代典籍，甚至为了验证古书或者前辈的说法，自己动手做试验，没有官气，没有贵气，更没有摆架子，有的只是为给老百姓找到一条生活安定、富裕，受到良好教育的路子，他的理想和抱负与贾思伯的宽容大度何其相似。

3. 广征博引，独抒己见的贾思伯

这是北魏朝廷迁都洛阳后关于明堂建设的事。明堂是中国历史上最著名的礼制建筑，是儒家的礼制建筑典范，也是古代帝王明政教之场所，凡祭祀、朝会、庆赏、选士等大典均在此举行。当时朝议，大家对明堂的建筑形制存在很多不同的意见，贾思伯就写了《明堂议》（具体内容见附录《贾思伯传》）向朝廷上书说明自己对建设明堂的意见和建议，贾思伯在文中引用了《周礼·考工记》《礼记》《王制》《诗·大雅》《孟子》《考工记》《孝经援神契》《五经要义》《旧礼图》等众多古代典籍记载来证明自己的观点，赢得了当朝学者的普遍认同。这充分证明，贾思伯是一位饱读诗书的儒雅学者，"近朱者赤，近墨者黑"，作为同族兄弟的贾思勰必然也会受到他的影响。受"九品中正制"，特别是北魏盛行的门阀制度影响，我们推断甚至贾思勰的官职极有可能是因为贾思伯的关系。前文说过，《齐民要术》引用古书多达150多种，还有不知名的一些古书，仅从此藏书量和阅读量来看，贾思勰与贾思伯的博览群书是难分伯仲的。

4. 谦虚好学，审慎敬业的贾思伯

这是贾思伯受太保崔光的推荐做了北魏肃宗——孝明皇帝元诩的侍讲后的故事。侍讲是陪侍皇帝，给皇帝讲课的人，能有资格给当朝皇帝做老师的人，其本身的学问可想而知。元诩在位时间是516—528年，而贾思伯生于468年，此时已经50多岁，不再年轻。《魏书·贾思伯传》记载："思伯少虽明经，从官废业，至是更延儒生夜讲昼授。"贾思伯虽然年轻时就读过很多的经书，但是出仕做官后学习自然受到一些影响，做了皇帝侍讲后，贾思伯为了弥补自己因政事而荒废的学业，就邀请了儒学之士晚上来给他讲课，自己先学习明白了后，白天再去给皇帝讲课，这绝不是仅仅因为自己知识不够，更多的应该是对知识的认真和敬畏。毋庸讳言，贾思伯这种勤奋学习的态度、精神和行动，就是拿到今天也是令人敬佩的。《齐民要术》创作历时之长是不言而喻的，贾思勰不仅仅是为写书而写书，关键他还"行万里路"，还亲自通过实践来验证自己的结论，这种精神与贾思伯的学习精神可以说又是难分伯仲的。

通过这四个小故事，我们对贾思伯的学识修养有了一个大概的了解，在敬佩贾思伯做人、学习、为官、敬业的同时，也自然会被寿光贾氏家族深厚的家学传统所折服。有此家学积淀和熏陶，作为贾思伯的同族兄弟，贾思勰能写出11万多字的农学巨著《齐民要术》，也就不难理解了。

（二）"少厉志行，雅好经史"的族兄：贾思同

贾思同（471—540），他是贾思伯的弟弟，贾思同墓是1995年进行的清理，因为当时技术限制和思想重视不够，保存的原始资料缺失较大，贾思同碑原亦有之，惜亦佚。《魏书·贾思同传》中说他"少厉志行，雅好经史"。少年时候就有志向，喜欢读经书研究历史（这为有的专家认为贾思同、贾思勰为同一人提供了反面证据，贾思同雅好经史，贾思勰专注农学，是两个截然不同的兴趣和研究方向）。他"释褐彭城王国侍郎，五迁尚书考功郎，青州别驾"。做过彭城王元勰的侍郎，侍郎是"主作文书起草"的官（作者注：据《后汉书·百官志三》），干得也是文差事。尚书考功郎是掌管考课百官及考试秀孝的官职，贾思同

就曾做过五个地方的考功郎，可见其绝非等闲之辈。

据《魏书》记载，贾思同还做过镇远将军（正四品）、中散大夫（正四品，初级资政官）、荥阳太守（五品）；又授平南将军、襄州刺史（相当于现在省长级）；"及元颢之乱也，思同与广州刺史郑光护并不降"，临乱不降，充分显示了一名武将的忠贞气节，因此受封为营陵县开国男（五品）；后又任抚军将军（从二品）、给事黄门侍郎（四品，掌侍从皇帝，传达诏命）、青州大中正；又任镇东将军、金紫光禄大夫（从二品，高级资政官），仍兼黄门；不久又任车骑大将军（二品）、左光禄大夫（二品）；东魏迁都邺后，任黄门侍郎（四品）兼侍中（三品，监督院总监督长）、河南慰劳大使；又加授散骑常侍（从三品，相当于顾问院总顾问长）兼七兵尚书（相当于国务院国防部长），不久又任侍中（三品）等系列要职，可以看出贾思同所任官职有文有武，证明了他是一个文武兼备式的人物，应当说这与贾氏家族的家学传统不无关系。

更为重要的是，贾思同和贾思伯一样，也做过皇帝的侍讲。不过此时，北魏已分裂为东、西魏，贾思同做的是东魏孝静帝元善见的老师，并且讲得也是《杜氏春秋》。能给皇帝当老师，说明贾思同的才学也非常人所能及。东魏孝静帝兴和二年（540）卒，像贾思伯一样，贾思同去世后，朝廷也给予其高规格的礼遇："赠使持节、都督青徐光三州诸军事、骠骑大将军、尚书右仆射、司徒公、青州刺史，谥曰文献。"

贾思勰有着同为皇帝老师这样优秀出众的同族同辈兄弟，可想而知，长期以来的耳濡目染，贾思勰也必然是熟读经书，一定程度上讲，他的才智未必输于贾思伯、贾思同两人。可能是因为贾思勰的官职太低，写的又是农书，而没有被朝廷看重，这与贾思勰在《齐民要术·序》中透露出来强调"重农本"的思想也是相符的。

附：寿光贾氏家族大事年表

汉高祖六年（前201）至汉文帝十二年（前168），贾思伯、贾思同远祖贾谊在世，居洛阳。曾任太中大夫、长沙王太傅。少年即才华横溢，世称"贾生"。

汉桓帝建和间（147—149），贾思伯、贾思同十一世祖贾龚官至轻骑将军。贾家由洛阳迁居武威郡姑臧县（今甘肃省武威县）。

汉桓帝建和元年（147）至魏文帝黄初四年（223），贾思伯、思同十世祖贾诩在世。贾诩曹魏时官至太尉。死后谥肃侯。

魏明帝青龙三年（235），贾思伯、贾思同九世祖贾机出任幽州刺史，行至冀州地，在郡治信都（今河北冀州区）丧亡。谥关内侯。子孙遂在信都定居。

后燕慕容垂建兴元年（386），贾思伯、贾思同高祖贾腾出任冀州别驾，兼任宜都王（慕容凤）司马。

后燕慕容宝永康二年（397），北魏拓跋珪兵陷冀州治所信都，冀州刺史慕容凤同别驾、司马贾腾出逃。贾氏家族开始流落东齐，后定居齐郡益都县（今山东寿光市南部）。

南朝宋孝武帝孝建元年（454），南朝宋侨置高阳郡，隶属青州，辖县五个（均在今淄博市临淄区内），治所在高阳城（在临淄北部，今为高阳乡）。

北魏献文帝皇兴二年（468），贾思伯生（曾祖贾宏少有令誉，未宦早丧。祖佚名。父贾道最先后任青州主簿、中正、齐郡太守。伯父贾元寿，北魏太和中任中书侍郎）。

北魏孝文帝太和十二年（488），贾思伯释褐奉朝请，任太子步兵校尉、中书舍人、中书侍郎。

北魏孝文帝太和二十年（496），拓跋氏改姓元氏。贾思同释褐至彭城王元勰（孝文帝元宏六弟）家任王国侍郎。

北魏宣武帝正始三年（506），贾思伯、贾思同母去世。

北魏宣武帝永平元年（508），贾思伯出任荥阳太守。翌年，出任南青州刺史。

北魏宣武帝永平三年（510），贾思伯、贾思同丁父艰，家居。

北魏宣武帝延昌四年（515），贾思伯任兖州刺史。贾思同在朝任司库郎中。

北魏孝明帝熙平二年（517），贾思同任尚书考功郎。

北魏孝明帝神龟二年（519），贾思同出任青州别驾。兖州人民为贾思伯立去思碑（政德碑），称"贾使君碑"。

北魏孝明帝正光三年（522），贾思伯为皇帝侍讲（冯元兴为侍读），讲《杜氏春秋》。

北魏孝明帝正光四年（523），贾思同试任荥阳太守。

北魏孝明帝孝昌元年（525）七月，贾思伯卒于洛阳怀仁里，十一月归葬青州齐郡益都县钓台里。

北魏孝庄帝建义元年（528），贾思同出任襄州（今河南地）刺史，"百姓安之"。

北魏孝庄帝永安二年（529），贾思同被封为营陵县男，邑200户。并除抚军将军、给事黄门侍郎、青州大中正。不久，又擢升镇东金紫光禄大夫，仍兼黄门。寻加东骑大将军、左光禄大夫。

东魏孝静帝天平元年（534），贾思同从洛阳入邺（今河南省临漳一带），除黄门侍郎兼侍中、河南慰劳大使。

东魏孝静帝元象元年（538），贾思同为孝静帝侍讲，授《杜氏春秋》，加散骑常侍，兼七兵尚书，拜侍中。

东魏孝静帝兴和二年（540），贾思同卒。

东魏孝静帝兴和三年（541），贾思同归葬故里，墓在其兄贾思伯以东并列。贾思伯夫人刘静怜卒，与贾思伯合葬。

东魏孝静帝武定二年（544），贾思伯子贾彦始出任淮阳郡（今河南省东部）太守。

注：本资料源自《汉书》、《三国志》、《新唐书·宰相世系表》、兖州刺史贾使君碑、寿光博物馆贾思伯的墓志铭、贾思伯夫人刘静怜的墓志铭以及《魏书·贾思伯传》等，参考了刘德成、刘克强、王冠三、崔英魁等主编的《贾思勰志》（山东人民出版社，2001年）。

第三节 "观邻识士"——贾思勰的朋友圈

正如贾思勰在《齐民要术》中所描写的那样："观邻识士，见友知人"，观察某个人的邻居就能了解他的为人，通过他结交的朋友就能知道这个人的人品怎么样。在没有丰富历史资料支撑的情况下，我们有必要也不妨通过贾思勰交往的朋友，来进一步了解贾思勰的情况。通过史料和对《齐民要术》的研究，我们可以发现，北魏历史上大致与贾思勰生活于同时代的两个重要人物与其有非常紧密的关系，他们之间通过贾思勰的族兄贾思伯、贾思同进行交流沟通，建立了友谊。这两个人物，其一是皇族贵戚、"外示长者，内怀矫诈"的酷吏式人物——刘仁之。其二是在北魏当朝与贾思伯同朝共事，同是做皇帝侍读，但仕途坎坷、郁郁而终的《浮萍诗》作者——冯元兴。从贾思伯、贾思同兄弟两人位高权重的实际情况看，贾思伯、贾思同两人结交的人物自然应该是有较高职位或较高社会地位之人，这也从侧面证明了贾思勰所结交朋友的层次，应该不会是低层次的。而通过研究贾思勰这两位朋友的情况，我们可以进一步了解贾思勰生活的文化和社会背景，以及对其农学思想形成有着重要影响的相关因素。

一、被贾思勰称作"老成懿德"的西兖州刺史：刘仁之

刘仁之，"字山静，河南洛阳人（今河南省洛阳市人）。其先代人，徙于洛"[①]，在《齐民要术》卷一《种谷第三》中，贾思勰以小字体作注的方式，记述了他的朋友刘仁之的事，这是在与贾思勰相关的历史记载中唯一一位有据可查，有史可阅的真实人物，从《魏书》可知刘仁之非同一般的社会地位，作为贾思勰在《齐民要术》中亲自提及的与其同时代的一位历史人物，可知刘仁之对于贾思勰的重要性，与贾思勰非同一般的朋友关系，以及刘仁之对贾思勰影响的深远。因此通过研究刘仁之的相关情况，对充实贾思勰的相关信息是极为宝贵的。书中原文记载："西兖州刺史刘仁之，老成懿德，谓余言曰：'昔在洛阳，于宅田以七十步之地，试为区田，收粟三十六石。'"意思是说，西兖州刺史刘仁之，是一个经验丰富有德行的人，他曾对贾思勰说过"我当年在洛阳的时候，在自己的宅田里用七十步见方的一块地，试用区田法耕种，收了三十六石粟"。从贾思勰对刘仁之"老成懿德"的称呼，以及刘仁之与贾思勰交流的内容来看，刘、贾两人关系非同一般，甚至可以说应该是老相识、老朋友，交往也比较多。否则，贾思勰不可能对刘仁之有这样细致的了解，也不会有与史书记载相左的评价。同时，还可以看出刘仁之与贾思勰在某些方面，特别是在农业生产的创新实践方面有着共同的兴趣，两人都喜欢在农业生产上进行创新，因此也就有了更多的共同语言。受北魏社会战乱频仍、土地荒芜、民不聊生等社会现实的触动，贾思勰在《齐民要术》中特别注重区田种植

---

① 许嘉璐主编：《二十四史全译·魏书·刘仁之传》卷八十一，上海：汉语大词典出版社，2004年。

技术的推广以提高单位面积的作物产量，满足百姓的基本生活需要，除了受《氾胜之书》及其他农业典籍的影响外，受刘仁之的区田种植实验影响也是显而易见的。

《魏书》卷八十一有《刘仁之传》，记载刘仁之"少有操尚，粗涉书史，真草书迹，颇号工便"。年轻时就有操行和志向，粗通书史，楷书、草书写得很好。刘仁之的父亲叫刘尔头，在《魏书·外戚传》中有记载，父亲是外戚与皇家有关联，刘仁之的身份自然也就不一样了。从这些史书记载可以确认，刘仁之拥有皇家子弟的身份，又做过御史（监察性质的官职，专门监督各部官员）、黄门侍郎（四品，负责侍从皇帝，传达诏命）、著作郎（从五品，负责撰述国史）、中书令（三品，负责传宣诏命）等官职，能与有着较高官职和社会地位的刘仁之成为朋友，可以推定这与贾思勰的族兄，即身在朝廷的贾思伯、贾思同不无关系。

刘仁之"性好文字，吏书失体，便加鞭挞，言韵微讹，亦见捶楚，吏民苦之。而爱好文史，敬重人流"。（《魏书·刘仁之传》）刘仁之喜好文字，官吏如果书写的不得体，他就用鞭子抽打，官吏说话时语音声调稍有偏差，也会被毒打一顿，官吏和老百姓对刘仁之的这一做法深感痛苦。然而，他爱好文史，敬重名流，显示出刘仁之在当时文化界有一定的影响。即使附庸风雅，至少也能说明刘仁之肯定是有一定文化修养的，绝不是一般的官宦子弟。

通过史书记载和评价，我们可以看出刘仁之从事的官职、结交的朋友都是有一定文化修为的，刘仁之也完全可以称得上是一个文化人。特别是刘仁之有"爱好文史，敬重人流"的特点，对贾思勰而言，除了族兄是朝廷重臣的原因外，如果贾思勰不是一个有相当文化修养的人，以刘仁之的性格特点，怕也是难以入其目的。贾思勰在《齐民要术》中以注文形式记载了他们之间的交流事实，这些史实都充分证明一点：贾思勰是一位文化水平较高的文化人，这一说法绝不是空穴来风的。

二、以"浮萍"自喻的中书舍人：冯元兴

冯元兴，"字子盛，东魏郡肥乡人也（今河北省肥乡县人）。其世

父僧集，官至东清河、西平原二郡太守，赠济州刺史"①，在《魏书》卷七十九中有关于他的记载。同时，在《魏书·贾思伯传》中也记有一句话涉及冯元兴，说贾思伯被推荐为肃宗（北魏孝明皇帝元诩）侍讲时，"中书舍人冯元兴为侍读"，贾思伯做的是皇帝的老师，冯元兴做的是皇帝的陪读，两人共同为一个皇帝的读书学习服务，从这一点看冯元兴与贾思伯两人的关系也非同一般。那么，为什么说冯元兴与贾思勰之间还会有联系呢？我们通过贾思伯、贾思勰是同族兄弟的关系来看，既然冯元兴与贾思伯都在皇帝身边服务，是同事关系，那么，贾思勰与冯元兴的关系很可能是通过他的族兄贾思伯建立起来的。既然冯元兴与贾思勰有关系，那么，他们之间是什么关系？这种关系对贾思勰又会产生什么样的影响呢？纵观冯元兴的一生，应该是不平凡的，甚至可以是命运坎坷的一生，怀才不遇为社会所冷落的一生，他的经历和北魏社会动荡不安的现实，对贾思勰的思想与人生是有巨大影响的，我们甚至推测极有可能冯元兴的遭遇是促使贾思勰弃官归里从事《齐民要术》创作的重要原因之一。因此，在缺乏其他确凿史料的情况下，分析冯元兴的一生及其思想特点，对研究贾思勰农学思想与其人生理想是有帮助的，也是必要的。

冯元兴"通《礼》传，颇有文才"，通晓《礼》传知识，又具有一定的文学才能。贾思伯做肃宗侍讲时，冯元兴常常负责为肃宗皇帝从经典书籍中摘选文句，当时的儒学之士常以之为荣。这些记载说明，冯元兴不仅饱读诗书，并且因为皇帝学习服务，为儒学之士争了光，而深得同行羡慕，并以之为荣。

北魏社会的动荡不安，也与当时的官场人生互为联系。冯元兴因为依附的元叉权倾势倒而被废职，"乃为《浮萍诗》以自喻曰'有草生碧池，无根绿水上。脆弱恶风波，危微苦惊浪。'"以诗抒情，以浮萍自比，表达了自己身世飘零的坎坷和人生感遇，情真意切，闻者为之动容。冯元兴的经历反映了当时官场人生的一个侧面，他的愤而作诗又是传统文人的普遍行为。这首诗是仕途失意的感遇之作，代表了相当一部分官场失意之人的人生际遇和感慨，因而无论是在历史上还是在文学史上都有着重要的影响，这也说明冯元兴的文学功底是相当深厚的。

刘仁之和冯元兴之间有什么关系吗？史书记载的是，冯元兴与刘仁

---

① 许嘉璐主编：《二十四史全译·魏书·冯元兴传》卷七十九，上海：汉语大词典出版社，2004年。

之之间也有着非同一般的联系。《魏书·刘仁之传》中记有刘仁之"与齐帅冯元兴交款，元兴死后积年，仁之营视其家，常出隆厚"。就是说，刘仁之与当时号称齐郡帅才的冯元兴交往亲密，冯元兴死后多年，刘仁之还照看他的家人，常常给予冯元兴家人很多帮助。由此看，刘仁之与冯元兴关系非同一般，而冯元兴与贾思勰的关系又非同一般，由此可以推断，贾思勰与冯元兴也自然有着非同一般的关系，而冯元兴与刘仁之都是读书之人，且官居高位，其文化修养自然不是寻常人所能及。因此说，贾思勰具备了一个文化人的基础和实力。

三、小结

正如俗谓"物以类聚，人以群分"，人的成长是必然要受到环境和其周围人的影响，其习性、学识，甚至思想、行为等，往往与环境与周围人带有难以割舍的联系。因此，了解贾思勰家族发展史、同族兄弟情况，以及其朋友的概况（图2-7），对梳理贾思勰农学思想、文化知识储备情况，深入研究农圣文化基本内涵大有帮助，也是我们进一步确认《齐民要术》学术和文化价值的必要。通过研究，我们发现贾氏家族优良的家学传统、出类拔萃的同族兄弟、非同寻常的朋友对贾思勰的影响是巨大的，应该说这些因素对贾思勰农学思想的形成和《齐民要术》的创作都产生了积极和重要的影响。可以说，农圣文化的形成与发展，并不是偶然现象而是有其必要的条件，也有其必然性的。

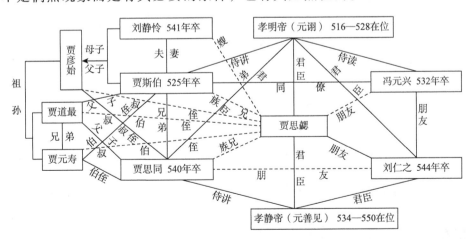

图 2-7　贾思勰主要人际关系略图

我们以上分析的目的，不仅是想证明贾思勰有广泛的人际交往、丰富的社会阅历，为其创作《齐民要术》提供了第一手的实践经验和社会资料，更重要的目的还在于说明正是因为有这样一些有着一定文化修养的人做朋友，贾思勰农学思想才有了更坚实的文化基础，其农学思想的形成与中国传统文化有着非常密切的渊源关系。农圣文化既有扎实广泛的社会基础，又有良好的文化传统基础，这为其农学思想的可持续发展创造了积极条件。

第四节　贾思勰农圣之誉的界定

后人将"农圣"的美誉冠于《齐民要术》的作者贾思勰，既表达了人们对贾思勰在农业科学方面的贡献的充分肯定，又体现了人们对包括其农学思想在内的文化成就的充分肯定。那么，哪些人可称得上是圣贤？圣贤有没有标准？圣贤的标准又有哪些？贾思勰是否达到了圣贤标准呢？

山东省社科联原党组书记、副主席刘德龙与李海萍等编著的《"齐鲁十二圣"文化现象研究与人物传略》提出了"齐鲁十二圣"（指商圣管仲、史圣左丘明、文圣孔子、武圣孙武、工圣鲁班、科圣墨子、医圣扁鹊、亚圣孟子、算圣刘洪、智圣诸葛亮、书圣王羲之、农圣贾思勰）的概念，并针对圣贤标准归纳出了五条基本条件或价值指标，这里结合他们的研究成果，对"农圣"贾思勰作一些对号入座式的分析。同时，将争取国家认同"中华农圣贾思勰"之名的来龙去脉进行简单说明。

一、圣贤的主要标准及内涵

（一）思想、学说、理论或技艺的原创性

圣贤所提出的思想理论体系，所创立的学派，应是开创性的，或具有里程碑意义的；所作出的重大发现、技术创造或发明，应该是原创性的。

在中国传统文化的历史发展进程中，农家学派在春秋战国时期就已

经产生，为先秦诸子百家之一，其代表人物为东周战国时期许行（约前372—前289）。战国末年吕不韦《吕氏春秋》（自称"上揆之天、下验之地、中审之人"）曾论及"农家"，东汉班固《汉书·艺文志》称"农家者流"，列为九流之一。农家学派既然不是贾思勰创立的，那么贾思勰又有什么原创性的贡献吗？回答是肯定的。

第一，《齐民要术》使我国农业科学第一次形成系统理论，初步具备了农林牧副渔等现代大农业的框架，如以耕—耙—耱为主体，以防旱保墒为中心的旱地耕作技术，以增进地力为中心的轮作倒茬、种植和使用绿肥（历史上最早的记载）的耕作制度，以及种子处理和良种选育等农业生产技术，更加丰富和发展了我国精耕细作的传统农耕思想，标志着中国北方旱地精耕细作体系的成熟。此后的1000多年中，中国北方旱地农业技术的发展，基本上没有超出贾思勰所总结的方向和范围。日本学者熊代幸雄曾把《齐民要术》中旱地耕、耙、播种、锄治等多项技术，与西欧、美洲、澳大利亚、俄罗斯伏尔加河下游等地的农业技术作过具体比较，充分肯定了《齐民要术》中的旱地农业技术理论和技术措施在今天仍有实际意义。

第二，对精耕细作的园艺技术，林木的压条、嫁接等繁育技术，家禽的饲养管理、良种选育、外形鉴定，乃至人工杂交、遗传变异等技术的总结创新。达尔文在《物种起源》中就曾多次援引过《齐民要术》中关于选种、变异的理论，来支持他的物种起源学说。

第三，有关微生物学、生物化学的应用实践和农副产品加工，涉及微生物所产生的酶的广泛利用，产品繁多。

第四，对救荒备荒措施的记载等，《齐民要术》也第一次作了全面、系统的总结，填补了我国传统农学的空白，使荒政思想提升到了国家战略的地位。

农家学派虽然不是贾思勰所创，但却是贾思勰将中国传统农耕技术水平发展到了一个承前启后的相对高度，是后人难以超越或根本没有超越的。《齐民要术》作为体现贾思勰农学思想，承载中国传统农耕文化的集大成之作，也因此具有了原创性价值和意义。

（二）思想文化成就的至高性

圣贤所作出的贡献与成就，应该在相关的领域达到了最高水平，最具有代表性。

《齐民要术》全书每篇由篇题、注文、正文和经传文献组成。根据不同作物，所述详略不一。篇题下有注文（援引历史文献和亲自调查所得），相当于"释名""集解"，包括异名、别名、品种、地方名产、引种来源及其性状特征；正文部分多为贾思勰实际调查和亲身实践（"爰及歌谣，询之老成，验之行事"）所得的第一手资料，是各篇的精髓和主体；篇末则援引文献以补充论证正文，包括重农思想、经营管理、生产技术、农业季节、农业地理、农产品贮存与加工等。例如，在品种选育上，除记载了当时主要粮食作物粟的97个品种外，还记载了黍12个、穄6个、粱4个、秫6个、小麦8个、水稻36个品种[1]；同时，除列述各品种的名称外，往往还按成熟期、产量、性状以及对干旱、虫害、风害的抵抗力等进行分类描述，并指出了选种的原则、标准、方法和保纯措施，把中国古代的选种育种技术提高到了一个新的水平。《齐民要术》全新的创作体例，完整的科学体系，严谨的逻辑结构，为中国后来的农书撰著开辟了可以遵循的途径，因此具有极高的学术权威。

《齐民要术》以后，我国的农书中有着与《齐民要术》相似规模的只有四种：元代司农司编的《农桑辑要》，王祯的《王祯农书》，明代徐光启的《农政全书》与清代"敕修"的《授时通考》。而《农桑辑要》与《授时通考》，都是以"朝廷"的力量，用集体工作的方式，编纂出来的"官书"。缪启愉教授说："它（《齐民要格》）的宏观规划、布局、体裁，完全是独创的，自出心裁的。《要术》本身虽然没有先例可循，却给后代农书开创了总体规划的范例，后代综合性的大型农书，无不以《要术》的编写体例为典范"[2]。

（三）影响范围的持久性、广泛性

圣贤所作出的贡献，产生的影响应该是重大的，而且是长期的、持久的。其影响范围可以是世界性、全国性的，或者是区域性、领域性的，但都应该是广泛的、深远的。

通过研究我们不难发现，作为一部百科全书式的古代农学巨著，《齐民要术》记载农业科学技术的先进性、系统性、全面性，以及其农

---

① 石声汉：《从齐民要术看中国古代的农业科学知识》，北京：科学出版社，1957年，第38页。
② （北魏）贾思勰著，缪启愉、缪桂龙译注：《齐民要术译注》，上海：上海古籍出版社，2009年，第5页。

学思想的优秀性和文化内涵的深邃性，在古今中外人类发展历史上都产生过广泛而深远的影响，这种影响是持久的，其中某些技术今天仍然为人们所不断传承创新而在生活中普遍应用。

关于《齐民要术》的价值与影响，在本书第三章第二节"《齐民要术》的广泛影响"中将作详细介绍，可参阅，此不赘述。

（四）成就的相对突出性

圣贤所作出的成就相比于国内，甚至于国外都是相当突出的，在一定领域是权威，具有不可估量的价值和地位。

在本书第三章第二节将做详细论述，可参阅，亦不另赘述。

（五）历史记载和文物考证的丰富性、确切性

此条件指的是，圣贤一般应有传世的代表作品或有确切的文字记载，有丰富的出土文物佐证，一般不选神话色彩过浓或成就难以考证的人物。

贾思勰虽然是"人以文传"，缺乏相关的详细历史记载，但贾思勰不是虚拟的，更不是神话传说中的人物，而《齐民要术》更是一部经世致用的古代农业科学巨著，这是完全为历史所证明的。并且，随着贾思伯夫妇墓志铭在寿光市的出土，以及相关史料的综合分析，我们根据北魏社会的历史发展脉络和《齐民要术》中所涉地名情况研究，能够粗线条勾勒出贾思勰大概的人生轨迹，这些史、物等考证方面的结论也能够证明贾思勰是北魏时齐郡益都，即今山东寿光人。此外，贾思勰有 11 万多字的农学巨著《齐民要术》传世，书内对历史上齐地的社风民情也多有记载，历代史书对《齐民要术》也都有所记载，《齐民要术》在国内外农学领域，甚至其他学科领域域的研究也有较多突出的成果，可以肯定其影响是世界范围内的。

二、贾思勰何以为"农圣"

虽然我们根据刘德龙等关于圣贤的条件或标准，可以判定贾思勰是一位名副其实的圣贤，但我们为什么尊其为"农圣"，而不是像"齐鲁十二圣"里其他人那样，称其为科圣、算圣呢？上文虽作了一定分析，

但仍有必要对此再作一些更深入、更具针对性的思考，即贾思勰何以为"农圣"？笔者认为，其决定性因素或更大的价值意义在于以下四点。

（一）兴灭继绝，力挽狂澜

南北朝时期，北魏朝廷因为少数民族拓跋氏的主政，草原游牧文化以胜利者的姿态凌驾于周秦以来所形成的中原汉族传统农耕文化之上，整个社会生产受到少数民族风俗习惯的影响是不可避免的，并且这种影响因为主政者的身份特点而极有可能是致命的，春秋战国和秦汉以来所形成的传统农业体系受到最严峻的冲击和破坏。据《魏书·食货志》载[①]，太宗明元帝时，神瑞二年（415），"畜牧滋息"，反映了当时畜牧业的发达；泰常六年（421），"诏六部民羊满百口调戎马一匹"，反映了北魏政府倡导畜牧生产，发动百姓养羊，朝廷甚至以养羊为标准向百姓征调战马；世祖太武帝即位后，"纳其方贡以充仓廪，收其货物以实库藏，又于岁时取鸟兽之登于俎用者以牣膳府"，又反映出当时执政者拓跋氏对畜、鸟等肉类食物的热衷，体现了少数民族的饮食风俗特点；而高祖孝文帝即位后，"复以河阳为牧场，恒置戎马十万匹，以拟京师军警之备。每岁自河西徙牧于并州，以渐南转，欲其习水土而无死伤也，而河西之牧弥滋矣"，这些记载都反映了北魏朝廷重视畜牧业发展的少数民族传统，加之战乱不断，百姓居无定所，太宗明元帝时"帝以饥将迁都于邺""分简尤贫者就食山东"，因为饥馑原因甚至要迁都，还通过移民来缓解饥馑……

在这样的现实情况下，中国农业发展格局是以游牧为主？传统农业耕作为主？还是农牧结合？人们的思想受到严重冲击产生犹豫，社会生产自然受到极大破坏，中国农业历史发展命悬一线，面临倒退的危急时刻，贾思勰力挽狂澜，扶大厦于将倾，全面、系统、科学、丰富地总结和继承了古老的优秀农耕传统，并融入少数民族畜牧生产技术，悉数载入《齐民要术》，承前启后，形成农牧结合的全新农业生产体系，在历史发展的关键时刻挽救了民族，也挽救了国家，为中华传统农耕文化的持续发展，做出了不可估量、无以替代的卓越贡献，也为后来隋唐盛世局面的形成奠定了基础，"在世界农学史上填补了欧洲中世纪时期农学

---

① 本段所引古籍文字皆参见许嘉璐主编：《二十四史全译·魏书·食货志》，上海：汉语大词典出版社，2004年。

的空白"（缪启愉语）。

（二）创新体例，但开风气

《齐民要术》之前的古代农书体例单一且多佚失，贾思勰"起自耕农，终于醯醢，资生之业，靡不毕书"，开风气之先，第一次使中国农学形成精耕细作的、完整的综合体系。贾思勰还开创学术新风，著书涉典，援引资料（据石声汉先生考证，凡引古籍157种）标明出处、保留原文、不擅改一字，树立了古代农书中的典范，为后世集佚、保护和研究古籍，也做出不可磨灭的贡献。虽然在贾思勰之前无先例可循，但他却为后世农书撰著者开创了一种全新的范例。《齐民要术》"体系完整，是前所未见的全新格局""规模之大是空前的，超过以前任何农书""是中国农学发展史的里程碑"（缪启愉语），因此具有划时代的意义。

（三）知行合一，后学楷模

读书著述是古代文人的治学常规，农书创作也大多是文人所为。但贾思勰著书绝不是闭门造车，在故纸堆里迂腐自娱。贾思勰创作《齐民要术》"采捃经传，爰及歌谣，询之老成，验之行事"，将传统知识、民间采集与调查研究、总结思考与实践验证等融为一体，理论联系实际，从群众中来到群众中去，并且在行文上"丁宁周至，言提其耳，每事指斥，不尚浮辞"，开创了后世农学研究著述的新蹊径，"具有超前的创新性和综合性质"（缪启愉语），堪为后学楷模，更成为后世农学家著述的根本遵循。

（四）思想深邃，光耀千秋

中华优秀传统文化思想是中华民族共有的精神支柱和财富，是中华民族的根和魂所在，它融于国融于家，融于政融于民，体现了中华民族共同的价值观、人生观、世界观和发展观。贾思勰坚持"食为政首""要在安民，富而教之"的传统"农本"思想和"民本"思想，系统地将儒家、法家、道家、兵家、农家、阴阳家等中华优秀传统文化思想，科学地植入、转化为指导农业生产实践的先进农学思想，建立了系统完善的古代农学思想体系，形成内涵丰富的农圣文化，体现了中国思维、东方智慧，达到了前无古人、行为世范的境界。

三、"中华农圣贾思勰"概念的官方确认

《中华农圣贾思勰与〈齐民要术〉研究丛书》是一套受到国家出版基金资助的大型"贾学"研究丛书,丛书还入选了"十三五"国家重点图书出版规划、寿光市重点文艺创作立项资助,获得了第四届潍坊市风筝都文化奖。丛书共 20 册(含丛书"导读"),500 多万字,由潍坊科技学院农圣文化研究中心、寿光市《齐民要术》研究会联合组织 20 多位高校学者、地方研究专家分工集体编撰,2017 年 7 月由中国农业科学技术出版社正式出版。2016 年,该丛书在争取国家出版基金资助立项时,关于"中华农圣贾思勰"的概念提法,受到立项评审组部分全国知名农学专家的质疑,丛书组委会进行了有理有据的回复,得到评审组专家的一致认可,"中华农圣贾思勰"这一概念最终通过审议而得以确立。对国家出版基金管理办公室关于"中华农圣贾思勰"概念提法的回复共有五条意见(其中1—4条为本书作者提供),具体内容现分列如下,以供参考。

第一,2010 年 5 月,齐鲁书社出版了山东省社会科学规划研究重点项目成果《齐鲁十二圣文化现象研究与人物传略》(刘德龙、李海萍著),明确提出了"农圣"贾思勰的概念。2015 年 3 月,"山东社科论坛——齐鲁文化传承与创新研讨会"在济南召开,"齐鲁十二圣人思想的时代价值"是其中的重要论题,得到与会150多名中外专家学者的一致认同。

第二,自 2010 年开始,由寿光市人民政府主办,后改为中国(寿光)国际蔬菜科技博览会组织委员会主办,潍坊科技学院承办,寿光市《齐民要术》研究会协办的"中华农圣文化国际研讨会"已成功举办六届(笔者注:按《丛书》申报国家出版基金项目时研讨会举办的届数算),来自世界五大洲 40 多个国家的 1000 多位专家学者参会,取得丰硕的研讨成果,已成为有较大影响的国际性农业学术文化交流峰会(图 2-8)。"中华农圣贾思勰"的概念和提法已取得中外专家学者的一致认可。

图 2-8　2018 年 4 月，第九届中华农圣文化国际研讨会暨《中华农圣贾思勰与〈齐民要术〉研究丛书》学术研讨会现场

　　第三，突出地域文化特色，是对以贾思勰《齐民要术》为载体的"农圣文化"的一个理论创新。其创新原则既包括国际社会对中国文化一贯提法的综合和提升，也包括对"农圣文化"在国内国际实际影响的考虑，最重要的是体现了中华民族命运共同体，中华文化同宗同源一脉相承的历史事实。

　　第四，2015 年意大利米兰世博会中国馆《齐民要术》展项相关内容，是寿光市《齐民要术》研究会受中国国际贸易促进会和山东省贸易促进会之邀，提供的农林牧副渔大农业原始材料。2015 年 1 月 30 日，李兴军（本书作者）作为学术评审专家，受邀参加了由山东省贸易促进会组织的米兰世博会中国馆《齐民要术》展项评审会，参与了展项文字内容、古书版式、动画脚本等内容的评审（图 2-9）。会后，根据展项需要和贸易促进会意见，由李兴军提供了展项所需的相关资料信息。"农圣贾思勰"的提法，通过世博会得到国内外官方和观众的再次认可。

图 2-9　2015 年 1 月 30 日，济南，山东省贸易促进会，本书作者参加意大利米兰世博会中国馆《齐民要术》展项评审会现场

第五，"农圣贾思勰"的提法，多见于以往的报刊、网站、数据库中，甚至在中学课本教材及考试试题中，"农圣贾思勰"的提法也不鲜见。

以上是2015年呈报国家出版基金管理办公室的五条理由，虽不全面但基本说明了问题。现在复作认真周全的思考，应该还有三条内容可以一并列入佐证，今补充为第六、第七、第八三条，列下备考。

第六，2012年12月，潍坊科技学院申请拍摄制作由李兴军创作的52集文学剧本《农圣贾思勰》动画片，顺利通过山东省新闻出版广电局备案，许可证号为"（鲁）字第121号"。2013年1月，《农圣贾思勰》动画制作在国家广电新闻出版总局立项备案（图2-10），这标志着"农圣贾思勰"的提法早在2012年就已经取得了国家认可，拥有了自主知识产权。

第七，2014年10月28日、12月26日，52集三维动画片《农圣贾思勰》由潍坊科技学院制作完成，并取得山东省新闻出版广电局颁发的国产电视动画片发行许可证（图2-11），同意该片在全国范围适当时段发行，1—30集许可证号为"（鲁）动审字［2014］第003号"，31—52集许可证号为"（鲁）动审字［2014］第005号"，这标志着"农圣贾思勰"这一提法不仅得到新闻出版单位认可，拥有了自主知识产权，而且取得了在全国范围内宣传传播的资格。

图 2-10　国家新闻出版广电总局网公示《农圣贾思勰》制作备案截图

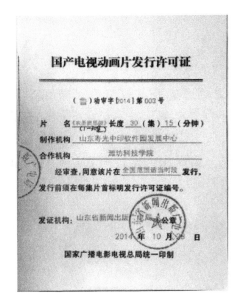 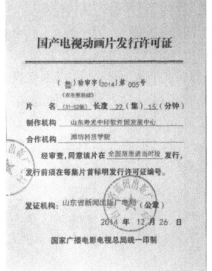

图 2-11 山东新闻出版广电局颁发的国产电视动画片发行许可证

第八，2017 年 11 月，为筹备举办第九届中华农圣文化国际研讨会，潍坊科技学院积极与山东省人民政府外事办对接，向省政府申请批准会议批文。2018 年 1 月，山东省人民政府外事办行文进行了批复，同意举办第九届中华农圣文化国际研讨会，标志着"中华农圣贾思勰"的概念得到政府部门的认可，"中华农圣贾思勰"已成为中华优秀传统文化典型人物的代表，"中华农圣"也已成为中华优秀传统文化标识系统中的一个特定概念和符号。

以上诸条充分说明，"农圣贾思勰""中华农圣贾思勰"的概念和提法，早已在不同的范围和时间节点，以不同的方式、不同的渠道，取得了社会、国家和国内外学者的广泛认可，而最重要的自然是原国家新闻出版广电总局和山东省人民政府的认定，从国家、政府和法律层面最终确定了"中华农圣贾思勰"的概念提法。应当说，"中华农圣贾思勰"概念的提出，不仅体现了我们党和国家对中华优秀传统文化的高度重视，更显示出了以贾思勰《齐民要术》为载体的"农圣文化"的魅力和价值所在。同时，也告诉我们，创造性转化、创新性发展中华优秀传统文化，不仅需要对主流文化的关注，更需要对地域特色文化的关注，只有如此我们才能更好地传承创新中华优秀传统文化。

四、小结

从《齐民要术》的基本情况，到贾思勰及其家族和朋友情况的了解，我们可以肯定地说，贾思勰被誉为"农圣"是实至名归的。至此，我们就解决了"农圣"是谁的问题，也大概了解了农圣文化的形成主体，对进一步研究贾思勰的农学思想，全面深入地挖掘农圣文化内涵，把握农圣文化的主体精神奠定了坚实基础。

第三章　中国古代农业百科全书
——《齐民要术》

第一节　《齐民要术》的基本内容

《齐民要术》是我国南北朝时期北魏贾思勰撰写的一部农业科学专著，是迄今为止所发现的贾思勰唯一保存到现在的著作，也是研究北魏时期我国北方农业生产情况和经济社会发展状况的重要史料文献，更是研究贾思勰农学思想和业绩的主要依据（图3-1）。

图3-1　《四部丛刊·子部·齐民要术》书影

一、《齐民要术》概况

《齐民要术》规模巨大，体系完整，结构科学合理，叙述详略得当，全书共10卷，92篇，由序、杂说（指序后杂说，已证实为后人加入非贾氏原作，因随书刻入较早，已成为其中一部分）、正文三部分组成，每一篇又由标题、解题、正文、引录典籍四部分构成。《齐民要术》第一次科学地总结了6世纪以前我国北方劳动人民，特别是黄河中下游旱作地域劳动人民的农业生产状况、经验及农业生产技术，精确细致地总结了劳动人民从实践中积累的精耕细作的优良传统，对当时及后世农业和其他科学的发展均产生了重大影响。

虽然东汉时期的蔡伦改进了造纸术，但由于造纸技术尚未全面普及，纸张也就还未在社会上得以广泛应用，因此《齐民要术》成书之时仍然是以传统的简牍形式存在，其计算单位仍以"卷"为名，写完字迹干透后卷成一卷，故贾思勰在序中言其"十卷"。全书除作者自"序"外共有111 800字，其中大字体内容是正文，约有68 450字，小字体内容是贾思勰创作时增加的注文部分（也属于三大组成部分中的正文部分），约有42 350字，占全书字数的三分之一以上。正如贾思勰在自"序"中所说，全书"起自耕农，终于醯醢，资生之业，靡不毕书"，内容涉及农、林、牧、副、渔等现代大农业体系的各个方面，凡是与老百姓生产生活相关的，没有不录入的。并且每卷"卷首皆有目录，于文虽烦，寻览差易"。虽然烦琐了点，但是为人们的查阅提供了极大方便。《齐民要术》首卷卷首有贾思勰的自"序"，约有2700余字，主要说明了贾思勰写作目的、基本思想和观点，以及全书的结构体例、论说对象和创作资料来源。"序"是《齐民要术》的灵魂所在，体现了贾思勰的原则立场，统领着全书的创作方向。

自"序"后面另有《杂说》一篇，而卷三还有一篇《杂说第三十》，卷三《杂说》有篇目序数"第三十"，可以明确篇内《杂说第三十》就是贾思勰在自"序"中所说"92篇"中的一篇。据有关专家从"序"后这篇《杂说》的文风、用词和写作特点等考证分析，与北魏时期的语言习惯有着明显区别，不是一个时代的作品，学术界基本认同"序"后面的《杂说》是后人（缪启愉教授认为是唐朝人）的伪托之作，是后来加进去的，因为写入《齐民要术》并随全书刊行的时间比较早，已经被大多数研究者所接受了，后世在印刷的时候也大都保留了此篇，使之成为全书的一部分。

《四库全书·齐民要术提要》中提到，《齐民要术》"奇字错见，往往艰读"。"盖书多奇字，自王世祯已费检核。辗转讹脱，理固有所不免也。"意思是说《齐民要术》中有很多生僻字、难字，又因为长期传抄的原因，书中的错误字、脱落的字也很多，是一部很难读懂的书。缪启愉先生认为，这是由历史原因造成的，他还分析主要是有两种情况：一是书里面确实有不少不能用通用的意义来解释的词语，大多是贾思勰那个时候的民间"土语"和生产上的"术语"。由于成书时代久远，方言又有地域性的局限，所以后人对这些词语就感到很陌生而难以理解。但是经过细心地探索、论证和比较研究，基本上还是可以读通的。二是《齐民要术》在长期流传的过程中，不可避免地产生很多抄刻上的伪（假的内容）、错（错误的字）、脱（脱落缺少的字）、窜（因抄写窜行而导致的错误）、衍（抄刻人随意增加的字），更增加了阅读的困难。缪启愉教授认为，这种人为的错乱原因，才是导致《齐民要术》难读的主要方面。①此外，现在的人难读懂《齐民要术》，应当与传统农业为现代农业所取代，懂得传统农业知识、农具的人越来越少，以及语言流变的现实原因有关。

二、《齐民要术》的主要内容

为节省篇幅，本书于此只作简略概述，建议感兴趣者可参阅《齐民要术》原著。

《齐民要术》10卷92篇（不包括后人加入的《杂说》篇）内容的基本分布情况是：卷一为耕田、收种、种谷3篇；卷二为禾谷类、豆类、麻类、瓜类等作物13篇；卷三为葵、蔓菁、葱、蒜等蔬菜作物14篇；卷四为园篱、栽种、种枣、插梨等14篇；卷五为栽桑、养蚕、竹、木及染料作物等11篇；卷六为牛、马、驴、骡、羊、猪、鸡、鹅、鸭和养鱼等6篇；卷七为货殖、涂瓮、造曲、酿酒等6篇；卷八、卷九为酿造、制酱、作菹、饼法、醴酪等食品调制和贮藏加工，以及煮胶和制笔墨法，共有24篇；卷十介绍了149种产于南方的"五谷果蓏菜茹"。

从《齐民要术》涉及的农、林、牧、渔、副现代大农业生产体系各个方面的所载内容看，包括货殖、涂瓮、造曲、酿酒、酿造、制酱、作菹、饼法、醴酪等食品加工、调制和贮藏等在内的家庭手工业制作方面

---

① （北魏）贾思勰著，缪启愉、缪桂龙译注：《齐民要术译注》，上海：上海古籍出版社，2009年，第2页。

知识共有三卷（卷七、卷八、卷九）30 篇，占到全书的32.6%，分量较大，通过这些大体量的知识记载，我们可以充分感受到贾思勰对农家经营致富的迫切心情，同时也能粗略了解南北朝时期北魏的家庭经营和社会产业结构状况。从畜牧业知识（卷六）看，对了解当时畜牧养殖业发展情况，以及我国畜类养殖发展变化史大有裨益。而从农业耕作情况看，卷一至卷二的知识记载充分反映了我国黄河中下游旱作区域的基本耕作制度，对今天旱作区域的农业生产仍然发挥着重要作用。卷三、卷四、卷五是对园林技术的记载，特别是关于蔬菜的种植理论记录，非常详细具体，极具操作性，据有关专家考证，这是已知的世界上最早的园艺技术记载。

山东寿光是农圣故里，全国著名的蔬菜之乡。实事求是地讲，日光温室大棚蔬菜产业的发展直接改变了现代园艺生产的格局，极大地丰富了当今人们生活餐桌的内容和品质。而寿光作为日光温室大棚蔬菜的策源地，其创新思维即来源于对《齐民要术》蔬菜种植、保藏技术的创造性转化和创新性发展。20世纪80年代初，山西永济从《齐民要术》中找到制造桑落酒的配方，恢复了当地失传多年的桑落酒酿造。1980年，经济史学家胡寄窗在《从世界范围考察十七世纪以前中国经济思想的光辉成就》（《胡寄窗文集》，中国财政经济出版社，1995年）论文中说："公元第六世纪前半期出现的贾思勰《齐民要术》，是人们公认的我国古代仅存的一部极有价值的农书。但从政治经济学角度考察，它还是一部很好的封建地主阶级的家庭经济学，对一个地主阶级家庭的生产、交易和消费均有很详细的设计和记载。""贾思勰对一个地主家庭所须消费的生活用品，如各种食品的加工保持和烹调方法；如何养鱼养马；甚至连制造笔墨及其原材料等所应具备的知识，无不应有尽有。其记载周详细致的程度，绝对不下于举世闻名的古希腊色诺芬为教导一个奴隶主如何管理其农庄而编写的《经济论》。"王尚殿在《中国食品工业发展简史》（山西科学教育出版社，1987年）中称："《齐民要术》是我国古代一部优秀的农书，是农产品加工和食品生产的科技书，内容极其广泛和丰富。书中有粮食和油料加工，有制曲、酿酒、作酱、作豉、酿醋和食品加工、烹调等。书中七、八、九卷全部是记述食品加工、储藏的，可谓我国六世纪的食品百科全书。"张湘琴在周林等人主编的《科学家论方法》第二辑（内蒙古人民出版社，1985年）中编写的《贾思勰》一文，认为《齐民要术》不仅是一部影响深远的古代农业技术典籍，也是中国封建社会农业经营方法方面的百科全书，更是农业科学哲学方面的具有里程碑意义的巨著。

其实，这不过是《齐民要术》所载农业科学知识的冰山一角。仁者见仁，智者见智，我们相信，只要认真挖掘研究，面对当今农业发展中面临的现实问题，现代大农业生产的农、林、牧、副、渔各业，都能从《齐民要术》中得到有益启发，这对我们现代大农业发展无疑是有利的。这也是我们为什么要研究《齐民要术》，传承创新农圣文化的初衷。

三、《齐民要术》的突出特点

《齐民要术》虽然内容庞杂，但体例系统完整，结构、主次等逻辑关系处理得当，信息资料来源真实可靠，作为一部集大成式的农书，其撰写特点主要体现在以下几个方面。

1. 思想定位和创作目的明确

贾思勰在《齐民要术》自"序"首段通过评述"殷周之盛，诗书所述"的要义，点明自己的撰写目的是"要在安民，富而教之"，也就是围绕怎样使老百姓安定生活，让老百姓经济富足，最终实现对百姓的教化目标。农业是社会安定的基础产业，百姓安定了，农业生产才能有保障，而在生产力低下的古代社会，只有农业的发展，才能保证国家的安全稳定。而百姓富足了，国家的经济稳定乃至国家的安全才能得到充分保障。而百姓得到教化后，民智得到进一步开发，生产力得到提高，经济发展和社会稳定也将得到更好的保障。因此，"要在安民，富而教之"的目标设定，体现了贾思勰以人民为中心的创作思想，既符合社会和国家发展需要，也符合百姓实际需要；既是封建时代地方官吏的职责所在，也是贾思勰重农爱农、善为民谋利的实际体现。

2. 体例安排系统科学

首先，从《齐民要术》的写作体例上分析，全书基本按照标题、解题、正文（包括对正文的小字体类注释文字）、引录典籍等程序行文。标题简约，解题要而不繁，正文则结合了典籍所载、访学所得、民间谣谚和自己的实践感悟，可谓生动具体、详细系统，极具操作性；引用典籍则择其要者而录之，扣题延伸，绝无虚词赘语。可以说，全书逻辑结构严密，记录详略得当，知识内容广泛，语言"文章古雅，援据博奥"（《四库全书简明目录》），充分体现出作为一名古代文化人，贾思勰拥有极扎实的传统治学功底，绝非贾思勰自谦的"鄙意晓示家童，未敢闻之有识"，也绝非像有的人由贾思勰的这一自谦之语而推断《齐民要术》不是给有学问人看的观点。

其次，从《齐民要术》的内容体例上分析，全书内容涉及现代大农业生产的农、林、牧、副、渔等各个领域，是一个系统的大农业体系，而每一大类又科学地分为总论和分论两部分，并且总是遵循了先总论后分论的格式，非常系统科学。同时，分论中又是按作物与人类生活的主次关系依次安排的，可谓科学有序、逻辑合理。例如，耕田、收种是农业的基础也是总论，而各类谷物、蔬菜等经济作物的种植既是具体技术，又是分论内容。林木栽植管理部分，《园篱第三十一》"凡作园篱法……"《栽树第三十二》"凡栽一切树木……"是总论，然后分论又依次是各种果木、林木等的具体种植之法，总论较概括，而分论却非常具体，总分鲜明，有条不紊。

3. 主次矛盾处理恰当

民以食为天，粮食是人类生存的基础，是农业生产中首先需要解决的主要矛盾。随着生产力的不断发展，经济和生活水平的不断提高，人们对生活内容的丰富性和生活质量的迫切性需求，自然推动了农业生产的多样化发展，这是人类历史发展的必然。《齐民要术》内容的编写安排主次得当，完全符合人类生产和生活发展的实际需要，符合科学发展逻辑。从《齐民要术》在内容安排的先后关系上来看，首先是粮食作物的种植，"菜食曰蔬，谷食曰食"（卷一《种谷第三稗附》），粮食作物又以古代普遍为主粮的"粟"为第一，然后再到蔬菜、染料作物、果树林木、畜牧业、渔业、食品加工、酒、酱类的制作等家庭副业，层次逻辑严密，符合人类发展和生活需求的实际进程。在介绍完人类生活所必需的主要方面（粮、菜）之后，卷三末篇对人类自身学习发展所需要的笔墨制作技术等相对次要的知识，又另立《杂说第三十》予以补充，卷十则将"非中国物产者"的南方植物等附录性内容，放到了全书最后作为补充完善，充分体现了贾思勰在处理主次矛盾方面的科学缜密性。

4. 信息资料来源可靠

贾思勰在自"序"中谈及《齐民要术》的资料来源时，说是"采捃经传，爰及歌谣，询之老成，验以行事"，可知其资料来源有四个，即传统经典、民间谣谚、有经验老农的经验心得、自己的实践，而这四种资料又有四种相对应的获取渠道，即阅读整理、民间采集、虚心求教和实践检验。可以看出，这四种资料及其获取途径体现了理论和实践相结合的自觉，都是真实可靠值得信任的。

更为可贵的是，贾思勰在引用传统经典时最大限度地保持了原著的原貌，没有进行大量改动，这既为全书论述提供了权威理论支持，又为我们今天研究古代典籍或散佚的典籍提供了宝贵资料。而"采捃经传爰及歌谣，询之老成，验以行事"所得而录入《齐民要术》的，都是贾思勰切身参与的有力证明，里面有采集于群众在社会劳动过程中传用的歌谣性实践共识，有"询之老成"的群众经验，又有个人的实践创造所得，都保留了当时农业生产生活的原貌，具有较高的真实性和可信性，这为我们了解北魏时期真实的农业生产情况和社会发展状况提供了第一手材料，其价值非其他传世作品可比拟。

5. 农学思想内涵丰富

农学思想属于农家一派的理论体系，是指导农业生产与经营的重要理论基础，它与诸子百家的思想理论一起，共同丰富了中国传统哲学的内涵，成为中华优秀传统文化的重要组成部分。

贾思勰农学思想融合了儒家、道家、法家、墨家、阴阳家、兵家、农家等诸子百家的思想精华，巧妙地将之转化为科学的农学思想，普遍地蕴含于《齐民要术》各卷之中。其中，最重要的思想内涵有关于天（自然规律）、地（实际环境条件）、人（能动作用）三者关系的儒家传统的"三才论"，有讲究制度和规则的法家思想，讲"道法自然"顺应自然规律的道家思想，讲科学和技术创新的墨家思想，也有讲时、势、地的兵家理论，以及强调二元论的阴阳家理论（包括气论、阴阳、五行、圜道理论等），还有体现"安民""富民""教民"和尚中思想的儒家理论，更有《汉书·艺文志·诸子略》中提到的"播百谷，劝耕桑，以足衣食"，《管子》中强调的"顺民心，忠爱民""修饥馑，救灾荒""农本商末"的农家思想之本，以及求利思想、综合经营思想、生态农业思想、精耕细作思想、良种繁育思想、用地养地思想、遗传变异思想等[①]农业经营和农业科学思想，思想内涵极为丰富，是中华优秀传统文化思想在农业生产领域的创新应用。

四、《齐民要术》的主要科学成就与学术贡献

《齐民要术》的科学成就与学术贡献是多方面的，就主要方面来说有：

（1）对秦汉以来黄河流域旱作农业以保墒防旱为中心的精细技术措施作了系统的总结。

（2）种子处理和选种、育种、良种培育等技术。

（3）播种技术、轮作和间混套种，绿肥使用等技术措施。

（4）精耕细作的园艺技术，林木压条、嫁接等繁育技术，动植物的保护和饲养技术，病虫害防治，作物品种的抗逆性，预防霜冻等。

（5）对生物的鉴别和对遗传变异的认识，家禽的饲养管理、良种选育、外形鉴定，乃至人工杂交等技术的总结创新。

（6）有关微生物学、生物化学的应用实践和农副产品加工，涉及微生物所产生的酶的广泛利用，产品繁多、广，并对各种酒、醋、酱、菹菜、鱼肉酢、饴糖等详细记载，是最早的饮食工艺集中记载。

（7）《齐民要术》的诞生，使我国农学第一次形成系统科学的体例。全书体例和取材布局，为中国后来的许多农书开辟了可以遵循的途径，对后世影响巨大。

（8）贾思勰写作所采取的注重实践经验和重视亲自试验的创作途径和方法，为后世农学家指明了方向，树立了治学典范。

（9）由于《齐民要术》的引用，保存了北魏以前许多重要的农业科学技术资料，是对传统的有益继承。同时，对于征引资料，贾思勰采取了严肃、认真、负责的态度，并未任意加以删改剪裁，一般都较好地保持着原书的模样，因而给其他经书之类的校勘提供了很好的考证资料。

（10）农学思想内涵丰富，体系完整，是中华优秀传统文化的重要组成部分，不仅对中外农业生产与历史具有巨大的影响，包括"顺天时，量地利，则用力少而成功多"等在内的一些科学思想至今仍然是现

---

① 郭文韬、严火其：《贾思勰王祯评传》，南京：南京大学出版社，2001年。

代大农业生产的重要遵循。

不可否认，《齐民要术》并不是十全十美的，它也有它的时代局限性，以及受贾思勰本人思想局限的影响，从而显露出其不足的地方。李长年教授在《齐民要术研究》（农业出版社，1959年），以及《中国农学史（初稿）》上册（科学出版社，1959年）中对此有所论及，他认为《齐民要术》的缺点主要存在两方面[①]：一是没有从整体出发，这是受贾思勰的阶级立场影响。二是贾思勰的思想（关于贾思勰农学思想，后文有专门分析），在某些方面有些进步，但也另存一套迷信思想。虽然如此，这些缺点并不影响《齐民要术》的价值，《齐民要术》始终是我国古代一部伟大的农书。

第二节　《齐民要术》的广泛影响

《齐民要术》具体的成书时间虽然难以明确界定，但通过研究我们不难发现，《齐民要术》自成书之日起即引起社会的广泛重视，历代传抄、刻印、研究未断，不仅体现了其价值所在，更体现了农耕文化在中华优秀传统文化中的地位和作用。

一、《齐民要术》的版本流传

从《齐民要术》成书初期的手抄传播，后世（北宋及以后）的雕版印刷，再到近现代以来的胶版印刷出版，历经1000多年的发展，《齐民要术》的版本已超过25种，是现存中国农书中最早、最完整的、承前启后的经典性著作。[②]万国鼎教授和缪启愉教授对《齐民要术》的版本都做过比较详细的考证，基本勾勒出了《齐民要术》版本的流传情况。现将其研究成果归纳成表3-1、表3-2列于下，同时，笔

---

① 参见李长年：《齐民要术研究》，北京：农业出版社，1959 年；中国农业科学院、南京农学院中国农业遗产研究室编著：《中国农学史（初稿）》上册，北京：科学出版社，1959年。

② 张法瑞：《20 世纪的贾思勰〈齐民要术〉研究》，《第六届东亚农业史国际学术研讨会论文集》，2006 年，第 101—115 页。

者又根据前辈研究成果进行了再梳理，示以简略的流程图（图3-2），一并列出仅供参考。

表 3-1 万国鼎教授关于《齐民要术》的版本考略表

系统	版本	备注
北宋本系统	北宋崇文院刻本	天禧四年（1020），诏刻，天圣中刊成。现在只有日本京都博物馆藏有此刊本的五、八两卷
	日本金泽文库本	现藏日本东京"蓬左文库"，卷末有日本仁安元年（1166），宝治二年（1245），建治二年（1276）题记。1948年影印。南京农学院和北京农业大学各藏一部
南宋本系统	龙舒本	绍兴十四年（1144）张辚刻于龙舒。据葛佑之序，此刊本系根据北宋崇文院本重刻的。原本已久佚。所存只有校宋本。由陆心源辑入"群书校补"中
	影印明钞本	商务印书馆于1922年将此本辑入"四部丛刊"中。此明钞本之祖本，可能是龙舒本的重刻本
	万有文库本	商务印书馆于1930年据"四部丛刊"本排印，间有校改。此本又编入"国学基本丛书"中
元刊本系统	元刊本	据莫友芝"郘亭知见传本书目"说，此刊本每页20行，每行大字18字
湖湘本系统	湖湘本	明嘉靖三年（1524）马直卿刻于湖湘治所。每页20行，行17字
	竹东书舍本	华亭沈氏刊刻
	秘测汇函本	明万历三十一年（1603），胡震亨校刊
	津逮秘书本	崇祯三年（1630），上海博古斋影印
	日译本	日本延亨元年（1744），山田好之译。平安向荣堂刊，款式依胡震亨刊本
	日本文政本	日本文政九年（1826）刊本
	百子全书本	光绪元年（1875），湖北崇文书局刊本
	百子全书本	民国四年（1915），上海扫叶山房据崇文本另写石印
以明刊本据校宋本参校	学津讨原本	清嘉庆九年（1804），参校《农桑辑要》，有商务印书馆影印本
	浙西村舍本	清光绪二十二年（1896）刊本
	观象庐本	清光绪中刊行
	龙溪精舍本	民国六年（1917）刊本
	四部备要本	民国十五年（1926），中华书局据学津讨原本排印
	丛书集成本	民国二十八年（1939），商务印书馆据"浙西村舍本"排印
节删本	说郛本	此四种都是明刊本
	五朝小说本	
	居家必备本	
	山林经济本	

表 3-2　缪启愉教授关于《齐民要术》的版本考略表

时代	版本、抄本或校本	简称	出版或抄校年	备注
北宋	崇文院刻本	院刻	1026—1031	仅存第五、第八两卷
	日本金泽文库抄本	金抄	1274	缺第三卷
	日本猪饲彦博校宋本	—	1761—1845	—
南宋	张辚的龙舒刻本	龙舒本	1144	原本已佚，有黄、劳二种校宋残本
	（1）黄荛圃校宋本 （2）劳季言校宋本			第七卷中卷以下缺。 第五卷第五页以下缺
	明抄南宋本	明抄	1922 影印	四部丛刊影印
元	农桑辑要的引录	辑要	1286	对后来影响很大
明	马直卿湖湘刻本	湖湘本	1524	—
	胡震亨秘册汇函刻本	秘册本	1603	—
	毛晋津逮秘书刻本	津逮本	1630	—
清	日本山田罗谷刻本	山田本	1744	刻于清乾隆九年（1744）
	吾点校的稿本	—	1821 左右	—
	袁昶渐西村舍刻本	渐西本	1896	—
	丁国均校稿本	—	1901	—
	丁国均汇录校堪本	—	1901	—
	黄麓森校仿北宋本	—	1911	—
	张海鹏学津讨原本	学津本	1804	—
	黄廷鉴校本	—	1825	—
	张定均校本	—	1848 前后	—
	张步瀛校本	—	1848	—
中华人民共和国成立后	石声汉近释本	今释	1957—1958	—
	日本西山熊代合译	日译本	1957—1959	第十卷未译

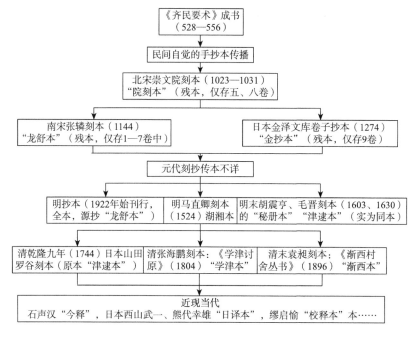

图 3-2　《齐民要术》版本流传系统简图

二、《齐民要术》的价值影响

作为一部"中国古代农业百科全书"，在科学技术和生产力发展水平较低的古代社会，《齐民要术》在指导人们的生产生活方面发挥了积极作用，其价值与影响是不言而喻的。就是拿到今天，其中一些先进的科学理论和理念，甚至具体的生产生活经验，仍然在现实生活中发挥着重要作用。以下分古今中外和学术研究等几个方面予以说明。

（一）《齐民要术》在国内的影响

1.《齐民要术》的总体价值与影响

《齐民要术》成书之前，大概在商周时期，以《夏小正》（月令式农事记录）为代表，才开始有农书的出现，但严格意义上讲，《夏小正》只是农书的萌芽状态并未完全成型。春秋战国时期，以《吕氏春秋》六论最后一论《士容》（《士容》共六篇，前两篇与农业生产无关，第三篇《上农》，第四、五、六篇分别是《任地》《辩土》《审时》都与农业生产相关）四篇、《管子·地员》等为代表，标志着我国农书已初具形态，但《上农》《任地》《辩土》《审时》等都只是原书的部分内容，并未完全独立成体成型成科，因此也算不得是完整意义上的农书。[①]另外，春秋战国时期，特别是战国时期的"百家争鸣"，可以看到"农家"一派虽然也是其中的重要理论派别，但因为其社会影响较低和系统理论著作的缺乏，而未得到重视难以成为大气候。到西汉时期，班固《汉书·艺文志》云："农家者流，盖出于农稷之官。播百谷，劝耕桑，以足衣食，故八政一曰食，二曰货。孔子曰：'所重民食'，此其所长也。及鄙者为之，以为无所事圣王，欲使君臣并耕，悖上下之序。"但认为农业是粗鄙之人从事的，不是上层人的事业。西汉时期，山东人氾胜之编撰的《氾胜之书》算是我国最早的专业性农书，可惜已佚失，今存版本是后人根据《齐民要术》《太平御览》等古代典籍辑录成书的，因此我们也无法得知其全貌。

《齐民要术》以后出现的农书又大多以《齐民要术》为著录范本，正如石声汉教授所言："《齐民要术》以前，中国是有过一些农书的，但有的已完全散佚，有的只保存了一部分。就这些现存的农书看来，《齐民要术》的成就，是总结了以前农学的成功，也为后来的农学开创了新的局面。"同时，石声汉教授又指出："《齐民要术》以后，我国的农书中，有着与《齐民要术》相似规模的只有四种：元代司农司编的《农桑辑要》，王祯的《农书》；明代徐光启的《农政全书》与清代'敕修'的《授时通考》。而《农桑辑要》与《授时通考》，都是以'朝廷'的力量，用集体工作的方式，编纂出来的'官书'。"[②]缪启愉教授则说："它的宏观规划、布局、体裁，完全是独创的，自出心裁的。《要术》本身虽然没有先例可循，却给后代农书开创了总体规划的范例，后代综合性的大型农书，无不以《要术》的编写体例为典范"[③]。

《齐民要术》一经问世，起初虽为手抄本传播，但已引起历代政府的高度重视，将之视为督导农业的重要依据，由此可见《齐民要术》价值之高、影响之大。

---

① 惠富平：《试论中国农书的起源》，《西北农业大学学报》1994年第3期，第98—99页。

② 石声汉：《从齐民要术看中国古代的农业科学知识》，北京：科学出版社，1957年，第84—86页。

③ （北魏）贾思勰著，缪启愉、缪桂龙译注：《齐民要术译注》，上海：上海古籍出版社，2009年，第5页。

2. 唐朝时期的传播与影响

唐朝时期，魏征等人编著的《隋书·经籍志》卷三、志第二十九、三子部载农书五部19卷，其中就记载了"《齐民要术》十卷，贾思勰撰"，并综评"农者，所以播五谷，艺桑麻，以供衣食者也"。唐朝初年，太史李淳风曾撰《演齐人要术》推演《齐民要术》，唐人避讳李世民的名讳，改"民"为"人"。《宋史》志一百五十八《艺文四》载："贾思勰《齐民要术》十卷，则天皇后《兆人本业》三卷"，王应麟《玉海》卷一百七十八《食货》亦载："垂拱二年四月七日，武后撰百寮新诫兆人本业记，颁赐朝集使。"说明武则天也曾令臣下编撰由她删定的《兆民本业》，而"兆民"也就是"齐民"，《齐民要术》能得到当时官方最高统治者的青睐，说明其价值与影响绝不是一般典籍所能比拟的。

3. 北宋时期的传播与影响

随着印刷术的发展，由北宋官方印刷的《齐民要术》面世，大大加快了它的传播，北宋崇文院刻本《齐民要术》是现存最早的刻本。可惜在元明之交已散失①，中国已不存，现仅存于日本高山寺五、八两卷残本。1914年，罗振玉得高山寺本用珂罗影印传到国内（现存于中国农业科学院图书馆），国内才再次出现这一刻本。

据王应麟编著的《玉海》记载："宋朝天禧四年八月二十六日，利州转运史李防请颁行《四时纂要》《齐民要术》二书，诏使馆阁校勘镂本摹赐""天禧中，颁《齐民要术》于天下，教种植蓄养之方"。此即宋真宗天禧四年（1020）诏令刻印，到宋仁宗天圣年间，历时约五六年才完成的第一个官方刻本，亦称北宋崇文院刻本或简称"院刻本"，这是后世各版本传刻的祖本。崇文院官方刻本的面世，标志着《齐民要术》已上升到由国家正式出版发行的地位，《齐民要术》由此得以广泛传播，但据考证应该仍以官家收藏传播为主，正如《四库全书》载葛佑之在《齐民要术·后序》中所言"非朝廷要人不可得"，流传民间的较少。由于《齐民要术》满足了当时指导农业生产的需要，不仅官方视为宝典，就是民间也仍然以手工传抄的方式广泛传播。但可以想见，在知

---

① （后魏）贾思勰撰，缪启愉校释：《齐民要术校释》附录，北京：中国农业出版社，1998年。

识封闭专享的封建社会，《齐民要术》只不过也只能是在有一定文化修养的中小地主和市民中传抄而已。

4. 南宋时期的传播与影响

这一时期，第一次出现了继北宋崇文院官方刻本之后的私家刻本[1]，即南宋绍兴十四年（1144）的张辚刻本，俗称"龙舒本"，可惜已亡佚，只存残本。《文献通考·经籍志》中载，南宋著名历史学家、目录学家、诗人李焘（号巽岩）在《孙氏齐民要术音义解释序》中称"贾思勰著此书，专主民事，又旁摭异闻多可观，在农书中最嵘然出其类"，充分证明《齐民要术》在南宋时期仍然受到朝野重视，不仅评价高而且已成为指导农业生产的首选劝农之书。由于南宋时期全国经济中心南移，这也标志着《齐民要术》已在全国范围内得到广泛传播。

5. 元、明、清时期的传播与影响

由元朝政府官方组织司农编撰的《农桑辑要》、王祯编撰的《王祯农书》，明代徐光启编撰的《农政全书》、宋应星编撰的《天工开物》，清代鄂尔泰等所撰的《授时通考》等著名的农书，都与《齐民要术》有着明显的传承关系，如《农桑辑要》大致是以《齐民要术》为蓝本，杂采以它书而成的；而王祯《王祯农书》中关于"三才"理论的指导思想明显与《齐民要术》有一定的渊源关系，其关于北方旱作农业技术方面，从总体上说，并没有完全超出贾思勰的水平；在养马方面，则完全继承和发扬了贾思勰关于"食有三刍，饮有三时"的经验。明末清初的宋应星（1587—1666）所著《天工开物》自序中说："卷分前后，乃'贵五谷而贱金玉'之义。"这与贾思勰的重农思想是一脉相承的。《授时通考》则是从旧文献中辑录的有关农业的资料，分类编成，其中援引《齐民要术》的内容就占有相当的比例。明代的大思想家王廷相更是称《齐民要术》为"惠民之政，训农裕国之术"，手抄本《齐民要术》直到清代也仍然没有绝迹。

6. 近现代以来的传播与影响

上海涵芬楼（商务印书馆图书馆）商务印书馆 1922 年印行《四部丛

---

① （北魏）贾思勰著，缪启愉、缪桂龙译注：《齐民要术译注》前言，上海：上海古籍出版社，2009 年。

刊》，收录了完整本的《齐民要术》，为《齐民要术》提供了一个较为完善的版本。近现代以来，特别是 1955 年 4 月，农业部农业宣传总局邀集了各方面专家学者，商谈整理祖国农业遗产的工作，对《齐民要术》的整理，有一个初步决定："由南京农学院万国鼎教授和西北农学院石声汉教授分工合作。分别校释后，相互校审；然后整理，得出一个比较上易读易懂的注释本"[①]，以此为标志，开始了对农业古籍的搜求、典藏与整理工作，出版了《齐民要术今释》等系列成果，推动了农史研究的发展。面对人口增多、土地质量恶化、土地数量减少、农产品质量安全问题，以及现代科技发展与农业生产之间矛盾的日益尖锐化，人们对《齐民要术》重要性的认识得到新的重视，并从中获得不少有益启示。随之进行的相关研究工作也不断深入，科研成果得到不断转化而应用于现代生产生活，发挥了积极作用，让这一"中国古代农业百科全书"焕发了新的生机。

（二）《齐民要术》在国外的影响

通过研究可以发现，《齐民要术》在日本、朝鲜等亚洲国家以及欧洲各国都有着广泛影响，这种影响不是近现代的事，而其最早的传播时间，从亚洲的日本传播情况看，可推到《齐民要术》还处在手抄阶段时期，而在欧美应该是 18 世纪的事（最早可推到 1786 年在华耶稣会士编撰的《北京耶稣会士关于中国人历史、科学、技术、风俗、习惯等纪要》）。有影响的代表性事件概略如下。

1. 《齐民要术》在日本的传播

《齐民要术》在手写传抄阶段就已东传日本。日本宽平年间（889—897 年，相当于我国唐朝后期，《齐民要术》成书之后的 300 年左右）由藤原佐世编撰的《日本国见在书目》收录了四十家一万六千七百九十卷，其中农家二十三卷，记有："《齐民要术》十卷，丹（'高'误）阳贾勰思（'思勰'误）撰"，这是现今所知《齐民要术》传至日本的最早文字记录。

日本宽保四年（1744），相当于中国清朝的乾隆九年（1744），日本学者势阳逸氓、田好之译注的《齐民要术》向荣堂本，在序中说：

---

① 石声汉：《从齐民要术看中国古代的农业科学知识》，北京：科学出版社，1957 年。

"民家之业，求之《要术》，验之行事，无一不可者矣"。

1929 年，日本学者小出满二撰成《论〈齐民要术〉的不同版本》。1944 年，由西山武一和刘春麟女士执笔的《校合〈齐民要术〉》卷一刊出。"序记"指出"近十余年来，对《齐民要术》再认识的重要性已渐渐为先知先觉者所注意，实应庆幸其为贾学开运的发端"。将贾思勰与《齐民要术》研究定义为"贾学"，这也是"贾学"之谓见诸文字的最早记录。

《齐民要术》日译本。西山武一于1951年完成《齐民要术》一、二、三卷的日译，1953 年完成四、五、六卷的日译。熊代幸雄1953年译完书的卷七、卷八，1956年译毕卷九。1957、1959年分别出版了《校订译注〈齐民要术〉》上、下册。日本农学家山田罗谷（即田好之）为《齐民要术》日译本作序时就曾说过："我从事农业生产三十余年，凡是民家生产上生活上的事业，只要向《齐民要术》求教，依照着去做，经过历年的试行，没有一件不成功的。尤其关于农业生产的切实指导，可以和老农的经验媲美的，只有这部书。所以我特为译成日文，并加上注释，刊成新书行世。""译者附记"中译者还描绘其翻译时的意境为：像是从东西两侧攀登同一座大山，期望在山顶相会。

日本学者神谷庆治在西山武一、熊代幸雄的《校订译注〈齐民要术〉》序中说："即使用现代科学的成就来衡量，在《齐民要术》这样雄浑有力的科学论述前面，人们也不得不折服。"

1978 年，天野元之助（1901—1980）撰写的《后魏の贾思勰の〈齐民要术〉の研究》，是代表当代外国学者关于《齐民要术》研究水平的专著。

1982 年，日本学者薮内清在《中国·科学·文明》（中国社会科学出版社，1987年）中讲："我们的祖先在科学技术方面一直蒙受中国的恩惠。直到最近几年，日本在农业生产技术方面继续沿用中国技术的现象还到处可见。""贾思勰的《齐民要术》一书，详细地记述了华北干燥地区的农业技术。在日本，出版了这本书的译本，而且还出现了许多研究这本书的论文。"今天，已经实现农业现代化的日本，依然重视包括《齐民要术》在内的中国古代农书的研究。

2. 《齐民要术》在欧洲的传播

早在 18 世纪，《齐民要术》的部分内容已被翻译成法文，录入巴黎出版的《北京耶稣会士关于中国人历史、科学、技术、风俗、习惯等纪要》中，在法国广泛传播。《北京耶稣会士关于中国人历史、科学、技术、风俗、习惯等纪要》简称《中国纪要》，《中国纪要》是根据在华耶稣会士的稿件编辑而成的，共 16 巨册，于 1776—1814 年出齐，是全面介绍中国的大型丛书，在欧洲广为流行。[①]第 11 卷（1786）第 25—72 页中，收入题为《中国的绵羊》（执笔者是法国耶稣会士金济时 Jean-Paul-Louis Collas，1735—1781）一文，其中就介绍了《齐民要术》和明朝人邝璠《便民图纂》（1494）的论养羊技术，第五卷（1780）也介绍了《齐民要术》。

1864 年，法国汉学家兼农业专家西蒙（Eugene Simon，1829—1896）为《中国的绵羊》重新加注，西蒙本人在论中国农业的论文中也介绍了《齐民要术》，并且倍加称颂。

英国的达尔文在著《物种起源》时曾参考过《齐民要术》，并援引《齐民要术》相关资料作为他的著名学说——进化论的佐证达五次之多，现对引用内容析理如下。

在《物种起源》第一章"家养状况下的变异"中，他赞扬道："选择原理成为有计划的实践差不多只有七十五年的光景，……但是，要说这一原理是控的发现，就未免与真实相距其远了。我看到一部中国古代的百科全书，清楚地记载着选择原理。"[②]其所指的正是《齐民要术》。

在第五章"变异法则"中，达尔文记有："根据类推，以及根据农业著作甚至古代的中国百科全书的不断忠告，说把动物从此地运到彼地时必须十分小心，我必须相信习性或习惯是有一些影响的。"[③]主要参考了《齐民要术》中关于遗传变异的相关内容记载。

在《动物和植物在家养下的变异》（1868）第20章"人工选择"之"古人和半开人的选择"中关于绵羊的选种问题，"关于绵羊，中国汉族人喜欢无角的公羊；蒙古族人喜欢螺旋形角的公羊，因为无角被设想是失去了勇气的"，其脚注标明参考文献为耶稣会士著《中国纪要》；

① 潘吉星：《达尔文与〈齐民要术〉兼论达尔文某些论述的翻译问题》，《农业考古》1990 年第 2 期，第 193—195 页。
② （英）达尔文著，周建人、叶笃庄、方宗熙译：《物种起源》，北京：商务印书馆，1997 年，第 44 页。
③ （英）达尔文著，周建人、叶笃庄、方宗熙译：《物种起源》，北京：商务印书馆，1997 年，第 159 页。

第20章"变异"还写道:"在上一世纪耶稣会士们出版了一部有关中国的大部头著作,这部著作主要是根据古代中国百科全书编成的。关于绵羊,书中说'改良品种在于特别细心地选择预定作繁殖之用的羊羔,对它们善加饲养,保持羊群隔离。'中国人对于各种植物和果树也应用了同样的(选择)原理。"脚注中注明出处同样是《中国纪要》法文版卷11第55页及卷五第507页。[①]这两条主要参考了《齐民要术·养羊第五十七》所载内容。

达尔文在《动物和植物在家养下的变异》第24章"人工选择"之"风土驯化"一节中,写道:"农学家们的普遍经验具有某种价值,他们常常提醒人们当把某一地方产物试在另一地方栽培时要慎重小心。中国古代农书作者建议栽培和维持各个地方的特有品种。"脚注中还写道:"关于中国,参见《中国纪要》,1786,卷11第60页。"这一条主要参考了《齐民要术·种蒜第十九》中记载的内容。

英国近代生物化学家和科学技术史专家李约瑟博士,在《中国科学技术史》中也谈及"中国文明在科学史中曾起过从未被认识的巨大作用。在人类了解自然和控制自然方面,中国有过贡献,而且贡献是伟大的",其所指的也是《齐民要术》。第六卷生物学和农学分册,李约瑟博士就是以《齐民要术》为重要参考资料,分析考察了那个时代及以前中国农业生产技术的发展情况,认为《齐民要术》所反映的中国古代农业生产技术在当时是处在非常先进的水平。李约瑟的助手白馥兰教授还将《齐民要术》前六卷翻译成英文,这是较大篇幅的英文版《齐民要术》翻译本。

20世纪80年代,德国学者赫茨(Hertz)还把《齐民要术》翻译成德文,这是第一个德文版全译本,对《齐民要术》在德国的传播发挥了积极作用。

(三)《齐民要术》的研究情况

1. 西北农学院(今西北农林科技大学)石声汉教授在《从齐民要术看中国古代的农业科学知识》中对9世纪到中华人民共和国成立初期《齐民要术》的研究,分为四个时期进行了回顾,现部分节录如下,以供参考

第一期,假定中是9世纪初至18世纪中叶,即韩谔采辑《氾胜之

---

① 潘吉星:《达尔文与〈齐民要术〉——兼论达尔文某些论述的翻译问题》,《农业考古》1990年第2期,第193—197页。

书》、《四民月令》和《齐民要术》编成《四时纂要》起，到乾隆二年至七年（1737—1742）编纂《授时通考》的这一段时间。《齐民要术》曾经多次以农学专书的资格，受到一些"重农"人士的重视，作为材料，采入后起的农书中。其中最重要的代表是1273年前后的《农桑辑要》（司农司编），1313年的王祯《王祯农书》，1630年以前成书的徐光启《农政全书》等书。

第二期，假定中是18世纪中叶到20世纪初。乾隆元年（1736）以后，考据学开始抬头；到了嘉庆（1796年以后）初，连《齐民要术》也成了供给考据材料的重要典籍。因此，从乾嘉以后，一直到民国初年，《齐民要术》的主要作用，是朴学家和目录学家们的材料书。

第三期，五四运动以后到中华人民共和国成立以前。由于五四运动，科学技术知识的重视渐渐加强。重要代表是1922年涵芬楼印行的一套完整版的善本《齐民要术》，对后来的研究和传播贡献很大。这一时期，日本学者对《齐民要术》的研究热潮很高，产生了一大批学术研究成果，"贾学"的提法正是此时期日本著名学者西山武一的贡献，是他促成了影印"金泽文库本"的事业，而且在1950年，他将影印本寄赠北京农业大学（今中国农业大学）。

第四期，中华人民共和国成立以后。在党的正确领导下，科学研究事业得到空前的重视与奖励；科学工作者感到无比的兴奋；整理祖国遗产的工作，在党的号召下，也迅速地开展着、生长着。重要的代表性事件是：1955年4月，农业部农业宣传总局，邀集了各方面专家学者，决定对《齐民要术》的整理。

2. 中国农业大学张法瑞教授对20世纪以来《齐民要术》的研究工作，按五个时段进行了分期研究，现也节录其要点如下，以供参阅

（1）1900年前后贾思勰《齐民要术》研究呈现曙光。代表性事件有：一是乾隆三十七年（1772）开始纂修的《四库全书》，将《齐民要术》收入，为其广泛研究传播奠定了基础。二是1914年罗振玉借得高山寺本（仅五、八两卷，且卷八缺最后半页，这是北宋崇文院刻本的残卷）用珂罗版影印，编入《吉石盦丛书》中，院刻残本，始得在国内流通。

（2）1919年五四运动到20世纪40年代，贾思勰《齐民要术》研究步入具体解析和科学探索的阶段，农业科学知识逐渐受到重视。代表性

事件有：一是1922年商务印书馆所印行的《四部丛刊》中，为《齐民要术》提供了一个较为完善的版本。二是1928年万国鼎（1897—1963）在《图书馆季刊》发表了《〈齐民要术〉解题》一文，是从新方向研究《齐民要术》的起点。1934年，齐鲁大学《国学汇编》第二册上，发表了山东大学栾调甫教授的《〈齐民要术〉作者考》《齐民要术版本考》的考证文章；1944年刊印出由西山武一和刘春麟女士执笔的《校合〈齐民要术〉》卷一，提出"贾学"概念，标志着开始了对贾思勰《齐民要术》全面的具体解析与科学研究。

（3）20世纪50年代至60年代前期，是《齐民要术》校注、译释和研究的较快发展阶段。代表性成果有：石声汉教授于1957出版了《齐民要术今释》（科学出版社），1958年出版了英文本《齐民要术概论》（科学出版社）；由西山武一、熊代幸雄翻译，1957、1959年分别出版的日译本《校订译注〈齐民要术〉》上、下册。代表性重大事件就是1955年4月，农业部农业宣传总局组织的整理祖国农业遗产工作座谈会，会议决定整理校释《齐民要术》。

（4）20世纪60年代中期至70年代中期，贾思勰《齐民要术》研究的低谷和波折阶段。这一阶段正值"文化大革命"时期，社会动荡，经济几近停滞，相关研究走入低谷。但1975年出版的《〈齐民要术〉选释》，1976年浙江农业大学理论学习小组撰著的《〈齐民要术〉及其作者贾思勰》等在艰难中面世，仍不失其学术水准。

（5）20世纪70年代末，《齐民要术》研究的恢复和全面开展，贾思勰与《齐民要术》的研究呈现新的态势。一是对《齐民要术》的整理、校释、今译等工作有新的推进。二是研究工作受到食品科技界的高度重视。三是在中国农业经济、经管史研究上显示出突出地位。四是科学哲学领域开展有关贾思勰《齐民要术》科学方法论的研究。五是外国学者对贾思勰《齐民要术》研究不断有新的推进。

3. 综合各家研究情况，近现代对贾思勰《齐民要术》的研究可概略总结为以下11个方面

（1）对《齐民要术》的校、释、译等方面的研究。

（2）对《齐民要术》版本流传方面的研究。

（3）对《齐民要术》成书年代与背景方面的研究。

（4）对贾思勰身世与科学技术活动方面的研究。

（5）对《齐民要术》在中国农业科学技术史上的地位研究。

（6）对《齐民要术》在中国农产加工和食物史上的地位研究。

（7）对《齐民要术》在中国农业经济、经济史上的地位研究。

（8）对《齐民要术》在中国农业哲学思想和方法论史上的地位研究。

（9）对《齐民要术》在中国生物学史上的地位研究。

（10）对贾思勰《齐民要术》在世界农学史和科学技术史上的地位研究。

（11）在传统文化等综合领域的研究。

4. 《齐民要术》研究在当今的新动向

随着经济社会的不断发展和科技水平的不断提高，以及人们对农产品质量、安全等意识的增强，社会各界对加强古代农学经典的深化研究，传承创新传统农耕文化，服务现代农业发展掀起了新的高潮，对贾思勰《齐民要术》的研究也进入一个全新的阶段，主要表现为以下几个新的特点。

（1）对现代生态农业发展的启示性研究。面对当代农业发展面临的土地资源减少、土壤恶化、农业生态失衡等需要解决的现实问题，一些学者从《齐民要术》大农业经营理念中得到启示，注重现代农业特别是生态农业发展、农业产业结构调整、农业产业化发展，开展系列创新性研究。此类情况并不突出，但仍有少量的研究成果出现。

（2）从传统文化角度开展的相关研究。随着国家对中华优秀传统文化的重视，不断有学者从传统文化角度对《齐民要术》进行相关挖掘和研究，或者通过建设相关的文化展示平台，用现代农业发展实物、产品等图文并茂、史物结合的方式讲述历史和传统文化，用以增强国人的文化自信。这种情况较多，但多而杂，良莠不齐，应景跟风，重复建设，粗制滥造者不乏有之。

（3）从乡村振兴视角开展的相关研究。乡村振兴战略不仅是推动农业农村发展繁荣的重大决策，而且是推动新型城镇化大发展的重要内容，还与深入推进市场经济持续健康发展和建设富强民主文明和谐美丽中国有重要关联①。中央农村工作会议更是强调必须传承发展提升农耕

---

① 秦中春：《把握实施乡村振兴战略的重大意义和工作重点》，《中国经济时报》2017年11月15日。

文明，走乡村文化兴盛之路。《齐民要术》作为农业文化遗产的典型代表，其研究必将得到进一步深化，在新时代"三农"发展、乡村振兴的宏伟进程中发挥更加突出的作用。

（4）更多学者是将《齐民要术》作为了一种工具书或权威的历史资料文献，在论文、专著中通过援引、关联、支持等方式，为相关农业经济研究提供材料佐证，支持研究结论。实事求是地讲，当前国内对《齐民要术》的研究暂时进入一个相对的"低谷期"。但随着农业现代化的发展和乡村振兴战略的实施，人们对农业要求的不断提高，以及传统文化的复兴和繁荣，对贾思勰《齐民要术》的研究一定会迎来一个更加灿烂的春天。

三、《齐民要术》对今后农业发展的重要启示

《齐民要术》记载的农耕之法，在其后的农业生产和农学发展中都发挥了重要作用，特别是在农学发展领域，历朝历代的农学专家自觉不自觉地以《齐民要术》为体例和范本，认真地总结之前和当朝的农业生产经验，著书立说，为农业生产提供理论和技术支撑，不断将传统农业发展到一个新的高度。就是在农业生产领域，《齐民要术》仍然对当今中国及世界农业发展提供着新思路。

日本农学专家来米速水在1990年出版的《世界自然农法》中提到："现代的化学农法，是工业化的农法，它抑制了生命的本能，浪费了能源，破坏了环境，使人类吃的东西变得很劣质，使应当是有机的，生命物质生产的农业，变为无机物生产的工业。结果一方面带来生产力的飞跃发展，另一方面农村生活和农业生产环境恶化，以及食物劣质化。"为了摆脱现代农业的困境，西方先进的工业国家，都在积极寻找所谓的"替代农业"。其中最被人们看好的"替代农业"，主要有"生态农业""生物农业""持续农业""有机农业"[①]。在《齐民要术》产生的时代，受科学技术发展水平和社会发展水平的限制，人们还没有也不可能像今天这样，广泛和过度地使用工业化时代所带来的农资化工产品，正是这样的时代条件催生了物理化的生产方式，农业生产自然不会像现在产生的影响大，如果拿到现在，这种物理化的农业生产方式应该

---

① 郭文韬：《试论中国古农书的现代价值》，《中国农史》2000年第2期，第93—102页。

就叫作生物或生态农业。

早在1983年，西方著名学者M. C. Morrill就曾著文，从哲学思想的高度阐述了生态农业的基本概念："生态农业的哲学思想是基于如下前提：事物的各方面从根本上是相互联系的，自然秩序具有内在的和谐，这种自然秩序是受一些明确的规律和原理制约的，人在这一自然秩序中起着一个精心管理者的作用。作为一个农民，则是自然的伙伴。农业必须是一个创造性的过程，而绝不是一个机械的过程。因为农业是生物的活系统，而不是一个技术的或工业的系统。农业活动的影响和后果始于土壤，经过生物金字塔而最终达到人。生态农业就是人精心地对待农业，使其与自然秩序相和谐。"如果深入研究《齐民要术》，我们会发现书中所记载的对自然的认识与"顺天时，量地利""天地人三才"思想就能充分验证M. C. Morrill的观点。

M. Kielr Worhtington 在《生态农业及其有关技术》一文中则认为生态农业必须具备七个条件：（1）必须是自我维持包括能量自我维持的系统。（2）必须实行多种经营。（3）生态农场的规模应当小一点。（4）单位面积净生产量必须是高的。（5）生态农业在经济上必须是可行的。（6）生态农业应当大量加工农畜产品。（7）保持优美的环境与关心畜禽的健康生长。《齐民要术》中提到的区种法、作物间作法、农产品加工法、畜类养殖法等基本涵盖了这些思想，可见《齐民要术》的科技水平已达到了一个相当高的水准，在今天仍具有重要的参考价值，不失为农书经典。

1975年，英国就已经成立了国际生物农业研究所，并于1980年召开了国际生物农业会议，提出了"生物农业"的概念及其基本原理。认为生物农业有四个主要论点：（1）建立人与自然、人与农业生产的协调关系，因为农业生产是在一个整体的生态系统里进行的。（2）建立土壤生物学的肥力体系，就是通过生物学的过程提高土壤的肥沃度，增加地壤肥力。（3）建立病虫杂草有效的生物防治体系，而不是大面积地使用现代化学药品。（4）建立良好的物质循环和能量转化体系。《齐民要术》对这些理论的表述虽然没有如此的规范和标准，但书中已不乏有这样的理念和实践，我们可以从中找到大量的支持资料。

以上这些理念或观点都告诉我们，农业发展必须要立足生产的安全性和人民健康，必须要克服工业现代化、生活现代化所带来的一系列现实问题，传统农业必须要向生态型、生物型、环保型农业转型发展。而这些理念在贾思勰的《齐民要术》里已经有了初步或部分深入的探讨与实践，是今天我们进行现代农业生产宝贵的理论基础和发展方向。

1998年，日本农林水产省所属的农林水产技术会议企画调查课主编的《关于中国古农书中环境保全型农业技术的考察》收集了有关环境保全型的农业技术近百条，现摘录其中部分内容供参考：第一是报告中所收集的环保型农业技术，以轮作复种和间混套作类最多，达28则，这一耕作方法在《齐民要术》中早有所论及。第二是肥料施肥和土壤培肥类为22则，关于肥料的使用在《齐民要术》之前的战国时代，我国劳动人民就已经认识到"土"和"壤"的区别，到汉代时已经开始推行人工肥力，到了北魏时，贾思勰已经在绿肥的使用上有了理论的总结和农业生产方面的实践。第三是土壤耕作与合理轮耕类16则，《齐民要术》开篇第一卷第一篇即讲"耕田"，对各种类型的田地如何耕作已有相当的实践与经验。第四是灾害防除和抗灾救荒类13则，在《齐民要术》中有大量的生态性的防灾除害记载，在理论与实践上都已经有了相当成熟的经验。第五是适地适作与改进栽培类10则，宜时宜地进行耕作是《齐民要术》里面一项重要的农事原则，《齐民要术》特别强调"量天时，顺地利"，尊重自然规律，开展相关农事活动。第六是生态农业和桑基鱼塘类4则。第七是选用良种和良种繁育类5则。[①]这些在《齐民要术》中皆有所述，有些内容甚至具体可行，限于篇幅不再一一列之。

四、小结

我们研究农圣文化，首先要搞清楚的两大核心问题，一是农圣，农圣是谁？农圣有什么思想精神？必须要解决。二是文化，农圣文化应该包含什么内容？也必须要解决。而解决这两大核心问题，《齐民要术》和其作者贾思勰是必须涉及的两大关键元素。虽然史籍资料缺乏贾思勰的记载，但其著作《齐民要术》是真实的，并且传承已久，影响巨大，是我们研究农圣文化的首选材料。也可以说，农圣文化的创造者贾思勰是主体元素，而作为载体的《齐民要术》是农圣文化的体现者。所以，我们在了解了贾思勰相关信息的情况下，还必须要搞清楚《齐民要术》，这是一本什么样的著作，有什么精华所在，历来的研究情况又如

---

① 郭文韬：《试论中国古农书的现代价值》，《中国农史》2000年第2期，第95页。

何，取得了哪些研究成果，对我们有什么样的启示，等等，搞清楚了与《齐民要术》相关的这些问题，对我们准确把握农圣文化的基本内涵是大有裨益的，本章内容至此已基本解决了这些问题。

第四章　农　圣　文　化

在前三章，我们根据文化形成的必要条件与相关因素，对农圣文化产生的地理条件与资源环境、主体（农圣贾思勰）和客体（农学巨著《齐民要术》）等相关因素做了深入分析与梳理，为准确把握和理解农圣文化的基本内涵提供了必要的知识基础。由此，我们可以进一步探讨农圣文化的概念、内涵、特点和价值等相关问题，并初步建立一套较为系统的农圣文化理论价值体系。

第一节　文化理论概述

文化，是一个既抽象又具体的社会学概念。文化融于人们的生产生活、工作学习之中，是人类一切活动中集规范性、自律性、延展性、传承性于一体的一种内心自觉，文化让人类的实践活动有了可遵循的价值尺度。文化潜移默化地影响人们的生活，其载体因社会生活的丰富性而呈现出多样性，往往"百姓日用而不知"。一国有一国之文化，国与国之间文化不同，其本质在于世界观、人生观和价值观的不同，而价值取向的差异性是文化特质不同的根本所在。因此，一国之文化是一国价值观之体现，大至一国之精神，小至一户之家风，无一例外都体现了其价值观的取向。

人，是创造文化、使用文化、传承和发展文化的主体，也是文化组成中的核心元素，是形成文化诸元素中最为活跃、最为关键的组成部分。研究某种文化的特点，人的思想观点和精神特质就成了不可或缺的研究内容。纵观人类文明史，任何一种重要的思想文化，都是历史、时代的产物，都有其产生的自然环境和社会条件。任何一位历史文化巨人，都是一个时代思潮的代表，对其认识既不可能割断与历史文化的联系，也不可能脱离一定的社会环境而独立存在。基于这样的认识，我们从古今中外等几个维度出发，以不同代表人物关于文化的观点、定义，并以在中国有代表性的主要人物观点为主，对文化进行粗线条勾勒，简单说明文化的概念要点。

（1）被称作"人类学之父"的英国人泰勒（Edward Burnett Tylor，1832—1917）曾提出："文化或文明，就其广泛的民族意义来说，是包括全部的知识、信仰、艺术、道德、法律、风俗以及作为社会成员的人所掌握和接受的任何其他的才能和习惯的复合体。人类社会中各种不同的文化现象，只要能够用普遍适用的原理来研究，就都可成为适合于研究人类思想和活动规律的对象。"同时，泰勒还认为："文化的各种不同阶段，可以认为是发展或进化的不同阶段，而其中的每一阶段都是前一阶段的产物，并对将来的历史进程产生相当大的作用。"①泰勒的观点说明了文化的基本内涵，并揭示了文化的发展性与滞后性特点，具有一定的权威性。

（2）在中国语言系统中，"文化"是古已有之的词汇。"文"的本义，是指各色交错的纹理。《周易·系辞（下）》载："物相杂，故曰文"；《礼记·乐记》称："五色成文而不乱"；《说文解字》称："文，错画也，象交叉"，均指"文"之本义。后人在此基础上，又引申出"文"的若干义项，如包括语言文字内的各种象征符号，进而具体为文物典籍、礼乐制度。《尚书·序》所载伏羲画八卦，造书契，"由是文籍生焉"，《论语·子罕》载："文王既没，文不在兹乎"，即是基于"文"引申义项的表达。另外，由伦理说而引申出的彩画、装饰、人为修养之义，与"质""实"相对称，所以《尚书·舜典》疏曰："经纬天地曰文"，《论语·雍也》称："质胜文则野，文胜质则史，文质彬彬，然后君子"。再如，引申出有关人的美、善、德行之义，《礼记·乐记》载："礼减而进，以进为文"，东汉郑玄注"文犹美也，善也"。

"化"，本为改易、生成、造化之义，如《庄子·逍遥游》曰：

---

① （英）爱德华·泰勒：《原始文化》，连树声译，上海：上海文艺出版社，1992年，第1页。

"化而为鸟，其名曰鹏"，《易·系辞下》曰："男女构精，万物化生"，《黄帝内经·素问》载："化不可代，时不可违"，《礼记·中庸》云："可以赞天地之化育"等。后来，"化"又引申为教行迁善之义。而"文"与"化"并联使用，较早见之于《易·贲卦·象传》曰："（刚柔交错），天文也。文明以止，人文也。观乎天文，以察时变；观乎人文，以化成天下。"这些古代典籍的记录充分表明"文化"一词在我国早已使用，其内涵由最初的朴素单一的概念，越来越多地发展为精神层面内涵的专门术语。

（3）中国近代学者梁漱溟认为，"文化是极其实在的东西，俗常以文字、文学、学术、思想、教育、出版等为文化，乃是狭义的；文化之本义，必包括经济、政治，而且作为主要部分"，"文化，就是吾人生活所依靠之一切"[①]，包括精神生活、物质生活和社会生活三方面的内容。同时，梁漱溟还认为："中国文化是说我们自己的文化，以别于外来的文化而言。于此求一清楚之划分，是不可能的。不过以近百年世界大交通，中国所受变于外洋者太大，尽失其故步；故大略划取未受近百年影响变化之固有者目为中国文化。这亦就是特指吾中国人夙昔生活所依靠之一切。"梁漱溟关于文化的三大生活内涵的理解，基本概括了文化的构成要素，具有普遍的价值意义。本书对农圣文化基本内涵的概括，就主要参考了梁漱溟先生的这一观点。

（4）胡适对文化与文明的概念进行了区分，他认为文明（civilization）是一个民族应付它的环境的总成绩，而文化（culture）则是文明所形成的生活的方式。可以看出，胡适的观点强调了"总成绩"是人类发展所形成的结果，而"文化"更多是人们的一种行为和活动的规范性程序，是一种约定俗成的无形的规律。

（5）梁启超认为，文化是"人类心能所开积出来之有价值的共业"或"人类思想的结晶"。梁启超的观点体现了人们在生产生活中所形成的共同的价值观，更多地倾向于人们思想精神方面的共有标准，以及所形成的思想精华。

（6）钱穆认为，"文化是指的时空凝合的某一大群的生活之各部门各方面的整一全体。"钱穆的观点包含了时间、空间两个层面，即人类和自然在发展过程中所形成的所有产品的全部，我们认为这是扩大了

---

① 梁漱溟：《中国文化要义》，上海：上海学林出版社，1987 年。

文化概念的外延，仅可作为参考。

（7）中国当代人的观点。著名作家梁晓声认为，文化是一种植根于内心的修养，无须提醒的自觉，以约束为前提的自由，为别人着想的善良。梁晓声的观点更多地将注意力放到了人本身，又将文化的外延缩小了。应该说，文化既有对人的思想教化、行为进行约束的作用，这属于文化的精神层次，也是最主要的。但文化又绝不仅限于这一方面，它还具有人们需要的物质方面的一切优秀成果，社会共同遵循的规范等。

（8）国际认同定义。1982年，在墨西哥召开的世界文化政策会议，对文化的界定：文化是体现出一个社会或一个社会群体特点的那些精神的、物质的、理智的和感情的特征的完整复合体。文化不仅包括艺术和文学，而且包括生活方式、基本人权、价值体系、传统和信仰……

应该说，在墨西哥召开的世界文化政策会议综合了世界范围内学术层、管理层等不同层面的观点，具有一定的代表性权威和指导意义，值得重视。

正如梁漱溟先生所言："如果我们取有史以来世界上每一个文化民族的成绩，比较检讨一下，便可知道中国民族所成就的，真乃自古人类唯一奇迹。"[1]英国学者罗素在其《中国问题》一书中也曾言及，无论为中国人打算，为世界人类打算，都应当热爱中国文化而莫要损坏它。中华民族具有五千多年连绵不断的文明历史，创造了博大精深的文化，为人类文明进步做出了不可磨灭的贡献，这是有目共睹的。中华文明同世界各国人民创造的丰富多彩的文明一道，为人类提供了正确的精神指引和强大的精神动力，这是为世界发展历史所证明的事实。中华优秀传统文化既是建设中国特色社会主义的文化支撑，又是建设中国特色社会主义和谐家庭、创造幸福美好生活的根本和基础。学习和掌握其中的各种思想精华，既是每一个中国人义不容辞的义务，又对每一个中国人树立正确的世界观、人生观、价值观有很大益处。

面对当今世界格局的多变，多元价值观冲击、转型的阵痛，以及生态废、道德弛、腐败行、信仰缺失等诸多文化症候并出的时代，当西方文化显示出无奈和乏力的时候，中华民族优秀传统文化正以其更加淡然和自信的力量，引起世界的关注。而历史和现实也以其无比丰富的经验

---

① 梁漱溟：《中国文化要义》，上海：上海学林出版社，1987年。

和毋庸置疑、不可辩驳的结论告诉我们，学史可以看成败、鉴得失、知兴替；学诗可以情飞扬、志高昂、人灵秀；学伦理可以知廉耻、懂荣辱、辨是非。

纵观人们对文化的各种定义可以发现，文化的形成有人、时间、载体三大基本要素。也可以说，文化由人类共同创造，是人们在较长时间范围内不断完善、凝练、共享和发展的，体现在社会、物质和精神等不同层面，又以精神层面为主的各种创造之总和。

第二节　新时代中国对中华优秀传统文化的再认识

党的十八大以来，习近平总书记就传承弘扬中华优秀传统文化发表了一系列重要讲话，深刻阐述了中华优秀传统文化的地位作用、价值意义、基本内涵和传承弘扬的原则要求，提出一系列新思想、新观点、新论断。

这既是中国共产党人对中华民族共有文化的态度，又是新时代中国对中华优秀传统文化的再认识。

一、关于"精神命脉"的重要论断

这一论断强调，中华优秀传统文化是中华民族的"根"和"魂"，是中华民族的"精神命脉"。这是从关系中华民族兴衰成败的高度，运用全面、发展和实践的观点，在深刻分析中华传统文化基本内涵、演化进程和本质特征的基础上，对传统文化在民族延续和传承发展中的重要地位和作用的总体判断。

中华优秀传统文化具有丰富而深刻的内涵，反映了中华民族的精神追求，是中华民族生生不息、发展壮大的重要滋养。其中具有时代价值的核心精神就是"讲仁爱、重民本、守诚信、崇正义、尚和合、求大同"。

其基本特征包括：一是儒家思想和中国历史上存在的其他学说既对立又统一，既相互竞争又相互借鉴，虽然儒家思想长期居于主导地位，但始终和其他学说处于和而不同的局面之中。二是儒家思想和中国历史上存在的其他学说都是与时迁移、应物变化的，都是顺应中国社会发展和时代前进的要求而不断发展更新的，因而具有长久的生命力。三是儒家思想和中国历史上存在的其他学说都坚持经世致用原则，注重发挥文以化人的教化功能，把对个人、社会的教化同对国家的治理结合起来，达到相辅相成、相互促进的目的。

二、关于"儒家学说和儒家思想是中国传统文化的重要组成部分"的重要论断

该论断认为："孔子创立的儒家学说，以及在此基础上发展起来的儒家思想，对中华文明产生了深刻影响，是中国传统文化的重要组成部分。"包括儒家思想在内的中国传统思想文化中的优秀成分，对中华文明形成并延续发展几千年而从未中断的历史，对形成和维护中国团结统一的政治局面，对形成和巩固中国多民族和合一体的大家庭，对形成和丰富中华民族精神，对激励中华儿女维护民族独立、反抗外来侵略，对推动中国社会发展进步、促进中国社会利益和社会关系平衡，都发挥了十分重要的作用。该论断充分肯定了儒家思想在中国传统文化中的重要地位和作用，表明了加强儒家思想的挖掘、阐发、传播对于传承和弘扬中华优秀传统文化的重要意义。

"研究孔子、研究儒学，是认识中国人的民族特性、认识当今中国人精神世界历史来由的一个重要途径。"研究孔子及儒家思想，要坚持马克思主义立场、观点、方法，采取历史唯物主义态度，"对存在合理内核、又具有旧时代要素的内容，要取其精华、去其糟粕。对明显不符合当今时代要求的内容，要加以扬弃"。强调要因势利导、深化研究，在世界儒学传播和研究中始终保持充分话语权。

三、关于"永恒魅力"的重要论断

"永恒魅力"的重要论断，深刻揭示了中华优秀传统文化的时代价值，对于进一步展示中华民族的文化软实力、增强文化自信具有重要意义。

第一，中华优秀传统文化是人类文明成果。中华优秀传统文化中包含着许多人类共同遵循的普遍性生存智慧，他们的思想和理念，不论过去还是现在，都有其鲜明的民族特色，都有其永不褪色的时代价值。第二，中华传统文化蕴藏着解决当代人类面临的难题的重要启示。要解决社会诚信不断消减、人与自然关系日趋紧张等当代人类面临的许多现实问题，"不仅需要运用人类今天发现和发展的智慧和力量，而且需要运用人类历史上积累和储存的智慧和力量"。第三，中华优秀传统文化对治国理政具有重要借鉴价值。它"可以为人们认识和改造世界提供有益启迪，可以为治国理政提供有益启示，也可以为道德建设提供有益启发"。第四，中华传统文化是最深厚的文化软实力。"中华优秀传统文化是中华民族的突出优势，是中华民族自强不息、团结奋进的重要精神支撑，是我们最深厚的文化软实力。""体现一个国家综合实力最核心的、最高层的，还是文化软实力，这事关一个民族精气神的凝聚。我们要坚持道路自信、理论自信、制度自信，最根本的还有一个文化自信。"要保持对自身文化的自信、耐力、定力。"要引导人民树立和坚持正确的历史观、民族观、国家观、文化观，增强做中国人的骨气和底气。"

四、关于"社会主义核心价值观重要源泉"的重要论断

"重要源泉"的论断，深刻揭示了优秀传统文化与社会主义核心价值观的内在关系，深刻阐明了中华优秀传统文化对培育和践行社会主义核心价值观的重要意义。

不同民族、不同国家由于其自然条件和发展历程不同，产生和形成的核心价值观也各有特点。一个民族、一个国家的核心价值观必须同这个民族、这个国家的历史文化相契合。社会主义核心价值观充分体现了对中华优秀传统文化的传承和升华，把涉及国家、社会、公民的价值要求融为一体，既体现了社会主义本质要求，继承了中华优秀传统文化，又吸收了世界文明有益成果，体现了时代精神。培育和弘扬社会主义核心价值观必须立足中华优秀传统文化，必须从中汲取丰富营养，否则就不会有生命力和影响力。

五、关于"创造性转化、创新性发展"的重要论断

"创造性转化、创新性发展",是当代新的历史条件下传承弘扬传统文化的方向路径。创造性转化,就是要按照时代特点要求,对那些至今仍有借鉴价值的内涵和陈旧的表现形式加以改造,赋予其新的时代内涵和现代表达形式,激活其生命力。创新性发展,就是在中国特色社会主义现代化建设实践中,按照时代的新进步、新发展,吸收人类创造的一切优秀思想文化成果,推动中华优秀传统文化发展完善,使之与现实文化相融相通,这标志着当代中国对文化发展规律的认识达到一个新高度。

实现传统文化的创造性转化、创新性发展,要坚持古为今用、以古鉴今,坚持有鉴别地对待、有扬弃地继承,而不能搞厚古薄今、以古非今,使之与现实文化相融相通。要突出"四个讲清楚":"要讲清楚每个国家和民族的历史传统、文化积淀、基本国情不同,其发展道路必然有着自己的特色;要讲清楚中华文化积淀着中华民族最深沉的精神追求,是中华民族生生不息、发展壮大的丰厚滋养;要讲清楚中华优秀传统文化是中华民族的突出优势,是我们最深厚的文化软实力;要讲清楚中国特色社会主义植根于中华文化沃土、反映中国人民的意愿、适应中国和时代发展进步要求,有着深厚历史渊源和广泛现实基础。"

六、关于"文明交流互鉴"的重要论断

"文明交流互鉴"是站在人类社会发展的高度,正确对待不同国家和民族文明的重要论断,对于中华文化走出去、推进人类各种文明交流交融、互学互鉴,具有重大而深远的意义。

如何正确对待不同国家和民族文明,有三个基本原则:第一,维护世界文明多样性。一个国家和民族的文明是一个国家和民族的集体记忆。人类在漫长的历史长河中,创造和发展了多姿多彩的文明。历史反复证明,任何想用强制手段来解决文明差异的做法都不会成功,反而会给世界文明带来灾难。第二,要尊重各国各民族文明。每个国家、每个民族不分强弱、不分大小,其思想文化都应该得到承认和尊重。历史和

现实都表明，傲慢和偏见是文明交流互鉴的最大障碍。当今时代，文明的交流互鉴是主流，只要我们彼此尊重、相互包容，就可以避免"文明冲突"，实现"文明和谐"，就可以使不同文明并行不悖、多元共存，形成促进人类社会发展进步的合力。第三，要在学习互鉴中推动人类文明进步。文明交流互鉴，是推动人类文明进步和世界和平发展的重要动力。传承和弘扬中华优秀传统文化，并不意味着故步自封，闭上眼睛不看世界。弘扬中华文化，不仅自己要从中汲取精神力量，而且要积极推动中外文明交流互鉴，讲述好中国故事、传播好中国声音，促进中外民众相互了解和理解，中国应当也必将以更加开放的胸襟、更加包容的心态、更加宽广的视角，大力开展中外文化交流，在学习互鉴中，为推动人类文明进步做出应有贡献。

七、关于"中国共产党人是忠实传承者和弘扬者"的重要论断

中国特色社会主义文化，源自于中华民族五千多年文明历史所孕育的中华优秀传统文化，熔铸于党领导人民在革命、建设、改革中创造的革命文化和社会主义先进文化，植根于中国特色社会主义伟大实践。

"中国共产党人是忠实传承者和弘扬者"的重要论断，表明了中国共产党对待中华优秀传统文化的态度，明确了中国共产党人在领导和推进文化建设、文明进步中的重大责任。

新时代中国是历史中国的延续和发展，新时代中国特色社会主义思想文化也是中国传统思想文化的传承和升华。要认识今天的中国、今天的中国人，就要深入了解中国的文化血脉，准确把握滋养中国人的文化土壤。

作为中华优秀传统文化的重要组成部分，我们有责任也有义务对农圣文化进行深入的挖掘和整理，把其具有跨越时空、超越国度、富有永恒魅力、具有当代价值的文化精神弘扬起来。

八、小结

千百年来，中华优秀传统文化如一缕甘泉，亘古流淌，哺育着一代代中华儿女，创造了一批批文明成果，使炎黄之脉永续其昌，让中华民

族傲然屹立于世界民族之林。

中华优秀传统文化有其独特的魅力所在，中华优秀传统文化智慧是人类一切优秀文化成果的重要贡献者。了解中国传统文化特点，对于塑造我们的人格，树立正确的世界观、人生观、价值观，处理好个体与集体、国家与民族、内与外、失与得、荣与辱、社会与自然等各种复杂的关系都具有重要意义。

第三节　农圣文化的概念及形成条件

滚滚东逝的长江，奔腾咆哮的黄河，在不同的河段形成了不一样的风景，有壮观的，也有婉约的；有平静的，也有喧嚣的。而中国文化也同黄河、长江一样，在中国社会发展的不同历史时期，形成了风格迥异的文化形态。著名学者梁漱溟早在1930年发表的《山东乡村建设研究院设立旨趣及办法概要》中就曾经提出："中国原来是一个大的农业社会。在它境内见到的无非是些乡村；即有些城市（如县城之类）亦多数只算大乡村，说得上都市的很少。就从这点上说，中国的建设问题便应当是'乡村建设'。"[①]农业是国民经济的基础，中国是一个人口大国，更是粮食生产与消费大国，也是世界上最大的发展中国家。受土地、水资源等自然条件的严重制约，粮食安全不仅直接关系到农民的切身利益，也涉及国家安全与社会稳定。中国作为一个世界人口大国，确保粮食安全是一个永恒的话题，必须立足国内基本自给，任何时候都不可有丝毫的忽视和懈怠。据统计，2015 年我国粮食播种面积达 11 334 万公顷，总产量达到了 62 144 万吨；另据推测，2050 年世界人口将达到90亿，对粮食的需求量将达到 45 亿吨，而中国对世界粮食安全的影响是巨大的。

中国人有自己的传统遵循与文化坚守。中国的国家安全与社会稳定，除了粮食生产的安全与自给外，还面临着如何立足中国国情，发扬包括中华优秀农耕文化在内的传统文化精粹，服务于现代农业生产生

---

① 梁漱溟：《山东乡村建设研究院设立旨趣及办法概要》，《梁漱溟全集》卷 5，济南：山东人民出版社，1989 年。

活，进一步坚定国人的道路自信、理论自信、制度自信、文化自信等现实问题。以"农圣"贾思勰的农学思想精神为价值核心，以《齐民要术》为重要载体，形成带有浓郁传统农耕文化色彩的农圣文化。作为中华优秀传统文化的重要组成部分，在新时代中国特色社会主义建设和发展进程中，农圣文化也必将越来越突显出其独特的魅力和风采。

一、农圣文化的概念

农圣文化，就是以"农圣"贾思勰的农学思想为价值核心，以世界农学巨著《齐民要术》为客观载体，综合了中华优秀传统文化，特别是传统农耕文化精华，在长期的历史发展过程中，普遍为人们接受和传承应用所形成的，包括精神、物质和社会等价值内涵，具有鲜明农耕文化特色、稳定的传统文化形态。

农圣文化是一种内涵丰富、特色鲜明、自成体系的文化复合体，具有稳定性、实用性、普适性、科学性等特点，其精神的、物质的和社会的三个层面的价值内涵，包含了优秀的传统农学思想理论、科学系统和具有前瞻性的农业发展理念；详细而多样化的实用生产技术，传统而悠久的工具器物制作技艺；丰富朴素的生活方式，多姿多彩的社会习俗等自成体系的基本内容，具有鲜明的文学和艺术特色。

农圣文化又是一种以科学性和实用性为基本价值导向，以国家富强、人民幸福、学习创新、文明和谐为基本价值目标的完整的价值体系，其理论基础是中华优秀传统文化，内涵博大精深，表现形式多种多样。按照发展论、矛盾论观点，就其文化载体来说，以农业生产生活所涉及的科学知识和实用技术为主，在较长时期和相关领域内应当是主要的，甚至是最主要的。但随着社会的不断向前发展进步和科学技术水平的不断提高，农圣文化所涉及的科学知识和实用技术，将逐渐被更先进的科学技术所替代，其地位也将逐渐由主要的变为次要的，甚至最终退出历史舞台。就其文化内涵来讲，以贾思勰农学思想及其主体精神为主，由于其与中华优秀传统文化一脉相承，反映了中华民族的群体思维特点、价值取向和文化传统特色，因此又是最主要的。具体地说，农圣文化精神的、物质的、社会的三个层面的价值内涵，其形成和发展有着广泛的文化传统之源、社会认同基础、历史纵深度和现实关联度，符合中国经济社会发展特点和中华优秀传统文化发展规律，具有自己独特的文化特色。

二、农圣文化的形成条件

文化的形成和发展与社会的发展是紧密关联的，并且明显地或隐性地、长期地受到社会发展直接或间接的影响和作用，因此，其表现形式必然带有一定的时代性特点。同时，文化一旦形成，也必将对当时或以后的社会产生一定的反作用和潜在的影响，从而体现出一定的滞后性特点。我们认为，《齐民要术》的产生必然与南北朝时期北魏社会的现实状况有着紧密联系，而经历千余年历史风雨洗礼和社会发展变迁，经历对贾思勰农学思想和以《齐民要术》为载体的文化的传承和实践，这一渐趋稳定的文化形态又逐渐演变为社会上普遍遵循与认可的一种规范和习俗，一定程度上影响和改变着社会的发展与走向，最终形成特色鲜明的地域文化——农圣文化。按照这样的思维逻辑，我们对农圣文化的产生条件可做如下梳理分析。

（一）北魏朝廷重视汉民族文化的研究学习

南北朝时期是汉族政权（江南地区南朝的宋、齐、梁、陈政权）与少数民族政权（江北地区北朝的拓跋氏政权）分疆而治、双权并存的时期，也是中国历史上民族大融合的关键时期，这对民族文化的融合发展、繁荣中华民族优秀传统文化产生了重要影响。一方面，汉民族文化受到少数民族文化的冲击，不可避免地把少数民族优秀的文化内容有选择性地吸纳进了汉民族文化，从而丰富了汉民族的文化内涵。另一方面，汉族文化和少数民族文化的碰撞与融合，又得以让少数民族也在不断借鉴和吸纳汉族的文化精华，从而也极大地丰富了少数民族的文化内涵。正因为有民族文化的交融发展，才使汉族文化与少数民族文化得到互补相融，共同构成了源远流长、异彩纷呈的中华民族文化。

《魏书·列传第七十二》中的《儒林传》记载："太祖初定中原，虽日不暇给，始建都邑，便以经术为先，立太学，置五经博士生员千有余人。"意思是说，北魏太祖皇帝拓拔珪初步平定中原，刚建造都城，国事繁重，虽然日不暇给，但他还是以经书典籍和学术为先，建立了太学，设置五经博士有生员一千多人。这说明，在北魏少数民族政权建立初期，北魏朝廷就非常重视以汉民族古代经典知识为主要内容的学习，不仅建立了中国古代的大学——太学，还设置了以汉民族五经内容为主的博士，招纳生员一千多人。到了天兴二年（399），国子太学的博士生员增加到了三千人。后来的几任皇帝也都继承了北魏朝廷建国初期的这一积极做法，对经学儒学的学习一直持续不断。魏献帝时，甚至"诏立乡学，郡置博士二人，助教二人，学生六十人。"朝廷下令建立乡学，后来更加详细具体，在制度建设上也越来越规范。由此可见，从北魏政权建立之初，北魏朝廷就非常重视对汉学知识的学习和传播，这对少数民族政权的巩固发挥了重要作用，对营造良好的社会学习风气也起到了积极的推动作用。

另据《魏书·列传第七十二》中的《儒林传》记载："太和中，改中书学为国子学，建明堂辟雍，尊三老五更，又开皇子之学。"到了魏孝文帝拓跋宏时，朝廷设立了明堂、辟雍。而这个时间，应该与贾思勰的年轻时代大体相近，贾思勰受此影响的可能性极大。明堂是中国古代最高等级的皇家礼制建筑之一，主要功能是朝廷颁布政令、接受朝觐和祭祀天地诸神及祖先的场所，而辟雍是政府为教育贵族子弟而设立的古代大学。

北魏朝廷非常重视汉族礼仪规制的学习，以及对鲜卑族为首的少数民族的汉化工作，也就是通过向汉族学习，提高本民族的文化水平，以利于民族融合和政治统治的需要。历史上著名的"孝文帝改革"包括了改汉姓、说汉话、穿汉服等一系列的汉化内容，就是少数民族向汉族学习的重要例证。当时，魏孝文帝建明堂重礼仪，开辟雍重学习，同时还注重尊敬三老五更，"三老五更"泛指那些年龄大、做了官而具有一定管理经验的人。北魏朝廷注重向汉族学习的传统，为北魏社会浓厚学习风气的形成奠定了基础。

《魏书》还记载了一个更具有说服力的例子，讲的是魏高祖孝文帝拓跋宏非常爱好汉族的文化经典，"坐舆据鞍，不忘讲道"。说孝文帝即使坐在轿子里、骑在马鞍上，也不忘记讲道（汉学经典），已经近似于着迷了。一国之君尚能如此，可想而知天下臣民将是怎样的情形了。另据《魏书》记载："刘芳、李彪诸人以经书进，崔光、邢峦之徒以文史达，其余涉猎典章，关历词翰，莫不縻以好爵，动贻赏眷。于是斯文郁然，比隆周汉。"当时的汉人刘芳、李彪等人就是因为娴熟经书而得到了重用，崔光、邢峦等汉人仅仅因为精通文史而显达，而其他的人要么因为涉猎典章，要么挥洒辞章，没有不得到好的官爵，动不动就受到赏赐。于是当时文化郁然昌盛。北魏时期的社会学习风气可以说积极浓厚，达到了一个高峰。

到了魏世宗宣武帝元恪（499—515年在位）的时候，北魏政府又下令营造国学，在四门均设立小学，"大选儒生"，从社会上广泛地选拔儒生，为国家建设服务。甚至出现了"虽黉宇未立，而经术弥显"（《魏书》），即校舍讲堂还没有完全建设好，但经学却越来越受到重视的局面。当时天下太平，学校教育得到较快发展，这样的社会风气和环境，为贾思勰的学习提供了绝好的时机和条件。

从封建社会国家机构的组成来看，政府积极提倡学习局面的出现，一方面毫无疑问是政府的政治需要，是北魏朝廷为了加强和巩固自己政权的现实需要。北魏朝廷要达到它的统治目的，就不得不了解和学习汉族文化，以达到知其里治其本，通过教化百姓，从而实现政权稳固的政治统治目的。另一方面，这也是南北朝时期民族大融合发展的必然，少数民族进入汉族区域，不得不习惯汉族的生活和文化，而汉族也在鲜卑族政权统治下，不得不习惯鲜卑族的生活和文化，民族融合为多个民族文化的交流碰撞创造了条件，一定程度上也更加有力地丰富了各民族的文化。可以肯定，正是北魏少数民族政权急于向汉族文化学习的决定，无形当中有力地推动了汉族文化的发展，也引领和营造了北魏社会当时浓厚的学习风气。在北魏"孝文帝汉化改革"以后的一段时间内，是北魏社会难得的经济发展、社会安定时期。当时"燕齐赵魏之间，横经著录，不可胜数"。在北魏所辖的燕、齐、赵、魏一带，从事著述、讲经和来听经学习的人，不可胜数，充分体现了这一时期社会学习风气浓厚的现实情况。534年，北魏分裂为东、西魏后，虽然战乱频仍、社会安定受到威胁，但社会上的学习风气仍然非常浓厚。

到了东魏孝静帝元善见兴和（539—542）、武定年间（543—550），社会上甚至出现了"儒业复光"，也就是儒家学说得到了再一次发扬光大的局面，这无疑为贾思勰的学习营造了一种良好的社会环境，也提供了必要的条件。根据模糊推算，这一时期贾思勰大概已步入了人生当中的老年阶段。从这一历史发展的现实分析，贾思勰从年轻到年老，一生的时间基本上都处在一个社会学习风气非常浓厚的时期，这无疑为贾思勰的博览群书创造了条件，也是贾思勰形成自己的价值观、人生观和事业观的重要时段。

（二）北魏社会现实促成了"穷则变，变则通"的转化

南北朝时期，南北政权的分治对立，战乱冲突的频繁发生，致使大量土地荒芜，百姓流离失所，生存受到极大威胁。同时，北魏社会奢靡之风造成社会财富的极大浪费，严重制约了北魏社会经济的发展，造成了极大的社会压力和安全危机。在封建社会，作为一个地方官吏的主要职责就是地方治安，劝农务桑，督课生产。在生产力不发达的古代社会，如何解决因为粮食生产的不足而导致地方社会动荡不安的问题，是地方治理的关键所在。穷则变，变则通，如何发挥有限土地的最大效益，满足人们的生活，成为地方官吏的首要任务。

贾思勰正是抱着"要在安民，富而教之"的人生理想，弃官服归农田，"采捃经传，爰及歌谣，询之老成，验之行事"，在土地上做"文章"，在技术上进行探索创新，在生产生活经验上进行全面总结，博览群书，据需设目，分条析理，最终以"丁宁周至，言提其耳，每事指斥，不尚浮辞"的创作特点和风格，撰成"中国古代农业百科全书"——《齐民要术》。因此，我们说《齐民要术》的诞生适应了时代和社会发展的客观需要，其以人民为中心的创作导向，符合劳动人民群众的现实需要，是历史发展的必然。反之，也可以说是时代和社会发展的客观需要、劳动人民群众的现实需要，以及历史的选择，触动了贾思勰忧国忧民的家国情怀，催生了《齐民要术》的诞生。

（三）贾思勰生活的齐郡流行学习《杜氏春秋》等传统经典

社会的大风气决定了地方的小气候，上行则下效，有了朝廷的重视和官员的榜样示范，到了民间这种学习风气就成为一种崇尚汉学经典的社会时尚。一方面，北魏朝廷重视对汉族文化的学习和研究，使汉学经典研究得到不断推进和发展，成为当时的显学。另一方面，北魏疆域内各地学习之风的盛行，使得汉族文化得以在北魏疆域之内普遍流行，汉学研究大家如雨后春笋般不断涌现。在贾思勰生活的时代，汉代郑玄（今山东省潍坊市峡山区人）作注的《周易》《尚书》《诗经》《礼记》《论语》《孝经》，服虔（今河南省荥阳东北人）作注的《左氏春秋》，何休（今山东省济宁市兖州区人）作注的《公羊传》，"大行于河北"，在黄河流域北部地区广为传播学习，影响较大。位于黄河下游地区的齐郡之地（主要指今天的淄博、潍坊、东营地区）作为中国传统文化的发

源地之一，有着源远流长的文化积淀，是诞生齐文化的重要区域。这一时期，寿光作为齐郡的辖地之一（齐郡是北魏时隶属于青州下辖的一个郡，时青州"领郡七，县三十七"，齐郡"领县九"。北魏时期虽然没有寿光之名，但寿光之地是齐郡辖地，青州前期益都县治所亦在今寿光城南的益城村），受全国学习风气的影响，学习汉文化的风气更加浓厚。

晋朝的杜预（今陕西省西安市东南人）曾为《左传》作注释，后人把杜预作注的《左传》称为《杜氏春秋》。在南朝刘义隆时代，杜预的玄孙杜坦、杜坦的弟弟杜骥都任过青州刺史。他们都传承了杜氏的家业，也即传承杜预的《杜氏春秋》，所以当时的齐地有很多人都学习杜预的《杜氏春秋》。关于这一记载，我们从祖籍齐郡的贾思伯、贾思同在朝为官，并在做皇帝的老师时，给皇帝讲授的都是《杜氏春秋》可以得到证明，这也从另一方面说明了齐地以杜预《杜氏春秋》为主要内容的学习非常普遍，风气也非常浓厚。寿光贾氏家族作为齐地的世家望族，对学习之事的重视自然不会落后于他人，否则就出不了像贾思伯、贾思同这样位高权重、学识渊博的重要人物。而贾思勰作为与贾思伯、贾思同同一时期的人物，处在这样的社会大环境和家族小环境之中，他的读书学习情况不言而喻，我们又可以从其《齐民要术》所引用的书目和内容等情况中得到证明。

（四）贾思勰家学深厚藏书丰富

一个人的阅读量和学习深度，往往决定了一个人的视野宽度和思维高度，加之其成长环境与身边的人和事等多方面因素的影响，对其思想、人格、人品的形成，往往具有重要的影响和作用。影响贾思勰农学思想形成的主要因素，我们可从以下几方面得到启发。

第一，极大的藏书量和阅读量。书中自有黄金屋，书中自有颜如玉，通过读书治学，求得功名利禄，从而得以报国荣家，是我国古代社会传统知识分子美好的人生理想。据石声汉教授考证，《齐民要术》引用古代经典书目157种[1]，涉及古代传统知识体系中的经、史、子、集等多个门类，用汗牛充栋来形容其藏书之丰富绝不是虚假夸大，而家学深厚的贾思勰本人的阅读量也自然是非常人所能及，这为贾思勰博览群书、专心致学、厚积薄发提供了必要的知识基础，也是农圣文化综合了

---

[1] 石声汉：《从齐民要术看中国古代的农业科学知识》，北京：科学出版社，1957年。

中华优秀传统文化，成为传统文化重要组成部分的关键所在。

第二，精深的学习研究。学问满腹、学以致用是传统文人治学的至高境界。贾思勰在著书引用古代典籍过程中，尊重原著，绝不轻易篡改，较好地保存了古籍或现在已佚失典籍的原貌，这对我们今天研究古代相关典籍，可谓功莫大焉。同时，贾思勰引用典籍的相关内容恰如其分地融于书中行文，与全书文字、内容相当谐和，绝无斧凿之痕和画蛇添足之嫌，这又充分说明贾思勰不仅阅读量大，学习研究也相当精深，做到了左右逢源、学以致用。同时，这些典籍又为贾思勰行文简约、合理取舍、有序安排全书内容提供了支持，应该说也是农圣文化理论价值体系中能够形成鲜明的文学和艺术特色之关键。

第三，见贤思齐，不甘落后的个人抱负。寿光贾氏家族作为北魏齐郡的世家望族，人才辈出，贤哲亦众，有着良好的家学传统，贾思勰的同族兄弟贾思伯、贾思同两人就是其中的典型代表。据《魏书》《北史》《贾思伯墓志铭》等载，贾思伯"工草隶，善辞赋""十岁能诵书诗，成童敦悦礼传，备阅流略之书，多识前古之载""年廿一，释褐奉朝请"，可谓学富五车、青年得志，之后更是仕途通达、青云直上，做到度支尚书和魏肃宗侍讲。贾思伯虽贵为帝师，但他不顾年老体衰，"延儒生夜讲昼授"，并且"性谦和，倾身礼士"，可谓位高权重、为人谦逊。而贾思同"少历志行，雅好经史"，忠信耿直，仕途顺达，官至七兵尚书，又为孝静帝侍讲。贾氏兄弟的学业、仕途都做到了人生极致，有两位族兄的榜样示范，志存高远、不甘落后的贾思勰见贤思齐，怀抱"要在安民，富而教之"的人生理想，苦读典籍、严谨治学，为官一任造福一方，历尽艰难完成11万多字的《齐民要术》，誉得"农圣"而流芳百世，无形之中佐证了"近朱者赤近墨者黑"的俗谚，是意料之内情理之中的事。

（五）贾思勰有着丰富的民间经验储备

在《齐民要术》序中，贾思勰记录其创作的途径有四条："采捃经传，爰及歌谣，询之老成，验之行事"，其中"爰及歌谣，询之老成"就是搜集民间谣谚、询问有经验的农民所得来的经验概括，浏览全书可以发现，采自民间劳动者或当前社会上广泛流传的、用来指导农业生产方面的农谚、民歌非常多，据华南农业大学倪根金教授统计，全书仅农谚就有45条之多①，这说明贾思勰有着丰富的田野作业经历和民间知识经验的储备，对民间农业生产方面的实用经验总结有着充分的重视和积累。正是这些来自民间的丰富的、鲜活的生产生活经验的支撑，使得《齐民要术》记载的内容具有了更加坚实的群众和生活基础、更加广泛的民间支持，从而也为农圣文化的产生奠定了坚实的社会基础。

三、小结

机会总是青睐有准备的人。1400多年前的贾思勰根本不可能有意识地创造一种文化，但他有一种家国情怀，不过是将心比心，把视角放到了农村社会，将注意力、关注点有意识地放到了农业生产和农民生活上而已。民以食为天，正是贾思勰的担当和努力，才使这些鲜活的与百姓生产生活密切相关的知识经验系统地、有机地融入了《齐民要术》，成为农业生产生活的一种有益指导和遵循，日久成规成俗，继而演变为一种滞后性的稳定的文化潜质，影响着人们的生产生活。因此，农圣文化的产生不是偶然，既有社会的原因，也有地方原因；既有家族的影响，更有其个人的努力和付出，在传统农耕社会时期，应当说这是一种历史发展的必然。

第四节　农圣文化价值体系及特点

文化很难用一句科学准确的语言来定义，其博大精深的内涵更是片言只语所难以表述的。南京农业大学郭文韬、严火其两位教授认为，贾思勰农学思想主要包括两大方面：一是农业哲学思想，主要涉及中国传统文化理念中天地人和谐统一的三才论，元气论、阴阳五行与农学原理，圜道观念（循环论）和尚中思想（儒家"执其两端而用其中"）与农学原理。二是农业经济思想，主要涉及农本与求利思想，农林牧综合经营思想，人生在勤，勤则不匮，以及精耕细作思想、用地养地思想、遗传变异思想和良种繁育思想等②。因为我们是将贾思勰农学思想和

---

① 倪根金：《〈齐民要术〉农谚研究》，《中国农史》1998年第4期。
② 郭文韬，严火其：《贾思勰王祯评传》，南京：南京大学出版社，2001年。

《齐民要术》所载知识体系内涵作为一种文化形态或文化现象来研究，因此，我们不准备对其丰富的文化内涵作更严谨地农学学术体系和规范来阐释，而是为了更系统地诠释农圣文化的基本内涵，我们只能选取一个较为概括性的标准予以粗线条的勾勒。

有专家认为，文化是辩证思维、系统思维、创新思维和战略思维的有机融合，而文化生产是一个精神生产依托于物质生产，而最终实现社会生产的过程。精神、物质与社会构建起文化生产的三个维度。其中，精神生产是文化生产的本质内核，物质生产是文化生产的实现方式，而社会生产是文化生产的目的与结果①，这一辩证观点具有一定的代表性，是我们了解文化特质和基本内涵的重要参考。现结合文化生产三维度理论，以及诸家关于文化的综合论述，我们将农圣文化精神层面、物质层面和社会层面的基本内涵，简略地概括为农圣文化三大价值体系，目的在于见微知著，对理解农圣文化的基本内涵有所帮助。

一、农圣文化的三大价值体系

（一）农圣文化精神层面的价值体系

农圣文化精神层面的价值体系，主要是指以贾思勰农学思想为基础，并将其农学思想渗透和融于《齐民要术》之中所体现出来的，以优秀传统文化思想为主体，以十大主体精神为表征的核心价值体系，简称为农圣文化的精神价值体系。农圣文化精神层面的价值体系内涵与中华优秀传统文化一脉相承，是集诸子百家思想精华和优秀传统哲学思想于一体，又以法家思想为主导，融合了儒家、法家、道家、墨家、兵家、阴阳家、农家、杂家等诸家思想在内的辩证综合体，集中体现了农圣文化的辩证思维，属于农圣文化发展中的精神生产方面，是"活态"的文化遗产，也是农圣文化的本质内核、根和魂所在。农圣文化精神价值体系除了丰富的传统文化思想、农业哲学思想和农业经济思想外，更主要地体现为十大主体精神，结合中华优秀传统文化特点和传承创新需求，我们将重点对农圣文化主体精神进行深入的探究。

农圣文化精神层面的价值体系内涵以十大主体精神为特征，体现出

① 刘素华：《精神、物质与社会——理解文化生产的三个维度》，《中国文化产业评论》2015年第 2 期，第 21 页。

中华优秀传统文化的深刻影响，其主体精神可概括为：家国情怀、责任担当精神、敬业创新精神、严谨治学精神、科学精神、实事求是精神、实践精神、勤俭朴素精神、忧患意识、职业精神十个方面的价值内涵，十大主体精神是农圣文化基本内涵中具有当代价值和永恒价值的"活态"的精神财富，同中华优秀传统文化中的其他优秀文化一样，是我们坚定文化自信的重要支撑，值得我们学习和发扬光大（十大主体精神在第五章有具体的探讨）。

（二）农圣文化物质层面的价值体系

农圣文化物质层面的价值体系，主要是指以传统农业科学技术、生产经营知识、器物制作技术与资料生产等为具体表现形式的基本内容体系，可简称为农圣文化的物质价值体系。农圣文化的物质价值体系涵盖了农、林、牧、渔、副（包括制作加工、酿造、经营等诸多方面）等现代大农业生产的各个领域，集中体现了农圣文化的系统思维、战略思维和创新思维特点，属于农圣文化发展中的物质生产方面，也是北魏及之前时期中国古代农业文明智慧的充分体现和集大成者。从其现存状况看，农圣文化物质层面的基本价值内涵主要体现为消失了的文化、存在着的文化和革新了的文化等三个方面的情况（在第六节具体探讨）。

（三）农圣文化社会层面的价值体系

农圣文化社会层面的价值体系，主要以《齐民要术》记载的北魏当时及之前时期社会和人们的生活方式、语言、风俗习惯，以及社会传统等为表现形式的综合文化价值体系，可简称为农圣文化社会价值体系。农圣文化社会价值体系内涵体现了农圣文化的创新思维特点，是农圣文化发展中的社会生产方面，也是研究中国社会发展和演变、总结历史规律、服务现代经济社会发展的重要参考。应该说，这方面的文化价值内涵也存在三种情况（在第七节有具体探讨）。

其一，消失了的文化。随着经济社会发展水平和人们生活水平的不断提高，当今社会人们的生产生活方式和习惯，以及活动领域等发生了根本性改变，在当时或历史上可能是先进、流行的，但在今天已远远落后于现实生活水平和节奏，或为科学证明了是伪科学的，已被历史所淘汰而退出人们的生活。其二，部分依然存在的文化。某些农事活动习俗因为其实用价值的普遍性和广泛性特点，虽然没有全面完整地得以传承，但仍然是现在农业生产活动中的重要参考，因此部分地得以保留和发展。其三，存变中的文化。日常生产生活中的风俗信仰是在长期的社会发展中形成的，是人们的世界观、价值观、人生观等内容的集中体现，随着现代科技的发展，也呈现出有失、有传、有变的状况。

二、农圣文化的基本特点

农圣文化是地域文化的杰出代表，是齐鲁文化的一部分，更是齐鲁圣贤文化中的一颗璀璨明珠，理所当然也是中华民族优秀传统文化的重要组成部分。从农圣文化自身的特点看，也体现了对中华民族优秀传统文化的传承、创新与发展。因此，农圣文化既有文化的共性，也有着自己鲜明的特点和特色。

（一）家国情怀和责任担当精神是农圣文化的灵魂

一个民族、一个国家，都有其血脉里延绵不断的精神支撑，如美国的开拓精神，法国的浪漫主义等。而有一些精神是没有国界的，这就是人们对自己国家的热爱、对自己国家发展的责任与担当精神。爱国主义是中华民族最深厚的思想传统，是中华民族精神的核心和基石，爱国主义精神和责任担当精神又是塑造民族文化风格的关键因素，也是中华民族优秀传统文化最宝贵的价值观。爱国主义精神和责任担当精神在中国历代先贤乃至普通百姓的思想和精神深处屹立不倒、从未缺失。特别是当中华民族受到外族侵略时，民族处在生死存亡之际，其作用则更加明显，这样的例子不胜枚举，我们完全能从历史的光影中得到印证。

从《齐民要术》宏大的规模、丰富的内容、广泛的影响来看，如果贾思勰没有强烈的家国情怀和责任担当精神，他就不会为了国家富强、人民富足而殚精竭虑，耗时 16 年[①]或者更长的时间去写这么一部并不会流行的农书；他就不会历尽千辛万苦"采捃经传，援之歌谣，询之老成，验之行事"；他也不会"起自耕农，终于醯醢，资生之业，靡不毕书"；他更不会斤斤计较地去算计如何经营致富，如何勤作丰收；也更

---

① 两位教授认为《种谷第三》《种桑柘第四十五》大概写成于 528—544 年，贾思勰著成《齐民要术》大约在 528—556 年。参见郭文韬，严火其：《贾思勰王祯评传》，南京：南京大学出版社，2001 年。

不会"丁宁周至，言提其耳，每事指斥，不尚浮辞"，就像在孩童耳边叮嘱，每种方法的介绍都直截了当，不追求华丽的辞藻，以这样的方式去详细记录。爱之弥深，则作之必细；爱之弥切，则志之必坚。

因此，我们可以肯定地说，家国情怀和责任担当精神也是农圣文化主体精神的价值核心和灵魂所在，更是农圣文化与中华优秀传统文化一脉相承的重要特征，农圣文化也因此而历久弥新，不仅成为民族的自豪，也赢得了世界人民的尊敬。

（二）农圣文化创造了历史性与现实性的完美统一

任何文化的产生、发展和定型都有其深厚的历史渊源，同时也与该时代社会发展状况和现实特点紧密相连，体现出历史性与现实性的统一。相对于农圣文化来说，历史性是指农圣文化与中华民族优秀传统文化的一脉相承，能在中华民族优秀传统文化的历史长河中找到源头。而农圣文化的现实性，是指农圣文化体现了贾思勰所生活时代的社会现状和实际需求，也即南北朝时期北魏社会的发展现状下，群众的精神需求和真实反映。

北魏时期，中国社会还处在传统农耕时代的发展期，劳动水平和生产力低下，农业生产受到自然条件和环境的严重制约，农业经济水平不能充分满足人们的生活需要。加之社会政局动荡、南北政权对立、人民生活贫困，经济尤其是农业发展水平亟须提高。在这样的社会背景下，可以说《齐民要术》是因时而生，适时而生。我们知道，《齐民要术》里面记述的内容既是对北魏之前农业生产技术的大总结，又是结合北魏当时农业生产现状，对农业生产的各个方面做了一些必要性的技术创新和改进，极大地提高了当时的社会生产力，符合当时国家和人民的需要，是大势所趋，是历史发展的必然，具有积极而又现实的指导意义。即使在今天，农圣文化中的精粹依然没有过时，依然放射着耀眼的科学光芒，依然适合时代发展需要和群众实际需要。

（三）农圣文化体现了特殊性与普适性的兼容并包

任何文化的形成都受一定的时代发展和社会背景的影响而具有其鲜明的时代特点，但同时它又具有一切优秀文化的共性特点。农圣文化特殊性的根源最主要的有三条。

第一，社会大形势的特殊性。贾思勰生活的南北朝时期是我国历史上的民族大分裂、大融合时期，大分裂主要表现为南北政权的对峙。北魏是我国北方鲜卑族拓跋氏部落建立的少数民族政权，统治者为了稳固政权必然会实施一系列有针对性的保障政策和措施，形成很大程度的彼此隔离。南北政权对峙的形势为少数民族文化与汉族文化的加速融合提供了机遇，民族大融合又成为历史发展的一种必然。

第二，广大社会群众普遍的心理需求。南朝政权和北朝鲜卑族政权的相互对立，不可避免地造成了当时社会的动荡不安，影响了人们的正常交流和生活，使得老百姓对安定的社会环境和国家统一，充满了渴望和期待，农圣文化主体精神里的家国情怀，就是当时群众盼望国家统一心理的集中体现。

第三，乱思治、穷则变的发展规律使然。北魏上层社会的奢靡浪费之风造成了整个社会风气极端恶化，国家资源极大浪费和生产凋敝，因贫生乱，因乱致衰，又成为农圣文化中勤俭朴素精神和忧患意识的重要根源。因此，以贾思勰为代表的有着正义感和责任感的一些知识分子或者基层的地方官僚，便会自然生发出为社会、老百姓寻找生路的思想。农圣文化的基本内涵正是对其所处时代的现实和理智反映，有其特定的历史烙印。

文化的生命力在于对其他一切先进文化营养的不断吸收、融合、发展，从而生生不息。即便没有民族大融合的社会背景，不同民族、国家、地域间的文化交流也是在所难免。此外，人民对于安定的社会局面、先进的生产、富裕的生活的追求是没有时代、社会和国家之别的，人心所向，大概如此。因此，人们也必然会对腐败的社会现象产生强烈的不满和反对，等等。

所以说，农圣文化又有着其社会普适性，它所蕴含的人文之道和精神理念又是适用于不同时代的，是特殊性与普适性的二位一体，有着强劲的生命力。

（四）农圣文化突出了哲理性与实用性的和谐相融

文化是在生活中产生、并与生活融为一体的。作为深层次的文化可能高于一般的生活，但现实生活是产生和创造一切文化的土壤。农圣文化的基本精神内涵是对中华民族千百年来哲学思想的继承和发展，既反映了中国古代劳动人民在生产劳动和社会实践中的哲理思辨精神，又在现实社会生活中起着非常重要的指导作用，具有很强的实用性。它让人们在社会实践中不断剔除糟粕，走出困惑、走向文明，再从实践中获取经验和教训，形成新的更高层次的哲理思辨，正如中华文化的源头——被誉为"大道之源"的《周易》六十四卦中最后一卦是"未济"，强调的是"物不可穷"——事物不可穷尽的道理，周而复始，不断推动社会向前发展。因此，农圣文化有着积极的实用性特点，是哲理性与实用性的和谐相融。

（五）农圣文化实现了科学性与全面性的相得益彰

科学性是农圣文化的本质特点，《齐民要术》里面记载的选种法、烟熏防霜法、嫁枣法、疏花法、嫁接法、制盐法、制酒法（微生物科学）等方法，无一不闪烁着科学的光芒，很多科学知识和技术，如烟熏防霜法、嫁枣法、疏花法、嫁接法等具有极高的科学性，即使在今天的农业生产中，也仍然在农业生产领域被广泛应用。除此之外，关于耕地、墒情、抗旱、区种法、养殖、兽医、制香料、食品制作等其他方面的知识记载，也体现着积极的科学性和全面性，仍具有非凡的生命力。通过前文对《齐民要术》内容介绍，我们知道《齐民要术》涉及了农、林、牧、渔、副等现代大农业的基本范畴，可谓包罗万象，全面具体，被誉为"中国古代农业百科全书"实至名归。

由此看，农圣文化所体现出来的科学性与全面性是互为表里、相得益彰的，其文化魅力也是显而易见的。

三、小结

农圣文化精神层面、物质层面和社会层面的三大价值体系，充分反映了以"农圣"贾思勰为代表的古代农学家的价值观、世界观和人生观，是农圣文化内涵的核心与精华，也是传统农耕文化的精华所在，与中华优秀传统文化一脉相承。农圣文化的价值与魅力具有广泛的社会基础和深厚的传统文化渊源，是我们深入挖掘中华优秀传统农耕文化，建设新时代中国特色社会主义、实现乡村振兴、文化兴盛的宝贵资源。

第五节　农圣文化精神层面的价值体系内涵

农圣文化精神层面的价值体系内涵，是农圣文化发展中"活态"的精神生产内容，是农圣文化的根与魂，体现了以"农圣"贾思勰为代表的古代农学家的农学思想内核和精神秉持，这些优秀的农学思想与中华优秀传统哲学思想有着内在的渊源关系，是传统哲学思想在农业生产领域的综合运用与客观表达。农圣文化精神层面的价值体系内涵以中华优秀传统哲学思想为基础，以传统农耕理论为主体、以十大主体精神为表现，融合了传统哲学思想与农耕理论的精华，是中国人的世界观、价值观、人生观在农业生产领域的科学体现。同时，以农圣文化十大主体精神为特色和表现，充分反映了我国古代农学家在"要在安民，富而教之"的美好愿望和理想下，以推动农业生产与发展为己任的责任担当。第五章将对农圣文化十大主体精神另作具体阐释，这里仅就农圣文化精神层面价值体系内涵中的贾思勰农学思想及其农学思想对中华优秀传统文化的吸纳、传承和创新情况，做一简单概述，并结合农圣文化思想内涵特点，对与贾思勰农学思想相关的传统诸子百家思想内核做一简单分析，从而为准确把握贾思勰农学思想主体精神提供一些帮助。

一、贾思勰农学思想体系构成与主要内容

农学思想是指导农业生产的重要遵循，它既是指导人们如何进行农业生产的价值观，又是提高农业生产效益的方法论，还是今天我们把握农圣文化内涵的主体论。贾思勰农学思想体系庞大、内涵丰富，对当时和后世的影响非常巨大，就《齐民要术》所体现出来的情况来看，贾思勰农学思想具有积极的和消极的两方面内容，而以积极的农学思想内容为绝对主体，受时代和科技发展限制，消极的思想内容又不可避免。

（一）贾思勰农学思想体系中的积极思想

1. 农本和民本思想

农本和民本思想，也可称之为农业基础论和以人民为中心的思维。农业是国民经济发展的基础，处于社会生产总链条的始端。重农思想在我国有着深远的历史渊源，《尚书·洪范》所言"食为政首"强调的就是农业生产在治国理政中的重要性，历代政治家也都把"农桑""耕织"定为执政"本业"，甚至提倡"崇本抑商"，将发展农业作为一种基本国策推行全国。贾思勰农学思想充分继承了这一优良传统，并将农业看作了百姓的"资生之业"，提出"要在安民，富而教之""岁岁开广，百姓充给"的人生理想，"安民"之要当在足"食"，"食"之所来当在"农本"，而传统农耕社会"富"之所来也必在"农本"，而以"农"为业、事"农"为本的，又必在"民"，故"民"又当是"农"本之所在。贾思勰在《种谷第三》引《淮南子》曰："食者民之本也，民者国之本也，国者君之本也。""为治之本，务在安民，安民之本，在于足用"所表达出的正是"农本"和"民本"思想，也正因为这样的思想所在，贾思勰"采捃经传，爰及歌谣，询之老成，验之行事，起自耕农，终于醯醢，资生之业，靡不毕书"，撰成 10 卷 92 篇规模宏大的"中国古代农业百科全书"——《齐民要术》。

2. 系统相关思想

系统相关思想，又可称作整体思维、多元一体思维或共同体思维，是指农业生产过程中，充分尊重天（自然规律）、地（自然资源）、人（能动作用）三大基本元素间自成体系、相互作用、相互影响的关系，并在实际农业生产过程中用作指导思想的一种基本农事原则。天、地、人"三才"理论是我国传统哲学思想中的重要理论观点，反映了我国古人朴素的唯物世界观，贾思勰将这一哲学观点拓展到了农业生产领域，转化为用"三才"理论指导实际农业操作的重要指导思想，"三才"理论也是贾思勰农学思想体系中居于首要位置的最基本的农业生产观。过去，绝大多数农学专家和学者将"三才"理论视为农学理论中的圭臬，这没问题，但笔者认为其虽然简练却还不够精确。一定程度上讲，天、地、人"三才"更多的是说明三者的重要性及古人所强调的"天人合一"目标，而实际上三者各成体系，各有其规律和特点。农业生产不仅是将三者联系在一起，还应该尊重其各自的规律和特点，才能取得农业生产上的丰收，因此，用"系统相关思想"或者"天地人系统相关思想"概括，似乎更符合作为一种农学思想体系内涵的体例和标准，也更为合理。

（1）天：自然规律——时：农事所趣。"天"有其道，代表的是自然界的自然规律，如寒来暑往、四季循环，反映的正是循环往复的自然规律，农业生产与之对应形成"春耕、夏耘、秋收、冬藏"的圜道循环特点；二十四节气周而复始，反映了自然界阴消阳长、气升气沉、盛衰进退等的自然规律，是传统哲学中阴阳、五行理论的形成基础，而农业生产与之对应则体现出"不违农时"和"乘势"的特点。此外，自然界中日、月、星辰也有自己的运行规律，古人谓之星躔，并根据其规律形成系统的天象理论，广泛应用于包括农业生产在内的不同社会领域等。这些自然界的规律，具体到农业生产，在贾思勰这里形成了一系列指导农业生产的重要思想，其中最为重要的是"农时"理论，这里仅对贾思勰农学思想中重"农时"思想做一析理。

在《耕田第一》中，贾思勰引《氾胜之书》云："凡耕之本，在于趣时，和土，务粪泽，早锄，早获"，强调了适应天时、整治土地、施肥浇水，以及中耕与收获等关键问题，认为农业操作有"上、中、下"三时，即最适宜的农事操作时间、效果一般的农事操作时间和效果最差的农事操作时间，同时贾思勰还指出不同"时"机对作物的下种量等也有影响，并将这些思想充分应用到了农作物、蔬果、树木类种植、畜牧养殖和农副产品加工等诸多方面，成为千百年来我国传统农耕文化的基本遵循。也正如贾思勰在《种谷第三》引《孟子》"不违农时，谷不可胜食"，引农谚"虽有智慧，不如乘势，虽有镃錤，不如待时"，引《淮南子》"夫日回而月周，时不与人游，故圣人不贵尺璧而重寸阴，时难得而易失也"所强调的。

农作物种植的"三时"，如《种谷第三》载："二月上旬及麻菩杨生者为上时，三月上旬及清明节，桃始花为中时，四月上旬及枣叶生，桑花落为下时"，同时还强调"岁道宜晚者，五月、六月初亦得"，这里的"岁道宜晚者"是自然界节气迟至的意思；蔬果种植的"三时"，如《种瓜第十四茄子附》载"二月上旬种者为上时，三月上旬为中时，四月上旬为下时"；树木种植也有"三时"，"凡栽树，正月为上时，

（谚曰'正月可栽大树'，言得时则易生也）二月为中时，三月为下时"；畜牧养殖的"三时"，如《养羊第五十七》中载，"常留腊月、正月生羔为种者上，十一月、二月生者次之"；农副产品加工方面，因为丰富的内容及微生物作用的细微性，对"时"的要求更加精确严格，甚至具体到"日"、一日之中的具体时辰，如《造神曲并酒第六十四》载：造神曲需"七月取中寅日""日未出时"，"至七日开，当处翻之，还令泥户。至二七日，聚曲，还令涂户，莫使风入。至三七日，出之，盛着瓮中，涂头。至四七日，穿孔，绳贯，日中曝，欲得使干，然后内之"，相当烦琐细致；《作酱等法第七十》载："十二月、正月为上时，二月为中时，三月为下时"，酱熟开瓮需"腊月五七日，正月、二月四七日，三月三七日"等，都特别强调了"时"在农事活动中的重要性。

（2）地：自然资源——宜：农事所依。"地"有其理，代表的是自然界中的土地条件与土壤特性，农业生产活动依赖于土地，也决定了土地条件与土壤特性对农业生产的影响是不容忽视的重要因素。具体到农业生产，贾思勰形成了极为重要的"地宜"理论，认为农作物生长所需的土地或土壤，也存在"上、中、下"三种情况，即根据自然界中土地肥饶与贫瘠、旱地与湿地、山地与平原，以及土壤的坚软、盐碱与优良、土色与肥力等不同特点，提出了不同农作物适宜种植的田地，同一田地对农作物种子用量的影响，以及同一田地不同"农时"对农作物种子用量的影响等一般农事操作规律，这些理论具有相当的科学道理，仍然是当代农业生产中需要重视的内容。

如《耕田第一》记载了荒山泽田、高下田的耕作标准，又引《氾胜之书》"春地气通，可耕坚硬强地黑垆土""杏始华荣，辄耕轻土弱土"，还引《四民月令》"正月，地气上腾，土长冒橛，陈根可拔，急菑强土黑垆之田。二月，阴冻毕泽，可菑美田缓土及河渚水处。三月，杏华盛，可菑沙白轻土之田。五月、六月，可菑麦田"，强调根据土地特点和不同的农"时"适宜耕作不同的土地；《种谷第三》载："凡谷田，绿豆、小豆底为上，麻、黍、胡麻次之，芜菁、大豆为下"，又强调了古代最重要的农作物谷子种植，最适宜的田地是种过绿豆、小豆的田地（贾思勰所谓的"底"，即前作、上茬之意），较差一点的是种过麻、黍、胡麻的田地，最差的是种过芜菁、大豆的田地，强调了不同的土地（土壤肥力有差别故）对农作物生长所产生的优劣影响。这里，贾思勰不仅强调了土地的特点，同时还考虑到了农作物的"物性"特点，即农作物基于生长环境的不同而在长势或收成方面的实际情况，或者说作物最适宜生长的土壤要求。《大小麦第十瞿麦附》援引民歌"高田种小麦，稴穄不成穗。男儿在他乡，那得不憔悴"，即说明"小麦宜下田"事实。

从这些记载可以看出，贾思勰不仅重视土地的特点，还结合"天""时"的规律，即所引《氾胜之书》中强调的"得时之和，适地之宜"，根据"天"的自然规律，"地"的具体特点，从事相应的农业生产活动。这样，"天"——自然界的规律与"地"——土地资源的特点有机融合在一起。当然，这种融合相对于自然界中自然万物来讲，是在"物竞天择，适者生存"自然法则下的自然生存，但如果是对人类经营的农作物来讲，这种融合就得靠天地之间人类的聪明和智慧来完成，如此，人就又与"天"和"地"产生了联系，使天、地、人三大系统形成三位一体，而人又是处于中间位置具有能动作用的。

（3）人：农事主体——勤：农事所重。"人"有其格。"天"在人之上，自有其规律，成其自然系统；"地"在人下，有万物咸宁"厚德载物"之实，亦即有其地理系统；"人"在天地中间，也自有其人力资源系统，但人类无疑是自然资源的攫取者。作为从事农业生产活动的主体，即使是现代科技发达的今天，人在农业生产活动中的主体作用也仍未改变。贾思勰农学思想中关于"人"的作用理论观点，第一，是其在序中所强调的"人生在勤，勤则不匮""力能胜贫，谨能胜祸"，即发挥人的能动性作用，突出一个"勤"字。第二，是《种谷第三》中所强调的"顺天时，量地利，则用力少而成功多。任情返道，劳而无获"，即尊重自然（天）的规律、尊重自然界（地）的特性，进行相应的农事活动，否则将会"劳而无获"。第三，强调"农本"之要在"修耒耜，具田器"（制作农具）、耕荒（开垦、除荒）、美田（施肥）、水潦（水利），"用功盖不足言，利益动能百倍"（《种谷第三》）。

虽然人类能改变地理现状，且不说这种改变是有利的还是不利的，却无力改变天（自然界）的自然规律。人类为了最基本的生存，不可避免要发挥其能动作用，于"天""地"之间从事包括农业生产在内的各种活动。因此，天、地、人三大独立系统就更加紧密地联系在了一起，形成天、地、人"三才"合一，这与我国传统哲学思想中"天人合一"的系统思维也是完全一致的。

3. 综合发展思想

综合发展思想就是一种整体效益优先思维，是农圣文化农学思想对传统农学思想单一发展、存量发展的一种全新创造和发展。"民以食为天"反映的是粮食作物在农业生产中的重要地位，但人类的生活绝不仅仅局限于粮食，在满足了基本的生存条件后，人们还要解决穿、住、行的问题，解决吃的多样化以满足身体健康需要的问题，这就促使人们追求生活的丰富性、农业生产的多样化，正如《淮南子》所提倡的"水处者渔，山处者木，谷处者牧，陆处者农"，因地制宜、农林牧渔综合发展，而农业综合发展正是贾思勰农学思想中的重要组成部分。

贾思勰强调"资生之业"的综合经营和发展，主要包括农（粮食作物、油料作物、蔬菜、瓜类的种植）、林（果类、建筑林木、染料作物等）、牧（食用及役用的家禽、畜类养殖）、渔（鱼类养殖）、副（酱、醋、酒、食品等农产品的加工、生活必需品的制作等）等农业生产的各个领域，"于墙基之所，方整深耕"制作园篱，"既图龙蛇之形，复写鸟兽之状，缘势嵌崎，其貌非一"的审美设计，融生活与环境美化于一体，"近州郡都邑有市之处，负郭良田三十亩"的城乡经济统筹发展规划，甚至连救荒作物都有强调和记载。特别是食品加工、调料（酱、醋等）、饮品（酒、乳酪等），以及各种菜肴的制作等副业结构体系的构建，极大地延伸和拓展了农业生产链条，提升了农业生产的经济效益，将农、林、牧、渔这些基本的资料生产转化为人们的盘中餐、杯中饮，极大地丰富了农业生产内涵，可谓系统全面，实用性强，也正如贾思勰在序中所言，"起自耕农，终于醯醢，资生之业，靡不毕书"。可以看出，贾思勰思想中的农业已基本包括了现代大农业生产的各个方面，都与老百姓的生活息息相关，我们从全书的体例和内容安排上也完全可以得到验证。

4. 用养结合思想

用养结合思想，又可称之为可持续发展思维。农业生产依赖于土地，而对如何提高土地的生产力，我们先人已有成熟的实践理论。我国早在战国时期就产生了自然土壤和农业土壤的概念，把"万物自生"的地称作"土"，把"人所耕而树艺"的地称作"壤"，强调了人为因素在土壤方面的主导作用①，总结出用养结合、"地力常新壮"的经验理论。贾思勰农学思想中对用地养地、用养结合的主张，主要体现在对地力的研判与合理应用，对肥料培制，特别强调绿肥的培制与应用，以及通过轮作方式改善土壤、提高地力、增加产量等多个方面。贾思勰提出"地势有良薄""山、泽有异宜"（《种谷第三》），因而形成"良田""薄地"的科学判断，提出"良田宜种晚，薄田宜种早。良地非独宜晚，早亦无害。薄地宜早，晚必不成实也"的观点，同时还强调"锄不厌数，周而复始，勿以无草而暂停"的中耕主张，原因是"锄者非止除草，乃地熟而实多，糠薄，米息，锄得十遍，便得八米也"；对蔬菜类的种植大多选择"负郭良田"，种枣树"其阜劳之地，不任耕稼者，历落种枣则任矣"，因为"枣性炒故也"。至于肥培方法就更多了，书中最多见者当为有机的"粪"肥（应含人、畜粪，以及蚕矢等生物粪便），其次是绿肥，如《耕田第一》中载："秋耕，䅎青为上。比至冬月，青草复生者，其美与小豆同也""凡美田之法，绿豆为上，小豆、胡麻次之。悉皆五六月中穊种，七月八月犁䅎杀之，为春谷田，则亩收十石，其美与蚕矢熟粪同"，再如《种葵第十七》载："若粪不可得者，五六月中，穊既 种绿豆，至七月八月，犁䅎杀之，如以粪粪田，则良美与粪不殊，又省功力"；《蔓菁第十八》所载"故墟新粪坏墙垣乃佳"，强调的则是用旧墙土作肥料等。至于轮作方法书中记载也相当多，不另例述。

5. 良种选育思想

良种选育思想又可称之为农业核心技术的创新思维。种子是农业生产的核心，再好的土地条件，再优越的天时，再勤劳的耕作，如果没有优良种子也很难保证农业的丰产。贾思勰对农作物的选种、育种有着独到的见解，其中最重要的就是"选择"原理，这是其农学思想体系中影响非常大并具有积极科学价值的思想内涵，英国的达尔文在其《物种起源》《动物和植物在家养下的变异》等著作中就曾多次引用到这一原理，说"选择原理成为有计划的实践差不多只有七十五年的光景……但是，要说这一原理是近代的发现，就未免与真实相距甚远了。我看到一

---

① 郭文韬，曹隆恭，宋湛庆：《略论继承和发扬我国农业的优良传统问题》，《农业现代化研究》1983年第5期，第16页。

部中国古代的百科全书清楚记载着选择原理"①。

贾思勰农学思想中良种选育思想，主要包括对种子的处理、选种、育种等几个主要方面。关于种子处理，贾思勰提出了晒种，强调"勿令浥郁"，对桃种子又提出"熟时合肉全埋粪地中，至春既生，移栽实地"（《种桃柰第三十四》）和"擘取核"的特殊办法，种梨（《插梨第三十七》）也采用了此法；特别是对坚果类种子的处理，如《养鱼第六十一》对莲子的处理载："于瓦上磨莲子头，令皮薄。取墐土作熟泥，封之，如三指大，长二寸，使蒂头平重，磨处尖锐。泥干时掷于池中，重头沈下，自然周正。皮薄易生，少时即出"，可谓巧妙至极。其他如浸种、催芽、溲种等书中所涉方法不再一一另举。

关于选种，《收种第二》载："粟、黍、穄、粱、秫，常岁岁别收，选好穗色纯者，劁刈高悬之。至春，治取别种，以拟明年种子。……其别种种子，常须加锄。锄多则无秕也。先治而别埋。先治场净不杂，窖埋又胜器盛。还以所治襄草蔽窖。不尔必有芜杂之患"，强调了穗选法选种的几个重要步骤：年年分别收获（长时间、分类管理）、选好穗（择优）、别种（保纯）、多锄（求种子质量）、净场（保纯）、窖埋（保质）、原襄草蔽窖（保温、保纯），可谓详细具体可操作。此外，还有水选（去杂及秕粒、坏粒）、风选（去糠、瘪子）等不同的选种方法。

关于扦插、嫁接、根蘖繁殖等新品种培育方法的例子更多，这些方法仍然在林木管理甚至蔬菜种植（如嫁接）领域有着广泛应用价值，不再一一例说。此外，贾思勰还注意到了土地对种子的影响（遗传与变异），《种蒜第十九》就记载了朝歌（今河南地）蒜，并州（今山西地）芜菁、豌豆，以及山东谷子因为土地原因而发生变异的事实，充分反映了贾思勰农学思想内涵的丰富性。

6. 精耕细作思想

精耕细作思想，用今天的语言表述又可称之为精细化、科学化、优质高效化管理思维。如何利用有限的土地提高农业产量，进行集约经营，是古今农业发展过程中普遍关注的焦点问题，而我国在战国时代就

---

① （英）达尔文：《物种起源》，周建人、叶笃庄、方宗熙译，北京：商务印书馆，1995年，第44页。

已形成精耕细作的相关实践和理论[①]。随着南北朝分裂对峙局面的形成，加上战乱及灾害等影响，精耕细作的理论达到一个新的高峰。贾思勰农学思想充分继承了这一优良传统，并做了科学的梳理，主要体现在对种植制度、耕作技术（特别强调区种法）、新品种培育、先进农具的使用，以及田间管理技术等方面。通过种植制度创新提高农作物产量，《齐民要术》里记载了利于地力恢复的轮作复种，利于广种多收的间作套种，以及区种法等多种制度，特别作注引谚强调"顷不比亩善"，解释为"多恶不如少善"（《种谷第三》）；通过不同耕作技术提高产量方面，记载了深耕、多耕、防旱保墒（还有水利设施建设等）、因地因时因物而耕等不同技术；通过培育优良新品种来提高产量，上文已有所涉，不再另述；通过改进农具有利于改善土壤条件、增进地力，如铁犁的使用，还有提高农作物种子的下种均匀度，如用窍瓠点播、耧播等；田间管理技术更加丰富，如中耕除草、施肥、除虫防灾害等，可以说，精耕细作思想作为一种优良的农耕传统已成为我国传统农耕文化的代名词，无论在农耕时代还是今天的现代大农业生产过程中，都发挥了积极重要的作用。

7. 防护与生态思想

防护与生态思想，也可表述为问题导向下的主动干预和绿色生态发展思维。自然界有规律可循，但其不可测的现象如风、虫、水、旱、霜冻等，在人类受科学技术水平限制的古代社会是无法预测的，因此如何预防自然灾害的发生，如何有效控制病虫害，以及如何避免"凶年""大俭"年歉收造成的困境，如何实现取用有度、保持自然界的最大馈赠度，不仅是古代社会，也是当今社会发展必须面对和思考的问题。从《齐民要术》的记载来看，贾思勰农学思想中具有积极的预防保护意识和实际行动，其内容主要涉及了重视种子品性，病虫害防治，畜类破坏农作物的预防措施，自然灾害的有效防控、歉收备荒和保护自然资源等方面。

一是注重种子的优良性，提高农作物产量。《种谷第三》记载了耐旱、耐风、耐水、免雀暴等48种谷类品种，还引《氾胜之书》对"溲种"法做了介绍，认为溲种"则禾稼不蝗虫""使稼耐旱，终岁不失于

[①] 中国农业科学院、南京农学院中国农业遗产研究室编著：《中国农学史（初稿）》，北京：科学出版社，1959年。

获"。二是注意防六畜、鸟类破坏。《种麻子第九》载："凡五谷地畔近道者，多为六畜所犯，宜种胡麻、麻子以遮之。胡麻，六畜不食；麻子啮头，则科大"；《种麻第八》载："麻生数日中，常驱雀"。三是防治病虫害，《种麻第八》载："麻欲得良田，不用故墟。故墟亦良，有點叶夭折之患……"；《大小麦第十》载有保存防虫的剞麦法，"多种，久居，供食者，宜作'剞麦'：倒刈，薄布，顺风放火；火既着，即以扫帚扑灭，仍打之。如此者，经夏虫不生，然唯中作麦饭及面用耳"；《种瓜第十四》载"有蚁者，以牛羊肉带髓者，置瓜科左右；待蚁附，将弃之。弃二、三，则无蚁矣"；此外，卷六中还有大量的畜类病防治等，不再一一列举。四是对自然灾害的预防。有防旱、防寒、防霜冻，如《黍穄第四》载："黍心初生，畏天露。令两人对持长索；搜去其露，日出乃止"；《大小麦第十》引《氾胜之书》载："当种麦，若天旱无雨泽，则薄渍麦种以酢浆并蚕矢；夜半渍，向晨速投之，令与白露俱下。酢浆令麦耐旱，蚕矢令麦忍寒"；《栽树第三十三》载："凡五果，花盛时遭霜，则无子，常预于园中，往往贮恶草、生粪。天雨新晴，是夜必霜；此时放火作煴，少得烟气，则免于霜矣"等。五是对自然资源的保护利用，也即生态发展理念。《伐木第五十五种地黄法附出》引《礼记·月令》《孟子》《淮南子》《四民月令》等经典，强调"斧斤以时入山林，材木不可胜用""草木未落，斤斧不入山林"等，体现的就是资源保护的思想。六是对大馑之年的救荒备荒准备。《杂说第三十》提出"且风、虫、水、旱，饥馑荐臻，十年之内，俭居四五，安可不预备凶灾也"反映的就是救荒备荒的思想，这一思想在各卷各篇中或多或少都有记载内容的体现，充分说明救荒备荒思想在贾思勰农学思想中的地位。石声汉先生认为，正是贾思勰《齐民要术》对有救荒作用的作物、植物的注重，"后来的农家，才有许多人着重'荒政'"①。

8. 技术创新思想

技术创新思想，也即创新发展思维。《齐民要术》首先是一部农业科学著作，从各卷记载的内容我们不难发现贾思勰对农业技术创新的追求与实践，这也是《齐民要术》成为"中国古代农业百科全书"的重要

---

① 石声汉：《从齐民要术看中国古代的农业科学知识》，北京：科学出版社，1957 年。

原因。从贾思勰的自序及各卷内容看，贾思勰农学思想中的技术创新思想主要体现在以下几个方面。

第一，重视劳动人民在生产实践中所积累的创新经验的总结。把民间谣谚中有价值的内容采集来，即"爰及歌谣"所得，并恰当地不见斧凿之痕地写入书中，用以指导实际农业生产。这些谣谚来自黄河中下游地区的田间地头，覆盖范围广、实用价值高，对谣谚形成地来讲可能算不得是新鲜，但在非谣谚形成地区，有些经验对于当地群众的农业生产来讲，原来可能不是这样做，或者技术笨拙效益不高，所谓"百里不同风，千里不同俗"，现在知道了有这样先进的新做法，学习应用了极有可能在当地就是一种技术创新。

第二，重视民间基层创新、交流和经验共享。把自己从民间采集来的经验做法，即"询之老成"所得写入书中，如上所述，有些经验也极有可能就是一种技术创新。

第三，重视个体的实践、探索和创新。贾思勰自己实践验证了的具体做法，即"验之行事"所得，这些必然是改进了的技术，是一种技术创新。如《作酢法第七十一》"卒成苦酒法"载，按"取黍米一斗，水五斗，煮作粥，曲一斤，烧令黄，捶破，著瓮底。以熟好泥，二日便醋"做成的醋"已尝经试，直醋亦不美"，于是贾思勰自己又进行技术上的改良创新，"以粟米饭一斗投之，二七日后，清澄美酽，与大醋不殊也"，所反映的就是技术方面的创新，这样的例子也很多，不再一一举例说明。

9. 经营富民思想

经营富民思想，又可称为农业生产经营致富思维。农业生产除了能提供最基本的物质资料满足人们的生活外，还具有可观的经济附加值，主要体现在农作物的种植经营、农产品的商贸经营和再生产等方面，延长了农业生产链条，增加了农产品的经济附加值，在经济不发达、工业未产生的古代社会，这可能是农家生活中最根本的生产经营之道和经济来源。作为一种重要的"货殖"理论，经营富民思想也是贾思勰农学思想的一部分，《货殖第六十二》中贾思勰引谚指出"以贫求富，农不如工，工不如商，刺绣文不如倚门市"，他所强调的是基于农业生产本身的自产自销所带来的利益①，基于这样的思想原则，贾思勰农学思想中的经营富民思想主要体现在以下几个方面。

第一，对粮食作物种植，除了满足基本生活需要外，贾思勰注重通过制作多种食品或经营原料来增加经济效益，如制酒、醋、酱、豉，以及众多食品的加工，黄衣（麦䴷）、黄蒸（注：此两种皆麹类）、糵等原料制作；此外，在卷一、二中还大量引用《氾胜之书》或《杂阴阳书》《师旷占》等纬书，试图通过观察物候如"虫食桃者粟贵"（《种谷第三》）等来预测粮食作物的市价，虽不科学但反映出来的却是近乎投机钻营式的经营思想。

第二，对蔬果类辅助作物种植，其经营获利富民思想表现得更加直白，包含了整体效益的核算、成本核算、循环经营、循环扩大经营、综合经营、再生产价值增益经营、规模经营，以及特色经营、精明经营等不同形式。如《种瓜第十四》引《氾胜之书》区种瓜法载，"又可种小豆于瓜中，亩四五升，其藿可卖。此法宜平地，瓜收亩万钱"，体现的是整体效益核算；《种瓠第十五》载："十亩凡得五万七千六百瓢，瓢直十钱，并直五十七万六千文。用蚕矢二百石，牛耕、功力，直二万六千文，余有五十五万，肥猪、明烛，利在其外"，这里贾思勰涉及了经济成本核算问题；《种葵第十七》载："三月初，叶大如钱，逐概处拔大者卖之……一升葵，还得一升米……一亩得葵三载，合收米九十车。车准二十斛，为米一千八百石""九月，指地卖，两亩行绢一匹"，这里体现的是贾思勰生产经营思想中通过种植换取生活所需的循环经营，而"其井间之田，犁不及者，可作畦，以种诸菜"，又进一步体现了利用可能的"闲"田，进行多种经营从而多获利的见缝插针式的综合经营发展观，可谓用心精细之致；《蔓菁第十八菘芦菔附出》载："拟卖者，纯种'九英'。九英叶根粗大，虽堪举卖，气味不美。欲自食者，须种细根"体现了纯粹的产品经营获利思想，"一顷收叶三十载。正月、二月，卖作齑菹，三载得一奴。收根依畦法，一顷收二百载，二十载得一婢"，这里反映的是通过将种植的蔓菁制作成菹菜卖出（延长产品链条，提高经济效益），再用此收益购买奴隶增加劳动力，从而进一步提高生产收益的事实，体现的则是循环扩大经营思想。南北朝贵族官

---

① 缪启愉：《齐民要术导读》，北京：中国国际广播出版社，2008年，第30页。

僚和士族地主大量蓄养奴隶从事耕织[①]，其身价相当低贱，沿袭北魏制度的北齐，规定了授有官田的奴婢数，七品以上官员是80人，不授官田的不在限。在"蒸干芜菁根法"中还载一斛芜菁根"蒸而卖者，则收米十石"，对农产品进行深加工之后售出，提高产品附加价值，"一斛"芜菁就能得到"十石"米的收益，体现的又是再生产式价值增益的经济思想。种菘（白菜）、芦菔（萝卜）"秋中卖银，十亩得钱一万"，体现了通过扩大特色农产品（蔬菜）种植面积，增加产量、提高效益的规模经营思想；《种胡荽第二十四》载"一亩收十石，都邑粜卖，石堪一匹绢"，核算了种胡荽（香菜）一石可抵一匹绢的价值，说明蔬菜种植利益大"可速富"，体现了特色经营思想；《种梅杏第三十六》对种杏得杏仁，载有"多收卖者，可以供纸墨之直也"，指明如果多收集些杏仁来卖，可以赚到购买纸墨的费用，又体现了农业生产中精打细算的经营获利思想。

第三，对经济林木的种植，除建筑用材外也可以经营获利富民。如《种桑柘第四十五》关于种柘载有："三年，间剟去，堪为浑心扶老杖，一根三文。十年，中四破为杖，一根直二十文。任为马鞭、胡床，马鞭一枚直十文，胡床一具直百文。十五年，任为弓材，一张三百。亦堪作履，一两六十。裁截碎木，中作锥、刀靶，一个直三文。二十年，好作犊车材，一乘直万钱。"从柘树初期的管理到成材，每一时间段都做了具体的经济价值估算，其经济获利思想可谓从深入到细微。其他篇如《种榆白杨第四十六》等也有大量的经济核算文字，限于篇幅不另一一析说。

10. 勤俭节约思想

勤俭节约是对劳动成果的尊重，正如贾思勰在序中引《尚书》所强调的"稼穑之艰难"，以及贾思勰对"古今同患，所不能止""财货之生，既艰难矣，用之又无节"的清醒认识与强烈斥责，还有贾思勰对若干古代官吏在勤俭方面的具体做法表现出的敬仰之情。另外，我们从贾思勰在书中强调备荒储备也可见一斑，如《种谷第三》中的稗，《种芋第十六》中的芋，《种蔓菁第十八》中的蔓菁，其他篇中的杏、橡子、芰等，都体现了贾思勰备荒"俭年"的忧患意识和勤俭节约的思想。

---

① 缪启愉：《齐民要术校释》第二版，中国农业出版社，1998年，第189页。

以上是贾思勰农学思想中的积极内容，即使在今天，这些思想也具有积极的现实意义，仍然是农业生产过程中需要不断遵循、传承和发扬的重要思想。

（二）贾思勰农学思想体系中的消极思想

金无足赤，人无完人。除了积极的内容外，贾思勰农学思想中也不可避免地存在一些消极的内容，但更多的原因应该是时代和科学发展水平所限。因为受科学技术发展水平的影响，人们对自然界中某些现象的认知是有局限的，加之古代帝王的自我神化与民间方士等的神秘演绎，一传十十传百，信的人多了便会形成一些不切实际的玄学观点，进而成为一门专门的伪学问。这种现象自古有之，至汉代更盛，魏晋时期又尚清谈之风，南北朝时期北魏社会更是佛教兴盛；而齐地，据《史记·封禅书》载，秦始皇时，"燕齐海上方士"已达到"不可胜数"的地步，这也为战国后期及两汉时期齐地玄学的发展奠定了基础，提供了土壤。应该说生于齐地的贾思勰，其思想中不可避免地掺杂进一些迷信等消极的内容，这也是贾思勰农学思想中消极部分的主体。

《齐民要术》中消极的思想内容大多是贾思勰对一些纬书的引用，或他自己从民间得来的。引用典籍的内容大多是在正文中用作补充说明的部分，据石声汉先生考证，《齐民要术》所引纬书及纬书注，涉及《尚书考灵曜》《孝经援神契》《春秋考异邮》《礼斗威仪》《春秋元命苞》五种①，除此之外，还有如《师旷占》《龙鱼河图》《杂五行书》等一类的术数书，以及其他引用典籍中有些也存在消极的内容。但从贾思勰的著作态度来讲，这些不可靠的内容大多是不足为信的，如《种谷第三》引《杂阴阳书》"凡种五谷，以生、长、壮日种者多实，老、恶、死日种者收薄，以忌日种者败伤。又用成、收、满、平、定日为佳"，又引《氾胜之书》"小豆忌卯，稻、麻忌辰，禾忌丙……凡九谷有忌日，种之不避其忌则多败伤，此非虚语也"，其后诸章亦多有类似引用，不再一一析之。对于这些禁忌说辞，贾思勰在小字注释中引《史记》"阴阳之家，拘而多忌"，表明其"止可知其梗概，不可委曲从之"的主张，并进一步引谚"以时，及泽，为上策"，强调农时、墒情的重要性。从这里，我们也可以看出贾思勰本身对这些阴阳之家的说

---

① 石声汉：《从齐民要术看中国古代的农业科学知识》，北京：科学出版社，1957年。

辞是持有一种怀疑和否定态度的，这也证明贾思勰农学思想中积极方面是主要的。

虽然如此，可能受习惯、社会或地方风俗的影响，在其他篇章中贾思勰还是有为数不少的消极内容记载，今简单分类予以说明。

第一类，纯粹迷信应当剔除的思想糟粕内容。除前文所述外，《小豆第七》引《龙鱼河图》"岁暮夕，四更中，取二七豆子，二七麻子，家人头发少许，合麻豆着井中，咒敕井，使其家竟年不遭伤寒，辟五方疫鬼"，又引《杂五行书》"常以正月旦，亦用月半，以麻子二七颗，赤小豆七枚，置井中，辟疫病，甚神验""正月七日，七月七日，男吞赤小豆七颗，女吞十四枚，竟年无病，令疫病不相染"，这些引用内容就是不可信的，应予以剔除。

再如《种瓜第十四》引《龙鱼河图》"瓜有两鼻者杀人"，盖因瓜型变异而生恐惧，亦不足信。《种姜第二十七》引《博物志》"妊娠不可食姜，令子盈指"，盖因姜生如指掌而多参差故，是人们臆想之事，并无科学道理，也是迷信的东西。《种蘘荷、芹、蘧第二十八》引《葛洪方》（厌胜类书）载"人得蛊，欲欲知姓名者，取蘘荷叶着病人卧席下，立呼蛊主名也"，《种桃奈第三十四》引《术》"东方种桃九根，宜子孙，除凶祸。胡桃、奈桃种，亦同"，《种茱萸第四十四》引《术》"悬茱萸于屋内，鬼畏不入也"，引《杂五行书》"舍东种白杨、茱萸三根，增年益寿，除患害也"，《养牛马驴骡第五十六》多处载"后左右足白，不利人……后左右足白，杀妇"者，等等，显然也是不可信的迷信内容。

第二类，存在歧视性的思想内容。《造神曲并酒第六十四》记载的"祝曲文"，要求"主人三遍读文，各再拜"，是明显带有道家虚无玄虚的迷信内容，不足信。同时，强调"使童子著青衣""使童男小儿饼之"，团曲"皆是童子小儿"或"令壮士熟踏之"，除"作神曲方"言及"丈夫妇人皆团之，不必须童男"外，其余皆不用妇女，又反映出贾思勰思想中有重男轻女或贬低妇女社会地位的思想倾向，虽非迷信内容却仍是不宜提倡的消极内容。

再者，《序》末谈及著书目的时说"鄙意晓示家童，未敢闻之有识"，缪启愉先生等考证，此"童"乃指"家客""奴客"，而非指贾家的年轻子弟，根据东汉许慎的《说文解字》载有"奴曰童""僮，未冠也"，证据是《种红蓝花栀子第五十二》谈及摘红蓝花时讲"每旦当有小儿僮女十百为群"，此"僮"方为年轻孩子。由此，也可看出其在对人及其称呼用词方面存在一定的歧视性倾向。当然，这种倾向是历史原因形成的，责任不在贾思勰，但具体到今天来讲，我们仍须指出来加以区别对待。

第三类，另当别论者。如《种枣第三十三》"凡五果及桑，五月一日鸡鸣时，把火遍照其下，则无虫灾"，此句虽非引经据典，也非术数书所载，在书中又为大字正文，这无疑是贾思勰自己实践所得的东西，虽非足信，但如果深思是有其道理的。《诗经·小雅·大田》载："去其螟螣，及其蟊贼，无害我田稚。田祖有神，秉畀炎火"，说的就是在诗经时代①古人已认识到用火诱杀害虫的事，"以火诱杀害虫的方法，直到今天还在我国许多地区应用，其历史的渊源也是很悠久的"②。事实上，五月时节百虫尽出，以火光照之能引虫出，而有些害虫极有可能会因火炙而死，因此具有一定的灭虫作用，而是否必须选择"五月一日"其实未必，能否达到"无虫灾"也值得考虑，笔者认为这是贾思勰夸大了的说法而已。

综上所述，虽然贾思勰农学思想中有些糟粕性的东西，但毕竟因为贾思勰持有"止可知其梗概，不可委曲从之"的立场和态度，以及书中所载消极的内容比重较小，也不是主要的。因此，我们应当辩证地看待，同时，更多的是传承其农学思想中积极的优秀的部分。

二、贾思勰农学思想对中国传统哲学思想的继承

（一）贾思勰农学思想对传统儒家思想的继承与光大

儒家思想是中华传统文化的主流，体现了中国文化的传统思维方式和基本逻辑，对中华民族的发展影响巨大。《汉书·艺文志》记载："儒家者流，盖出于司徒之官，助人君顺阴阳明教化者也。游文于六经之中，留意于仁义之际，祖述尧舜，宪章文武，宗师仲尼，以重其言，

---

① 中国农业科学院，南京农学院中国农业遗产研究室编著的《中国农学史（初稿）》（科学出版社，1959年）上册中，将我国西周至春秋（公元前11—前5世纪）这段历史时期称为"诗经时代"。

② 中国农业科学院，南京农学院中国农业遗产研究室编著：《中国农学史（初稿）》上册，北京：科学出版社，1959年，第49页。

于道最为高。"儒家学派主张"仁",强调"仁者爱人",讲不偏不倚、不冒进不落后,"允执其中"的"中庸"之道,强调"食为政首""己所不欲,勿施于人"的农本思想和民本思想。儒家思想对贾思勰农学思想的深刻影响,在农圣文化主体精神的责任担当精神、勤俭朴素精神、实事求是精神、科学精神、家国情怀等诸方面都有所体现。

1. 对民本思想、农本思想的重视和吸收

《论语·子路》记载着孔子与子路的一番对话:"子曰:庶矣哉!冉有曰:既庶矣,又何加焉?曰:富之。曰:既富矣,又何加焉?曰:教之。"可以看出,"富之"即让老百姓富裕,"教之"即让老百姓得到教化,进而实现"大同世界"是儒家思想中的重要内容。在生产力和经济发展水平极为低下的古代社会,发展农业生产是百姓实现富裕的根本途径,而老百姓只有通过教化才能开蒙启智,更好地发展农业,从而推动社会向前发展,这是由古代社会的现实条件所决定的。而"富而教之"正是贾思勰在《齐民要术·序》中首先提及的观点,也是贾思勰撰著《齐民要术》的根本目的和原则,这充分说明民本、农本思想在贾思勰农学思想中占有极为重要的地位。序中还援引儒家经典《尚书》,强调"稼穑之艰难",财富获得之不易,引用《孝经》"用天之道,因地之利,谨身节用,以养父母",引用《论语》"百姓不足,君孰与足?"《种谷第三》中引《淮南子·主训术》"食者民之本也,民者国之本也,国者君之本也,是故人君者,上因天时,下尽地财,中用人力,是以群生遂长,五谷蕃殖",强调了粮食生产、百姓、国家乃"君"之"本",说明重农务本的重要性和目的所在。《齐民要术》中援引儒家经典的地方还有很多,都充分体现了贾思勰对儒家"仁"这一核心思想的重视和发扬。

2. 对天、地、人"三才"思想的发展和丰富

天、地、人"三才"和谐统一思想,是我国传统哲学思想中的重要理论,也是中华民族共同具有的思想观念和思维方式,更是我国独具特色的系统精神[①]。《孟子》《荀子》《易经》都是儒家经典,它们强调"天时不如地利,地利不如人和"(《孟子》)"上得天时,下得地

---

① 郭文韬,严火其:《贾思勰王祯评传》,南京:南京大学出版社,2001年,第56页。

利，中得人和""天有其时，地有其财，人有其治，夫是之谓能参"
（《荀子》），天地人和谐统一的"三才之道"（《易传》）。贾思勰
在《齐民要术》中更是结合具体的农业生产活动对其做了相当多的发
挥，他强调天性、地性、人性与物性四者的高度结合，提出"顺天时，
量地利，则用力少而成功多。任情返道，劳而无获。入泉伐木，登山求
鱼，手必虚；迎风散水，逆坂走丸，其势难"（卷一《种谷第三稗附
出，稗为粟类故》）。同时，他又引用《淮南子·修务训》"夫地势，
水东流，人必事焉，然后水潦得谷行。水势虽东流，人必事而通之，使
得循谷而行也。禾稼春生，人必加功焉，故五谷遂长。听其自流，待其
自生，大禹之功不立，而后稷之智不用。禹决江疏河，以为天下兴利，
不能使水西流；后稷辟土垦草，以为百姓力农，然而不能使禾冬生：岂
其人事不至哉？其势不可也"，强调和谐统一的必要性。在这里，"天
时"即自然界的自然规律（春、夏、秋、冬四时交替，寒来暑往、风行
雨降等自然之道），"地利"即土地本身的自然特性（高低、旱洼、肥
瘠、坚软等不同特点），而人的活动（特性）则应当体现在对现实和自
然规律的尊重上，即做到"顺天时"和"量地利"。对人类生产活动来
说，"顺"就是要顺应而非违背自然规律，"量"就是考量、考虑，不
是不顾自然界的特点或规律而武断专行，指的都是顺应自然界规律、符
合土地特点、适宜作物特性、发挥人的主观能动性。强调了农业生产过
程中，只要有效地协调好天、地、人、物之"四性"，就能取得最大可
能的农业丰收。这一思想除了体现在粮食作物和蔬菜的种植方面外，
在果树和林木栽培方面也有充分的体现，见表 4-1 和表 4-2。因此，可
以说贾思勰是完全继承和自觉践行了儒家思想中的"天地人三才统
一"理论。

表 4-1　天地人物和谐统一思想在《齐民要术》果树栽培中的体现略表

果树	天时	地利	物性	人事
枣	主晚栽 早则坚生迟	地不耕也 地坚饶实	性硬、坚强	常选好味者留栽， 枣叶始生而移之
桃	春天移栽	若离本土率多死	桃性旱实 易种难栽 桃性皮急	以锹合土掘移之四 年以上宜以刀竖劙 其皮
李	正月一日或十五日嫁李	不用耕垦 耕肥无实	李性耐久 三十年老	嫁李法：以砖石著 李树歧中令实繁
栗	春二月芽生出而种	埋著湿土 埋必须深	种而不栽 不裹则死	栗初熟出壳即埋三 年内每到十月常须 草裹二月解

续表

果树	天时	地利	物性	人事
椒	四月畦种夏连雨时可移之	合土移之 筛土覆之 熟粪盖土 合土移之	性不耐寒 习以性成	熟时收取黑子，方三寸一子，土覆令厚寸，旱则浇之；冬则草裹

表 4-2　天地人物统一思想在《齐民要术》林木栽培中的体现略表

树种	天时	地利	物性	人事
榆	正月二日移栽	白土、薄地不宜五谷者惟宜榆	榆性扇地其阴下五谷不植榆性软、久无不曲	秋耕令熟、漫散梨细埒之；先耕地作垄散荑、稀密得中
白杨	正月二日插枝	以犁做垄	性甚劲直	秋耕令熟、一垄之中，顺逆各一到，又以锹掘底一坑作小堑
柳	正月二日取弱柳枝插枝	下田停水处不得五谷者可以种柳	较耐水湿	八九月水尽，爆湿得所时，急耕则漏槟之。明年四月又耕熟，即作墒垄
梓	秋末冬初取子漫散后年正月移栽	秋耕令熟耕地作垄	此树须大不得密栽两步一树	秋末冬初取子，明春拔草勿荒没
梧桐	二三月作畦下水如葵法。明年三月移栽	熟粪和土	此木宜湿	作一步圆畦种之浇令润泽。至冬竖草于树间令满外复以草围之

资料来源：郭文韬，严火其：《贾思勰王祯评传》，南京：南京大学出版社，2001年

3. 对"允执其中"思想的发挥和应用

"允执其中"是儒家思想中的重要理念，强调的是不偏不倚、不早不迟、过犹不及、恰到好处。贾思勰在《齐民要术》中提出，从事农业活动应该坚持宜时宜地宜种的农学思想，即农业操作时间上要把握好"上、中、下"三时，在适宜的时间开展相宜的农事活动（后文在探讨"实事求是"精神中有具体梳理归纳，不另赘述）。注重土地（肥瘠）性质，即在适宜的土地上种植作物，也分为"上田、中田、下田"三种情况；在不同的土地（质量）情况下，农作物种子的用量也不一样，甚至同一农作物因为下种时机不同，用量也不相同，这一关于农作物种植"上、中、下"三时、三田明确区别分类的不同处理和规范，充分体现了儒家"允执其中"思想对贾思勰农学思想的深刻影响，已成为贾思勰《齐民要术》中安排农业生产活动的重要指导思想，也是现代农业生产中不可忽视的重要参考和借鉴。

（二）贾思勰农学思想对传统法家思想的发挥与创新

法家思想的形成是中国历史进入封建专制时代的重要产物，也是历史发展的必然取向。《汉书·艺文志》对法家的解释为："法家者流，盖出于理官，信赏必罚，以辅礼制。《易》曰：'先王以明罚饬法'，此其所长也。及刻者为之，则无教化，去仁爱，专任刑法而欲以致治，至于残害至亲，伤恩薄厚。"可以看出，法家是讲制度，强调法治，主张变法图强、富国强兵的学派。法家理论的这一核心思想对贾思勰农学思想的影响也非常深刻，在农圣文化主体精神的科学精神、家国情怀、责任担当精神、敬业创新精神、职业精神等方面都有所体现。

1. 对法家强国富民核心思想的高度认同

法家思想的核心是法治，强调以法治国实现富国强兵之目标。《齐民要术·序》提及的"李悝为魏文侯作尽地力之教，国以富强；秦孝公用商君，急耕战之赏，倾夺邻国而雄诸侯"中的李悝、商鞅即是法家学派的杰出代表，从贾思勰对李、商二人功业的赞赏与其"要在安民，富而教之"的创作目的来看，法家的强国富民思想已经融入贾思勰的思想和内心深处，成为其撰写《齐民要术》以实现"安民""富民""教民"理想的根本所在，后文亦有所专论，可参阅。

2. 对法治（制度）思想的广泛应用

法家的法治思想更多地体现在治国之道的理念，强调制定法律"设之于官府，而布之于百姓"，主张"不法古，不循今"（开拓创新思想），认为"尺寸也，绳墨也，规矩也，衡石也，斗斛也，角量也，谓之法"。各行各业都有其规则，强调依法办事。《齐民要术》是以农业生产科技知识为主要内容的农学著作，全书对耕田、收种、种谷、种菜、园蓠、栽树、养殖及其他手工业生产等"资生之业"，都有其操作规程的详细记录。如卷一《耕田第一》从农事之起源（首段引用《周书》的内容），到农业生产工具（二、三、四段引用的《世本》《吕氏春秋》《尔雅》《纂文》《说文解字》《释文》等典籍内容），再到"开荒山泽田""耕高下田""秋耕""春夏耕""美田之法"，又兼及《礼记·月令》和其他典籍关于耕田的资料记载等，不仅有明确的操作规程和方法，还用小字体文字加注了操作注意事项，甚至用什么工具、有什么利弊关系等都交代得清清楚楚、明明白白，难怪日本学者山田萝谷（好之）在《新刻齐民要术序》中提到："民家之业，求之要术，验之行事，无不可者矣。"从法家学派的思想视角讲，《齐民要术》就是一本古代农业生产生活上的技术指导和制度规范，并由官方用以督课和指导农业生产，增加农民收入，充实国家仓储。宋代葛佑之在《齐民要术》后序中就曾言及"非朝廷要人不可得"，此"要人"当是针对政府官员来说的。

（三）贾思勰农学思想对传统道家思想的科学接纳

道家思想是中华民族对人与自然关系的智慧解读，体现了中华民族天人合一的逻辑思维，是中华民族世界观、人生观、价值观的独特表达。《汉书·艺文志》对道家的解释是："道家者流，盖出于史官，历记成败存亡祸福古今之道，然后知秉要执本，清虚以自守，卑弱以自持，此君人南面之术也。合于尧之克攘，易之嗛嗛，一谦而四益，此其所长也。及放者为之，则欲绝去礼学，兼弃仁义，曰独任清虚可以为治。"可见道家主要讲道法自然、尊重自然规律。在农圣文化主体精神中，主要体现在敬业创新精神、严谨治学精神、实事求是精神等方面。

1. 科学接受道家道法自然的思想

道家崇尚自然，提倡道法自然，与自然和谐相处。贾思勰农学思想中"顺天时，量地利"的思想就是对道家思想在农业生产领域的发展。如在农业操作上《齐民要术》强调"上、中、下"三时、三等田的区分对待，《种谷第三》记载："地势有良薄，山、泽有异宜。"并分别作注曰："良田宜种晚，簿田宜种早。良田非独宜晚，早亦无害；簿地宜早，晚必不成实也。""山田种强苗，以避风霜；泽田种弱苗，以求华实也。"强调自然界中土地的自然状况有良薄、山田与湖田之分别，农业种植应该根据这些自然状况选择合适的耕种方法，其注释中所载即是对选择适宜的耕种方法重要性的强调，好田适宜播种晚些，贫瘠的田适宜播种早些，虽然不是好田非得晚种，但贫瘠的田却必须要早种，一旦种晚了收成就必然会受影响（产量低）；而对于山田和湖田来讲，山田必须种强壮的好苗，原因是山高风多霜重，弱苗不胜风霜而好苗抵抗力强，而湖田适宜种些稍差点的苗子，考其因可能与湖田腐质多、肥力足有关，这些区别、注释都是人类对自然环境和农事规律的充分认知、遵循，即贾思勰所谓的"量地利"。此外，"凡田，欲早晚相杂；防岁道有所宜。有闰之岁，节气近后，宜晚田；然大率欲早"，强调早种晚种的田要交叉种植，防备气候变化造成绝产。如果这一年中有闰月，因为节气推后的原因，又适宜种晚田，然而总体情况是种早田，这里又体现了根据自然界变化的规律和特点，选择适宜的耕种时间，以保证收成，即贾思勰所谓的"顺天时"。

因此，贾思勰在《种谷第三》中强调"顺天时，量地利，则用力少而成功多。任情返道，劳而无获。入泉伐木，登山求鱼，手必虚；迎风散水，逆坂走丸，其势难"，既是对道家道法自然思想在农业生产中的具体应用和发扬，也是贾思勰农学思想的总纲，具有科学的依据和道理，即使拿到现在来说，也是完全适用的。

另外，嫁接方法是林木果树种植管理中的重要技术方法，是人类认识自然并充分利用自然的聪明智慧和伟大贡献。在林木果树的栽植方面，特别是林木果树的无性杂交嫁接方法，也是贾思勰充分尊重自然规律开展农业活动、提高农业收入的典型代表。一方面选择物性相近的品种进行嫁接，符合植物生长规律特性，易于成活；另一方面，嫁接中砧木的选择因为植物的物性不同，与嫁接后果树果实的质量有着密切关系。《种梨第三十七》载："用棠、杜。棠，梨大而细理；杜次之；桑梨大恶；枣、石榴上插得者，为上梨，虽治十，收得一二也。"嫁接梨树的砧木用棠树、杜树，用棠树嫁接梨结的果实大而且质地细密，杜树稍次，桑树嫁接的最差，用枣树、石榴树嫁接的最好，但成活率低，其中的原因不外以上两个方面，而其根本原因也是自然界物性不同。《种椒第四十三》记载了四川花椒在山东青州种植成功的史实，贾思勰认为"此物性不耐寒，阳中之树，冬须草裹，其生小阴中者，少禀寒气，则不用裹"。说明虽然植物生长环境和条件发生了变化，但是只要尊重其生长的自然规律，即使异地种植也能取得成功。正是基于这样的科学记载，今天，花椒的种植已遍布祖国大地，成为生活中重要的调味品，极大地丰富了人们的生活。

通过辛勤劳动认知自然界、合理利用自然是我国古代劳动人民的智慧体现，《齐民要术》对染料作物如地黄、棠（叶）、红蓝花、栀子、落葵、蓝、木蓝、紫草等种植与染料的制作，就是根据和遵照植物本身的特性服务人类生活的智慧之举，在《伐木第五十五》《种蓝第五十三》中有具体记载，可参阅原著。此外，最突出的是关于酿造方面的记载，涉及《齐民要术》卷七全部、卷八上半部及末尾、卷九一部分，还包括卷六《养羊第五十七》中乳品发酵的"作酪法"、卷八《作鱼鲊第七十四》中肉类醅解法等，都是贾思勰根据微生物生长和发展规律来制作的，虽然贾思勰不可能准确说明这些先进的微生物的概念和理论，但他却通过观察和实践，从物性自身发展变化的规律得到有益启发，形成科学总结记录并充分应用于生活实践，极大地丰富了人们的生活内涵，取得积极的经济效益和社会作用。

2. 进一步发挥了道家"与时迁移，应物变化"的思想

道家思想中"与时迁移，应物变化"的观点，强调的是根据事物的发展变化，人们应当有相应的应变能力以适应其变化，从而保持自身的稳定性。贾思勰在《齐民要术》中对事物的发展变化表现出高度的重视，不为世俗所限，敢于突破传统成见，甚至敢于质疑社会公认的权威专家，提出自己的真知灼见，这些思想在农圣文化主体精神的科学精神、敬业创新精神、实事求是精神中都有体现，可参阅后文相关篇章。

（四）贾思勰农学思想对传统墨家思想的传承和发展

墨家与儒家并称为"世之显学"，墨家思想最显著的特点是体现了中华民族对科学的追求与探索。《汉书·艺文志》对墨家的界定是："墨家者流，盖出于清庙之守。茅屋采椽，是以贵俭；养三老五更，是以兼爱；选士大射，是以上贤；宗祀严父，是以右鬼；顺四时而行，是以非命；以孝视天下，是以上同：此其所长也。及蔽者为之，见俭之利，因以非礼，推兼爱之意，而不知别亲疏。"可知墨家强调人与人之间平等的相爱（兼爱），反对侵略战争（非攻），推崇节约、反对铺张浪费（节用），重视继承前人的文化财富（明鬼），掌握自然规律（天志）等。在农圣文化主体精神中，主要体现在科学精神、勤俭朴素精神、严谨治学精神及实事求是精神等方面。

1. 充分继承和发挥了墨家的科学思想

墨子是我国古代一位杰出的科学家，他在力学、几何学、光学等方面，都有重大贡献，蔡元培认为，"先秦唯墨子颇治科学"。历史学家杨向奎称"中国古代墨家的科技成就等于或超过整个古代希腊。"《齐民要术》作为我国古代现存最早、最完整、最系统的一部农业科技著

作，将视角放在了与百姓生活息息相关的生产生活方面，是当时最先进农业科技的集大成者，被誉为"中国古代农业百科全书"，在国内外农学发展史和农业科技史上均有着巨大影响，可以说这是对墨家科学思想的有益继承和发展。

2. 对墨家"非攻"思想的认同

墨家思想发展经历了春秋战国战乱频仍时期，认为战争伤人害命损财，毫无意义，反对侵略战争是其重要思想之一。南北朝时期是一个民族大分裂大融合的特殊时期，南北政权的分立，外族的入侵，地方起义不断，战争使土地荒芜，经济凋敝，百姓流离失所，社会陷入一片混乱。贾思勰作为一名地方官吏，对战争充满了无限痛恨，对百姓生产生活充满了无限同情，这一思想在《齐民要术·序》中体现得最为突出，那些关于战争造成的伤害，人们生活窘困的由来之因，以及对社会奢靡风气的无情斥责，无疑是受到了墨家"非攻"思想的影响。

3. 继承了墨家的"节用"思想

墨子认为"去无用之费，圣王之道，天下之大利也"，墨家关于"节用"的思想在《墨子·节用》篇有详细记载。《齐民要术·序》中有明确论述，后文关于"勤俭朴素精神"篇也有专述，可参阅。

（五）贾思勰农学思想对传统兵家思想的择善而用

兵家虽形成于冷兵器时代，但其思想却有广阔的适用时空，特别是兵家思想中对时、势、地"变"的准确把握与利用，具有积极的实用价值。《汉书·艺文志》云："兵家者，盖出古司马之职，王官之武备也。"兵家特别强调势、时、地。在农圣文化主体精神中，主要体现在责任担当精神、忧患意识、实事求是精神等方面，突出表现在其继承了兵家关于"时"的思想的判断与把握，积极应用到农业生产中对"农时"的重视；对兵家"势"的思想有所发扬，注重农业生产中土地环境对农作物收成的影响，家庭副业生产中外部市场、时间条件，以及制作、出售时机等因素对家庭收入的影响和作用，实事求是做出相应处理，以提高生产效率，增加家庭收入和国家财富。在后文关于"农圣文化主体精神的探本溯源"部分有所论述，可参阅。

（六）贾思勰农学思想对传统阴阳家思想的创新应用

阴阳家思想是我国传统哲学思想的重要流派，体现了中华民族二元思维的特点。《汉书·艺文志》载："阴阳家者流，盖出于羲和之官，敬顺昊天，历象日月星辰，敬授民时，此其所长也。及拘者为之，则牵于禁忌，泥于小数；舍人事而任鬼神。"传统观念中对阴阳家持有一定偏见，认为阴阳家讲的无非是神仙鬼怪、故弄玄虚的事，是消极的伪科学。其实，阴阳家对中国人思想观念影响深刻，其思想中也不乏正确的方面。阴阳家既有对自然规律的观察总结，强调"民时"的重要，也有过多无科学道理的禁忌，其"舍人事而任鬼神"的主张就是消极的，束缚了人的思想。但其"五行说"所体现出来的思想是对循环理论规律的认识，在农业生产中对作物轮作（一年两熟或三熟理论的形成）也具有重要的指导作用，因此也具有了一定的积极意义。

在农圣文化主体精神中，主要体现在敬业创新精神、严谨治学精神、科学精神等方面，表现为创新发展了阴阳家的"五行说"，推广到了农业生产的轮作、套作实践；对阴阳家的阴阳二元观进行了扬弃，用以阐释农学理论与原理，也具有积极的应用价值，可参阅《贾思勰王祯评传》[①]相关论述，这里不作赘述。

（七）贾思勰农学思想对传统农家思想的发展与丰富

农家是在传统社会中形成的重要学术流派，虽未形成系统的理论典籍，但其思想却因世代的自觉相传而成为与生活密切相关的一派。对于农家，《汉书·艺文志》的记载是："农家者流，盖出于农稷之官。播百谷，劝耕桑，以足衣食，故八政一曰食，二曰货。孔子曰：'所重民食'，此其所长也。及鄙者为之，以为无所事圣王，欲使君臣并耕，悖上下之序。"认为农家解决的是人们的"足衣食"之事，也即人们的基本生存之需，其重要作用可见一斑。与孟子同时代的许行（约前390—前315），依托远古神农氏之言来宣传其主张，是战国时代农家的代表人物。《汉书·艺文志》有《神农》二十篇，据推测可能是许行的著作，可惜早已失传。关于农家的记载，见于《吕氏春秋》的《上农》《任地》《辩土》《审时》《爱类》等篇，以及《淮南子·齐俗训》。

---

① 郭文韬，严火其：《贾思勰王祯评传》，南京：南京大学出版社，2001年，第57—61页。

农家学派主张推行耕战政策，奖励发展农业生产，研究农业生产问题。农家对农业生产技术经验的总结与其朴素的辩证法思想，可见于《管子·地员》《吕氏春秋》《荀子》等。

山东有着优良的农学传统，我国历史上最主要的四个农学家，山东有汉代的氾胜之、北魏的贾思勰和元代的王祯三人，其中另一人是上海的徐光启。据胡道静先生考证，北宋时济州巨野（今山东菏泽）人邓御夫著有《农历》120卷，著名文学家晁补之评价："言耕织，刍牧与凡种艺、养生、备荒之事，较《齐民要术》尤密。"元初张福，据考证是山东禹城人，著有《种艺必用补遗》（对南宋末吴怿《种艺必用》的续作）；元代中期的武城人苗好谦，著有《栽桑辑要》，元仁宗曾命版印千帙散发之；明代新城（今桓台）人王象晋，著有《二如亭群芳谱》，其中辑录了若干有关种植的经验，也是重要的农学遗产之一；清代安丘人王筠，是著名的文字学家，同时也是一位农学家，他虽无农学专著，但对《马首农言》所作注解，反映了其家乡的许多优良耕作经验，也是极为重要的[①]。正如胡道静先生所言，这与山东农民的勤劳、智慧及创造是分不开的。而这些创造又经过良好的总结，并作为农业进一步发展的基石。贾思勰无疑是古代农家学派的杰出代表。以《齐民要术》为客观载体的农圣文化，毋庸置疑又是对农家学派思想最系统、最权威的呈现与支撑。

三、小结

通过本节综合分析可知，中华优秀传统文化对贾思勰的影响深远，尤其是我国先秦诸子百家思想对贾思勰农学思想的形成影响深刻，一些重要的思想精华已经内化为贾思勰思想的一部分，成为其思维方式的一种自觉，甚至成为贾思勰农学思想的理论支撑，指导贾思勰以更加科学缜密的思维、更加实事求是的态度，科学巧妙地创作《齐民要术》，也因此成就了《齐民要术》的学术地位和贾思勰在农业科技史上的地位。从此意义上讲，贾思勰农学思想有着广泛而深厚的传统文化基础，是传统文化理念在农业生产领域的具体转化和创新实践，农圣文化是不折不扣的中华优秀传统文化的重要组成部分。

---

① 胡道静：《胡道静文集·农史论集 古农书辑录》，上海：上海人民出版社，2011 年。

第六节　农圣文化物质层面的价值体系内涵

农圣文化物质层面的价值体系以传统的农业科学技术为重点和特色，是农圣文化发展中的物质生产方面，其内涵主要体现为对传统农业生产制度、具体的农业科学技术、农业生产与经营、器物制作技术和资料等相关知识的归纳总结，涉及农、林、牧、渔、副等现代大农业生产的全部[①]，是我国古代劳动人民生产生活智慧的集大成者，反映了北魏时期及之前社会农业发展的最高水平，代表了我国传统农耕文化的主要方面。

其中，传统农业生产制度包括农、林、牧、渔、副业生产中的基本程序、规范与要求，如长期以来形成的耕、种、管、收、藏等稳定的程序，相关操作规范与详细的技术要求等；具体的农业科学技术包括农、林、牧、渔、副业生产中的具体操作规范和实用技术，如过程管理、肥培、灌溉、防虫避害、食品制作、酿造、器物制作等；农业生产与经营则包括了合理规划、综合经营、经济核算等相关原则与效益。为进一步把握农圣文化的发展与现状，根据物竞天择、适者生存的自然进化论观点和人类发展的规律，以及历史与现实的比照情况，结合农圣文化物质层面价值体系内涵的现实表现形态，我们可以将农圣文化物质层面价值体系内涵的现存状态，概括为消失了的文化、存在着的文化和革新了的文化三个层面，现做逐一分析。

一、消失了的文化

因为其实用价值的消失，现在已经被现实淘汰了的文化内涵。

《齐民要术》中有些具体技术的记载，虽然在古代社会曾经发挥过重要的作用，但随着时代和科技的不断发展，因为其实用价值的消失而遭到淘汰，从而失去其实际价值，没有得到进一步的传承和发展。从历

---

① 石声汉：《从齐民要术看中国古代的农业科学知识》，北京：科学出版社，1957 年。

史发展角度来讲，它却是见证我国传统农耕文化发展的重要历史文献。

如卷三《杂说第三十》中记载的"治书法""上犊车篷軬"等关于古代卷子书（类似古代简、牍样式的非纸质册子，非现在的纸质装订书籍）的维护、牛车车篷的制作等，随着现代生活水平的提高，印刷技术和现代工业生产技术的发展，这些传统技术已经完全失去了其现实意义，自然退出了历史舞台。再如全书中出现的若干农具，如樏（耢）、窃瓠、碾、磟碡，覆种工具挞，中耕工具锋、耧等，也因为随着现代机械产业的快速发展和农业机械化程度的不断提高，失去了其原有价值而退出了现实生活。关于选种、溲种（用动物骨汁或粪汁浸泡种子，以达到提高种子品质的种子处理方法，现已发展成为科技含量更高的种子"包衣"）、收藏粮食，甚至压雪保墒（保持水分）、养殖、酿造等的一些比较原始、比较粗放和低效的技术方法，也因为现代科技的发展，而失去了其原来价值。

总之，随着时代的不断发展和科学发展水平的不断提高，以及人们的生存、生产、生活环境等现实条件的改变，《齐民要术》中所载的那些原始的、为时代超越的技术和方法，退出历史舞台也是情理之中的事情。因为历史的车轮永远不会停息，发展的洪流永远不会停止，人类总是在不断地打破一个旧世界，又不断地建设一个新世界，不以人的意志为转移的。

农圣文化中这些"消失了的文化"的内涵告诉我们，历史的发展是一个漫长的过程，也是一个不断被肯定然后又否定，继而再肯定再否定……一直在优胜劣汰中延续不断的动态发展过程。面对历史，我们没有必要固守历史曾经的辉煌沾沾自喜，更不应躺在历史的光荣簿上妄自尊大。但是，我们也不应该忘记历史，因为不忘过去才能开辟未来；只有搞清楚了历史的本来面目，我们才能立足根本，继承传统，坚定我们的文化自信；我们才能古为今用，推陈出新，创造出更加灿烂辉煌的明天。

二、存在着的文化

历经社会发展和实践验证，仍然具有重要实用价值的文化内涵。

《齐民要术》中记载的相关农业生产技术，因为其实用价值的存在，仍然在现实社会生活中发挥着积极且重要的作用，因此仍然是广泛的或在一定领域内得到相应的传承应用。具体地说，该层面的文化内涵又存在两种状态，下文为了行文简约，除对部分技术内容稍做简单索引式摘录外，一些广为人知的、文章前后较多重复涉及的，以及更多具体的技术内容记载，此处未做摘引。

（一）仍然得以传承应用的文化

因为某些技术类文化内涵仍然具有相当的实用价值，在指导人们的生产生活方面，仍然发挥着不可替代的积极作用，现实生活中仍旧得到相应的传承和应用。我们分宏观和微观两个层面分别进行分析。

1. 宏观体系的技术传承与应用

农圣文化物质层面价值体系仍然存在着的文化内涵，从宏观角度讲，主要包括五大方面的具体内容，这些技术内容不仅没有被淘汰，而且在今天的农业生产实践中仍然发挥着重要的指导作用，从而被人们广泛应用。

（1）仍在普遍传承应用的两大农业技术体系，即以耕—耙—耱（耢）为主体，以防旱保墒为中心的旱地精耕细作技术体系，以轮作倒茬、土壤轮耕、种植和使用绿肥（肥培）为主要内容的用养结合、增进地力技术体系。

《齐民要术》所记载的主要是我国黄河中下游地区的农业生产技术，这一地区春季干旱多风，夏季高温多雨，《齐民要术》中说"春既多风""春多风旱""泽难遇"，就是对这一气候特点的真实描述和记载，总体来说是降雨不足且分布不均，相对于农业生产来讲，春旱是最大的威胁[1]。因此，防旱保墒成为旱地农业生产的首要任务。这一系统技术的要点，一是耕地，即《齐民要术》中所说的"借泽"。耕的原因是北方春季多风，冬季积蓄水分蒸发快，不利于播种或农作物生长；而耕的作用是让土壤中的原有水分保持住，不至于过多挥发，有利于播种或春季农作物的生长。二为耙地，就是在耕地之后用农具把土块耙碎犁细，切断和打乱土地的毛细管通道，使上行水分阻断在细土层下，从而保持水分，即《齐民要术》中所说的"保泽"。三是耱耢，即采用农具（如耙、耢、锄、锋、耩等）对土壤进行封锁性轻压处理，使上层松土

---

[1] 缪启愉：《齐民要术导读》，北京：中国国际广播出版社，2008年，第98—135页。

压紧堵塞非毛细管孔隙，避免透风失水。卷一《耕田第一》所载"春耕寻手劳""春既多风，若不寻劳，地必虚燥"即说的是保墒防旱。四是农田水利灌溉，即通过人工引水方式灌溉田地，增加土壤湿度，保障农作物生长，如卷二《水稻第十一》引用《周官》内容载："以潴畜水，以防止水，以沟荡水，以遂均水，以列舍水，以浍写水，以涉扬其芟，作田。"对此，英国科学家李约瑟教授曾经提出过，中国农田水利制度的完善，在全世界说来是有数的，这一套如此之早（前2世纪以前）又如此细密的记述，也更应当在世界上是有数的[①]。

据有关专家分析，《齐民要术》所确立的"耕—耙—耱（耢）"技术体系，仍然是中国乃至世界范围内旱地精耕细作农学思想的基本遵循，在此后的1000多年中，中国北方旱地农业技术的发展，基本上没有超出《齐民要术》所总结的方向和范围[②]。

辅助于"耕—耙—耱（耢）"这一技术体系，《齐民要术》中还记载了大量防旱保墒的方法，如播种和中耕的保墒，卷一《种谷第三》记载："凡春种欲深，宜曳重挞。夏种欲浅，直置自生。"贾思勰作注说明其中的原因是："春气冷，生迟，不曳挞则根虚，虽生辄死。夏气热而生速，曳挞遇雨必坚垎。"此外"凡种，欲牛迟缓行，种人令促步以足蹑垅底"。自注也说明其原因："牛迟则子匀，足蹑则苗茂。足迹相接者，亦可不烦挞也。"再如同篇所载中耕："春锄起地，夏为除草""苗出垄则深锄。锄不厌数，周而复始，勿以无草而暂停。锄者非止除草，乃地熟而实多，糠薄，米息。"又强调："苗既出垅，每一经雨，白背时，辄以铁齿榛纵横杷而劳之。"这里提到的"起地"就是破地松土，其目的也是为了破坏土地毛细管道以保墒，出苗后多锄的目的不仅是为了保泽，还起到了熟地和除草的作用，而"每一经雨"后土皮发白时再锄，也是为了防止水分过度挥发以保墒促苗，保障庄稼能够不因水分减少而影响生长。

关于用养结合以提高地力方面的技术传承应用。耕地，是人类赖以生存的基本条件和资源。随着世界人口的不断增多，耕地数量的不断减少，人类将会面临最基本而又最严重的粮食供需危机。据全国土地利用数据预报结果，截至2016年末，我国耕地面积为13 495.66万公顷

---

① 石声汉：《从齐民要术看中国古代的农业科学技术》，北京：科学出版社，1957年。
② 郭超，夏于全主编：《传世名著百部》第57卷《齐民要术》，北京：蓝天出版社，1998年。

（20.24亿亩）①，人均耕地面积仅为0.10公顷（1.5亩），远低于世界平均水平。我国要用约占世界7%的耕地养活近20%的世界人口，其矛盾和压力无疑是非常巨大的。如何最大限度地发挥土地的生产能力，保障农业粮食产量的增高，是世界各国历来关注的重点，更是农学专家研究探索的重大课题，相对中国来说，其意义更加重大。

贾思勰在《齐民要术》中总结的通过用养结合等不同方式，提高地力的经验和技术，在今天的农业生产中仍然是需要特别关注的。其具体技术措施主要分为生物养地，物理养地、化学养地及物理化学养地的综合运用两大类。属于生物养地又有两种：一是农作物的轮作，即在一定的年限内，根据农作物不同的成熟时间，在同一块土地上轮换种植几种不同的农作物，以到达通过合理轮作调节土壤中的养料和水分，恢复和提高土壤肥力，除杂草和防治病虫害，从而提高农作物的产量和品质。二是粮肥的轮作结合，即通过粮食作物和肥料类作物的轮流种植，以达到保持土壤肥力的做法，如卷一《耕田第一》载："凡美田之法，绿豆为上，小豆、胡麻次之。皆五、六月中穬种，七月、八月犁掩杀之，为春谷田，则亩收十石，其美与蚕矢、熟粪同。"就是通过谷物与绿豆、小豆、胡麻等轮作的方式，以提高土壤肥力的具体实践和经验；《水稻第十一》引《礼记·月令》载："季夏，大雨时行，乃烧薙行水，利以杀草，如以热汤。可以粪田畴，可以美土强。"提倡用野生绿肥粪田提高肥力。

属于物理养地、化学养地及物理、化学养地综合运用的有三种情形：一是多粪肥田，即在田里增加肥料用量，持续保持土壤肥力的方法②。卷二《大豆第六》引载氾胜之区种大豆法"坎成，取美粪一升，合坎中土搅和，以内坎中"，是直接为土壤施肥增肥力的方法；《种麻第八》载："地薄者，粪之。粪宜熟。"《种麻子第九》载"高一尺，以蚕矢粪之，树三升。无蚕矢，以溷中熟粪粪之亦善，树一升"，《种瓟第十五》载："区，种四实，蚕矢一斗，与土粪合"；卷三《种葵第十七》载："地不厌良，故墟弥善，薄即粪之……深掘，以熟粪对半和土覆其上……下葵子，又以熟粪和土覆其上，令厚一寸馀。"卷三《种韭第二十二》载："治畦，下水，粪覆，悉与葵同。"这些记载都强调人工追

---

① 中华人民共和国国土资源部：《2016中国国土资源公报》，《人民日报》2017年5月4日。
② 郭文韬，严火其：《贾思勰王祯评传》，南京：南京大学出版社，2001年，第65页。

肥，通过使用肥料增加土壤肥力，以提高农作物产量。二是土壤轮耕，即通过翻耕、免耕（《齐民要术》中所谓的"禾蔏"种，不耕）结合的方式，让土地肥力得到较好的维持。三是物理化学养地的综合运用，贾思勰"验之行事"，通过实践得到经验，认为豆类作物是谷类作物的良好前作（前茬），原因是"豆有膏"（卷二《小豆第七》）可作肥用，用现代科学解释，是因为豆类作物的根瘤菌能固定空气中的游离氮素，能丰富土壤中的氮素营养，符合谷类作物需要更多的氮素营养的客观需求，反之亦然，谷类作物也是豆类作物的良好前作[①]。缪启愉教授曾对《齐民要术》中各种农作物的前作（前茬）进行过系统梳理，其结论可供参考。

（1）谷子的前作：绿豆、小豆、瓜（为上），大麻、黍、胡麻（次之），蔓菁、大豆（为下）。

（2）黍穄的前作：大豆（次之），谷子（为下），新开荒地为上。

（3）荚豆（青刈大豆）的前作：麦。

（4）小豆的前作：麦、谷子。

（5）大麻的前作：小豆。

（6）瓜的前作：小豆（佳），黍（次之），晚谷子令地肥润。

（7）蔓菁的前作：大小麦。

（8）胡荽（香菜）的前作：麦。

（9）紫草的前作：黍穄（大佳）[②]。

在 20 世纪乃至现在农村的蔬菜种植方面，仍有使用"故墟（连续耕作使用的土地）新粪坏墙垣（用新近塌下的土墙或围垣作粪）乃佳"作肥料提高地力的例子。可以说，这些优秀的传统农耕技术，仍然是现代农业生产中非常重要的方面，广大农民朋友仍然在自觉与不自觉地遵循和使用，是农圣文化中仍然具有生命力的物质层面文化内涵的重要方面。

今天，我们不仅需要对农圣文化中这些存在着的文化内涵进行深入的再研究，还应立足于新的时代和现代大农业的发展背景，进行技术的再创新和科学的再创造，让这些古老的传统技术进一步焕发新的活力，发挥更大的指导作用。从文化的传承创新角度讲，我们通过研究这些古

---

① 郭文韬，严火其：《贾思勰王祯评传》，南京：南京大学出版社，2001 年，第 64 页。
② 缪启愉：《齐民要术导读》，北京：中国国际广播出版社，2008 年，第 113—114 页。

老的传统农耕文化，会进一步感受到中华传统文化的博大精深，为我们的文化自信找到更多的力量支撑。

（2）农业综合生产技术体系仍然得到广泛的传承应用，即以提高单位面积综合农业产量为主要内容的间、混套作（综合种植）、区种法等科学经营，以及农林牧渔副综合经营的发展思想，依然是当今世界各国有效解决土地与产量矛盾，满足生活、经济发展需要的重要选择和科技发展攻关的重要课题。

《齐民要术》中有关间、混套种的技术记载有十多种，这些技术注意到了农作物之间的相互作用，具有科学的合理性，绝非随意种植。卷二《种麻子第九》载："可于麻子地间散芜菁子而锄之，拟收其根。"强调在麻地里套种芜菁，可获双利；《种瓜第十四》载："瓜子四枚、大豆三个于堆旁向阳中。生数叶，掐去豆。"贾思勰注曰："瓜性弱，苗不独生，故须大豆为之起土。瓜生不去豆，则豆反扇瓜，不得滋茂。豆断汁出，更成良润；勿拔之，拔之则土虚燥也。"瓜种与大豆同种，既借力使力以大豆生长力破土助瓜出苗，又为土壤增加了肥力，一举两得，实在聪明之极。卷五《种桑柘第四十五》载："其下常剐掘种绿豆、小豆。二豆良美，润泽益桑。""率十步一树，阴相接者，则妨禾豆。①"卷五《种槐柳楸梧柞第五十》还有关于槐麻并种、麻去槐直的记载："好雨种麻时，和麻子撒之。当年之中，即与麻齐。麻熟刈去，独留槐……明年劐地令熟，还于槐下种麻。胁槐令长。三年正月，移而植之，亭亭条直，千百若一。"卷三《种胡荽第二十四》载："阴下，得；禾豆处，亦得。"《种襄荷芹蘬第二十八》载："襄荷宜在树阴下。"说明了喜光作物比耐荫作物在间作套种上应该合理配置，可获多倍收益等。这些科学记载充分反映了间作、混套作在农业生产中的价值和重要作用，也无疑是古往今来一直作为提高农业生产力的重要举措而得到高度重视。

我国早在春秋战国时期，就有了农林牧多种经营的方式②。《周礼·天官·大宰》载："以九职任万民：一曰三农，生九谷。二曰园圃，毓草木。三曰虞衡，作山泽之材。四曰薮牧，养蕃鸟兽。"排在前四位的是农林牧，表现的就是多种方式的经营，在《周礼·地官司

---

① 小字号体文字为书中作注内容，下同，不另注。
② 郭文韬，严火其，《贾思勰王祯评传》，南京：南京大学出版社，2001年，第80页。

徒·大司徒》中也有类似记载。《齐民要术》从篇章结构上就能看出现代大农业经营格局的端倪,卷一《种谷第三》就援引《淮南子》中的话告诫当朝统治者:"故人君上因天时,下尽地利,中用人力,是以群生遂长,五谷蕃殖。教民养育六畜,以时种树,务修田畴,滋殖桑、麻。肥、(土尧合)、高、下,各因其宜。丘陵、阪险不生五谷者,树以竹木。春伐枯槁,夏取果、蓏,秋畜蔬、食,菜食曰蔬,谷食曰食。冬伐薪、蒸,火曰薪,水曰蒸。以为民资。是故生无乏用,死无转尸"。《齐民要术》在完成农作物种植后,进一步记载了蔬菜、果木、林木、畜牧、渔业养殖、家庭副业经营等多个领域的具体管理技术,体现了鲜明的农林牧渔副等大农业综合经营的先进理念,这一理念仍然是当今大农业生产的重要指导,并得到不断创新完善和发展,其基本思想仍然是对《齐民要术》农业综合生产系统技术的传承应用。

今天,无论是在农家经营中多种作物的间种、混种、套种,还是大农业生产中的立体养殖、综合开发,如稻田里养鱼养蟹、果林中的畜类养殖等,都是对《齐民要术》所载这一综合种(养)植技术和思想的充分继承和发展,因此,这一古老的农业综合技术仍然是今天我们发展综合农业,提高综合农业产量的重要方面。应当说,坚持农圣文化的创造性转化、创新性发展,既是我们"不忘本来"继续前进的文化自信,也是新时代社会主义文化发展的重要内容之一。

(3)种子处理与选育系统技术,即以提高种子质量为根本、进一步保障作物生长与产量为主要内容的良种选育技术。种子是农业生产的关键所在,自古至今对如何提高种子的质量,确保作物出苗率与生长旺盛,从而有效保证作物的最终产量,一直是农业生产过程中最为关注的核心问题。当今世界各国关于种子革命的成败,已成为体现一个国家科技发展实力的重要指标。据统计,目前中国农作物自主选育品种占主导地位,做到了中国粮主要用中国种,其中水稻、小麦、玉米三大主要农作物全部是自主选育的品种,蔬菜自主选育品种的市场份额也已经占到87%。但不可否认,在我国蔬菜产业市场,部分国外蔬菜种子的市场份额占比还比较高,有些国外蔬菜种子甚至只能种一茬,要想继续种植,必须重新买种,采用了一种技术保护性的"断代技术"。《齐民要术》中关于种子处理、选种、育种等方面的记载,在我国乃至世界农业科技发展史上都占有重要地位。英国科学家达尔文曾在其《物种起源》一书中引用过《齐民要术》关于选种的思想,并给予了很高评价。这里,我们只针对当今农业生产中还在传承应用的核心技术做一些概念性的梳理，以此来说明农圣文化物质层面部分价值内涵的基本情况。

《齐民要术》关于种子处理的方法记载主要有：溲种（粪种）、晒种、浸种、催芽。溲种，是通过煮动物骨头产生的骨汁浸泡具有药性的植物，再把调和好的粪拌附在种粒上，要反复拌六七次，下种前再拌一次。溲种既具有早苗、全苗、壮苗功效，也具有保墒和增产的间接效应。卷一《种谷第三 稗附》引《氾胜之书》载："又取马骨锉一石，以水三石，煮之三沸；漉去滓，以汁渍附子五枚。三四日，去附子，以汁和蚕矢、羊矢各等分，挠，搅也。令洞洞如稠粥。先种二十日时，以溲种如麦饭状。常天旱燥时溲之，立干；薄布数挠，令易干。明日复溲。天阴雨则勿溲。六七溲而止。辄曝，谨藏，勿令复湿。至可种时，以余汁溲而种之，则禾稼不蝗虫。""附子"是毛茛科植物乌头的侧根，有强烈的毒性，外用有杀菌作用，配作种子粪衣，具有防治蝼蛄、蛴螬等地下害虫的作用，同时还可防种子被鸟雀刨食。据缪启愉教授援引朱培仁《中国包衣种子的发生与发展》（《中国农史》1983年第1期）一文介绍，1956—1958年，南京农学院（今南京农业大学前身）植物生理教研组对这一方法进行了检验性试验，河南百泉农业试验站做了栽培性试验，都用小麦种子代替粟种[1]，得到的结论与史书记载基本相符。这说明，溲种法对提高种子的发芽率是有利的，这一原始技术虽然不一定适合今天的现代农业生产实际，但不可否认由此发展而来的种子包衣技术，就是对这一古老技术的有效传承创新和应用。

晒种，主要是指种子贮藏前和播种前的晾晒，贮藏前晒种是为了挥发过多水分，防止种子在贮藏中发热变质，影响种子品质和发芽率，而播种前晒种是为了降低种子的含水量，提高种子发芽率，同时对种子上的病菌也有一定的杀菌作用[2]。卷一《收种第二》载"凡五谷种子，浥郁（作者注：即发热变质）则不生，生者亦寻死"，强调的就是种子水分过多影响发芽率的问题，今天，到了播种季节，这一技术方法在农村仍然被广泛应用。

浸种，是将种子浸泡吸足水分，有利于播种后较快发芽；催芽，是指催使种子发芽而后播种，其目的也是利于种子发芽快。关于浸种与催芽，在《齐民要术》中是两种不同的种子处理方法，有时浸或催单用，有时浸、催并用。卷二《种麻第八》载："泽多者，先渍麻子令芽生。"如果土地较湿，要先浸泡麻子让它发芽，是为催芽，"待地白背，耧耩，漫掷子，空曳劳"，等到地皮发白再用耧耙地（耩），把种子撒下，还得拖空耢平轻盖（目的在于保持土壤水分，好让种子发芽），"泽少者，暂浸即出，不得待芽生，耧头中下之"，对于土壤较干的，需要浸泡麻子，是为浸种，在发芽之前就要投入耧中播种，目的是为了避免损伤已发的根和芽。卷二《水稻第十一》载："经三宿，漉出；内草篅中裹之。复经三宿，芽生，长二分"，不仅要催芽，还要经三晚，让稻芽长到二分长才能插秧。而卷五《种槐柳楸梧柞第五十》关于槐子则载："五月夏至前十余日，以水浸之，如浸麻子法也。六七日，当芽生"，也使用了浸种并催芽法。在农村，无论蔬菜种植还是大田播种，这一古老的浸种、催芽方法仍然得到普遍的传承应用。

《齐民要术》关于选种方法的记载，主要有：粮食作物和果蔬中的穗选法、水选法、风选法，林木作物中的优良品种留种、扦插、选择优良砧木的嫁接法等。卷一《收种第二》载："粟、黍、穄、秫，常岁岁别收，选好穗纯色者，劁刈，高悬之。至春，治取别种，以拟明年种子。"指的就是穗选，现在种子生产实现了产业化，大田作物种子农民基本上可以不用自己选种了，但在小地块、小区域或者自己开辟的荒地种植作物，因为用量小的原因，仍然还会坚持自己选种种植，特别是在家庭园圃的蔬菜种植中，大多数老百姓还是以自选种为主，并且使用的就是穗选法。

水选法，是利用比重原理将浮在水面的秕粒、破粒、病虫粒及夹杂物等进行淘汰选择，留下饱满下沉的好种子。在近代，水选法仍然在农村广泛使用，特别是对于少量种植所需的种子，人们有时也依然习惯采用水选的方法进行选种。在专门的种子公司，相信这一选种方法可能仍然会时有所用。《齐民要术》卷一《收种第二》载：粟、黍、穄、粱、秫种子"将种前二十许日，开出水淘，浮秕去则无莠。即晒令燥，种之"。卷二《水稻第十一》载："既熟，净淘种；浮者不去，秋则生稗。"其他各卷篇中记载，如瓜子、茄子、柘子、楮子等的选种，也都需要经过水选才能保证种子的质量。

风选法，顾名思义，就是利用风能的作用，飏（吹）去种子中未成熟和过小的籽粒及杂质的方法。卷二《种瓜第十四》载："食瓜时，美者收取，即以细糠拌之，日曝向燥，挼而簸之，净而且速也。"就是以糠拌瓜种后晒干，用手揉搓散粒后，再用簸箕簸飏令其净，唯剩良种之法。应当说，风选法在农村是普遍使用的一种选种法。

除了粮食、果蔬中的穗选、水选、风选外，《齐民要术》里还提到一些关于林木良种方面的选种方法。

一是林木本身是否为优良品种的考虑与选择。《齐民要术》记载了一种鲁桑的繁殖方法，就是要选取品种优良的黑鲁桑播种，原因是"黄鲁桑，不耐久"，即树龄短。

二是根蘖分株法。卷四《种枣第二十三》中关于枣树的移栽有载："常选好味者，留栽之。候枣叶始生而移之。"是因为枣树易发生根蘖（根部自繁生许多小树苗），所以采取了选"好味者"的根蘖进行分株繁殖。无论林木本身的优良，还是果木品种的优良与否，现在关于植物母本的选择，仍然是林木繁育中需要特别关注的。

三是林木的扦插法。卷四《种李第三十五》载："李欲栽。李性坚，实晚，五岁始子，是以藉栽。栽者三岁便结子也"（《齐民要术》将所用枝条扦插的过程称为"栽"，其好处是可以提前结果)，《柰林檎第三十九》所载的"取栽法"："柰、林檎，不种，但栽之。种之虽生，而味不佳。取栽如压桑法。此果，根不浮藏，'栽'故难求，是以须压也。又法：于树旁数尺许，掘坑，泄其根头，则生'栽'矣。凡树难栽者，皆然矣。"也是扦插法之一，卷五《种桑柘第四十五》所载压桑法为："须取栽者，正二月中，以钩弋压下枝，令着地；条叶生高数寸，仍以燥土壅之。土湿则烂。明年正月，截取而种之。"卷五《种槐柳楸梧柞第五十》所载的柳树扦插："正月、二月中，取弱柳枝，大如臂，长一尺半，烧下头二三寸，埋之令没，常足水以浇之……六七月中，取春生少枝种，则长倍疾。少枝叶青气壮，故长疾也。"不仅如此，而且"少枝长疾，三岁成椽"。作为重要的林木繁育技术之一，因为扦插法的便捷性，在现在的林木繁殖中，仍然得到普遍而且广泛的应用。

四是嫁接法。嫁接法是现代林果栽植中普遍常用之法，卷四《插梨第三十七》对梨树嫁接有详细记载，"棠、杜。棠，梨大而细理；杜次之；桑梨大恶；枣、石榴上插得者，为上梨，虽治十，收得一二也。杜如臂以上，皆任插""折取其美梨枝阳中者，阴中枝则实少"，卷四《种柿第四十》载"柿有小者，栽之；无者，取枝于㮕枣根上插之，如插梨法"（现在柿子嫁接仍是广泛使用之法。在寿光市，菜农用嫁接法对蔬菜进行繁育，也是菜农普遍使用提高蔬菜品质和产量的重要技术措施），可以看出，嫁接法的重点有砧木选择与接穗选择两个方面。砧木优劣的选择关系到果树能否成活、健壮、丰产、长寿，而接穗优劣的选择则决定着果树结果品质的优劣，其关键是选好果种，还要看欲用的接穗果枝是否健壮、向阳，有没有病虫害[①]。这些具体的技术不仅具有科学的道理，而且因为其简便易操作的技术特点，仍然为今天的人们所广泛传承应用。

研发优良作物种子是提高农作物品质的首要选择，"种瓜得瓜，种豆得豆"，只有种子品质好了，加之科学的管理，才能结出高品质的"瓜""豆"产品。由此看，农圣文化物质层面的关于优良品种选育的系统技术，仍然是新时代农业发展的重要内容，我们也有理由为满足人民日益增长的美好生活需要，不断传承创新这一优秀的中华传统文化。

（4）以防为主、防重于治的动植物保护方面的系统技术，即通过对病虫、杂草、鸟兽、霜冻，以及动物疾病等的防治，达到保护动植物生长的目的。

在现代大农业生产中，如何防治病虫害、杂草侵扰、鸟兽食损作物，霜冻等自然灾害破坏性情况发生，以及动物患病的防治，仍然是实际生产过程中的重要环节，1000多年前的贾思勰就已经在《齐民要术》中提出了一系列的防护措施和具体技术，其中的一些技术依然在现代农业生产中经常使用。

其一，防鸟兽法。卷二《种麻第八》载："麻生数日中，常驱雀"，卷二《种麻子第九》载："凡五谷地畔近道者，多为六畜所犯，宜种胡麻（作者注：即芝麻）、麻子以遮之。"其原因是"胡麻，六畜不食；麻子啮头，则科大"，这些记载就是防治鸟兽损害农作物的原始方法。其实现在，农民朋友仍然喜欢用扎制"稻草人"的方式，通过风动、醒目的有色飘带等自然特性，仿造出人的形象或活动场景，用以惊吓、驱逐鸟类，防止鸟类食损果实。稍微留心，我们随便就会在谷、稻类大田，菜畦，果林等地方发现这样的设置，其目的正是为了保护庄稼或蔬菜、水果，是对农圣文化的原始传承。

其二，《齐民要术》还提出了病虫害防治的问题，部分引用其他古

---

① 缪启愉：《齐民要术导读》，北京：中国国际广播出版社，2008年，第109—110页。

书的内容是显然的迷信不可取，但有些记载是可行并且现在仍然得到应用的，卷二《种麻第八》载："麻欲得良田，不用故墟。故墟亦良，有点叶夭折之患，不任作布也。"卷二《种瓜第十四》载："凡种法，先以水净淘瓜子，以盐和之。盐和则不笼死……"又"种瓜笼法"载："旦起，露未解，以杖举瓜蔓，散灰于根下，后一两日，复以土培其根，则迥无虫矣。"是针对农作物生长过程中的防虫法。卷二《大小麦第十》载："立秋后则虫生。蒿、艾箪盛之，良……窖麦法：必须日曝令干，及热埋之。"是对小麦收藏防虫的处理技术，同时，小麦经烈日曝晒并趁热入仓，能让小麦在密闭状态中保持高温，进一步消灭尚未晒死的害虫和病菌，缪启愉教授认为，这是对小麦热进仓处理贮藏的最早记录[①]。卷四《种栗第三十八》所载藏生栗法"著器中，晒细沙可燥，以盆覆之。至后年二月，皆生芽而不虫者也"，则是果实收藏防虫法，这样的例子很多，不再一一列举。

其三，杂草清除法。清除杂草有利于农作物生长，这是大田中耕的主要内容之一，也是蔬菜种植中需要精细处理的重要事项。卷四《种薤第二十》载"叶生即锄，锄不厌数。薤性多秽，荒则羸恶"，卷四《种韭第二十二》载"薅令常净。韭性多秽，数拔为良"，从农作物本身特性出发，强调了必须要及时除草，其他农作物的种植，甚至林木的管理都有除草助长的记载，这样的例子书中实在太多，不赘述。

其四，关于霜冻等自然灾害的防治。卷四《种蒜第十九》载："冬寒，取谷得布地，一行蒜，一行得。不尔则冻死"，卷四《种椒第四十三》又载："此物性不耐寒，阳中之树，冬须草裹。不裹即死。其生小阴中者，少禀寒气，则不用裹。所谓习以性成"，强调的是物性所致，若不进行必要的防冻处理，农作物生长就受到威胁；卷四《栽树第三十二》载："凡五果，花盛时遭霜，则无子。常预于园中，往往贮恶草生粪。天雨新晴，北风寒切，是夜必霜，此时放火作煴，少得烟气，则免于霜矣"，则强调的是如何处理自然灾害对农作物造成的危害，这一古老的防霜冻法不仅适用于果树，而且适用于一切农作物，在我国江北地区，依然是广大农民必用之法。

其五，关于动物病的防治，也即今天我们所说的兽医，《齐民要术》收集了许多中国古代兽医医方：兼医牛马的 1 个，专医马的 30

[①] 缪启愉：《齐民要术导读》，北京：中国国际广播出版社，2008年，第118页。

个，医驴的1个，专医牛的10个，专医羊的 7 个[①]。其中有些医方，是带有些迷信或巫术成分的，但也有很巧妙很合理的办法。例如用雄黄（硫化汞）调猪油治疥，烧柏脂（由烧灼的变化中，从柏脂的热分解，生成一些酚性化合物）涂疥，用盐纳入马鼻孔、用浓盐水灌入羊鼻来治"中水"（鼻脓证），用麦蘖（即干麦芽，含有大量活性淀粉酶）治马"中谷"（消化不良）……诸如此类的方法记载有很多，不赘述。

《齐民要术》中关于动植物保护的记载相当多，植物保护部分关键是充分利用了农作物本身、农作物生长环境、自然气候等内在或外在因素对其生长、成熟、保存等产生的作用，畜类病防治有防有治，一些医方还具有相当的科学性，这些技术方法也依然在今天的现实生产生活中发挥着重要作用。

无论病虫害防治、自然灾害预防，还是杂草清除，这些管理措施的目的不仅仅是为了保障动植物的正常生长，一定程度上也保证了动植物的品质，为人类提供了高品质的生活资料，充分显示出农圣文化的当代价值。

（5）尊重自然规律，科学安排农事活动，即以"春生、夏长、秋收、冬藏，四时不可易也"为指导，适应自然规律，合理安排农事活动，实现农时与农业经营相结合的统筹规划与安排等。

"二十四节气"是我国古代订立的一种用来指导农事的补充历法，2016年11月30日，"二十四节气——中国人通过观察太阳周年运动而形成的时间知识体系及其实践"被联合国教科文组织列为世界非物质文化遗产代表作名录。"二十四节气"规律自从被人们所认识和确立后，一直是我国民间普遍遵循的农时与农事活动相结合的重要依据。《齐民要术》卷一各篇章援引《四民月令》《礼记·月令》《淮南子》《孟子》《周官》等经典古籍，强调"不违农时，谷不可胜食""顺天时，量地利，则用力少而成功多。任情返道，劳而无获"的道理，完全符合建设生态文明的理念，因此，更需要我们进行科学的传承应用，在生产发展、生活富裕、生态良好的文明发展道路上，为人民创造良好的生产生活环境，为全球生态安全做出积极贡献。

---

① 石声汉：《从齐民要术看中国古代的农业科学知识》，北京：科学出版社，1957年。

2. 微观系统的技术传承与应用

农圣文化物质层面微观系统的价值内涵丰富多样，可操作性强，又与日常生活息息相关，更是贾思勰在《齐民要术》中"靡不毕书"的"资生之业"。这些微观系统的技术内涵，主要是指现代农业生产生活中仍然还在传承与应用的具体实用技术，属于自然科学或工程技术领域的内容，不是本课题研究的重点，所以这里仅就现代农业生产中常见常用的技术知识，做些代表性、条目式的简单梳理，以期能对农圣文化物质层面微观系统的技术文化有一个概括的认识，从而为进一步了解农圣文化内涵的丰富性提供必要的帮助。

第一类，林木管理中的扦插、嫁接等繁殖技术（前文已做介绍，不赘述），嫁枣、疏花等具体管理技术，不可否认这些具有前瞻性的科学技术仍然在现代农业生产中得到广泛的应用。如卷四《种枣第三十三》载："正月一日日出时，反斧斑驳椎之，名曰嫁枣。不椎则花而无实；斫则子萎而落也。候大蚕入簇，以杖击其枝间，振去狂花。不打，花繁，不实不成。"可以看出，嫁枣实际是通过破坏枣树的韧皮部，阻止地上部分的养分向下输送，为枣枝上花蕾开花和果实生长提供养分保证，从而提高坐果率和产量。疏花的道理也一样，将谎花（不结果实的花）打落也是为了减少谎花长时间开放争夺结果花的养分；另一方面因为养分的充足，也可以提高果实的质量。

第二类，园圃中樊篱的制作，仍然是现代农村家庭经营中所必用的。我国的园篱制作有着悠久的历史，《诗经·齐风·东方未明》中就有"折柳樊圃"的记载，石声汉教授曾说过，"蔬菜园艺，是我们祖国农业生产上最光辉最伟大的成就之一：历史最悠久，种类最丰富，品质也很优良"[1]，可以说，蔬菜园艺技术是中国智慧在农业生产领域的充分体现。关于樊篱的制作，卷四《园篱第三十一》有着详细记载，可参阅原文，不另述。

第三类，是农作物、果蔬、林木、牲畜的选种技术等精细操作（前文已有所述）和畜牧管理技术等，如对哺乳动物实施的"掐尾"（截去尾尖，防破伤风）"犍"（阉割）手术（卷六《养猪第五十八》"……子三日，便掐尾；六十日后，犍"），再如兽医的相关技术等，这些实

① 石声汉，《从齐民要术看中国古代的农业科学知识》，北京：科学出版社，1957年。

用技术仍然是现在农业生产中的重要技术手段。

第四类，家庭（副业）经济中的蚕桑、酿造等技术。《齐民要术》中的酿造技术包括了制酒、酢（即现在的食醋）、酱、豉、菹（即现在的酸菜类）、鲊（用米和盐酿制的食品）、酪（即乳酸发酵的乳制品）、腊脯，还有古代称为"杬子"的咸鸭蛋，卷六《养鹅鸭第六十》载："取杬木皮，《尔雅》曰"杬，鱼毒。"郭璞注曰："杬，大木，子似栗，生南方。皮厚汁赤，中藏卵，果。""无杬皮者，虎杖根、牛李根，并任用……净洗细茎，剉，煮取汁。率二斗，及热下盐一升和之。汁极冷，内瓮中。汁热则卵致败不堪久停。浸鸭子，一月任食。煮而食之，酒食俱用。咸彻则卵浮。"仍然是日常生活中普遍使用的重要技术手段，可参阅原著相关篇章，不再一一举例说明。

第五类，日常生活中关于新鲜蔬菜的保藏方法（冬季掘深坑埋藏蔬菜），卷九《作菹、藏生菜法第八十八》载："藏生菜法：九月、十月中，于墙南日阳中掘作坑，深四五尺。取杂菜，种别布之，一行菜，一行土，去坎一尺许，便止。以穰厚覆之，得经冬。须即取，粲然与夏菜不殊。"这一方法与现代的假植技术原理是一样的，既经济又环保，在我国北部地区的广大农村仍然得到广泛使用，也是新时代生态文明建设的重要参考。

第六类，烹饪中的炙（烤）、酱（肉酱、鱼酱）、菹（泡菜）、齑（切细的菜）、鲊（腌鱼、腌肉）、羹（菜汤或肉汁）、臛（肉羹或炖肉）、蒸焦（蒸制菜肴）、瀹（煮）、消（炒）、脾（曲肉）、奥（过油肉）、糟（酒糟肉）、苞（风干肉）、煎、蜜（蜜姜）、拌、炸、醉、烧、腌、腊等不同方法，当时的炙法（现在的烧烤）、饼法（现在火烧原型）、馅榆（油饼）、脍（鱼，即生鱼片）、水引（面条）等，在今天的现实生活中仍然被广泛应用，如有专家曾对《齐民要术》卷八记载的蒸制方法及蒸制的菜肴做过统计①，现转引如表4-3所示。

表 4-3　《齐民要术》所载蒸制方法一览表

序号	蒸制方法	菜肴例略	技术要点
1	粉蒸	蒸熊法、蒸肫法、作悬熟法	秫米炊作饭蒸
2	清蒸	蒸鸡法、蒸羊法、蒸猪头法	豉汁与盐调味蒸
3	糁蒸	熊蒸	和糁共蒸

① 赵建民：《中国蒸菜文化与蒸菜养生之道的文化阐释——兼对〈齐民要术〉"蒸焦法第七十七"技艺赏析》，《四川烹饪高等专科学校学报》2011年第11期。

续表

序号	蒸制方法	菜肴例略	技术要点
4	裹蒸	裹蒸生鱼	膏油涂箬，十字裹之蒸
5	毛蒸	毛蒸鱼菜	鱼不去鳞与菜并蒸
6	竹蒸	竹篮盛鱼蒸	鱼切块，竹篮盛鱼蒸
7	蜜蒸	蒸藕法	蜜灌藕孔里蒸
8	煮蒸	焦豚法、焦鹅法	先煮再蒸

这里，我们不妨再举几例现实生活中最常见、且广为群众喜爱的面食品，予以说明。

《齐民要术》卷九《饼法第八十二》载："粉饼法：以成调肉臛汁，接沸溲英粉，（若用粗粉，脆而不美；不以汤溲，则生不中食。）如环饼面，先刚溲，以手痛揉，令极软熟；更以臛汁溲，令极泽铄铄然。割取牛角，似匙面大，钻作六七小孔，仅容粗麻线。若作水引形者，更割牛角，开四五孔，仅容韭叶。取新帛细绸两段，各方尺半，依角大小，凿去中央，缀角着绸。（以钻钻之，密缀勿令漏粉。用讫，洗，举，得二十年用。）裹盛溲粉，敛四角，临沸汤上搦出，熟煮。臛浇。若着酪中及胡麻饮中者，真类玉色，积积着牙，与好面不殊。（一名搦饼。着酪中者，直用白汤溲之，不须肉汁。）"这里说的粉饼法，与今天潍坊市的地方名吃"合乐"（古书中写作"饸饹"）、陕西的羊肉臊子饸饹、济南米粉等做法极为相似。再如该章中的"豚皮饼法"载："豚皮饼法（一名拨饼。）汤溲粉，令如薄粥。大铛中煮汤；以小杓子抯粉着铜钵内，顿钵着沸汤中，以指急旋钵，令粉悉着钵中四畔。饼既成，仍抯钵倾饼着汤中，煮熟。令漉出，着冷水中。酪似豚皮。臛浇、麻、酪任意，滑而且美。"现代食品中的拉皮、西安凉皮的做法与此完全一致，只是原料用水的温度上略有不同[①]。这些古代食品制作技艺在今天的生活中仍然具有积极的现实意义，这样的例子还有很多，不再一一列举。孙有华在《〈齐民要术〉之饮食文化研究兼及"齐民大宴"》（中国农业科学技术出版社，2017 年）中对《齐民要术》所载烹饪肴馔的特点、特色、方法、食品保存方法、调味品、主食品种、菜肴品种、水产菜肴、饮料品种等有专门的研究梳理，并结合古法创制出了一套具有浓郁地域文化特色的"齐民大宴"系列品牌餐饮，已成为地方餐饮的特色菜、招牌菜，可资参考。

---

① 孙一慰：《〈齐民要术〉部分饮食品溯源》，《扬州大学烹饪学报》2004 年第 4 期。

（二）功能发生改变但仍然得以发展应用

随着人类社会的不断发展和经济水平的不断提高，有些种植技术因为栽培目的发生改变，其种植已转移到现代经济的其他方面，而不再是当时所具有的主要功能。但由于经济发展的事实需要，这些种植仍未退出历史的舞台。

设施园艺蔬菜是我国农业生产中历史最悠久、种类最丰富、品质也优良的最光辉最伟大的成就之一[1]，也为世界设施园艺发展做出了积极贡献。《齐民要术》从卷二《种瓜第十四》到卷三《种苜蓿第二十九》，用了16章的篇幅来专门记述蔬菜的种植、选种、储藏乃至食用等方面的知识，内容庞大，记录详细，技术全面先进，实用价值高，为我们了解1000多年前我们国家在蔬菜栽培方面的情况，提供了翔实可靠的历史资料。

《齐民要术》记载的黄河流域种植的31种植物[2]中，有2种因为栽培目的的改变而发生功能上的转变，改为他用了。如卷三《种苜蓿第二十九》中的"苜蓿"，北魏时期还有可能是重要的蔬菜，且《齐民要术》记载"春初既中生啖，为羹甚香"，苜蓿做汤类还是很好的，但现在苜蓿种植已不再作为蔬菜类，已经转为畜牧业饲料来种植；还有"荏"（俗称苏子、白苏），也由当初的蔬菜种植变为其他功用。再如葵、泽蒜、兰香、蓼、蘘荷、白蘘、堇等 9 种，也因为被其他更好的品种替代而退出园圃。现在仍然还在广泛种植的有冬瓜、茄子等 20 余个蔬菜品种，其中菘（白菜）、芦菔（萝卜）经过不断的科学发展，已经由次要品种发展成为主要的蔬菜品种，品质也有了极大的提高，有些甚至传播到了世界各地，成为著名的蔬菜品种（表4-4）。

表 4-4　《齐民要术》所载黄河流域作为蔬菜的植物略表

现在仍然在广泛种植的蔬菜	栽培目的已转向其他方面的	现在已经被替代而退出菜圃的
瓜（甜瓜）（品种计15至17）、冬瓜、越瓜、胡瓜、茄子、瓠、芋（品种有18）、蔓菁（品种有2）、菘、芦菔、蒜、葱（品种有2或3）、韭、蜀芥、芸薹、芥子、胡荽、姜、芹、笋	荏、苜蓿	葵（品种有5，又有季节不同的栽培有3）、泽蒜、蘠、兰香、蓼、蘘荷、白蘘、马芹、堇、胡葸子

资料来源：根据石声汉《从齐民要术看中国古代的农业科学知识》整理

① 石声汉：《从齐民要术看中国古代的农业科学知识》，北京：科学出版社，1957年。
② 石声汉，《从齐民要术看中国古代的农业科学知识》，北京：科学出版社，1957年。

历史发展是无法割断的。人类从茹毛饮血到文明的诞生与发展，从来没有，也不可能脱离阳光、大地、水、空气，这就决定了人类必定要与自然界、自然万物发生千丝万缕的联系。为了解决基本的生存问题，人类智慧与自然界之间也必然会发生长期而又艰苦卓绝的博弈，从认识自然到尊重自然规律，从自然生产、基本生产到有序生产、科学生产，人类因为生存而积累了丰富的知识经验和可观的物质财富。而为了更好地生存，人类又必然需要更加科学地认识自然，更加合理高效地利用自然，于是又形成了系统的世界观、人生观、价值观和生产观，人类的知识体系不断得到系统的更新完善，社会经济也因此得到不断发展。

基本的生存、更好的生存（也即人民对美好生活的需要）是人类发展需要面对的永恒问题，古今未变，未来也依然如此。因此，在人类经济发展尚未达到最高水平之时，农圣文化中那些"存在着的文化"的内涵就仍然会成为滋润人们思维的有益营养，仍然为我们的生存和生活发挥着不可替代的积极作用。

三、革新了的文化

得以系统的传承创新，以全新面貌和价值仍然为生活所必需的文化内涵。

因为科学技术的不断发展进步，产生于1000多年之前的《齐民要术》所记载的大多数农业生产技术，已经有了很大程度的改进和创新，有些甚至是得到颠覆性的创新创造。但就技术来讲，无论是什么形式、什么载体的创新创造，究其文化之根又必然与《齐民要术》有着渊源联系。限于篇幅，今仅择举几例常见常为之类事以为证说。

（一）日用化学产品的技术创新

《齐民要术》卷五《种红蓝花栀子第五十二燕支、香泽、面脂、手药、紫粉、白粉附》中关于用落藜、藜藋和蒿灰等制取燕支（即胭脂，类似现在的面部着色用化妆品）的方法，用藿香、苜蓿、泽兰香等制作香泽（类似现在的护发素）的方法，用牛髓、丁香、藿香等制作面脂（类似现在的面霜等）的方法，以及"若作唇脂者，以熟朱和之，青油裹之"的唇膏（或口红）制作法，用蒿叶、白桃仁、丁香、藿香、甘松香、橘核等多种原料制作手药（类似现在的护肤霜、手油类）的方法，"用白米英粉三分，胡粉（铅粉）一分"的紫粉制作，"唯多著丁香于粉中，自然芬馥"的香粉（化妆品中的粉底之类）制作，就是古代关于日用化妆品制作技术的最早记载，也是今天日用化妆产品创新发展的文化根源之一。现代化妆品的生产无论在品种、类别、质量、性能、效果、原材料等方面，还是在生产技术上，都有了全新的甚至是颠覆性的创新与发展，远远超过了历史上任何一个时期，已经成为人们生活中不可缺少的日常用品。

另外，卷八《常满盐花盐第六十九》记载了精制食盐的技术方法，里面包含着物理化学、分析化学等方面许多复杂的理论与技术知识[①]，今天的盐业化工已成为重要的基础产业，其技术日新月异，已绝非农圣时代的情况了。

（二）植物色素提取技术创新

从自然界植物中提取植物色素制作染料，服务于人们的生活需要，不仅美化了生活，而且还是无副作用，这是我国古代劳动人民聪明智慧的充分体现，也为今天的色素提取技术创新提供了重要参考。如卷五《种棠第四十七》中关于"八月初，天晴时，摘叶薄布，晒令干，可以染绛。必候天晴时，少摘叶，干之，复更摘。慎勿顿收，若遇阴雨则浥，浥不堪染绛也"的棠叶染绛红色；卷五《种红蓝花栀子第五十二燕支、香泽、面脂、手药、紫粉、白粉附》中从红蓝花提取红色素的技术；卷五《种蓝第五十三》关于蓝靛的提取法"七月中作坑，令受百许束，作麦秆泥泥之，令深五寸，以苫蔽四壁。刈蓝倒竖于坑中，下水，以木石镇压令没。热时一宿，冷时再宿，漉去荄，内汁于瓮中。率十石瓮，着石灰一斗五升，急手抨普彭反之，一食顷止。澄清，泻去水，别作小坑，贮蓝淀着坑中。候如强粥，还出瓮中，蓝淀成矣"；《伐木第五十五》中提及的地黄根作染料；以及其他章中关于从黄檗（主要用作染纸，即《齐民要术》所谓的"潢书"）、栀子、落葵、木蓝、紫草等植物中提取色素染料，以供衣物染色或他用的技术，有些技术如染色等作为一种传统的文化技艺，已经列入了传统非物质文化遗产名录，仍然为今天的人们使用，有些技术如从植物中提取色素等，甚至有了更高

---

① 石声汉：《从齐民要术看中国古代的农业科学知识》，北京：科学出版社，1957年。

科学水平的创新。

（三）食品加工技术创新

南北朝时期的民族大融合，为多民族文化的相互交流借鉴提供了条件，特别是少数民族的一些食品加工方法，经贾思勰整理入书后，极大地丰富了汉族的文化生活，也为今天绚烂多彩的生活提供了技术参考和发展基础。卷六《养羊第五十七》记载的"作酪法""作干酪法""作漉酪法""作马酪酵法"，卷八《作酱等法第七十》至《菹绿第七十九》记载的各种日常生活食品的制作方法，卷九《炙法第八十》至《作菹 藏生菜法第八十八》记载的各种食品加工方法，以及"菹藏法"（即将新鲜蔬菜经过用盐水腌制或发酵制成酸菜的方式进行蔬菜保存）、酱藏法（据石声汉教授考证，酱菜最早的记载，大概只在《齐民要术》中有）、干藏法（就是通过晒干方法来保存蔬菜）、"藏生菜法"（即冬季挖坑保鲜蔬菜法）等各种蔬菜的保藏方法，随着新技术的发展，今天已有更新、更科学、更便捷的技术，但毋庸置疑，这些新技术新方法的最早记录在《齐民要术》里面都有，并不是新鲜事，唯一新鲜的就是技术有了创新。

（四）内容丰富的烹饪技术创新

中国是一个讲究美食和追求生活多样化的国家，也是一个善于创新烹饪方法，善于制作美食，拥有丰富膳食文化的国家，形成了今天以鲁菜（山东）、川菜（四川）、粤菜（广东）、苏菜（江苏）、闽菜（福建）、浙菜（浙江）、湘菜（湖南）、徽菜（徽州）为主要代表，体现不同地域风味特点的八大菜系。此外，还有药膳（鲁菜的起源）、东北菜（东北）、赣菜（江西）、京菜（北京）、津菜（天津），豫菜（河南）冀菜（河北）、鄂菜（湖北）、本帮菜（上海）、客家菜等为代表的地方特色菜系，体现了各地色、香、味、形俱佳的传统特色烹饪技艺。《齐民要术》卷八的第 73、76、77、78、79，卷九的第 80、81、82、85、86、87 等篇，列举了许多关于肉类蔬菜和淀粉质食物的各种烹饪方法，这些方法有的是引自《食经》《食次》等古代典籍，更多的是贾思勰调查、搜集、整理而成的，这些烹饪方法有的现在仍然为老百姓广泛应用，当然也有些只能成为历史的记载，而很大一部分已经人们的不断改良和创新，形成全新的烹饪技术，使中国饮食成为人类生活中别具特色的一种饮食文化。

（五）酿造技术的创新

前文已论及《齐民要术》中关于酿造技术的类别，其核心技术即是酶的催化作用。酶的催化作用具有高度专一性，即一定的酶只能引起一定的变化，如淀粉酶糖化淀粉，蛋白酶水解蛋白质，酒化酶作用于糖而产生酒精等[1]，这里只对其中关于酒的制作做一概说。酒，作为日常生活中的重要饮品，是中国人生活中不可或缺的，形成了蔚然大观的酒文化。曲，也即令粮食作物中的糖类发生酶化作用产生酒精的媒质，是制酒的关键所在，也是制作其他发酵类食品的重要原料，古人虽然不知道微生物发酵的科学原理，但他们在长期的生活实践中掌握了其基本规律，并将之应用到生产生活中，极大地丰富了人们的生活内容。在欧洲，直到17世纪末，才有意大利的赖地（Radi）提出微生物自然发酵的学说，19世纪末，才有法国的卡尔美脱（Calmette）创立了阿米露法制造酒精，他们所用的霉菌是从我国的酒药中获取的[2]。

《齐民要术》中关于酿酒的篇章集中在卷七《造神曲并酒第六十四》《白醪曲第六十五》《笨曲并酒第六十六》《法酒第六十七》四篇，其中关于制曲法涉及八类[3]，即三斛麦曲法、河东神曲方、卧曲法（神曲法在卷七《造神曲并酒第六十四》记载了六种方法，点明做曲名称的仅此三种）、白醪曲法，秦州春酒曲法、颐曲法（这两种曲都是笨曲，《笨曲并酒第六十六》虽以笨曲为名，但无具体做法，只是一类曲的名而已）、大州白堕方曲法、女曲法（收在卷九《作菹、藏生菜法第八十八》中）。这些古老的制曲技术是我国现代酒业生产的重要参考和借鉴，随着新技术的发展，酿酒工艺也得到进一步提升，但传统的古法酿造仍然是人们喜爱的老味道。

（六）除污技术的创新

衣服穿久了容易污脏，人如果长时间不洗澡，也会污垢满身搔痒难禁，清洗成了除污去垢的最好办法。利用碱溶解脂肪的特点制成肥皂，

---

[1] 缪启愉：《齐民要术导读》，北京：中国国际广播出版社，2008年，第127页。
[2] 缪启愉：《齐民要术导读》，北京：中国国际广播出版社，2008年，第128页。
[3] 缪启愉教授认为《齐民要术》记载了九种制曲方法，可参考。

是近代以来的事。《齐民要术》告诉我们一些原生态的做法，也可以说这些做法就是今天制作除污清垢产品最初的情形。在古代，人们常用的除垢剂共有两类：一类是灰汁，即碳酸盐所成溶液；还有一类，是某些豆科植物——包括皂荚属，肥皂荚属在内种子中的"皂素"。皂素是有稠圆核而带有醇性氢氧基的复杂有机化合物：有些是甾醇，有些是多聚萜醇，都有高度的"表面活动"，所以有去污的能力。用皂荚和肥皂荚起于何时现在还不能确定，《齐民要术》中却有用小豆胜皂荚的记载，可能是人类利用皂素除垢的最早记录[①]，如卷三《杂说第三十》载："凡浣故帛，用灰汁则色黄而且脆。捣小豆为末，下绢篦投汤中以洗之，洁白而柔韧，胜皂荚矣。"说的就是用小豆研磨成粉洗衣，效果会好于灰汁。

今天，可能在某些偏远的地方，民间仍然还有使用皂角洗衣除垢的现象，但绝大部分情况证明，随着科学技术的发达和创新，人类的洗涤用品已是空前丰富，除污效果也更加突出，究其原理与1000多年前我们古人的做法是一致的。

（七）器物防渗技术创新

发明器物盛装东西是人类的一大发明创造，也为生活提供了极大方便。在古代，人们盛东西用的大多是陶制品，后来发展到铁器、瓷器，用塑料制品盛东西是近代科学发展的事。陶土制品虽能盛物却极易渗漏，《齐民要术》卷七《涂瓮第六十三》就专门记载了如何防止瓮渗透的问题，对用何辅助物涂瓮，贾思勰指出："牛羊脂为第一好，猪脂亦得。俗人用麻子脂者，误人耳。"对涂法也有详细的记录："泻热脂于瓮中，迴转浊流，极令周匝，脂不复渗乃止。"在民间，这一古老的方法仍有使用者。现在，人们对防渗技术有了更好的创新，不仅在器物方面，在房屋建筑、盛物装置、铁路、涵洞等方面，都有更科学高效的防渗技术和方法推出，高分子材料、纳米技术的使用就是科学发展的新动态，因此这一古老的防渗技术已经得到了全面的创新发展，也为人类生活提供了更好的保障。山东省寿光市台头镇是我国著名的建筑防水产业基地，其企业数量占全国 1/10，产销量占山东省 85%、全国 1/3，年产新型防水材料 6 亿多平方米，应该说这是农圣文化在农圣故里传承创新

① 石声汉：《从齐民要术看中国古代的农业科学知识》，北京：科学出版社，1957 年。

的典型。

纵观《齐民要术》全书，类似这样古老的技术或方法还有很多，不再一一列举。这些微观的革新了的文化是我国古代劳动人民的智慧结晶，更是我们创新发展的基础所在，值得我们好好研究，推陈出新，继往开来，使其更好地服务于我们的生活。

四、小结

发展是人类历史进程的永恒主题。"周虽旧邦，其命维新"，革故鼎新，变则新，新则久，这是中国传统文化的基本精神，也是事物发展的必然规律。在经济社会快速发展、生活节奏日新月异的今天，我们大可不必做一个不合时宜的穿长衫的"孔乙己"，也完全没有必要按照1000多年前的状态生活。但我们不可否认，衣服我们还得穿，饭还得吃，必要的生活保养和化妆不仅女性需要，很多男性朋友也乐此不疲……可以说，今天我们生活中的很多日常生活用品，甚至生产技术，其实在《齐民要术》中早已有记载，今天的我们只不过是做了技术和形式上的创新而已。农圣文化中这些"革新了的文化"的内涵，依然以其科学的精神底色，展示着古代劳动人民的智慧，丰富着我们的生活。

附：外延知识

（1）二十四节气。我国古人最初是通过观察天象和物候来确定时间的。以昼夜交替的周期为一"日"，以月相变化的周期为一"月"（现代叫朔望月），"年"的概念最初是由于庄稼成熟的物候而形成的。禾谷成熟的周期意味着寒来暑往的周期，是地球绕太阳一周的时间，叫作太阳年。以朔望月为单位的历法是阴历，以太阳运行为单位的历法是阳历。阴历（农历）平年十二个月，大月30天，小月29天（月相变化周期现代测得29.53日），全年354天。太阳历一年365.25日，比十二个朔望月多11.25日，积三年相差一月多，导致阴历或阳历和自然季节并不完全配合，影响了农业生产的授时。为了解决此问题，古人采取的办法有两种：一是设置"闰年"，阴历三年增加一个月，精确采取"19年7闰"，即19个农历年中加7个闰年，使阴历和阳历达成相对协调。《尧典》中"以闰月定四时成岁"，就是这个意思。从现有文献看，商周时期已经置闰。二是设置"二十四节气"。

二十四节气是古人在长期的生产实践中逐步认识到季节更替和气候变化的规律，把周岁分为二十四个节气，每节气占15.22日弱，上半年在6日、21日，下半年在8日、23日，前后不差1—2天。二十四节气用以反映四季、气温、降雨、物候等方面的变化，这是我国古代劳动人民掌握农事季节的经验总结。二十四节气起源于黄河流域，相传周公在中原地区采用石制日晷，确定夏至日和冬至日，然后取冬至到夏至之中为春分，夏至到冬至之中为秋分。春秋时期的《夏小正》已经认识到"夏至"和"冬至"的存在。战国后期，《吕氏春秋》"十二月纪"中已明确提到了立春、春分、立夏、夏至、立秋、秋分、立冬、冬至8个节气名称；先秦时期的《逸周书》和汉代初期的《周髀算经》则已有完整的二十四节气内容，只是和今天的顺序不一样。秦汉年间，二十四节气已完全确立，西汉早期的《淮南子·天文训》已有了和现代名称完全一样的二十四节气的完整记载。公元前104年，由邓平等人制定的《太初历》，正式把二十四节气用于历法。太阳从黄经零度起，沿黄经每运行15度所经历时日为"一个节气"。每年运行360度，共历24个节气，每月2个。其中，每月第一个节气为"节气"，即：立春、惊蛰、清明、立夏、芒种、小暑、立秋、白露、寒露、立冬、大雪和小寒12个节气；每月第二个节气为"中气"，即：雨水、春分、谷雨、小满、夏至、大暑、处暑、秋分、霜降、小雪、冬至和大寒12个节气。节气、中气交替出现，各历时15天，现在人们把节气、中气统称为"节气"。

（2）二十四节气歌诀。春雨惊春清谷天，夏满芒夏暑相连；秋处露秋寒霜降，冬雪雪冬小大寒。

（3）二十四节气与七十二物候。物候，是自然界气象及动植物生长发育的周期性变化[①]所形成的一系列现象，七十二候的完整记载见于公元前2世纪的《逸周书·时训解》，最早可追溯到《诗经》《夏小正》等先秦古籍。物候，应节气而生，五日为一候，每候均以一物候现象作相应，谓"候应"，每节气三候，全年七十二候。二十四节气与七十二候的对应关系如下：

立春：立春之日东风解冻，又五日蛰虫始振，又五日鱼上冰（鱼陟

---

① 石声汉：《从齐民要术看中国古代的农业科学知识》，北京：科学出版社，1957年。

负冰）。

雨水：雨水之日獭祭鱼，又五日鸿雁来（候雁北），又五日草木萌动。

惊蛰：惊蛰之日桃始华，又五日仓庚鸣，又五日鹰化为鸠。

春分：春分之日玄鸟至，又五日雷乃发声，又五日始电。

清明：清明之日桐始华，又五日田鼠化为鴽，又五日虹始见。

谷雨：穀雨之日萍始生，又五日鸣鸠拂奇羽，又五日戴胜降于桑。

立夏：立夏之日蝼蝈鸣，又五日蚯蚓出，又五日王瓜生。

小满：小满之日苦菜秀，又五日靡草死，又五日小暑至（麦秋生）。

芒种：芒种之日螳螂生，又五日鵙始鸣，又五日反舌无声。

夏至：夏至之日鹿角解，又五日蜩始鸣，又五日半夏生。

小暑：小暑之日温风至，又五日蟋蟀居辟，又五日鹰乃学习（鹰始挚）。

大暑：大暑之日腐草为蠲，又五日土润溽暑，又五日大雨时行。

立秋：立秋之日凉风至，又五日白露降，又五日寒蝉鸣。

处暑：处暑之日鹰乃祭鸟，又五日天地始肃，又五日禾乃登。

白露：白露之日鸿雁来，又五日玄鸟归，又五日群鸟养羞。

秋分：秋分之日雷始收声，又五日蛰虫培户，又五日水始涸。

寒露：寒露之日鸿雁来宾，又五日雀入大水为蛤，又五日菊有黄华。

霜降：霜降之日豺乃祭兽，又五日草木黄落，又五日蛰虫咸俯。

立冬：立冬之日水始冰，又五日地始冻，又五日雉入大水为蜃。

小雪：小雪之日虹藏不见，又五日天气上腾地气下降，又五日闭塞而成冬。

大雪：大雪之日鶡旦不鸣，又五日虎始交，又五日荔挺生。

冬至：冬至之日蚯蚓结，又五日麋角解，又五日水泉动。

小寒：小寒之日雁北乡，又五日鹊始巢，又五日雉始雊。

大寒：大寒之日鸡使乳，又五日鸷鸟厉疾，又五日水泽腹坚。

"二十四节气"作为中国人特有的时间制度，深刻影响着人们的思维方式和行为准则。人们依据节气安排农业劳动，进行节令仪式和民俗活动，安排家庭和个人的衣食住行。应该说，"二十四节气"是中国人认识自然、尊重自然、利用自然的智慧体现，也是农业现代化发展不可违背的事实规律，更是"生态文明建设"的重要方面，需要我们再研究再创新，继续让这一伟大文明成果为新时代中国特色社会主义服务，创造更加丰富的社会效益和经济效益。

关于"二十四节气"及其在我国的应用情况参见附录七，以便更加清晰地了解我国劳动人民这一伟大发现和文化创造，也为进一步把握农圣文化物质层面存在的文化价值内涵提供一些参考。

第七节　农圣文化社会层面的价值体系内涵

农圣文化社会层面的价值体系内涵是农圣文化发展中的社会生产方面，反映了北魏时期和之前社会人们的生活方式、语言、行为、风俗习惯，以及社会传统等文化内容。语言的发展也随着时代的变迁发生了深刻演变（北魏之后，历代研学者关于《齐民要术》"文词古奥""佶聱难读"的评论，就是对时代变迁、语言流变的真实反映），这里不做具体论述。关于行为、风俗习惯和社会传统方面的内涵，无疑也随着社会的发展、时代的进步发生相应的变化，应当说这是情理之中的事，并不奇怪。

综而论之，农圣文化社会层面的文化内涵丰富多彩，算得上是一部考察古代社会生活的鲜活资料，但限于篇幅，难以一一详尽缕析，这里也不准备进行具体的梳理和阐释，以待后来再做析论。然而基于中华文化立场考量，也为了便于深入了解农圣文化的内涵，特别是农圣文化在社会层面的价值内涵的变化情况，现从发展观的视角，将农圣文化社会层面的文化内涵以古今的饮食结构（生活方式方面）、饮食禁忌（社会传统方面）、农事活动习俗（风俗传统方面）和风俗信仰（风俗习惯方面）四个方面，予以分条例析地简要说明，以期窥一斑而见全豹，由点及面，为深入了解农圣文化社会层面的文化内涵提供一些有益的参考。

一、生活方式方面：饮食结构大同小异

饮食结构古今趋同，今天虽有更新完善，但仍未完全改变古制。

饮食结构属于社会生活方面的内涵，即指各类食物在整个饮食范畴中的类别分布和其在整个食物体系中所占的比重，体现了人们的生活方

式与传统。我国的饮食类型是以粮食作物即植物性食物为主，鱼、肉、蛋、奶即动物性食品为辅，长期的历史发展形成"南米北面"的较固定的饮食传统[①]。食物是人类得以生存的根本条件之一，为了保证身体必需的营养和健康，人们从大自然的馈赠中对可食之物进行了有益的选择组合，形成基本稳定的食品（物）结构。食品结构反映了人类生活的质量和水平，也是社会发展水平和文明程度的重要体现。从《齐民要术》行文的内在逻辑来看，北魏时期人们的饮食结构主要是主粮（以粟为主，另有麦、豆、稻等五谷类别）——蔬菜（副食类）、水果类（饮料类）——禽畜肉类（副食类）——鱼类（副食类）——酒类（饮料类）——佐料和加工食品（副食类）——乳制品（副食类）——糕点（零食类）。而仅面食方面，《齐民要术》就记载了饼（唐代以前，面糊以外的所有面食统称为饼）、饭（主要指将谷物蒸煮为固态粒食的一种形式，《齐民要术》中记载了10余种不同原料的饭）、粥（《齐民要术》中记载了多种不同原料制作粥的方法），从今天人类的饮食状况来看，我们的生活虽然较之历史上任何一个时期都更加丰富，但仍然还没有完全改变1000多年前就已经定型的食品结构，甚至当时作为主粮的谷物，随着人们体质的变化和对健康生活、科学生活、养生意识的增强和认识的提高，以杂粮为主、营养均衡的饮食结构已成为当今人们的生活风尚，甚至久而行之已成为一种普遍的社会之风，我们不得不佩服古人的智慧。

二、社会传统方面：饮食风俗损益相兼

饮食禁忌古今皆有，有相同相似之处，今天有些淘汰了，更有大量的新增。

饮食禁忌是人们在社会生活中的文化传统体现，反映了人类在现实生活中对事物属性的认知水平、掌握程度和实际应用情况。饮食禁忌习俗是约定俗成的一种饮食习惯和特点，反映了不同时代的人们根据自己或群体大众的生活经验，对不同食物特性的认知情况，是一种具有一定时代特点的文化现象。《齐民要术》记载的饮食禁忌，反映了古人在饮食方面一些文化认同上的心理倾向，也是古人对包括食材

---

① 赵建国：《〈齐民要术〉与古代食俗》，《民俗研究》1988年第2期，第65页。

在内的某些物类特性的经验总结，更准确地说应该是古人对世界的认识和探索。不可否认，这其中有些东西是迷信消极的，应当剔除不可取，有些虽然难以经过科学验证却还是有一定道理，仍为群众所重视，甚至在民间广为传用。

如卷二《种瓜第十四》引《龙鱼河图》云："瓜有两鼻者杀人"，鼻即瓜蒂；卷六《养羊第五十七》引《龙鱼河图》云："羊有一角，食之杀人"，《养鸡第五十九》引《龙鱼河图》云："玄鸡白头，食之病人。鸡有六指者亦杀人。鸡有五色者亦杀人。"这几条反映的就是当时人们的饮食禁忌，虽有谶纬之嫌，但充分反映了古人生活中的一些规律性的民俗特点，是中国传统文化中难以消弭的事实存在，甚至在今天某些地方，人们仍然还在有意或无意地使用。特别是从中医学的角度讲，物物之间有"七情"（单行、相须、相使、相畏、相杀、相恶、相反），配伍不当将产生不同或不良效果。从食材方面讲，某些动植物相互混打使用确实存在着一些物理反应或化学反应，一旦食用不当会对人体产生危害，严重的还会危及生命，确实需要慎重选择。如河豚味道鲜美，历来为人们所喜爱，但如果在烹饪中对河豚的毒腺处理不干净，其危害将是致命的。

今天，随着人们对生活质量和健康水平要求的不断提高，加之医学以及饮食营养科学的不断发展，人们在饮食方面的禁忌增加了很多，有些甚至虚有其名而无其实，成为生活中一种不必要的负担。当然，因为个人体质不同、年龄不同，饮食方面有一定的禁忌还是必要的，如老年人多食用粗纤维的蔬菜是有益的，糖尿病患者，在饮食方面就应该注意少食含糖量高的食物，这也是必要的。总之，只要适应身体需要，控制好食用量和食物类别的搭配，有益于身体健康，就不必过于听信网络上一些所谓专家的"良方""秘籍"。

三、风俗传统方面：农事习俗今简古繁

农事活动习俗古今皆有，不同的是从形式到内容都有所变化，特点是古代烦琐隆重而现在简单务实。

农事活动习俗是劳动人民在农业生产劳动过程中所形成的一般习惯和基本规范，它是人们认识自然、适应自然、利用自然，服务农业生

产，获得农业丰收的一些具体操作技术和方法。从古今农事活动习俗的特点来看，相同的是贾思勰提出的"顺天时，量地利"，即农事活动要遵循自然规律，体现了古人对中国传统文化中天地人"三才"理论、气论、阴阳五行和"天人合一"等哲学思维的有机结合，是传统农耕文化的重要特点。《齐民要术》虽然不是月令性农书，但贾思勰在卷一《耕田第一》和《种谷第三》中总结农事规律时提出："顺天时，量地利，则用力少而成功多。任情返道，劳而无获。入泉伐木，登山求鱼，手必虚；迎风散水，逆坂走丸，其势难。"并详细总结了农事操作的上时、中时、下时三种不同的时间选择，适宜不同农作物种植的上田、中田、下田三种土地环境选择，以及同一作物在不同的土地环境和不同的种植时间情况下下种量的不同标准等一些规律性的经验知识（表4-5、表4-6、表4-7、表4-8），可谓详细具体而便于操作，是"顺天时，量地利"以达到农业丰产、农民富足的客观体现。

表4-5　农圣文化关于农事活动习俗中"三时"情况统计表

农事活动类别	上时	中时	下时
种谷子	二月上旬，及麻菩杨生	三月上旬，及清明节，桃始花	四月上旬，及枣叶生，桑花落
种黍子裸子	三月上旬	四月上旬	五月上旬
种春大豆	二月中旬	三月上旬	四月上旬
种小豆	夏至后十日	初伏	中伏
种麻	夏至前十日	夏至	夏至后十日
种麻子	三月	四月	五月初
种大麦	八月中戊；社前	下戊前	八月末九月初
种小麦	八月上戊；社前	中戊前	下戊前
种早稻	二月半	三月	四月初及半
种胡麻	二三月	四月上旬	五月上旬
种瓜	二月上旬	三月上旬	四月上旬
栽树（移树）	正月	二月	三月
伐木	四月、七月，或榆荚下，桑葚落	—	—
剥桑	十二月	正月	二月
种地黄	三月上旬	中旬	下旬
留羔羊作种	腊月正月生的	十一月、二月生的	—
作酱	十二月正月	二月	三月
作豉	四月五月	七月廿日至八月	—

表4-6 农圣文化关于农事活动习俗中"地宜"情况统计表

种植作物种类	上等田地宜	中等田地宜	下等田地宜
谷子	绿豆小豆底	麻黍胡麻底	芜菁大豆底
黍子裸子	新开荒	大豆底	谷底
瓜	良田小豆底	黍底	—

表4-7 农圣文化关于农事活动习俗中"同物异地"用种量统计表

种植作物种类	良田用量（升/亩）	薄田用量（升/亩）
谷子	5	3
麻	3	2
葱	5	4

表4-8 农圣文化关于农事活动习俗中"同物同地异时"用种量统计表

种植作物种类	上时用量（升/亩）	中时用量（升/亩）	下时用量（升/亩）
大豆	8	10	12
小豆	8	10	12
大麦	2.5	3	3.5—4.0
小麦	1.5	2	2.5

随着时代的不断变迁、农事活动土地环境的不断变化，最重要的是科学技术的不断进步，我们已经很难再按照1000多年前的标准来从事现代农业生产，或者人们通过其主观活动能够影响、甚至改变一些农事方面的限制。但不可否认，农圣文化中这一对农事规律的经验性总结，仍然具有科学的指导意义，依然是指导或影响我们现代农业生产活动的重要参考。因为我们无法抗拒或改变自然规律，我们所能做的就是农圣文化所倡导的"顺天时，量地利"而已。

四、风俗习惯方面：民风信仰交融相传

风俗信仰也是古今有之的一种社会化群体倾向和表征，是人们的世界观、人生观、价值观和文化观的集中体现。

从风俗信仰的发展规律看，风俗信仰既有突出的区域性特色，也有鲜明的族群特点，而具体到一个国家，又显示出一种博大的综合性特征。中华民族的风俗信仰，是千百年来一代代中华儿女上究天文、下穷地理，广泛探讨人与人、人与社会、人与自然关系的真谛，以及在生产劳动、社会实践和现实生活过程中，不断积累、思考、提炼、遵循、践行而成的，代表了中华文化特色的思维方式、思维倾向，反映了中华民族的世界观、人

生观、价值观、文化观，体现了中华民族的价值取向。例如，中国以道家思想为基础、儒家思想为主体，而又杂糅诸家思想精华，其信仰与风俗自然与欧美国家不同，从而具有了鲜明的中华优秀传统文化特色。

按照进化论的观点，从事物发展的规律性来说，对于古代的风俗信仰有所传也有所弃，今天有所继承更有新的建树。受古代科学发展水平和经济条件的限制，人们对世界、社会和人类自己命运的发展情况，难以用科学的办法给予完全正确的解释和判断，非科学的理论自然会影响到人们的文化心理，甚至世界观、人生观、价值观、文化观，这是无可厚非的。但古往今来，人们对天的敬畏，也即对自然界的敬畏，无论国内外都是基本趋同的，那些融于人的思维，从而影响人们行为的一些文化性内涵是不会改变的，即使是非科学的东西，也因为世代相传的影响而不时作用于人，让人们在无意识的情形下形成一种行为的自觉。

为便于了解农圣文化社会层面文化内涵中关于风俗信仰方面的流传发展情况，现择其主要的几个方面略加分析。

（一）"天子亲耕以共粢盛，王后亲蚕以共祭服"[①]的国家礼仪传统

"天子亲耕，皇后亲蚕"是古代社会国家祀典中的重要礼制，我国自周朝始就已经确立了天子亲耕南郊、皇后亲蚕北郊的祭祀格局，充分体现了农耕时代政府的敬农、重农行为，也是一种重要的古代社会习俗。《礼记·月令》记载，孟春之月"乃择元辰，天子亲载耒耜，措之于参保介之御间，帅三公、九卿、诸侯、大夫躬耕帝籍。天子三推，三公五推，卿、诸侯九推。反，执爵于大寝，三公、九卿、诸侯、大夫皆御，命曰劳酒"，而《礼经》也有仲春"后率外内命妇始蚕于北郊"的记载，正如《韩诗外传》（汉代韩婴著）卷三记载的那样，"先王之法，天子亲耕，后妃亲蚕，先天下忧衣与食也"，将天子亲耕、皇后亲蚕作为国家重农桑、忧百姓衣食的重要内容，是中国古代社会"以农为本"治国之策的重要象征。

《齐民要术》自序中，贾思勰通过肯定这一行为来阐明自己"以农为本"的思想。纵观我国历史发展长卷，可以说自古以来我们国家对农业的重视从未有过改变，中共中央在1982—1986年连续五年发布以农业、农村和农民为主题的中央一号文件，对农村改革和农业发展做出具

---

① 参见《谷梁传·桓公十四年》。

体部署。2004—2017 年又连续十四年发布以"三农"（农业、农村、农民）为主题的中央一号文件，强调了"三农"问题在中国特色社会主义现代化建设时期"重中之重"的地位。2018 年 6 月 7 日，《国务院关于同意设立"中国农民丰收节"的批复》（国函〔2018〕80 号文件），同意将每年秋分日设立为"中国农民丰收节"，这是有史以来第一个在国家层面专门为农民设立的节日，充分体现了党和国家对"三农"工作的高度重视和对广大农民的深切关怀，具有深刻重大的历史意义。而一定意义上讲，"中央一号文件"的发布，只不过是将古代代表国家的"天子"的个人行为，发展成了以国家政策的形式进行，因此，这也是一种社会传统文化的延续。

（二）日常生产生活中的民风习俗

在长期的历史发展进程中，人们通过自己切身的劳动实践和生产生活，对劳动实践和生产生活中有益的、有借鉴的做法、经验，自觉而又不自觉地不断进行总结、提炼，又经历一代代不同形式的传承、传播、发展，逐步形成了一系列自觉的劳作经验、行为习惯和规范，久而成风成俗。这样的民风习俗古已有之，随着时代的发展变迁，今天对古代习俗经过长时间和价值优先性的甄选后，人们对古代的习俗有所舍弃、有所传承、也有所新兴。随着国家对优秀传统文化的重视和挖掘，我们有理由相信，这些优秀文化传统肯定会得到更好的创新发展，从而进一步服务和丰富我们的生活。应当说，对古代习俗的传承和发展也存在以下三种状况。

1. 应剔除的习俗糟粕

该类情况的形成多是人们附会成俗，而且因为民间信仰（更多的是迷信）的作用，或者自然、社会、人事等不确定因素的影响，仍然或多或少的在民间隐秘流传，其中的大多数以迷信为主，是不可取的糟粕部分。受流传的长期性影响及文化的滞后性影响，只有长时间地给以科学的教育引导，才会从民间消失。

如《齐民要术》卷二《小豆第七》引《龙鱼河图》载："岁暮夕，四更中，取二七豆子，二七麻子，家人头发少许，合麻豆着井中，咒敕井，使其家竟年不遭伤寒，辟五方疫鬼。"又引《杂五行书》云："常以正月旦—亦用月半—以麻子二七颗，赤小豆七枚，置井中，辟疫病，甚神验。""正月七日，七月七日，男吞赤小豆七颗，女吞十四枚，竟年无病；令疫病不相染。"卷四《种桃奈第三十四》引《本草经》云："桃枭（经冬不落的干桃子），在树不落，杀百鬼"等，反映了先民的一些信仰状况，而类似的习俗性记载书中还有很多，不再一一析出。从全书结构看，贾思勰只是引用作为释文补充，并不代表作者的完全认同，如卷一《种谷第三》关于《阴阳杂书》《氾胜之书》中对谷物种植的生日、忌日说法，贾思勰就引用了司马迁在《史记》中的记载"阴阳之家，拘而多忌"给予评价，同时还补充说："止可知其梗概，不可委曲从之。"表明自己的态度，这对于扫除农业生产上的迷信思想，摒弃所谓"忌日"的无稽之谈，把农学建立在科学的基础上，具有很重要的现实意义。

作为一种传统文化，这些古老的习俗已经深入人心，并深深地影响着人们的生活。从中医学的角度讲，豆类是植物中的"肉"类，具有丰富的营养价值，就其物性看，对人类的健康有一定积极作用。对生活健康有益的，我们也没有理由完全拒绝。

2. 剔除糟粕，取其精华者

这类情况的形成主要是因为人类对自然力量的崇拜，认为自然是神奇伟大无所不能的，故而心存敬畏顶礼膜拜。这种崇拜之习久而成俗，虽似荒唐不稽，但却包含着人们内心最美好的祈愿，实事求是地讲，现在民间仍然有所传播。剔除其中的糟粕部分，我们仍然可以取其精华而古为今用。

如《齐民要术》中一则典型的习俗记载，卷七《造神曲并酒第六十四》"作三斛麦曲法"中记载的"祝曲文"："方青帝土公、青帝威神，南方赤帝土公、赤帝威神，西方白帝土公、白帝威神，北方黑帝土公、黑帝威神，中央黄帝土公、黄帝威神，某年、月，某日、辰，朝日，敬启五方五土之神：'主人某甲，谨以七月上辰，造作麦曲数千百饼，阡陌纵横，以辨疆界，须建立五王，各布封境。酒、脯之荐，以相祈请，愿垂神力，勤鉴所领：使虫类绝踪，穴虫潜影；衣色锦布，或蔚或炳。杀热火焚，以烈以猛；芳越熏椒，味超和鼎。饮利君子，既醉既逞；惠彼小人，亦恭亦静。敬告再三，格言斯整。神之听之，福应自冥。人愿无违，希从毕永。急急如律令'。"并且要求主人诵读三遍，每诵一遍还要礼拜两遍。这里面除了迷信的元素外，如果从礼俗的角度讲，无非说明了人们对自然力量（古人对一切超越人能力现象的解释，往往都归于"天""神"的力量）的崇拜，是祈愿更是"顺天时""天人合一"思想的具体体现。今天的酒业生产者，此仪式往往以祭祀酒神杜康为主，表达的是对酒的初创者的敬畏和尊重，祭祀活动也成为增加酒产品文化内涵的一种重要形式，其功能虽已发生改变，但此俗却未退出历史舞台，应该说这也是对传统文化的创造性转化和创新性发展。

3. 传其精神，创新应用者

这类情况是人们在长期的劳动生产和社会实践中，根据生产实际、积累验证后而做出的经验性总结，是旧时指导农业生产的重要法宝，而且最终多以制度或民谚的形式融入历代的农事和民风习俗，深受群众喜爱，因而得到广泛传播。

（1）农事历法——二十四节气。最典型的代表是 2016 年 11 月 30 日被联合国教科文组织列为人类非物质文化遗产代表作名录的中国"二十四节气"。二十四节气是中国先秦时期开始出现、汉代完全确立的用来指导农事活动的补充历法，它是人们通过观察太阳周年运动规律，认知一年中的时令、气候、物候等方面变化规律所形成的知识体系。古人把太阳周年运动轨迹划分为24等分，每一等分为一个节气，始于立春，终于大寒，周而复始，既是历代官府颁布的时间准绳，也是指导农业生产的指南针和日常生活中人们预知冷暖雪雨的指南针（图4-1）。今天，"二十四节气"仍然是我国民间从事农业生产生活的重要参照标准（表4-9）。

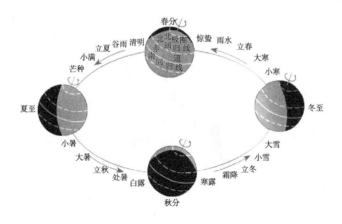

图 4-1　二十四节气与地球运行位置图

表 4-9　"二十四节气"季、月、节、气对照表

季	月、节		月、气	
春	立春	正月节	雨水	正月气
	惊蛰	二月节	春分	二月气
	清明	三月节	谷雨	三月气
夏	立夏	四月节	小满	四月气
	芒种	五月节	夏至	五月气
	小暑	六月节	大暑	六月气
秋	立秋	七月节	处暑	七月气
	白露	八月节	秋分	八月气
	寒露	九月节	霜降	九月气
冬	立冬	十月节	小雪	十月气
	大雪	十一月节	冬至	十一月气
	小寒	十二月节	大寒	十二月气

（2）农事经验——农谚与民谣。民谚的形成，反映了人们对"天地人"关系的认知程度和对农作物生长规律的发现，在科学技术不发达的古代社会，民谚是指导人们有效从事农业生产活动的重要参考。随着时代发展和科技的进步，有些民谚失去了指导农业生产的现实意义，但仍有大量的民谚依然在指导农业生产生活中具有很强的参考价值。

根据华南农业大学倪根金教授研究，《齐民要术》中引用的民谚至少有 45 条之多[1]，其中 38 条是贾思勰"爰及歌谣，询之老成"之所得，6 条是"采捃经传"所得，也就是说《齐民要术》中农谚的主要来源是贾思勰亲自搜集整理而来的，是来源于当时的现实生活的，因此也就带有实际意义上的普适性。如果我们把冠有"歌曰"的 2 条，后来演变成农谚的短句 3 条，以及引自其他书籍的某些短句 2 条一并算上，就有 50 多条。这些农谚涉及了农业生产的绝大多数部门和环节，现据倪根金教授的研究成果列表 4-10、表 4-11、表 4-12、表 4-13 于下，以供参考。

表 4-10　《齐民要术》各卷农谚分布情况统计表

卷目	序	杂说	卷一	卷二	卷三	卷四	卷五	卷六	卷七	卷八	卷九	卷十	合计
农谚数量	3	1	10	10	5	2	3	2	2	3	0	4	45

表 4-11　《齐民要术》体现部门农谚分布情况统计表
（即按农谚反映的部门划分）

部门名称	狭义农业	林业	牧业	渔业	副业	合计
农谚数量	21	8	3	0	10	42

---

① 倪根金：《〈齐民要术〉农谚研究》，《中国农史》1998 年第 4 期。

表 4-12　《齐民要术》关于作物农谚分布情况统计表

作物类别	粟	黍	豆	麻	麦	稻	瓜	蔓菁	蒜	槿	葵	韭	桑	竹	榆	杨桃	东墙	董	扶留	合计
农谚数量	6	3	2	2	2	0	1	1	1	1	1	1	2	1	1	1	1	1	1	29

表 4-13　《齐民要术》关于农业技术措施方面的农谚统计表

措施名称	品种	耕作整地	农时与耕种	生长期与管理	收获	贮藏与加工	合计
农谚数量	2	5	8	5	3	3	26

谚语作为劳动人民长期生产实践经验的积累，不仅用语简练生动，而且通俗易懂，说服力、传播力极强，在生产生活中发挥了重要作用，因而深受老百姓喜爱。如今，在我国农村仍然还流传着大量具有鲜活生命力的农谚，这些农谚仍然是人们在日常生产生活中的重要经验参考，今仅择取农圣故里——寿光民间的几类农谚，予以例说。

（3）气象类谚语。旧时农业生产基本依靠自然力量，就是今天老百姓还仍然使用的"靠天吃饭"之意。在水利条件受限、气象学知识贫乏的情况下，特别是在中国北方的旱作区域，通过保墒也就是保持土壤水分来保证农作物的正常生长，是农业生产中的头等大事。因此，人们对水，特别是雨水的关注度就特别高，天长日久，人们就从观察自然界的相关征候、物候中总结出一些较为实用的气象学知识，为农业生产带来极大方便。

"春刮东南夏刮北，秋刮西南等不到黑。"意思是指，春天刮东南风，夏天刮北风，秋天刮西南风，都是阴雨的预兆，特别是秋天，如果刮西南风，可能很快就会下雨，"等不到黑"指时间短，是老百姓活生生的坊间语言。试想如果对自然界没有长期、细心的观察总结，很难形成这样形象而又简练的表达。

"早看东南，晚看西北。"意思是指，早上起来看东南方向的天空，如果天上有阴云预示着可能要下雨；傍晚，看西北方向的天空，如果天上有阴云，预示着可能要下雨。

"北风不吃南风气"意思是指，刮几天南风后，一定会导致比南风更大的北风。"不吃……气"是寿光当地方言中的"不受……欺负"的意思，非常通俗又有生活气息，老百姓一听就能明白。

"燕子钻天蛇过道，牛舔前蹄雨就到。"这是通过燕子、蛇、牛等动物在雨来临前的不同反映等物候现象来判断是否下雨的农谚。

"三天东南风，不用问先生。"意思是连日刮东南风，就有下雨的可能。这里的"先生"代指的是农村中那些会占卜或者有一定知识学问的人。

再如："云朝南（指云向南飘动）雨连连，云朝北一阵黑，云朝东一阵风，云朝西披蓑衣。""早上下雨当日晴，当日不晴下到明。""夜里起风夜里住，五更起风刮倒树。"（"五更"指拂晓，"刮倒树"言风大）"八月十五云遮月，正月十五雪打灯。""曲蟮（即蚯蚓）拉屎地上翻，不下大雨也阴天"……这些生动的气象农谚为农业生产生活带来极大的方便，是劳动群众生活智慧的反映，也是中华民族"天人合一"思想的重要体现。

（4）农事类谚语。在农业科技发展水平较低的情况下，如何通过观察自然现象或农作物生长情况，发现其中一些规律性的东西，从而进一步掌握自然规律，适时开展相关农事活动，是人民群众在劳动实践中必须学会的知识。掌握了一定的气象学规律，再辅助以具体的劳动实践经验，"顺天时，量地利"，就会取得农业上的丰收。这其中的劳动实践经验，劳动人民又以生动形象的农事谚语形式得以传承，这是我国劳动人民集体智慧的又一体现。

"豆子不让回头耧。"意思是指，豆子萌芽速度快，下种时一定要注意种子的用量。谚语采用夸张和拟人手法，将豆子发芽快的事实用短短七个字就表达得一清二楚，充分说明劳动人民对农作物生长规律观察之细、把握之准。

"六月六看谷秀，七月七把谷吃。"意思是指，农历的六月初六谷子出穗，七月初七就能吃到新谷子了。简短的两句话，就点明了谷子从出穗到成熟的生长期。

"打了春的雪，狗也撵不上。"意思是指，立春之后天气转暖、地温上升，无论是积雪还是刚下的雪，会融化得很快。"狗也撵不上"意为追不上，老百姓用这样通俗的语言形象地说明了立春之后积雪融化速度之快。

"清明秫秫谷雨谷，耩的晚了守着哭。"意思是指，清明时节是种高粱（秫秫）的时候，谷雨时节是种谷的时候，种晚了会没收成，强调了各种农作物的播种时间一定要适时早种，否则会后悔不迭。

"入了伏，手不离锄，锄头响，庄稼长。"意思是指，（中国的北方）进入了伏天（暑季）也就进入了雨季，田间杂草会长得很快，需要不断进行中耕除草，否则庄稼生长会受影响。强调了在关键季节中耕的重要性。

"七九六十三，路上行人把衣宽，打春休欢气，还有四十天冷天气。"意思是指，冬季七九之时，天气转暖，厚衣服会逐渐脱去，但不要太早就把厚衣服脱掉，因为立春之后冷天气往往还会持续40天左右。

"麦耩黄泉谷露糠，豆子耩在地皮上。"意思是指，小麦宜种深，谷子和豆子宜种浅。

再如"种地不用问，猛打辘轳多施粪""种地不施粪，等于瞎胡混""深耕如上粪，密植多收粮"等，这些来自田间地头的生产体验和总结，反映了在以农为本的社会产业结构中农业生产的重要性，体现了劳动人民的生活智慧，其中很大一部分仍然为广大群众所喜闻乐见、传播和应用，具有积极的社会价值。

五、小结

《齐民要术》毕竟是1000多年前的一部古代农学专著，科学技术发展日新月异，时代洪流滚滚前逝。物竞天择、适者生存，纵观人类发展历史和当代经济社会发展现实，我们不难发现《齐民要术》今天所面对的现实：

（1）当时在中国或世界上是先进的农业科技，今天已经或正在遭遇颠覆性创新革命，必将成为历史的真实。

（2）《齐民要术》所载的部分科学技术内容因为其普遍性价值的存在，依然有着旺盛的生命力，指导着我们的生产生活。

（3）《齐民要术》所载的一些作物，因为其功能已经发生改变，有些已转为他用，有些已为更好的品种代替，有些甚至已退出人类生产生活视野。

（4）《齐民要术》所载的某些社会习俗，也正随着时代的发展发生必然的变化，新风气、新民俗也正在不断产生、定型、丰富。

（5）以《齐民要术》为载体的农圣文化，尤其是其主体精神，与包括中华优秀传统文化在内的世界各民族的优秀传统文化一样，已融于人们内心，作为一种潜意识的文化形态，还在不断地涵养着人们的心灵，推动着中华民族继续前行……

第八节　农圣文化的承前与启后

作为一部"中国古代农业百科全书"，《齐民要术》是农圣文化形成与发展的重要载体，其所含农学思想、所载农业科学知识或者社会文化知识，不仅对当时社会和人们的生产生活产生了深刻影响，而且对之后的中国和世界都产生了深刻而广泛的影响。本节从农圣文化对传统农学思想的传承，对产生的影响和启示予以简单梳理，以期对农圣文化的价值有一个再认识。

一、农圣文化对我国传统农耕文化的继承

（一）重视历史文献资料的收集和征引

在中国卷帙浩繁的文化典籍中，古代经典农书是与百姓生活休戚相关的实用性著作，从《齐民要术》开始，形成了重视历史文献资料的收集和对前代农书的征引传统。大型综合性农书，在论述某项专题时，往往先罗列前代农书的资料，再介绍当代的新经验、新成果。甚至有的农书，历史文献资料的汇集成了该书的主要内容，如《农政全书》对历史资料的征引就非常具有规模，而《授时通考》简直可以说是按一定体系编辑的农业生产和农业科技历史文献资料汇编。在这一方面《齐民要术》做了榜样和典范。而这一对传统治学方法的传承，不仅大量保存了古代典籍的重要资料，而且为后来学者的学习、探源与考证提供了可靠资料。

（二）继承了古代的农本思想、农学思想和营农思想

我国是一个以农业为主的发展中国家，以有限的土地养活了世界上最多的人口，有效解决了人口与土地、发展与需求之间的矛盾，重视农业、发展农业是历代政府关注的首要问题。其实，农本思想在中国有着深远的历史渊源，《尚书·洪范》中的"八政"，以"食为政首"，充分体现了古代人们对农业的高度重视。其后，历代的政治家都无一例外地坚持了"以农为本"的治国理念，把"农桑"或"耕织"定为"本

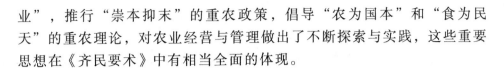

业"，推行"崇本抑末"的重农政策，倡导"农为国本"和"食为民天"的重农理论，对农业经营与管理做出了不断探索与实践，这些重要思想在《齐民要术》中有相当全面的体现。

（三）充分发扬了精耕细作的优良传统

我国人多地少，粮食需求量大，土地生产力压力巨大。劳动人民充分发挥集体智慧，在有限的土地上开展了一系列实践与创新，形成了一整套精耕细作的农学理论和操作规范，为以后农业的持续发展提供了系统科学的理论支持。以轮作复种和间作套种为主要内容的种植制度，以深耕细作，因地、因时、因物耕作，以及北方旱地保墒防旱、南方稻麦两熟田整地排水技术为主要内容的一整套耕作技术，以中耕除草、追肥灌溉、整枝摘心为主要内容的田间管理技术等，都是我国精耕细作优良传统的具体体现。受时代影响和南北朝政权对峙的局限，《齐民要术》虽然以中国北方旱作区域的精耕细作为主体，并且将之做到了极致。同时，贾思勰还根据自己的著作原则，对"其有五谷、果、蓏非中国所殖者，存其名目而已"做了一些一般性记录，为我们研究江南地区农业生产情况提供了原始素材。

（四）对充分用地，积极养地，用养结合，"地力常新"等优良传统的继承

我国早在战国时期就产生了自然土壤和农业土壤的概念，把"万物自生"、未经人事管理的地称作"土"；把"人所耕而树艺"、经过人的外力经营管理的地称作"壤"（《周礼·地官·大司徒》）。"土"和"壤"的分别，不仅把自然成土因素与人为成壤因素，作为形成土壤的综合因素来看待，而且强调了人为因素在土地成壤方面的主导作用。这样，就为人工培肥土壤奠定了理论基础。

战国时期《吕氏春秋·任地》还记载了"地可使肥，又可用棘"的土壤肥力辩证观念。到了汉代，强调了人工肥力观，认为土壤的肥膺虽然是土壤的自然特性，但是它不是固定不变的，性美的肥沃土壤，固然使庄稼丰茂，性恶的瘠薄土壤，只要"深耕细锄，厚加粪壤，勉致人功，以助地力"（《论衡》），就会和肥沃的土壤一样长出好庄稼。到了南宋时，又发展成为"地力常新壮"理论。今天，关于绿肥、带肥下种、浸种催芽、水稻移栽、果树嫁接、以虫治虫、熏

烟防霜、发酵等技术仍在广泛应用，有些经过不断的发展改造后，还被作为先进技术加以推广。

《齐民要术》在认识土地、使用土地、养护土地、制肥用肥等方面都有其独到之处，有些方法至今仍有大量使用者，如《齐民要术》卷一《耕田第一》云："凡美田之法，绿豆为上，小豆、胡麻次之。"卷三《蔓菁第十八》中特别提出"故墟新粪坏墙垣乃佳"等关于提升土地肥力的记载，现在仍然在民间广为应用，对提高农业生产力发挥着重要的作用。

（五）对因地制宜多种经营优良传统的发挥

战国时代，孟子的理想是"五亩之宅，树之以桑，五十者可以衣帛矣；鸡豚狗彘之畜，无失其时，七十者可以食肉矣。百亩之田，勿夺其时，数口之家可以无饥矣"，充分体现了农牧结合、农桑并举的精神。西汉时代，我国的思想家则强调因地制宜发展农林牧渔综合生产，所谓"水处者渔，山处者木，谷处者牧，陆处者农"，就是要求按照宜农则农，宜林则林，宜牧则牧，宜渔则渔的原则，全面发展农林牧渔生产。说明早在秦汉乃至战国之际，我国就逐渐形成了农牧分区，农区以农为主，农牧结合；牧区以牧为主，牧农结合的格局，《史记·货殖列传》对此有生动的描述。因地制宜、多种经营是《齐民要术》特别强调的生产方式，如卷二《大小麦第十》引用民歌"高田种小麦，稴不成穗。男儿在他乡，那得不憔悴？"来说明"小麦宜下田"道理。卷四《种茱萸第四十四》则直言"宜故城、堤、冢高燥之处"，卷三《种葱第二十一》中记载"葱中亦种胡荽，寻手供食"，卷二《种麻子第九》记载"六月间，可于麻子地间散芜菁子而锄之，拟收其根"，此外，树荫下种蘘荷，桑树下撒芜菁子，楮树、槐树育苗时，和麻子一齐撒播等，都是利用套作原理进行综合经营的技术，说明多种经营是贾思勰"安民""富民"的重要指导思想。

《齐民要术》包含了农、林、牧、渔、副现代大农业生产体系的各个方面，不仅注重因地制宜，还注重天时地利人和即"天地人三才"的传统文化互融，将副业作为农家致富的重要途径加以推荐，这些观点突破了之前农书的理论框架和思维领域，奠定了《齐民要术》的历史地位和学术文化地位。

（六）对保护自然资源，注重生态平衡优良传统的重视

战国时代，孟轲就曾经提出"数罟不入洿池，鱼鳖不可胜食"和"斧斤以时入山林，材木不可胜用"（《孟子·梁惠王上》）的观点，主张从大自然取用要有节制，不可"胜"用，这是保护自然资源、注重生态平衡的思想启蒙。《吕氏春秋》则反对"竭泽而渔"和"焚薮而田"的错误做法，强调的仍然是自然资源的保护问题。西汉时期的政治家和思想家，对保护自然资源再生能力的措施，又做了进一步的阐述，"豺未祭兽，置罘不得布于野，獭未祭鱼，网罟不得入于水，鹰隼未挚，罗网不得张于溪谷；草木未落，斤斧不得入山林，昆虫未蛰，不得以火烧田"，并且强调"孕育不得杀，壳卵不得探，鱼不长尺不得取，彘不期年不得食"（《淮南子·主训术》），这些优良传统在《齐民要术》中都有着普遍的体现。

（七）对综合防治病虫害的传统继承

在我国战国时代就已经有深耕灭虫的方法，《吕氏春秋·任地》记载的"五耕五耨，必审以尽，其深殖之度，阴土必得，大草不生，又无螟蜮"，就是我国对深耕灭虫技术的最早记录。在晋代还创始了利用黄惊蚁防治柑橘害虫的方法，成为世界上以虫治虫的最早先例。南北朝时期，我国劳动人民又总结出了轮作防病和抗虫选种的经验。《齐民要术》卷二《种麻第八》就记载了"麻，欲得良田，不用故墟"，就是因为连作时麻就会有"点叶夭折之患"。《齐民要术》卷一《种谷第三》，贾思勰介绍了自己统计的86个"粟"（谷子）品种，并且对作物的品质和性能进行了分类分析，记载朱谷、高居黄、刘猪獬等14个品种"早熟，耐旱，熟早免虫"，具有"免虫"的特性，就是强调了作物品种对病虫害的抵抗能力。还有其他一些防害防虫的方法，《齐民要术》中大都有丰富而详细的记载。

（八）对充分利用各种自然能源优良传统的科学传承

首先，太阳能是自然界中最重要的能源，充分利用太阳能是古今中外概莫能外的选择，我国传统农业生产是利用太阳能的最好例证。其次，我国劳动人民还充分发挥自己的聪明智慧，利用畜力作为动力服务农业生产，进一步发挥了自然能源的作用。这些优良传统在《齐民要

术》中也都有明确的记载，更有科学的创新。最突出的就是对太阳能的使用，《齐民要术》卷九《作菹、藏生菜法第八十八》就记载了利用太阳能对蔬菜进行鲜藏的方法："九月、十月中，于墙南日阳中掘作坑，深四五尺。取杂菜，种别布之，一行菜，一行土，去坎一尺许，便止。以穰厚覆之，得经冬。须即取，粲然与夏菜不殊。"事实上，这一最古老的藏菜方法，今天我国北方农村还普遍使用。而更重要的是1000多年后，贾思勰故里人对这一简单的蔬菜保鲜方法做了进一步的发挥创新，发明了温室蔬菜大棚，解决了北方地区冬季没有新鲜蔬菜的问题，掀起了席卷全国的"绿色革命"，也促使中国的蔬菜产业发生了颠覆性革命。

二、农圣文化对其后农业发展的启示

《齐民要术》对后世农书的创作影响已做介绍，这里主要分析一下以《齐民要术》为载体的农圣文化，为当今中国及世界农业发展提供了哪些新思路，或者说现代农业发展从农圣文化得到了什么启示。我们只有从农圣文化的辩证思维、系统思维、创新思维和战略思维等角度进行具体分析，才能更加深入地理解农圣文化的内涵，并自觉地创造性转化、创新性发展好农圣文化。

（一）《齐民要术》是"中国古代科学时代"的重要成果之一

1996年，日本农林水产省次官滨口义旷在中日两国合作整理与研究中国古农书曾提出："在近代科学产生以前，人类曾经历过'中国古代科学时代'[①]。""中国古农书"便构成了其中的一部分。笔者认为，在如何克服近代科学发展处于停滞不前的矛盾时，中国古代科学书籍蕴含着极为现代的科学价值，以中国古农书中所描述的"精耕细作"为代表的农业技术，不仅对大自然进行了分析，而且在总体上强调了对大自然的认识。其"农业技术应用方法"，还深刻地揭示了迈向21世纪农业科技的发展方向。众所周知，在古代，"中国古农书"曾是东亚各国共同使用的教科书。无论是在日本，韩国，还是在东亚其他的国家，"中

---

① 转引自郭文韬：《试论中国古农书的现代价值》，《中国农史》2000年第2期。本段引用文字皆引自此。

国古农书"被公认为是东亚各国古代科学萌发的源泉。迈向 21世纪的亚洲并非仅有产业经济，牢牢地把握住亚洲所具有的现代意义的"思想·科学·技术"，才是最为重要的。……围绕"古农书"这一中心，开展"亚洲农法"的研究，对于 21 世纪的世界来说，此举是十分必要的。从农业发展的现实情况来看，滨口义旷的深思熟虑是很有见地的，他站在世界农业科技发展的高度，高瞻远瞩地肯定了中国古代农书的现代价值，对我们重视和深入挖掘中国古代农书的价值，服务现代农业发展具有重要的指导意义。

中国古代农书所体现出来的哲学思想，是中华优秀传统文化中的"天人合一"思想，在实践应用上强调的是"环保"型的农业科技发展。《齐民要术》作为"中国古代农业百科全书"，以其对传统文化的辩证思维特点，对农业发展的系统思维、战略思维和创新思维的综合运用，开创了中国古代农书的全新体例，也是世界农业科技发展的经典和扛鼎之作。因此，要解决现代农业生产中遇到的诸多现实问题，如果从古代农书，尤其是从百科全书式的《齐民要术》寻找思路，往往能得到有益的启发。

（二）必须依靠创新思维发展现代农业科技

下面从国外专家学者对现代农业发展的一些理论观点与《齐民要术》提出观点的比较情况，进一步说明《齐民要术》对我国农业发展的启发与影响，现仅根据日本农林水产省所属农林水产技术会议企画调查课主编的《关于中国古农书中环境保全型农业技术的考察》报告，就其中所载西汉氾胜之《氾胜之书》和北魏贾思勰《齐民要术》相关内容做一简单对比（表4-14），以说明继承和创新发展是农业发展的必然。

表 4-14　《氾胜之书》与《齐民要术》环境保全型农业技术对比表

书目	《氾胜之书》	《齐民要术》
书中已有内容和项目对比	杂草的生态防除与耕作时期	土地连种
	耕作和水分保持、害虫防除	耕、耙、耱（耕作方法）
	溲种法和种子消毒	踏粪法与土壤培肥
	追肥的施用与堆肥	抗旱耕作与播种
	桑黍混作	耕作保墒
	带状区田间作条播	蔬菜的组合与多熟种植
	合理密植与地力轮休	掌握春夏秋的适宜耕作时期

续表

书目	《氾胜之书》	《齐民要术》
书中已有内容和项目对比	麦粟轮作复种一年二熟	粟的栽培与品种选择
	施用腐熟堆肥	合理轮作
	瓜、小豆、薤间作套种	种植五谷，以备灾害
	—	瓜的采种（本母子）
	—	瓜的栽培（区种、施肥、瓜豆混播）
	—	防霜法（果园熏烟防霜）
	—	果园清净栽培与防虫
	—	枣树摘花法（斧背砍枣树振落过多的花）
	—	趋光防虫法
	—	桑豆间作（二豆良美，润泽益桑）
	—	楮麻混播（麻秆为楮苗保暖防冻）
	—	槐麻混播（槐高而直）
	—	竹喜植物性肥料

三、小结

任何文化的形成都要经历一个长时间的积累、选择、淘汰、凝练和稳定的过程，而一种文化一旦形成，又将会长时间影响着人们的思维和行为，成为规范社会秩序、生产生活秩序的重要规则。作为地域文化的杰出代表——农圣文化，其丰富的文化内涵是北魏当时及之前社会生活全景化的浓缩与凝练，是人类发展历史中的一个结点。农圣文化虽然是传统农耕社会的文化缩影，但其文化内涵与思想内涵一定程度上又不受时空的限制，是有其生命力的。寻古，我们能从博大精深的中华优秀传统文化中找到农圣文化的历史渊源，这就是我国传统农耕文化中的优良传统；观今，古为今用，我们又能从农圣文化中得到有益的启示，这就是对现代大农业生产的方向确定、思想启示、技术参考、发展影响和传承创新之所在。

我们传承农圣文化，并不是对传统文化一味地固守与复古，而是剔除其糟粕，汲取其精华，围绕发展，古为今用。创新农圣文化，也并不是对传统文化全盘的否定与摒弃，而是推陈出新，有所扬弃地继承。《齐民要术》对优秀传统文化的继承，对其后农业发展的有益启示，是我们传承创新农圣文化的根本所在。只有全面了解农圣文化的基本内涵，我们才能深刻理解农圣文化传承创新的必要性和可行性，这也是我们研究、宣传、推广农圣文化的初衷。

第五章　农圣文化主体精神及其当代价值

　　北魏时期农学家贾思勰所著《齐民要术》，无论在我国还是在世界农业科技发展史上，抑或是在农学思想发展史上，都具有非常突出的历史地位和学术理论价值，这也是研究贾思勰农学思想和其业绩的主要依据。同时，作为一部"中国古代农业百科全书"，《齐民要术》蕴含的丰富的中国古代社会文化信息，与中华优秀传统文化又有着诸多共性元素，为我们研究以贾思勰农学思想为核心的农圣文化及其主体精神提供了载体。从文化角度考量，《齐民要术》是我国传统农耕文明的集大成者，蕴含着极为丰富的传统人文思想，具有积极宝贵的时代价值，它所体现出来的具有传统文化意义的主体精神是贾思勰农学思想的内核，作为一种精神动能，激励和指导贾思勰完成"总结了以前农学的成功，也为后来的农学开创了新的局面"①的《齐民要术》，其农学思想主体精神也即通俗意义上所讲的农圣文化主体精神，根据其精神特质和内涵，可基本概括为尚和图强的家国情怀、责任担当精神、敬业创新精神、严谨治学精神、科学精神、实事求是精神、实践精神、勤俭朴素精神、忧患意识、职业精神十个方面的具体内容。

　　农圣文化十大主体精神之间，有着内在的逻辑辩证关系，它们之间互为联系，共同构成了农圣文化精神层面价值体系的主体。其中，家国情怀是农圣文化的核心，责任担当精神是农圣文化的关键，勤俭朴素精神、实事求是精神、科学精神、实践精神是农圣文化的精华所在，具有前瞻性的忧患意识是农圣文化的可贵之处，而敬业创新精神、严谨治学精神、职业精神则是农圣文化的形成之基。农圣文化主体精神的基本内

---

① 石声汉：《从齐民要术看中国古代的农业科学知识》，北京：科学出版社，1957年。

涵，与中华民族优秀传统文化是一脉相承的，它以民族智慧的思辨性让农圣文化具有了独特的精神特质，为其赢得了未来。弘扬农圣文化主体精神，对传承创新中华优秀传统文化，增强国民的民族自信、理论自信、文化自信具有积极的现实意义。

第一节　大爱无疆尚和图强的家国情怀

夏商西周及春秋战国时期，由原始部落发展到诸侯国，虽为零散诸侯国但亦已有国之概念，自秦并六国而一统天下，统一的大国概念始得明确确立。之后，历史演变虽"合久必分，分久必合"，但"国"的概念是从未改变的。因此，笔者认为在古代虽然人们可能不叫"爱国主义"，但不可否认，古人是有一种更宏大的国家观，那就是传统理念中修身、齐家、治国、平天下的"家天下"思想。以天下为己任是亘古至今仁人志士的雄大抱负，而这种"天下"应当是当时古人视界下的国家，与今天意义上的"天下"是有一定区别的。虽然如此，家国情怀与爱国主义精神在思想内涵上是一致的，属于一言多表，而爱国主义精神是中华民族优秀的民族精神内核，这是历史和社会所明确了的。

《齐民要术》作为"我国现存最早的，在当时最完整，最全面，最系统化，最丰富的一部农业科学知识集成"，其不仅是一部农业科学巨著，而且蕴涵着极为丰富、优秀的思想文化价值。家国情怀作为农圣文化主体精神的核心内容，与齐鲁文化有着深厚的渊源联系，具有鲜明的传统文化特质和积极的当代价值，更是社会主义核心价值体系建设中，培育以爱国主义为核心的民族精神的关键所在。研究农圣文化家国情怀，是我们"古为今用、推陈出新""创造性转化、创新性发展"中华优秀传统文化的重要内容和任务。

家国情怀作为农圣文化主体精神的核心，以大爱无疆、尚和图强为主要特征，以盼望国富民强、反对奢靡浪费、热爱祖国物产和取他族之长以利吾民（开放包容）为基本内容，表现出鲜明的中华传统文化特质，体现为思想层面的家国意识表现和实践层面的家国意识行为两个层次的具体内容。

一、思想层面的家国意识表现

（一）盼望国家富强百姓富足

我国是一个以农业为主的国家，"民本""重农"思想历来是治国理政的重要理念。面对南北朝时期国家政权对峙，而导致战乱不断、生产凋敝、百姓生活贫困的社会现实，贾思勰表现出深深的忧虑，在《齐民要术·序》中首段明义，编撰目的为"要在安民，富而教之"①。民之安首先是国家和社会安定，贾思勰深刻地认识到"国犹家，家犹国"，一个国家如果没有和平安定的社会环境，老百姓的生活就得不到保障，国家经济就不会发展强大，国家富强就会成为一句空话。同时，他援引《左传》"民生在勤，勤则不匮"，强调人只要勤劳就不会缺乏衣食用度。有了和平稳定的社会环境，老百姓还必须人人勤于劳作，解决了吃穿问题，也即贫困问题得到了解决，百姓才算真的富了，"仓廪实，知礼节；衣食足，知荣辱。"老百姓得到教化，国与家的关系理顺了，社会发展步入正途，自然会形成一个良性循环，再经过长期不断地社会积累和发展，国家强盛就必然能够实现。可以说，这既是贾思勰对国家富强、人民富足愿望的表达诉求，也是贾思勰家国情怀的一个基本逻辑。

贾思勰在《齐民要术·序》中以史言志，对"李悝为魏文侯作尽地力之教，国以富强；秦孝公用商君，急耕战之赏，倾夺邻国而雄诸侯"的史实，表现出强烈的赞赏和推崇之意。他认为李悝通过充分利用土地资源增加农业收成，以使国家富强的主张，商鞅重视并奖励耕种和战事的策略，都突出强调了"民本"和"重农"对国富民强的重要作用。

对历史上曾为老百姓生活、生产做出重大贡献的众多典型人物和各种典型做法，贾思勰都不厌其烦地择其优者简而录之，并且一一给予了充分肯定和支持。"赵过始为牛耕""蔡伦立意造纸""耿寿昌之常平仓，桑弘羊之均输法"甚至被贾思勰誉为"益国利民，不朽之术"；猗顿、陶朱公的致富经验，任延、王景"令铸作田器，教之垦辟"，皇甫隆"教作耧犁"，茨充"教民益种桑、柘，养蚕，织履，复令种纻

---

① 参见（北魏）贾思勰著，缪启愉、缪桂龙译注：《齐民要术译注》，上海：上海古籍出版社，2009年，本节未注明出处的《齐民要术》引文皆引自此书。

麻"，崔寔"为作纺绩、织纴之具以教，民得以免寒苦"，黄霸"使邮亭、乡官，皆畜鸡、豚""及务耕桑，节用，殖财，种树"，龚遂"劝民务农桑"让"民有带持刀剑者，使卖剑买牛，卖刀买犊"，召信臣"躬劝农耕""开通沟渎，起水门、提阏，凡数十处，以广溉灌，民得其利，蓄积有余"，僮种"率民养一猪，雌鸡四头"，颜斐"令整阡陌，树桑果""教匠作车"，王丹通过"每岁时农收后，察其强力收多者，辄历载酒肴，从而劳之""聚落以致殷富"，杜畿"课民""皆有章程，家家丰实"等不同做法，不仅使老百姓富裕，也成为社会安定、国家强盛的重要原因。这些表述或大到国家政策，或小至百姓日常生活细节，无一不体现出贾思勰"民本""重农"思想指导下的家国情怀，其盼望国家富强、人民富足的迫切、真挚之情更是溢于言表。

（二）强烈反对北魏社会奢靡浪费之风，发出"家犹国，国犹家"的呐喊

家国情怀是中国优秀传统文化中的重要价值理念，在中华民族生死存亡紧要关头，社稷动荡不安、大厦将倾关键时刻，家国情怀都会积极地转化为中华儿女济困扶危、匡正时局的责任担当和精神动力；在和平稳定的现实生活中，家国情怀又会转化为爱国爱家爱天下的博爱思想和行动。在南北朝政权分裂对峙情况下，北魏孝文帝改革虽然带来了少数民族与汉族融合发展的良好局面，却难以消弭北魏潜藏的社会危机，贾思勰目睹身历忧心如焚。

第一，北魏历代帝王好黄老、崇佛法，在全国范围内广建寺庙，造成人力和社会财富极大浪费，社会生产遭到严重破坏。在此期间，虽然太武帝拓跋焘实行过"灭佛"运动，但没有妨碍佛教在北魏的空前发展，甚至发展到北魏高宗时"诏有司为石像，令如帝身"[1]。北魏显祖在永宁寺建造的七级佛塔"高三百余尺，基架博敞，为天下第一"，在天宫寺建造的释迦牟尼佛立像"高四十三尺，用赤金十万金，黄金六百斤"，皇兴年间（467—476），建造的佛塔"镇固巧密，为京华壮观"，承明元年（476），"帝为剃发，施以僧服，令修道诫"，孝文帝甚至亲自为出家人剃发，发给他们僧服，让他们修炼道诫。从兴光年（454）到太和元年（477）的20多年间，"京城内寺新旧且百所，僧尼

---

[1] 许嘉璐主编：《二十四史全译·魏书·释老志》，上海：汉语大词典出版社，2004年。

二千余人，四方诸寺六千四百七十八，僧尼七万七千二百五十八人"。"至延昌中，天下州郡僧尼寺，积有一万三千七百二十七所，徒侣逾众"，到延昌年间（512—515），寺庙达到了 13 727 所，僧众不计其数。"从景明元年至正光四年六月以前，用功八十万二千三百六十六"，熙平年间（516—518）建造的"佛图九层，高四十余丈，其诸费用，不可胜计"，神龟年间（518—520）"太后好佛，营建诸寺，无复穷已，令诸州各建五级浮图，民力疲弊"①，不仅如此，"诸王、贵人、宦官、羽林各建寺于洛阳，相高以壮丽。太后数设斋会，施僧物动以万计，赏赐左右无节，所费不赀，而未尝施惠及民。府库渐虚，乃减削百官禄力"②。上层社会争相建寺，耗巨资装修攀比，甚至到了朝廷不得不"减削百官禄力"来弥补国库亏空的地步。

第二，北魏社会佛教盛行，更造成了社会管理混乱失衡，百姓困苦不堪。北魏孝文帝曾下诏"比丘不在寺舍，游涉村落，交通奸滑，经历年久"，"无知之徒，各相高尚，贫富相竞，费竭财产，务存高广，伤杀昆虫含生之类"③，僧侣远离寺庙，在村里游荡，并且与奸猾之徒交往，甚至相互攀比，耗尽钱财，求名逐誉，劳民伤财而且杀生。到了北魏后期，社会上"私营转盛"，"寺夺民居，三分且一"，永平四年（511），出现了"主司昌利，规取赢息，及其微责，不计水旱，或偿利过本，或翻改券契，侵蠹贫下，莫知纪极"的现象，"非但京邑如此，天下州、镇僧寺亦然。侵夺细民，广占田宅，有伤慈矜，用长嗟苦"，老百姓"细民嗟毒，岁月滋深"，遂产生了"民不畏法"的现象，对国家制度"恃福共毁"。狂热的佛教信仰导致北魏社会管理制度混乱失衡，造成社会环境极不稳定，不仅生产受到阻碍，老百姓的生活也受到严重影响，人民陷入了水深火热之中。

第三，奢靡浪费社会风气严重，国家财富过度消费，社会安定受到严重威胁。《资治通鉴》记载："时魏宗室权幸之臣，竞为豪侈，高阳王雍，富贵冠一国，宫室园圃，侔于禁苑，僮仆六千，伎女五百，出则仪卫塞道路，归则歌吹连日夜，一食直钱数万。""河间王琛，每欲与雍争富，骏马十余匹，皆以银为槽，窗户之上，玉凤衔铃，金龙吐旆。

---

① （宋）司马光：《资治通鉴》，北京：光明日报出版社，2015 年。
② （宋）司马光：《资治通鉴》，北京：光明日报出版社，2015 年。
③ 许嘉璐主编：《二十四史全译·魏书·释老志》，上海：汉语大词典出版社，2004 年。

尝会诸王宴饮，酒器有水精锋，马脑碗，赤玉卮，制作精巧，皆中国所无。又陈女乐、名马及诸奇宝，复引诸王历观府库，金钱，缯布，不可胜计，顾谓章武王融曰：'不恨我不见石崇，恨石崇不见我。'"①高阳王元雍与河间王元琛斗富的荒唐之事，可谓当时社会奢靡风气的典型代表。

"历览前贤国与家，成由勤俭败由奢"，历史教训沉痛警醒，身为地方官吏的贾思勰亲见其实，深知其害，发出"家犹国，国犹家，是以家贫则思良妻，国乱则思良相"的呐喊，同时在《齐民要术·序》中还直抒胸臆，表达对这种荒淫无度奢靡之风的强烈反对："夫财货之生，既艰难矣，用之又无节……穷窘之来，所由有渐。"他不仅揭露了历史上统治者的无能与黑暗，也揭露了当朝统治者的奢侈无度、吏治腐败、政令失所。

贾思勰引用《仲长子》"鲍鱼之肆，不自以气为臭；四夷之人，不自以食为异：生习使之然也。居积习之中，见生然之事，夫孰自知非者也？"对当朝统治者和社会管理层的麻木不仁和熟视无睹，进行了无情地批判。正是因为持有家国情怀，贾思勰才满怀忧虑地对满足于现状、不思进取、眼界狭隘、目光短浅的统治者发出"斯何异蓼中之虫，而不知蓝之甘乎？"的愤慨与反诘，焦虑之情、痛心之忧，到了无以复加的地步。

二、实践层面的家国意识行为

（一）重视和热爱祖国的物产

由于南北朝的分裂对峙，南北政权对生活、生产、物种等方面的交流必然存在着很大程度的限制，甚至出现保护、封闭和敌对的现实。但在家国情怀的激励下，贾思勰突破了这一政权对峙的樊篱，对中华大地上人工种植、制作和自然生长的农、林、牧、渔等物产，根据劳动人民生产生活需要，进行了有针对性地取舍，按类分条载入《齐民要术》。抛开农业技术不论，单就记载的物产来说，《齐民要术》记载基本涵盖了北朝地域所有对老百姓生产生活有用的作物、植物。单就"粟"这一

---

① （宋）司马光：《资治通鉴》，北京：光明日报出版社，2015 年。

古代人民生活中最重要的一种粮食作物来说，贾思勰特别用心，正如石声汉教授所说的"谷物的栽培，是《齐民要术》中最重要的贡献之所在"①，仅在谷物品种方面，贾思勰就列举了97种之多，除引用晋代郭义恭《广志》里面记载传统种植的11个品种外，贾思勰还"自己列举了86种，并且作了品质性能分析"②，《齐民要术》所记重要谷物品种有黍12种、穄6种、粱4种、秫6或7种、小麦8种、粳稻25种、糯米（秫稻）11种。贾思勰还对"粟"的命名规律按今世粟名，多以人姓字为名目，亦有观形立名，亦有会义为称，通过自己的观察和梳理总结，对各品种谷物生长特点、防病虫害能力、抗风抗旱和耐水性、成熟早晚、制作难易程度以及成食后的味道等，作了分门别类式的详细介绍，虽然谦虚地自谓"聊复载之云尔"，但我们仍能从其记录的详细性、科学性和系统性等方面入手，了解到古人对农作物命名的传统和原则，为我们今天对农作物命名提供参考，更能体味到贾思勰的良苦用心，也为我们对农作物品种命名和命名原则提供了借鉴。

尤为值得重视的是，贾思勰还单列卷十《五谷、果蓏、菜茹非中国物产者》一卷，对"其有五谷、果、蓏非中国所殖者，存其名目而已"，此处所谓"中国"即拓跋氏统治的北朝疆域，"非中国"即南朝汉族政权统治区域。除了对"非中国所殖者"的五谷、果、蓏等只作"存其名目"式的记录外，贾思勰还"爰及山泽草木任食，非人力所种者，悉附于此。"对那些对人类生活有用而又非人工种植的自然植物也做了大量记录。据石声汉教授考证，《齐民要术》卷十共记录了167种可以吃的自然植物，而其中的105种就是南朝刘宋汉族统治区域内的。

对《齐民要术》记载的这一事实进行分析，我们至少可以总结出贾思勰家国情怀中所包含的对祖国物产的重视和热爱两个方面：一方面反映了贾思勰胸怀天下，在他心里有一个大中国的国家概念存在，而不仅仅是北魏政权统治下的江淮以北区域，所以他才会对非自己"国家"而又是大中国范围内作物、植物作"存其名目"式记录，这是贾思勰家国情怀在实际行为上的表现之一。另一方面，就是限于北魏拓跋氏统治的贾思勰自己生活的"国家"来说，贾思勰还做到了凡是对人民生产生活

---

① 石声汉：《从齐民要术看中国古代的农业科学知识——整理齐民要术的初步总结》，《西北农学院学报》1956年第2期。

② 缪启愉：《齐民要术导读》，北京：中国国际广播出版社，2008年。

有利的无不记录，正如《齐民要术·序》中所说的那样，"起自耕农，终于酰醢，资生之业，靡不毕书"，而这样的创作又是围绕其家国情怀中"要在安民，富而教之"的理想而为的。

（二）注重取他族之长以利吾民（开放包容）的实际行动

受西汉崇儒思潮影响，作为一个有着深厚家学渊源，藏书又异常丰富的封建时代地方官吏，贾思勰不可避免地受到"君君、臣臣、父父、子子"的儒家道统思想影响。因此，忠于拓跋氏统治的北魏朝廷，也是贾思勰作为北魏地方官吏的首要"官德"，这无可厚非。但是，因为有着"要在安民，富而教之"的伟大理想，贾思勰对拓跋氏统治后所带来的游牧民族文化，不是全盘接受，更不是全盘否定，而是非常巧妙地把其中先进的、对老百姓的生产生活大有裨益的知识、技术，进行了精心取舍，与汉族生活相融载入《齐民要术》，大大丰富了汉族生活文化，促进了多民族文化大融合、大发展。

例如，《齐民要术》卷八《脯腊第七十五》中提到"作五味脯法"所用的食材包括牛、羊、獐、鹿、野猪肉，这是北方游牧民族生活中典型的代表食材，畜类的肉脯也带有典型的游牧民族生活特点。《羹臛法第七十六》中介绍的羊蹄臛法、胡羹法、羌煮法等多种制作肉羹方法是游牧民族所擅长的，所用食材也多是羊、鹿等当时游牧民族生活中常用到的动物。《蒸缹法第七十七》中的胡炮肉法更是典型的游牧民族的一种生活习俗和常用技法。卷九《炙法第八十》《饼法第八十二》中的髓饼法，《煮醴酪第八十五》中的煮酪法，《飧饭第八十六》中的做胡饭法等，也基本上是来源于游牧民族的生活习俗和做法。这是民族融合的必然，也是文化融合的必然，而正是贾思勰的记载，才让少数民族的生活知识得到准确而系统的流传。可以说，即使历史发展到今天，我国少数民族的这些饮食文化还有相当一大部分仍然在发挥着巨大作用，丰富着我们的日常生活，并且已经成为中华民族记忆和生活中的文化共识。

文化没有国界，即便没有贾思勰当时的关注和努力，随着民族大融合的历史潮流，各民族优秀传统文化最终也会融汇到中华民族文化的长河中来。早在1000多年前，正是因为贾思勰的开放包容思想和精心挑选，游牧民族的这些优秀文化和知识技术在较早的时间就传到了汉族，与汉族优秀传统文化一起熔铸为中华民族文化的精髓。而这种做法，也正是以富国利民为核心的贾思勰家国情怀具体行为的另一种体现。

三、农圣文化主体精神家国情怀的渊源与当代价值

（一）农圣文化主体精神家国情怀与中国传统文化一脉相承

著名学者傅斯年认为"从春秋到王莽时，中国上层的文化只有一个重心，这一个重心便是齐鲁"①，先秦文化研究专家、历史学家徐中舒也认为"秦汉以前齐鲁为先秦最高文化区"②，而先秦文化已经具备了作为中国传统文化主体与核心的内涵与精神特质。因此，我们可以认定齐鲁就是中国文化"轴心时代"的核心区域。《齐民要术》诞生于齐鲁大地，《齐民要术》的家国情怀是对战国百家争鸣时期农家一派的重要传承与创新，是齐鲁文化的重要组成部分，与中华优秀传统文化是一脉相承的。

爱国主义是一个历史范畴，在不同的历史时期，有着不同的具体内容和表现形式③。屈原的"亦余心之所善兮，虽九死其犹未悔"是一种忠贞不渝的爱国，诸葛亮的"鞠躬尽瘁，死而后已"是一种高风亮节的爱国，范仲淹的"先天下之忧而忧，后天下之乐而乐"是一种博爱无私式的爱国，文天祥的"人生自古谁无死，留取丹心照汗青"则是一种壮怀激烈式的爱国……分析齐鲁文化中爱国精神的基本内涵与特点，便于厘清农圣文化家国情怀的历史渊源，以及其与齐鲁文化的联系，从而准确把握其基本内涵。

1. 农圣文化家国情怀是对齐鲁文化的深入与巩固

齐鲁文化中的爱国精神首先体现在人民困苦、国家危难时的责任担当。姜尚辅佐武王伐纣建立周朝正统和田单复国，可谓是齐鲁文化中爱国精神两大标志性事件和最具说服力的史实证明。正是这一爱国行为，激励着一辈辈中华儿女抛头颅洒热血，为国家前途命运前仆后继赴汤蹈火。而农圣文化中的家国情怀是基于国强民富的"齐民"之术，无疑是对齐鲁文化的深入与巩固。

商朝末年，纣王昏庸，国运维艰，百姓生灵涂碳，姜尚辅佐武王举

---

① 傅斯年：《夷夏东西说》，《傅斯年全集》第三卷，长沙：湖南教育出版社，2000 年，第 229 页。

② 徐中舒：《再论小屯与仰韶》，《安阳发掘报告》1930 年第 3 期。

③ 宣兆琦：《论齐鲁文化与爱国主义教育》，《山东理工大学学报》（社会科学版）2005 年第 1 期，第 58—62 页。

兵伐纣，"迁九鼎，修周政，与天下更始"（《史记·齐太公世家》）。天下归心，建立西周，救国于将倾，救民于水火。姜尚辅佐有功，被周武王首封于齐，围绕国家强盛人民富足，姜尚实施了积极的国策方针，为齐国成为"春秋五霸"之首霸、"战国七雄"之一雄奠定了基础。战国时期七国争雄，天下混乱，"燕攻齐，齐破。闵王奔莒，淖齿杀闵王"（《战国策·齐策六》）。"燕既尽降齐城，唯独莒、即墨不下"（《史记·田单列传》）。田单及其族人得以"东保即墨"。此后，田单"纵反间于燕"，让燕王撤掉名将乐毅，"身操版插，与士卒分功，妻妾编于行伍之间，尽散饮食飨士。"与士兵同甘共苦修筑工事，将自己的妻妾整编到队伍里，拿出全部食物犒劳士兵，以凝聚人心，还"收民金，得千溢，令即墨富豪遗燕将"来迷惑燕国军心，最后使用火牛阵大败燕军，"燕军扰乱奔走，齐人追亡逐北，所过城邑皆畔燕而归田单，兵日益多，乘胜，燕日败亡，卒至河上，而齐七十余城皆复为齐"（《史记·田单列传》）。田单最终使齐复国，谱写了光耀历史的爱国主义篇章。

贾思勰所处的北魏时期，虽然南北政权对峙，但各自政权所辖还是相对稳定的，加之孝文帝改革又进一步推动了北魏经济社会的发展，在这样的社会背景下，爱国既不是这一时期一个地方官吏的担当与应尽职责，而大力发展农业使百姓富裕，国力增强就成为该时期的爱国主题。因此，农圣文化中的家国情怀适应了时代发展需求，具有积极和现实意义。

2. 农圣文化家国情怀是对齐鲁文化治国理政实践的全面继承与发展

齐鲁文化中的爱国精神更多、更重要的体现在治国理政的实践行动中，而究其本，治国理政终极目的始终是国富民强。在这一理念引领下，齐国经济与国力渐趋强大，最终成就"春秋五霸"首霸和"战国七雄"之一的泱泱大国地位。而这些治国理政理念进一步丰富了中国传统文化的内涵，也为当今治国理政提供了重要借鉴。其中三个典型代表，足以佐证。

一是姜尚治齐时期，在政治上实行"尊贤尚功"的用人之策，经济上"通工商之业，便渔盐之利"（《史记·齐太公世家》），"通末利之道，极女工之巧"（《盐铁论·轻重》），因地制宜发展多种经济，而文化上实行"因其俗，简其礼"（《史记·齐太公世家》），积极合适地处理统治者与当地人关系、炎黄文化与东夷文化融合发展[①]，使齐国经济得到迅速发展，"而人民多归齐，齐为大国"（《史记·齐太公世家》），"是以邻国交于齐，财畜货殖，世为强国"（《盐铁论·轻重》），奠定了齐国的大国、强国地位。

二是管仲治齐时期，"尊王攘夷"辅佐齐桓公"九合诸侯，一匡天下"，提出了"衣食足则知荣辱，仓廪实则知礼节"的论断，认为"政之所兴，在顺民心，政之所废，在逆民心……故刑罚不足以畏其意，杀戮不足以服其心，故刑繁而意不恐，则令不行矣"（《管子·牧民》），"众者爱之则亲，利之则至。故明君设利以致之，明爱以亲之。徒利而不爱，则众至而不亲；徒爱而不利，则众亲而不至"（管子·版法解），"得民之道，莫如利之"（《管子·五辅》），"凡治国之道，必先富民。民富则易治也，民贫则难治也"（《管子·治国》）。开展了系统的改革创新，推行全国，政久成俗，使齐国经济文化发展达到了一个高峰期，成为"春秋五霸"首霸，到春秋末期齐国都城"临淄城中七万户……临淄之途，车毂击，人肩摩，连衽成帷，举袂成幕，挥汗成雨；家敦而富，志高而扬"（《战国策·齐策一》），已成为相当繁荣富庶的泱泱大国。

三是晏婴治齐时期，虽然姜齐统治逐渐走向下坡路，但晏婴继承了姜、管治国理政思想，根据姜齐末期政治腐败、朝政混乱的社会现实，他极力主张加强礼治"行善政"、省刑罚、减徭役，他认为治国之要在于"其政任贤，其行爱民，其权下节，其养自俭"（《晏子春秋·内篇问上·第十七》），开启杂家思想先河，维持了姜齐统治的局面。

综合上述分析不难看出，贾思勰所处北魏时期与晏婴所处战国时期姜齐末世的齐国社会环境十分相似，贾思勰反对奢靡浪费，发出"国犹家，家犹国，国乱则思良相，家贫则思良妻"呐喊，与晏婴提出的"节用""自俭"异曲同工；贾思勰盼望国强民富的爱国愿望，与管仲的"富民"思想如出一辙；贾思勰在实践层次的家国意识行为与姜尚治齐时期的经济政策又多有交集。由此，我们可以更加清晰地发现《齐民要术》的家国情怀渊源在齐鲁文化，与中国传统文化是一脉相承的。

---

① 孟天运：《齐文化通论》，《社会科学战线》1999 年第 2 期，第 106—112 页。

3. 农圣文化家国情怀是对齐鲁文化乃至中国传统文化"三立"传统的创新创造

立德、立功、立言是中国传统文化中的"三不朽",虽久不废,百世流芳。齐鲁文化中的爱国精神还体现在先哲贤士的理论著作和对爱国精神的宣传教育方面,这些思想观点与理念成为中国传统文化宝贵的精神财富。今综其概要,予以说明齐鲁文化爱国精神的现实价值,农圣文化之家国情怀的深远渊源。

首先,是"大一统"爱国思想的发展。面对周室式微、礼崩乐坏的时局,"孔子惧,作《春秋》。《春秋》,天子之事也。"(《孟子·滕文公下》)董仲舒在《春秋繁露·俞序》中亦言:"仲尼之作《春秋》,上援天端正王公之位,万民之所始,下明得失,起贤才,以待后圣。故引史记,理往事,正是非,见王公。史记十二公之间,皆衰世之事,故门人惑,孔子曰'吾因行其事,而加乎王心焉。'以为见之空言,不如行事博深切明。"《公羊传·哀公十四年》更加直白地说:"君子曷为为《春秋》?拨乱世,反诸正,莫近诸《春秋》。"可见,《春秋》微词大意,表现出对周朝礼制的尊重,对国家一统"天下大同"的"王道"追求。正如司马迁在《史记太史公自序》中所言:"夫《春秋》,上明三王之道,下辨人事之纪,别嫌疑,明是非,定犹豫,善善恶恶,贤贤贱不肖,存亡国,继绝世,补敝起废,王道之大者也。"同时,儒家学派还提出"德政"理念,强调"道之以政,齐之以刑,民免而无耻;道之以德,齐之以礼,有耻且格"(《论语·为政》),其目标指向都是围绕国家一统的"大同"理想。

继孔子之后,管仲在《管子·小匡》中提出"尊王攘夷"的思想,其目的也在于让四方宾服,求国家一统。而孟子则进一步提出"朝秦、楚,莅中国而抚四夷"的思想。齐人公羊高《春秋公羊传》中"何言乎王正月?大一统也"(《公羊传·隐公元年》)则更加明确地提出了"大一统思想",将盼望国家统一的思想提升到治国理政的最高境界。秦汉之际,儒家思想归于正统,成为治国理政、指导人们思想行为的圭臬。

其次,是围绕国强民富而开展的思想博弈——"百家争鸣"。战国时期正是孕育"战国七雄"的战乱之际,列国纷争互伐、图强争霸,对人才的争夺更是无一复加,"贤才之臣,入楚楚重,出齐齐轻,为赵赵完,畔魏魏伤"(《论衡·效力》),而齐国"自如淳于髡以下,皆命曰列大夫，为开第康庄之衢，高门大屋尊宠之，览天下诸侯宾客，言齐能致天下贤士也"（《史记·孟子荀卿列传》）。因此儒、道、名、墨、法、兵、阴阳、农家、纵横家诸派并列，淳于髡、尹文、田骈、慎到、孟轲、邹衍、荀况等大家辈出，"人人握灵蛇之珠，家家抱荆山之玉，议论风发，高潮迭起，争鸣齐放，精彩纷呈，著述之丰，汗牛充栋"①，他们主张"农本""民本""乐以天下，忧以天下"，提倡"仁""爱民""兼爱""非攻""节用""自俭"，并著书立说，培养人才，为国家富强、百姓富裕作了理论上的探讨和思想上的开拓，也为治国理政提供了丰富的理论依据。其理论成果，见诸诸子文集和各家论著，不一一录示。

作为北魏地方官吏的贾思勰，虽然对国家一统没有更突出的行为和更惊人的成就，但他为官一方务本重农，全面系统地总结以前和当朝的农业生产技术，致力于地方农业生产，积极把"百家争鸣"的理论成果融入现实生活，将"要在安民，富而教之"的职责和理想转化为指导农业生产的巨大动力，转化为实实在在的农业生产力。从中，我们不仅可以看到一脉相承的爱国精神渊源，更可喜的是我们还看到贾思勰已经超越了诸子百家思想争鸣的形而上，将家国情怀转化为一种实事求是的实际行动。

（二）农圣文化主体精神家国情怀是民族精神的重要组成部分

爱国精神是一种对自己祖国最深厚的感情，爱国精神不仅表现为强烈的爱国情感、深邃的爱国理性，同时还表现为积极的爱国行为，是爱国情感、思想与行为的统一体。农圣文化家国情怀的主要特征，正是忠诚于国家，希望国家富强的爱国情感、思想和盼望人民富裕，对祖国山河、丰富物产的热爱，以及对多民族文化的尊重、对危害国家发展的奢靡风气的反对等行为的统一。

爱国精神因为时代的不同表现出不同的形式、内容和特点，但无论历史怎样发展，时代如何变换，爱国主义作为一种民族的精神支柱和财富，对国家、民族的生存和发展具有不可估量的作用。因此，无论古今中外，无论世界上哪一个国家，爱国主义都是一个永恒的时代主题。

贾思勰生活的北魏时期，受鲜卑族拓跋氏统治的影响，该时期呈现出民族大融合的特点，一方面表现在北方少数民族政治制度的封建化；

---

① 孟天运：《齐文化通论》，《社会科学战线》1999 年第 2 期，第 106—112 页。

另一方面表现在汉族受到少数民族生产生活等方面的很大影响,在《齐民要术》中有关少数民族生活、动物养殖技术等记载就体现了这一点。因此,农圣文化家国情怀也是该时代背景特点的一种真实反映。

在中华民族几千年绵延发展的历史长河中,爱国主义始终是激昂的主旋律,始终是激励我国各族人民自强不息的强大力量。新时代,新思想,新作为,每个人自觉地把爱国之情、强国之志、报国之行统一起来,把自己的梦想融入国家民族的火热奋斗之中,是每一个中华儿女应尽的责任和义务。

第二节 志存高远胸怀天下的责任担当精神

实现中华民族伟大复兴源于中华民族千百年来的信仰与追求,承载着中华民族既古老又常青的光荣与梦想,浓缩了五千年中华文明的优秀文化基因。敢于担当作为民族精神的重要内容,是实现中华民族伟大复兴的重要前提,它深深植根于中华民族的优秀传统文化之中。从《周易》的"天行健,君子以自强不息",诸葛亮的"鞠躬尽瘁,死而后已",张载的"为天地立心,为生民立命,为往圣继绝学,为万世开太平",范仲淹的"先天下之忧而忧,后天下之乐而乐",文天祥的"人生自古谁无死,留取丹心照汗青",到顾炎武的"天下兴亡,匹夫有责",孙中山的"勇往直前,以浩气赴事功,置死生于度外"等,古人先贤的嘉言懿行,都生动诠释了中华民族敢于责任担当的内在禀赋。

农圣文化主体精神之责任担当精神,以志存高远、胸怀天下为主要特征,以安民、富民、教民为基本内容。它既是农圣文化的关键所在,也是贾思勰历尽千辛万苦、涉广行远、躬耕田畴、潜心著书的动力所在。

一、关于《齐民要术》书名及署名前的引文

(一)关于《齐民要术》书名的理解

一定程度上讲,一部作品的名字就是该部作品的眼睛,是该作品主旨体现的重要元素,也最容易表达作者的创作意图。对《齐民要术》书

名的解释，栾调甫、缪启愉、石声汉等众多学者专家大都倾向于：书中的"齐民"指的就是平民百姓，"要术"是指谋生的重要方法，"齐民要术"就是老百姓从事生活资料生产的重要知识。这也是研究较早、流传时间较长，已经是社会上普遍认同的一种观点。但是，也有人不这么认为，如中国科学院自然科学史研究所曾雄生研究员就曾对书名中的"齐民"二字总结了平民说、全民说、农民说、齐地之民说、治理人民说五种不同的观点，他本人则更倾向于"治理平民"一说。曾雄生认为，书名不仅仅是字面所表达的"农（平）民（生计）的基本技能"，更应理解为"治理人民的重要方略"[①]，前面一种观点的含义不言而喻，后面"治理人民的重要方略"的观点含有：如果人民的生产生活得不到保障，人民生活于水深火热之中，治理就是失败的，就需要实施一定的管理和技术策略，让老百姓安居乐业。实施什么策略？自然是"农（平）民（生计）的基本技能"。

因此，综合各种研究我们可以看出，无论哪一种观点，其中都带有明显的安民、富民、教民的思想寓意。由此推断，贾思勰怀有安民、富民、教民的理想抱负是有根据的，并非空穴来风。

（二）关于贾思勰署名前的引文

《齐民要术》书名之后署名之前，贾思勰引用了《史记·平准书》中"齐民无盖藏"一句，这句话的意思是说，老百姓（穷的）没有储藏物。考查此句来源知道，它描写的是秦朝灭亡后西汉初年社会现实的真实写照。如果我们把历史当作一面镜子，就可以明白秦亡汉初的情况与贾思勰所处的北魏时期民族大融合、社会动荡不安的社会现实极为相似。因此，贾思勰引用《史记》中的这一句，绝不是心血来潮，一定是有原因的。通过这样的分析，我们就会发现，贾思勰对战乱、灾荒、生产凋敝的社会现实是怀有忧虑之心的，是抱有改变社会现实状况的理想和担当精神的。

同时，贾思勰引用三国时如淳对"齐民"的注释："齐，无贵贱。故谓之齐民者，若今言平民也"，意思是说，"齐"不分贵贱。因此所谓"齐民"就像今天所说的"平民"，进一步明确了作品的服务对象——平民。虽然有专家怀疑贾思勰是不是真引用了这句话，但我们通过

---

① 曾雄生：《中国农学史》，福州：福建人民出版社，2012年，第208—210页。

《齐民要术》记载的内容来看，全书涉及农、林、牧、渔、副等现代大农业结构框架内的所有方面，是北魏及以前社会农业科学技术的集大成者，都是与老百姓的生产生活息息相关，当然也必然与执政者有着关联，因为如果百姓生产不足，国家的赋税就无法解决，国家安全与稳定就会受到威胁。从这一意义上讲，引文是不是贾思勰亲自写入的也就显得并不重要了。因为，无论对历史、现实、老百姓还是对国家、社会，通过《齐民要术》我们对贾思勰的责任意识都是可以窥一斑而知全豹的。

因此，我们可以说《齐民要术》书名与作者署名前的引文，都对责任担当精神有所涉及，从创作一开始就充分显示出了责任担当精神在贾思勰《齐民要术》农学思想文化中的重要地位，也体现了贾思勰的创作主旨。

二、从《齐民要术·序》分析责任担当精神

《齐民要术》的序言，应该是贾思勰自己撰写的，序文共有2700余字，是全书的灵魂所在，是贾思勰说明他著书宗旨、基本思想、论说对象、体例结构和资料来源的重要信息，也是全书思想价值和精神价值的集中体现和高度概括。石声汉教授通过研究分析认为，《齐民要术》自序说明了三个方面的意思：一是农业生产的重要性。二是教育大众务农的良好效果。三是群众领导人必须教育大家务农的道理[①]。我们可以通过贾思勰的自序，体味贾思勰的良苦用心，更可以从中找到贾思勰责任担当精神的根源。

在序的第一段，贾思勰开宗明义，援引《汉书·食货志》"盖神农为耒耜，以利天下；尧命四子，敬授民时；舜命后稷，食为政首；禹制土田，万国作义；殷周之盛，诗书所述，要在安民，富而教之"的文字，通过援引历史事实来表明自己的心胸和志向，明确表达了他的创作目的就是"要在安民，富而教之"，意思是说，我写作的目的就是让百姓安定，让老百姓生活富裕，然后让他们受到教化。而教化的作用就是让人明白事理，知道廉耻，自觉拒绝野蛮和庸俗。可以说，这既是贾思勰的创作目的，也是他的理想所在，更是他作为"齐民"（平民）的责任担当。

---

① 参见石声汉：《石声汉农史论文集》，北京：中华书局，2008 年，第 350—351 页。

在序言里，贾思勰还不厌其烦地引经据典，历数神农、尧、舜、禹、李悝、商鞅、赵过、蔡伦、耿寿昌、桑弘羊、猗顿、陶朱公、王景、皇甫隆、茨充、崔实、黄霸、龚遂等人，这些在中国历史上曾经在安民、富民、教民的伟大实践中，为老百姓，为改变生活现状、生产技术、生活理念，甚至是社会制度改革方面，做出过积极贡献的历史人物，字里行间无不流露出贾思勰对他们的无限推崇之情和追慕之心。对比这些圣贤或良吏，可以体会到贾思勰大有"苔花如米小，也学牡丹开"（清朝袁枚《苔》诗句）之意，我虽然是一朵小如米粒的苔花，但也要照样学着牡丹的样子昂然怒放。联系北魏当时的社会背景，贾思勰自觉的责任担当意识在这里表达得就更加清楚明白了。

贾思勰生活的时代是南北朝时期的北魏末年，因为政权更迭频繁，国家战火频仍，自然灾害又接连不断，导致社会动荡不安，百姓生活颠沛流离。《齐民要术》载："杜、葛乱后，饥馑荐臻，唯仰以全躯命，数州之内，民死而生者，干椹之力也"，意思是"杜葛之乱"致使当地经济萧条产生了大饥荒，老百姓凭着晒干后的桑葚保命。由此可知，贾思勰是亲身经历过"杜葛之乱"的，也深知战争给百姓带来的不幸和灾难。

作为一个有良知的知识分子和地方官僚，贾思勰感到自己有责任有担当去改变这一切。面对战争、贫穷、饥饿、落后，贾思勰做过什么样的理性思考和思想斗争，我们无从得知，但在他的自序里，我们从其引用的"食为政首""一农不耕，民有饥者；一女不织，民有寒者""仓廪实，知礼节；衣食足，知荣辱""圣人不耻身之贱也，愧道之不行也；不忧命之长短，而忧百姓之穷""故田者不强，囷仓不盈；将相不强，功烈不成""民可百年无货，不可一朝有饥，故食为至急"等内容来看，有些是经典史籍，有些是人物事迹，有些是著名人物的言论观点，都突出地体现出贾思勰强烈的安民、富民、教民思想。

这种责任担当精神为贾思勰著书立说奠定了思想基础，也成为贾思勰"起自耕作，终于醯醢，资生之业，靡不毕书"的著书原因和思想支撑。通过贾思勰引经据典的论述，我们能清楚地看到他那一颗似乎还在怦然跳动的火热之心，以及贾思勰"舍我其谁？"的责任担当的强烈表达。

三、农圣文化主体精神之责任担当精神的当代价值

　　责任担当精神可以理解为理想抱负，在现实社会生活中具有非常重要的作用，是一个民族、国家、家庭、事业、生活和发展的重要思想支撑和精神内核。对一个普通人来讲，一个人只要有了责任和担当，他就会自觉地努力拼搏，将担当和责任付诸实际行动。面对国难危机，林则徐发出"苟利国家生死以，岂因祸福避趋之？"的黄钟大吕，陆游吟出"位卑未敢忘忧国"的忧思，顾炎武提出"天下兴亡，匹夫有责"的主张，而孟子则慨言"虽千万人吾往矣"，无论国家重臣、文弱书生，还是民族贤哲，在国家危难、民族危亡之时，他们都抱有一颗忠心、赤心，担起了扶大厦于将倾、救国家民族于危亡的历史重任，摇旗呐喊，发浩歌，立大志，与国家和民族同甘苦共命运，书写了碧血丹心浩气长存的壮丽篇章。

　　对民族（国家）而言，责任担当就好像是历史使命。如果一个民族（国家）没有了责任担当精神，就会成为一盘散沙，一旦遇到大至世界范围，小到局部区域内的动荡、冲击或外族侵扰时，就极易被瓦解离析，导致灭族灭种。从另一角度讲，一个民族（国家）没有了责任担当精神，人民生活就会处于水深火热之中，民族（国家）的发展就会停止不前，整个民族（国家）的脆弱性就会急剧加大，民族生存也将受到致命威胁。北宋历史上出名的"靖康之耻"，就是宋徽宗、宋钦宗父子两位皇帝没有了对国家的责任担当，重用了蔡京、童贯、高俅等奸臣，从而荒淫无度、治国无方，成了金兵的阶下囚；慈禧当政的清王朝，毫无责任担当自然就置国家百姓于不顾，割地赔款，委曲求全，丧尽中华尊严，失国体失民心，直至义旗四张，改弦易辙，这些沉痛的历史教训不能不让我们警醒。

　　对家庭而言，责任担当犹如黏合剂。如果一个家庭的成员没有责任担当精神，就会貌合神离各行其道，必然导致家庭不和谐，甚至破裂。家和万事兴是历来国人的传统共识，"和"的前提是家庭成员人人抱有一种责任和担当精神。对老人有责任担当，老人才能颐养天年，同时还会教育影响子女，对自己对爱人有责任担当，感情才会稳固，子女有责任担当，才会努力学习开创未来，唯有这样才会形成家庭的凝聚力，营造一个和谐美

满的幸福家庭。现实生活中这样的例子和教训比比皆是。

对事业而言，责任担当犹如兴奋剂。一个人如果对事业没有了责任担当精神，意志就会消沉，精神就会颓靡，就会做一天和尚撞一天钟，对工作敷衍塞责消极应付，事业的发展壮大就成为空想，甚至导致事业的全面溃败。

对生活而言，责任担当犹如强心剂。富有责任担当精神的人具有高度的理智，始终对生活充满了信心和希望，不会被生活中一时的困难挫折所困扰，也不会被暂时的失败所击倒，更不会为一时的成功而得意忘形，他会朝着更加幸福美好的生活不断努力，直至最后的胜利。

对未来（发展）而言，责任担当犹如催化剂。无论是个人还是集体，如果没有责任担当精神，其未来就会停滞在空想、妄想阶段，也就没有了梦想和理想。一个没有了梦想和理想的人，生活枯燥无味，人生若行尸走肉，也就没有了精彩的未来。一个人只要负有责任担当精神，就会为了梦想、理想不断开拓前进，向着未来的方向不断奋斗，不断收获成功和希望。

总而言之，无论古今，责任担当精神虽然在内容有着千差万别，但在意义上是一致的。在社会转型、机遇与考验同在的今天，无论个人还是集体，责任担当精神的现实作用和意义更加突出，而传承发展好农圣文化中的责任担当精神，对一个民族（国家）的繁荣强大、家庭的和谐幸福、事业的发展壮大、生活的充实美满、未来的理想实现都具有积极的意义。

第三节　矢志不渝敢为人先的敬业创新精神

敬业，是人生的一种精神境界；创新，是人生的一种涅槃。以矢志不渝、敢为人先为主要特征，以做事专一、开拓创新和超越传统为基本内容的敬业创新精神，是农圣文化主体精神的重要组成部分。结合贾思勰所生活的时代，以及《齐民要术》的历史影响，提炼、梳理、释读农圣文化主体精神中"敬业创新精神"的基本内涵，对把握其核心价值，传承创新农圣文化，服务于中华民族伟大复兴的人才培养，服务于新时代中国特色社会主义经济社会的发展，具有重要的现实意义。

一、农圣文化主体精神中的"敬业精神"

贾思勰生活在北魏末年到东魏初年政局动荡的年代，社会政治腐败黑暗，战乱由边境向内地蔓延；经济破坏严重，土地荒芜，生产凋敝，战火和饥荒吞噬了千千万万勤劳善良的劳动人民，社会面临的问题十分严峻。应该说，这些都是贾思勰亲身经历、耳闻目睹过的。在强烈的家国情怀的感召下，富有责任担当精神的贾思勰克服困难，潜心著书，体现出可贵的"敬业精神"。

（一）一部"奇书"奠定了其在农学史上的学术地位

《齐民要术》是中国文化典籍中的一部"奇书"，所谓"奇"主要体现在：一方面，虽然这是一部农书，但它的影响却远非仅限于农业生产领域，其内容涉及传统农耕社会生活的方方面面，信息量极大；另一方面，即使作为一部农书，它庞大的体量、完整的体系、系统严密的逻辑、科学规范的体例等，是以往农书所不具备的，引领了之后中国农书创作的方向和发展。此外，《齐民要术》的学术价值远远超越了其本身在农业科学技术方面的贡献，已成为农学思想、农学史、经济史、食品制作史等专门研究的必选经典书目。

据梁家勉教授分析，《齐民要术》大约成书于533—544年或稍后，历时约11年多。而据郭文韬、严火其教授考证，《齐民要术》大约创作于528—556年，历时28年才得以完成[①]。无论是11年还是28年，如果我们不以著述时间长短而论，在没有发现贾思勰其他作品，而且缺乏历史佐证的情况下，可以说贾思勰是倾其一生心血，完成了这样一部规模庞大的农学巨著，历时之长，工程之巨，创作之艰难程度可想而知。如果翻译成现代汉语，单就字数恐怕20万字也不止，这样的鸿篇巨制、庞杂内容，以及严密的体系、科学的论述、精确的数据，就是拿到今天让一个人用10多年或20多年时间去坚持做好，也绝非易事。

（二）自注内容体现了治学严谨和学识渊博

《齐民要术》全书10卷92篇11万多字，除正文（大字体部分）7

---

① 郭文韬、严火其：《贾思勰王祯评传》，南京：南京大学出版社，2001年，第6页。

万余字外，贾思勰还充分发挥自己丰富的阅历知识和文化知识优势，对正文作了长达 4 万余字的注释（原书中的小字体部分都是贾思勰自注的内容）。特别是那些表明自己见解的注释，是贾思勰有着切身经历之后的真实思考，反映了北魏当时的社会生产现实情况，或者当时人们对生产生活的观察心得，是我们研究农业历史发展的宝贵资料，价值极高。例如，卷二《种芋第十六》，全文共533个字，正文仅有193个字，而注释就占到了340个字。为了注释引用古农书《氾胜之书》中"豆萁"所用"音其，豆茎"4个字，贾思勰又引用他人书籍的注释文字来加以说明，字数就达到了 266 个，而体现贾思勰本人见解的仅有 70 字，字数虽少却最有价值。正是因为加入了贾思勰煞费苦心的注释，才使得《齐民要术》的主旨更加明白晓畅，内容更加丰富具体，也为我们研究传统农学发展或《齐民要术》农学思想提供了宝贵的历史文献资料。

（三）资料来源渠道信实可靠

第一，为了提高《齐民要术》的实用价值，有效指导农业生产，切实提高农业产量，贾思勰尊重历史发展规律，注重系统总结前人经验，有选择性地摘录古人有关农业政策和农业生产的文献，或说明或证据或参考或广闻，尊重历史的延续性和在延续基础上的创新发展，并把这些知识作为创作时的资料支持、精神激励和生产借鉴，融入和充实到《齐民要术》中，此即贾思勰在序中所说的"采捃经传"。应该说，这既是贾思勰虚心向传统学习，又是以农为本的敬业精神的充分体现。

第二，重视农业实践中的"活"经验，广泛采集农业生产谚语。农业生产谚语是老百姓对生产生活中经验的总结，是经过了长期生产验证和历史检验的高度概括的科学技术格言，是具有旺盛生命力的活教材，是传统农业生产生活中不可或缺的重要经验借鉴。贾思勰走进民间地头，对这些活经验进行了广泛采集，并巧妙不见痕迹地写入《齐民要术》相关篇章中，有力地支持了自己的理论观点，这就是《齐民要术》序中所说的"爰及歌谣"。

第三，珍惜群众的实际经验，实地采访群众收集信息。贾思勰在创作过程中，不以"太守"身份发号施令，而是深入民间，积极向富有实际生产经验的老农和内行请教，吸收当时广大劳动群众在生产生活中积累的宝贵经验，把自己的理论建立在了丰富而又扎实的生产生活基础上，既履行了"太守"督课之职，又取得农业生产经验，这就是序中所谓的"询之老成"。

第四，注重自身的实践验证，亲自动手实验。以上三个方面得来的生产经验虽然有些是自己采集来的，有个人劳动的元素，但总体上来说基本上还是现成的经验，这些经验和技术究竟是不是完全正确合理、行之有效，最后还需要通过自己亲身的实践来加以验证和改进，此即序中所言"验之行事"。毫无疑问，这既是对农业生产的负责，也是贾思勰敬业精神的可贵之处。

据统计，《齐民要术》全书援引古代典籍157种[①]，农谚歌谣（农业实践经验）45余首[②]，贾思勰在养羊、制醋等众多方面有过切身的实践经历，他曾到过山东的益都（北魏时的寿光境内，贾思勰的出生地）、青州（临淄附近）、齐郡历城（青州辖郡）、西兖州（山东定陶及附近）、济州（山东茌平附近）、西安、广饶（齐郡辖县），还到过河北的井陉、渔阳（密云一带），河南的朝歌（淇县附近）、洛阳，陕西的茂陵，山西的代（大同附近）、并（太原附近）、壶关、上党，以及东部的辽等地，可以说足迹踏遍了大个半中国（南北朝时期汉水、长江以北的北魏政权管辖区域），特别是对黄河中下游旱作地区进行了详细认真的考察，取得了第一手资料。在社会条件低劣，交通不便，战乱频仍的北魏时期，贾思勰的所作所为充分体现了一个有责任敢担当的古代知识分子的敬业精神。

综合分析以上四种创作途径，除了大量的农业文献资料来源于书本以外，其他三种又都是建立在实践基础上的，充分说明了贾思勰非常重视生产实践，著书立说绝不是凭空臆想。有了历史文献作理论基础，有了群众智慧作经验支撑，经过自己的深思熟虑和实践验证，又加上自己的精心总结和研究，《齐民要术》成为我国古代农业科学技术的集大成之作是情理之中的事，千百年来仍然为我国劳动人民和农业专家所重视，也是情理之中的事。贾思勰这种创作上的专注态度和创新实践，无疑是其敬业精神的真实写照。

---

① 石声汉：《从齐民要术看中国古代的农业科学知识》，北京：科学出版社，1957年。另据胡立初先生考证全书引用古籍多达180余种，引用之书多有重复计算，可参考。
② 倪根金：《〈齐民要术〉农谚研究》，《中国农史》1998年第4期。

二、农圣文化主体精神中的"创新精神"

《齐民要术》无疑是中国传统农学发展史上的一个重要里程碑，为后世农书的发展树立了榜样示范。有学者认为，《齐民要术》绝不仅仅是对北魏时代北方旱作农业生产技术的全面总结，它还保存了北魏以前大量的农业史资料，为后人研究秦汉农业生产发展提供了重要依据。开前人之所未立，领后人之所未为，应该说，这正是农圣文化主体精神中创新精神的充分体现。

（一）从专家学者对《齐民要术》的评价看

南宋李焘《孙氏齐民要术音义解释》序中称"贾思勰著此书，专主民事，又旁摭异闻多可观，在农书中最峣然出其类"。1744 年，日本学者田好之等译注的《齐民要术》新序中说："民家之业，求之《要术》（指《齐民要术》），验之行事，无一不可者矣。"1957 年，日本学者神谷庆治在西山武一、熊代幸雄的《校订译注〈齐民要术〉》序中说："即使用现代科学的成就来衡量，在《齐民要术》这样雄浑有力的科学论述前面，人们也不得不折服。"近代王尚殿称："《齐民要术》是我国古代一部优秀的农书，是农产品加工和食品生产的科技书，内容极其广泛和丰富。……可谓我国六世纪的食品百科全书。"经济史学家胡寄窗也曾评价说："其记载周详细致的程度，绝对不下于举世闻名的古希腊色诺芬为教导一个奴隶主如何管理其农庄而编写的《经济论》。"农史学家石声汉教授认为，"《齐民要术》以前，中国是有过一些农书的；但有的已完全散佚，有的只保存了一部分。就这些现存的农书看来，《齐民要术》的成就，是总结了以前农学的成功，也为后来的农学开创了新的局面"[①]，缪启愉教授则认为"它的宏观规划、布局、体裁，完全是独创的，自出心裁的。《齐民要术》本身虽然没有先例可循，却给后代农书开创了总体规划的范例，后代综合性的大型农书，无不以《齐民要术》的编写体例为典范"。

通过古今中外的著名学者专家的评论看，《齐民要术》作为一部"中国古代农业百科全书"式的农学著作，无论在农学还是其他领域，

---

① 石声汉：《从齐民要术看中国古代的农业科学知识》，北京：科学出版社，1957 年。

它的历史地位都是不容置疑的。而作为《齐民要术》的作者，贾思勰在农学领域所做的开创性贡献，也是不容置疑的。从社会学角度讲，在贾思勰身上是有着一种对历史、对未来负责的"创业精神"，而这种创业精神已成为农圣文化中重要的价值内涵。

（二）从《齐民要术》对后世的影响看

在《齐民要术》之后，唐朝初年的太史李淳风（602—670）曾撰写《演齐人要术》一书来推演《齐民要术》，武则天（624—705）也曾命令臣下编撰由她亲自删定的《兆人本业》，"兆人"也即"齐民"，"人"是避唐太宗李世民的名讳。《齐民要术》成书后几十年就能够得到唐初中央官员和最高统治者的青睐，并以官书的形式来号召和施行，可见影响非同一般。唐末，韩鄂编撰了《四时纂要》，大量内容采自《齐民要术》，"如果把《要术》的资料去掉，几乎不成其为农书"①。自唐代以后，直至清代，无论官方还是私人著述，或套用《齐民要术》书名或模仿其体制或引用其资料，并不鲜见，这也足以看出《齐民要术》在中国古代农学领域所占的重要地位，以及对后世的深远影响。

《齐民要术》对古代经、史、子、集等各种典籍都有大量引用，其数量之大令人叹为观止，充分体现了贾思勰知识的渊博和阅读的广泛。经过一千多年的发展，很多古籍已经完全散佚，值得庆幸的是因为有了《齐民要术》的征引，才保存了其中的部分吉光片羽。例如，现在仅存约3700字的西汉时著名农学家氾胜之的《氾胜之书》，就是因为有了《齐民要术》的摘引，在19世纪前半期和20世纪50年代，经过一些专家的辑集之后，才得以让后人看到它的原貌端倪。另一部有名的古农书，即东汉时崔寔的《四民月令》，也主要是靠《齐民要术》等书的引用，才得以保存下来部分材料。此外，再如《齐民要术》中所引用的《食经》《相马书》《广志》等这些重要的古代典籍内容，已成为后世考订和辑佚古籍的珍贵资料。就连全书最后一卷（卷十），虽然"其有五谷果蓏，非中国所殖者，存其名目而已"，不是当时在北魏统治区域内种植的五谷和果蔬之类，因为贾思勰"种莳之法，盖无闻焉"，所以只是保留了它们的名称目录，但贾思勰所引用的书，如《广州记》《交州记》之类均已失传，在考证华南一带的植物时，《齐民要术》就提供

---

① 缪启愉：《齐民要术导读》，北京：中国国际广播出版社，2008年，第39页。

了一些重要的间接史料。这样说来，贾思勰与其《齐民要术》实在是功不可没。

（三）从《齐民要术》的规模内容看

《齐民要术》体系完整，虽然内容庞杂，却结构层次条理，主次分明，行文先后有序。全书除去序言外有 10 卷 92 篇，共计 111 800 字，其内容正如作者序中所言"起自耕农，终于醯醢，资生之业，靡不毕书"，农、林、牧、渔、副，凡是人们生产生活中所需要的知识内容都做了记载，几乎囊括了古代农家经营活动的所有方面，以百科全书式的全面逻辑结构展现在我们面前。此外，贾思勰叙述所处疆域兼及其境外农业生产（作物）的结构体系，也在中国农业科学技术史上具有首创意义，而其"规模之大，范围之广，某些观察之精到细致，某些结论之正确全面"（石声汉语）可谓前无古人，后无来者。

（四）从《齐民要术》的传播研究情况看

《齐民要术》的版本流传和研究情况有着清晰的脉络，第二章第二节"《齐民要术》的广泛影响"已从版本流传和价值影响方面进行过具体介绍，此处不赘言。

据统计，国内外学者对贾思勰及《齐民要术》的研究主要集中于以下几个方面：（1）《齐民要术》的校勘、注释、今释、翻译。（2）《齐民要术》的流传和版本传承。（3）《齐民要术》的成书年代与背景。（4）贾思勰身世与科学技术活动。（5）《齐民要术》在中国农业科学技术史上的地位。（6）《齐民要术》在中国农产品加工和食物史上的地位。（7）《齐民要术》在中国农业经济、经营史上的地位。（8）《齐民要术》在中国农业哲学思想和方法论史上的地位。（9）《齐民要术》在中国生物学史上的地位。（10）贾思勰《齐民要术》在世界农学史和科学技术史上的地位等。（11）传统文化领域的综合研究。杨法瑞教授、薛彦斌博士等人曾经对 20 世纪以来国内学者的研究情况进行过分类整理，参考他们的研究成果可以得知，对贾思勰《齐民要术》的研究内容已扩展到了《齐民要术》与饮食文化，与语言学、传统文化、数学、民族学等多个领域。若非《齐民要术》具有非常之价值，一定不会得以传世并且能入众多专家法眼；如果贾思勰在创作中没有独到之处，也无法得到各位专家重视并且加以研究。这是贾思勰开创性之举的魅力所在，相信今后也必然还会涌现出更多专家学者，从不同视角对贾思勰《齐民要术》进行相关研究，也一定会有不同专家从同一视角进行更加深入式的再研究。随着新时代中国特色社会主义乡村振兴战略的实施，以《齐民要术》为代表的农业文化遗产一定会得到进一步的重视和挖掘，必将再一次焕发出新的文化活力，为乡村振兴、文化兴盛发挥积极的支持作用。

三、农圣文化主体精神之敬业创新精神的当代价值

荀子《劝学》中的"不积跬步，无以至千里；不积小流，无以成江海"反映了事物由小及大、由量变到质变的过程，而屈原的"路漫漫其修远兮，吾将上下而求索"则反映了对理想目标的执着追求与坚守。"穷且益坚，不坠青云之志"，由小事做起，从细微处着手，向着理想目标不断迈进，坚持一种努力，坚守一种执着，就能成大事，也是对创业敬业的最好表述。

敬业相当于专一，专一就是对事业的持之以恒，宋朝大儒朱熹曾解释"敬者，主一无适之谓"，意思是说做一件事，把全部精力都集中到这件事上来，一点儿也不会被其他的事情分心。创新是对传统继承和扬弃的辩证结合，是在原有基础之上的开拓前进，坚持创新并不断发展而成规模并产生效益者，即创业。敬业创新精神古已有之，今后亦将不绝。

在贾思勰之前的时期，这种开拓性、创新性和专一性的精神在不同时代的不同领域，均有突出的表现和骄人的成果，也有着杰出的典型和代表性人物。譬如在史学领域，"究天人之际，通古今之变，成一家之言"的司马迁，虽然身体承受了宫刑（阉割）的奇耻大辱，但他忍辱负重，倾其毕生心血精心研究总结了中国三千多年的历史，编纂《史记》，写成了中国历史上第一部纪传体通史，从而名留千古、彪炳史册。在军事领域，春秋时期"孙子膑脚，《兵法》修列"的孙武，虽然受到了削去膝盖骨的酷刑（膑脚），但他却克艰攻难，编著了世界上第一部军事专著《孙子兵法》，成为古典军事文化遗产中的璀璨瑰宝，被军事家誉为"兵学盛典"。在工业领域，东汉末年蔡伦发明的造纸术，在推动中国和世界文明发展的进程中都起到了不可替代的作用。在医学领域，三国时华佗创制的"麻沸散"，是世界上最早的麻醉剂，比西方

早 1600 多年……

　　通过以上例子来看，可以说"敬业创新精神"一直是中华民族传统文化中的主流文化之一，是我们国家、民族事业发展一以贯之的重要原动力，更是我们应该传承和创新发展的宝贵的精神财富。由此可以推知，农圣文化主体精神中的"敬业创新精神"与中华传统优秀文化的渊源关系。

　　创新，是一个民族发展的不竭动力，也是事业发展的不竭动力。敬业，是成事之关键、发展之基础。只有创新，发展才有希望；只有敬业，发展才有保障。在现实生活中，大至国家、民族、事业，小至家庭、个人、工作、前途，是否具有敬业创新精神，关乎发展，关乎成败，也关乎未来，其意义和作用不言而喻。

　　发展，是时代的潮流，也是历史的必然。成功和未来是国家、民族的梦想，也是事业、工作和个人的期盼。没有敬业创新精神，时代就不会发展前进，社会就会处于停滞，无论是民族、国家、工作还是个人及其事业，就会落后，"落后就要挨打"。"挨打"事小，淘汰事大，一旦一个民族被历史淘汰，这个民族就会沦为异族之奴，国家就会沦为亡国之奴，家庭就会跌落贫寒深渊，事业也会萎缩窘迫。中国以及世界的发展历史，已经充分地证明了这一点。

　　对于青年大学生来说，敬业创新精神尤为重要。因为大学生终将担负起建设国家和创新发展的重任，没有敬业创新精神，就只会躺在前人的功劳簿上消极沉沦，不思进取；就会畏于困难挫折，失去挑战自我、超越自我的勇气，满于现状，临渊羡鱼。因此只有传承发展好敬业创新精神，才会自觉不断地提升自己的素养，努力去实现自己的梦想、国家的梦想，中华民族的伟大复兴才有希望实现。梁启超曾言"少年强则国强，少年进步则国进步，少年雄于地球，则国雄于地球"，诚哉斯言。由是观之，敬业创新精神的现实意义越发显得重大，传承发展好敬业创新精神的必要性、迫切性也越发突出。

第四节　热爱劳动朴实无华的勤俭朴素精神

　　勤俭朴素是中华民族精神宝库中的重要思想内容，也是一种高尚的传统美德。《左传》记载："俭，德之共也；侈，恶之大也。"可见自古至今，人们就提倡勤俭节约，反对奢侈浪费，以勤俭为善行中之大德，以奢侈浪费为诸恶中之大恶。以热爱劳动、朴实无华为主要特征，以主张勤劳务本、反对奢靡浪费为基本内容的勤俭朴素精神，是农圣文化主体精神的重要组成部分。研究农圣文化，把握农圣文化中勤俭朴素精神基本内涵，对提升人的综合素质，服务于现代经济社会发展，践行社会主义核心价值观，形成积极健康的社会风气具有积极的推动作用。

《齐民要术》自序是体现贾思勰创作理念、宗旨、体例和思想主张的重要文献，通过研读贾思勰的自序，我们就能清楚地发现贾思勰灵魂深处的思想源点。贾思勰在自序中的多处引文和评述性文字，是我们研究分析其"勤俭朴素精神"内涵的主要文献资料。

一、《齐民要术》的勤奋观

（一）引用《论语》表明对勤劳的态度

《论语》是儒家经典，被历代统治者奉为治世经典，所谓"半部《论语》治天下"。后人对孔子关于耕稼的观点存在争议，认为孔子看不起劳动者，证据就是樊迟请教孔子稼（种植）、圃（园圃）之事（泛指农业劳动），孔子有一评价"小人哉，樊须也"。其实，通读儒家经典我们知道，孔子是对从事不同社会分工的人有自己的看法，什么人做什么事是由岗位和职责决定的，一个人对其职责之外的事不必事必躬亲。另外，对孔子关于"小人"的说法也应当分而论之，古人对有学问的人称之为"君子"，"小人"之谓亦可作除学问之外的人解，并非现今人们片面所指的品德低下之人。因此，《论语》之价值又可别论。贾思勰引用《论语·微子》"四体不勤，五谷不分，孰为夫子？"强调四肢不劳动，五谷分不清的人是不配做别人老师的。贾思勰借"丈人"也就是年长之人的话，无情地抨击了不积极参加劳动的人，显示出对空谈者的不屑之情。

（二）引用《左传》名句明确勤劳的主张

序中引用《左传》名句"人生在勤，勤则不匮"，"人"大概是唐朝人避李世民的名讳改"民"为"人"，这句话说明民生贵在勤劳，勤劳就不会缺乏衣食用度的道理。《左传》此句历来受到世人的褒赞，被视为修身执事的圭臬，贾思勰引用此句也就非常明确地表明了自己关于勤劳致富的思想主张。

（三）为古语作解释并列举史实作证

序引"古语曰：'力能胜贫，谨能胜祸。'盖言勤力可以不贫，谨身可以避祸。故李悝为魏文侯作尽地力之教，国以富强；秦孝公用商君，急耕战之赏，倾夺邻国而雄诸侯。"其大意是，勤于劳动就能战胜贫穷，只要谨慎就能避免灾祸。贾思勰对此做出的解释是，勤劳努力就不会贫穷，谨慎行事可以避免祸患。除了这些，贾思勰还援引魏文侯因为接受了李悝的重农建议，充分利用土地资源，国家得以富强；秦孝公接受了商鞅变法的建议，奖励那些勤于耕种的人，使秦国最终称雄于诸侯的史实为论据，进一步申明了勤政可以富国强国的道理，为自己的思想主张提供了强有力的事实支撑。

纲举则目张。古语为纲，李悝强国之教、商鞅变法之论皆为目，而贾思勰的解释则成为其论述发力之所在，其纲目论的核心之处无非是一个"勤"字。贾思勰如此严密地逻辑表述，又无非是申明自己的勤劳观点，强化其勤劳思想主张。

（四）引用《淮南子》强调"勤奋"的利害

《淮南子》，又名《淮南鸿烈》《刘安子》，是西汉皇族淮南王刘安及其门客集体编写的一部著作，里面记有"自天子以下，至于庶人，四肢不勤，思虑不用，而事治求赡者，未之闻也。""故田者不强，困仓不盈；将相不强，功烈不成。"意思是上至皇帝，下到一般老百姓，如果四体不勤，头脑不用，而想办好事情，求得富足，是从来没有听说过的。种田的人不勤于耕作，粮仓就不会充实，一个国家的将帅和官员如果不勤于工作，就不会有成就和功名事业。这是最基本的道理，也是为现实所证明的事实。

贾思勰借史言其意，并且他的视角没有局限于一家一人，而是放到了一个国家的层面，从上层统治者到中层的将相，再到基层的百姓，由点及面，由寡及众，强调非"勤奋"不能致富，非"勤奋"不能成事，"勤"字利害昭然若揭，似黄钟大吕震耳欲聩。

（五）引用《仲长子》《谯子》反复强调勤惰不同的结果

引用《仲长子》"天为之时，而我不农，谷亦不可得而取之。青春至焉，时雨降焉，始之耕田，终之簠、簋，惰者釜之，勤者钟之。矧夫不为，而尚乎食也哉？"说明大自然为我们安排了四季天时，而我们如果不勤于劳作，就得不到粮食。春天到了，雨也降了，就应该及时播种，从耕种到饭桌，懒惰的人一亩地只能收到六斗四升（釜），勤劳的人一亩地能收到六石四斗（钟）（按《左传·昭公三年》：齐旧四量：豆、区、釜、钟。四升为豆，各自其四，以登于釜，釜十则钟）。如果不是勤劳，还妄想有得吃吗？又引《谯子》"朝发而夕异宿，勤则菜盈倾筐。且苟无羽毛，不织不衣；不能茹草饮水，不耕不食。安可以不自力哉？"早晨一起出发，（因为走得快或慢的原因）晚上却会住宿到不同的地方，勤劳的人会收获满筐的蔬菜。况且人们没有羽毛，如果不纺织就没有衣服穿；人们又不能吃草（只）喝水，不勤于耕作就会没有粮食吃，怎么可以不下力用功呢？

天行健，君子以自强不息；地势坤，君子以厚德载物。在这里，贾思勰从自然条件（四季分明、雨水充沛）、人身需求（衣食所需）与勤劳懒惰的结果对比三个层面强调了"勤"的利害，进一步说明勤奋之重要，懒惰之垢弊。"矧夫不为，而尚乎食也哉？""安可以不自力哉？"成为贾思勰发自内心地恸然呐喊，用"勤"劝勉世人的呼吁。

（六）引用谚语并列举孔子、王丹的故事申明"勤奋"观

禹、汤是上古时期的贤明之君，他们的智慧非同一般。贾思勰引用谚语"智如禹、汤，不如尝更"，说明即使有禹、汤一样的智慧，如果不亲自实践勤于耕作，也会一无所获。孔子的弟子樊迟曾向孔子请教稼穑（稼为种，穑为收，稼穑代指农业生产）之事（《论语·子路篇》），孔子说"吾不如老农"（我比不上老农），为什么孔子这样说呢？因为老农专注并勤于耕作之事，他们经验都比孔子丰富，这不是孔子谦虚，而是实事求是。贾思勰以此申明"然则圣贤之智，犹有所未达，而况乎凡庸者乎？"的观点，连圣人这样的智慧都有不能到达之处，何况平庸的人呢？因此，只有勤奋学习才能无所惑，才有希望获得成功，这就是我们平常所说的"勤能补拙"的道理。

"每岁时农收后，察其强力收多者，辄历载酒肴，从而劳之，便于

田头树下，饮食劝勉之，因留其余肴而去；其惰懒者，独不见劳，各自耻不能致丹，其后无不力田者，聚落以致殷富。"这是南朝刘宋时期历史学家范晔编撰的纪传体史书《后汉书》里记载的故事，东汉时王丹在每年庄稼收获后，就带着酒肉到那些勤劳而收获多的人那儿，邀请他们到田间树下一块庆祝丰收，并表示慰劳之意。吃不了的肉，没喝完的酒，就送给这些勤于劳作的人。而那些懒惰的人以得不到王丹的慰劳为耻辱，以后都变得勤劳了。在生产力低下的古代社会，衣食是最基本的，也是最能体现一个人身份地位的象征，王丹与勤于耕作者共食，并以酒食之物奖赏百姓，这对老百姓来说不仅是物质上的奖励，更多的是一种精神上奖励和政治上的荣誉。贾思勰援引王丹的故事也进一步申明，勤劳的人应该得尊重和奖励，反之则应受到嗤笑和惩罚的"勤奋"观，其勤劳致富的思想主张也更加突出。

（七）引用《仲长子》强调"勤"应该纳入督课之责

"丛林之下，为仓庾之坻；鱼鳖之堀，为耕稼之场者"（《仲长子》），意思是茂盛的丛林之地，只要勤于耕作也能使收获的粮食堆高如丘；在鱼鳖生存的洼地，也能耕种庄稼。贾思勰认为，勤劳可以改变现状，丛林之处，低洼之地，虽非稼稿良田，但只要勤于劳作也能变成种粮之田，甚至会获得丰收。至于那些"稼稿不修，桑果不茂，畜产不肥""秕落不完，垣墙不牢，扫除不净"者，贾思勰认为"鞭之""笞之"，意思是用鞭子打他抽他们都行，这虽然有封建时代酷吏官本位的嫌疑，但从另一个角度讲，"督课"作为地方政府改变当时社会风气的一种强制性措施，虽有苛刻而当无罪，贾思勰勤于督课的迫切之情也流露无遗。"且天子亲耕，皇后亲蚕，况夫田父而怀窳惰乎？"况且皇帝皇后都会以身示范去亲耕亲蚕，种田的老百姓怎么能懒惰呢？由此可见，贾思勰对勤于劳作的主张之坚定，态度之坚决。

为便于更直观地理解《齐民要术》中的勤奋观，现对贾思勰在自序中引用的文字及作用列表 5-1 析理如下。

表 5-1　《齐民要术》"勤奋观"的引文及作用分析表

引文出处	引文内容	引文作用
《论语》	四体不勤……孰为夫子？	表明作者态度
《左传》	民生在勤，勤则不匮	明确勤劳致富的思想主张
《古语》	力能胜贫，谨能胜祸	

引文出处	引文内容	引文作用
《汉书》	李悝为魏文侯……倾夺邻国而雄诸侯	强调勤政可富国强国的道理
《淮南子》	自天子以下……未之闻也 故田者不强……功烈不成	强调勤劳的利害关系
《仲长子》	天为之时，……而尚乎食也哉？	说明勤劳和懒惰的不同结果
《谯子》	朝发而夕异宿……安可以不自力哉？	
《谚语》	智如禹、汤，不如尝更	强化勤劳致富的勤劳观
《论语》	樊迟向孔子请教稼穑之事	
《后汉书》	东汉时王丹的故事	强调勤劳是光荣的，懒惰是可耻的
《仲长子》	丛林之下，……为耕稼之场者	说明勤劳可以改变现状

资料来源：本书作者根据《齐民要术》整理

二、《齐民要术》的俭约观

节俭什么？怎么节俭？节俭的意义何在？贾思勰在《齐民要术》序中也引用了大量典籍和史实资料作了分析说明，并结合自己的认识作了深入的论述，从中可以发现节俭思想也是贾思勰极力提倡的。

（一）引用《三国志》史料，强调细节节俭

西晋史学家陈寿所著《三国志》记载，皇甫隆任敦煌太守时，除了"教作耧犁"外，还发现敦煌的"妇女作裙，挛缩如羊肠，用布一匹"，于是"隆又禁改之，所省复不赀"。妇女做的裙子褶褶皱皱，用布非常多，皇甫隆认为太浪费，这虽然是件小事，但在生产力低下的古代社会其意义却是重大的。因为在物质生活相对贫乏的当时，节省下的布匹还可以去做其他的事情，所谓"勿以善小而不为，勿以恶小而为之"，善虽小，积之亦能成事。通过这样的引用表达，可以看出贾思勰的节俭意识可谓细微到了生活中的点滴细节。如果对比当今社会，古人的做法在让我们感到汗颜的同时，也让我们对贾思勰的这种节俭精神产生由衷的敬佩。

（二）援引西汉龚遂黄霸故事，突出实践节俭

《汉书》又称《前汉书》，是我国第一部纪传体断代史，由我国东汉时期历史学家班固编撰。书中记载，西汉颍川太守黄霸、渤海太守龚遂在当世有"良吏"之誉。黄霸提倡"及务耕桑，节用，殖财"，号召

百姓勤于耕种植桑，节约用度，增加财富。龚遂则是让老百姓"使卖剑买牛，卖刀买犊"，在龚遂眼里老百姓怎能不放弃武装斗争而从事耕种，所以他反问为什么改业归农呢？节省不必要的花费，把资金用在该用的地方，发挥资金应有的积极作用，这也是贾思勰倡导的节俭内容之一。贾思勰援引黄霸、龚遂任职时的具体做法，突出强调了节俭重在实际行动。

（三）援引西汉召信臣的做法，反对奢靡浪费

南阳太守召信臣稍后于龚遂，曾任零陵、南阳、河南三郡太守。贾思勰认为召信臣是个好官，因为召信臣"好为民兴利，务在富之"（喜欢为老百姓带来利益，目的在于让老百姓富起来）。同时他还"禁止嫁娶送终奢靡，务出于俭约"（禁止老百姓婚丧嫁娶铺张浪费，必须俭省节约）。今天，在新时代中国特色社会主义乡村振兴建设中，国家和政府提倡移风易俗的简约做法，与之有同曲之妙。这是贾思勰的借事说事，更是贾思勰旗帜鲜明地反对奢靡浪费，提倡勤俭节约思想的具体表达。

（四）胸怀大局，大力倡导节俭风气

贾思勰还援引《尚书》中"稼穑之艰难"，说明"一粥一饭来之不易，半丝半缕物力维艰"的道理，引用《孝经》"谨身节用"劝勉人们要谨慎行事节约用度，汉文帝刘恒是汉高祖刘邦的第四子，在位期间励精图治，兴修水利，衣着朴素，废除肉刑，百姓富裕，天下小康，开创了"文景之治"，贾思勰引用汉文帝"朕为天下守财矣，安敢妄用哉！"的话，试图用历史上明君的话来警示天下臣民节约，又引用孔子"居家理，治可移于官"，更进一步地强调，一个家庭的做法虽然影响微小，但是如果普天下的人家把各自相同或相近的做法汇聚在一起，就形成了一个国家的风气。而推行勤俭节约由小家到国家，道理是一样的，都不应该有所偏重和废弃。因此，贾思勰的思想基点绝非仅在一家一户，而是在一国范围内的普天之下，是对整个社会风气的一种全局性思考。

（五）直抒胸臆，强烈痛斥奢靡风气

贾思勰生活的时代是一个政局动荡、社会奢靡风气盛行的北魏末期。据《魏书》记载，胡太后专擅政权后骄奢淫逸，当时的皇族权臣高

阳王元雍富可敌国，有庞大的房舍、花园和猎场，奴仆六千，婢女五百，但他还嫌不够多；河间王元琛家的马槽都是银铸的，门窗镶玉凤金龙，酒器是水晶的、酒壶是玛瑙的，但他还不满足，于是两人竟然展开了滑稽的斗富，成为历史上的荒唐笑谈。这种极不正常的社会现象给贾思勰以沉重的打击和深深的忧虑，基于安民、富民、教民的理想抱负，贾思勰在反思中大声痛陈"夫财货之生，既艰难矣，用之又无节；凡人之性，好懒惰矣，率之又不笃；加以政令失所，水旱为灾，一谷不登，胔腐相继"（增加财富本来就不容易，使用起来又不加节制；人的本性是偏于懒惰的，组织引导又不得力；加上政令不当，发生水旱灾害，作物歉收，死去的人接二连三，实在让人痛心疾首）。贾思勰认为，"古今同患，所不能止也，嗟乎！"（这是自古至今不能根绝的灾难，实在是可悲！）

贾思勰通过总结分析，认为造成浪费的主要原因是，社会上存在"饥者有过甚之愿，渴者有兼量之情。既饱而后轻食，既暖而后轻衣"的陋习，就是人们因为温饱解决了就不再珍惜粮食，穿暖和了就不再珍惜衣物，这其中对不珍惜不节俭的深意表达若隐却昭（表5-2）。贾思勰还进一步分析了造成奢靡浪费的根源，"或由年谷丰穰，而忽于蓄积；或由布帛优赡，而轻于施与：穷窘之来，所由有渐。"（收成好了却不再注意细小的储蓄，布帛多了就轻率地乱支配，实际上就是奢侈浪费，时间长了贫困窘迫就在所难免）。这一观点就是拿到今天，也是非常值得重视的。

表 5-2　《齐民要术》"俭约观"的引文及作用分析表

引文出处	引文内容	引文作用
《三国志》	敦煌"妇女作裙，挛缩如羊肠，用布一匹。""隆又禁改之，所省复不赀。"	体现了细节节俭
《汉书》	黄霸提倡"及务耕桑，节用，殖财"，渤海太守龚遂"使卖剑买牛，卖刀买犊"	强调重在节俭的实际行动
《汉书》	召信臣"禁止嫁娶送终奢靡，务出于俭约。"	反对奢靡浪费
《尚书》	稼穑之艰难	胸怀大局 倡导节俭的社会风气
《孝经》	谨身节用	
《汉书》	汉文帝"朕为天下守财矣，安敢妄用哉！"	
《论语》	孔子"居家理，治可移于官。"	
《管子》	桀有天下，而用不足；汤有七十二里，而用有余	进一步明确节俭的道理

资料来源：本书作者根据《齐民要术》整理

贾思勰还对《管子》"桀有天下，而用不足；汤有七十二里，而用有余"的原因进行了分析，他认为"盖言用之以节"是因为汤用度有节制。贾思勰把历史当作一面镜子，又联系当时的社会现实，教训是深刻的，道理也更加清楚明白，他所持有的"节俭"观点也得到了进一步的强化。

从贾思勰强烈的痛斥和冷静地反思中，我们也更加清晰地看到了他身上所持有的反对奢靡、提倡节俭的可贵精神。

三、农圣文化主体精神中的"朴素"价值观

勤俭与朴素含义相近，甚至交叉相融，通过《齐民要术》自序，我们能清晰地感受到贾思勰朴素的思想和情怀。

（一）反对社会上"用之又无节"的奢靡风气

见本节"节俭精神在《齐民要术》序中的体现"条所述，不另赘言。

（二）反对"浮伪"不实

1. 重农本之实，轻商贾之虚

贾思勰在谈到《齐民要术》写作体例时，写到"舍本逐末，贤哲所非，日富岁贫，饥寒之渐，故商贾之事，阙而不录。"对那些舍本逐末、投机钻营的商贾之事，他宁缺不记。由此可以看出贾思勰对"舍本"（指农本）之"末业"（指单纯的"坐商行贾"不劳而获）是不提倡的。

通过研读《齐民要术》文本可知，贾思勰并不是对"商贾之事，阙而不录"，事实上书中论述商贾之利的文字并不鲜见，特别是蔬菜林木的种植，家庭手工业的经营等，甚至到了斤斤计较的地步，今仅举卷三《种葵第十七》为例予以说明："近州郡都邑有市之处，负郭良田三十亩"，近"市"种葵，其目的明显是卖出；"三月初，叶大如钱，逐概处拔大者卖之……一升葵，还得一升米。日日常拔，看稀稠得所乃止……亩得葵三载，合收米九十车。"明确点明葵生长稠密的地方要"拔大者卖之"，甚至精细到了一升葵能换取一升米的商贾价格；"四月八日以后，日日剪卖……九月，指地卖，两亩得绢一匹……胜作十顷

谷田。"更是强调根据节令时间合理"剪卖"葵菜，以换绢换粮满足生活必需。从"商贾之事，阙而不录"的著述原则看，这些记载不仅完全突破了这一原则，而且在经营计算方面大有锱铢必较的势头，这样的记载书中随处可见。缪启愉先生认为贾思勰所说的"商贾"与司马迁《史记·货殖列传》中的"货殖"相同，都是基于农业生产基础上的自产自销式获利经营，与单纯"行商坐贾"的"末业"逐利不同①。"行商坐贾"指的是脱离实际生产，专门以贩卖别人的产品为生的人，他们可能在一天内暴富，也可能是终年贫穷，是随时都有破产可能的高风险行业。因此，《齐民要术》序中所说的"商贾之事，阙而不录"与传统意义上的"商贾"是不同的。郭文韬等人则认为，贾思勰所说的其实就是贾思勰思想中的求利思想，与序中他自己所说是相悖的②。学术上的争论和思想上的交锋是很正常的现象，至于谁对谁错并不十分重要，重要的是怎么透过现象看清本质，真正把握贾思勰在《齐民要术》里面表达出来的现实观点，以及这一观点的价值和意义。

《齐民要术》卷七《货殖第六十二》中引录《汉书·货殖传》载："谚曰：'以贫求富，农不如工，工不如商，刺绣文不如倚市门。此言末业，贫者之资也。'"可以看出贾思勰的着眼点是落在"末业，贫者之资"上面，他认为商业是以生产为基础的生财之道，是贫穷的人得以生存致富的凭借。即他反对的只是那些"舍本逐末""坐而待收"的专业的商贾之人，是司马迁所说的"末富、奸富"之类的人，而绝非自产自销以获取生活物资的农民。

2. 证据不足不妄写

《齐民要术》序末中还谈及："其有五谷、果、蓏非中国所殖者，存其名目而已；种莳之法，盖无闻焉。"说明贾思勰对那些自己不熟悉的，缺乏参考资料的，没听说过具体种植之法的，书中只是保留了它们的名目，并没有妄加杜撰以求其完美无瑕而取宠于世人。纵观《齐民要术》全书，我们可以发现，正像贾思勰所说的那样，其言行是完全一致的。从中，我们也可以看到贾思勰表里如一、朴实无华的思想端倪。

---

① （北魏）贾思勰著，缪启愉、缪桂龙译注：《齐民要术译注》，北京：中国农业出版社，1982年。
② 郭文韬，严火其：《贾思勰王祯评传》，南京：南京大学出版社，2001年。

3. "花草之流"华而不实"不足存"

《齐民要术》序中记载"花草之流，可以悦目，徒有春花，而无秋实，匹诸浮伪，盖不足存。"对那些只能供人观赏的花草一类的植物，贾思勰认为只开花不结果，浮华虚伪不值得记录，表明贾思勰是清醒而又现实的，他与当时的朽败时尚是完全持相反态度的。研读《齐民要术》可知，全书对"花草之流"确无记载。

自贾思勰以后，许多综合性农书也都自觉地遵循了这一创作原则，不将"花草之流"入书。据有关学者考证，直到宋朝末年至元朝初年的时候，才有人打破了这一戒规，把花卉栽培技术收录进了农书里，应该说，这与贾思勰"匹诸浮伪，盖不足存"的原则做法有着必然联系。虽然贾思勰的这一原则影响了后世农书的创作，使中国花卉栽培技艺形成了几百年的断层，但是，我们却从贾思勰的创作原则看到了他的坚定和朴素，正所谓"失之东隅，收之桑榆"。

4. 行文"不尚浮辞"

南北朝时期，受魏晋清谈之风和玄学思想的影响，文字崇尚华丽典雅，特别在长江之南的刘宋南朝，写文章讲究格律、辞藻和用典，内容多脱离实际生活。而贾思勰在序末说"鄙意晓示家童，未敢闻之有识，故丁宁周至，言提其耳，每事指斥，不尚浮辞。"意思是说，我的本意是将这些经验传授给我的家童①，不敢在有学问的人面前卖弄，所以书中介绍说明具体详尽，就像在他们耳边细心叮嘱，每种方法的介绍直截了当，不追求华美的辞藻。细研《齐民要术》可以发现，书中大量地使用了当时民间的一些方言土语，这在当时奢华之风盛行的社会风气之下，贾思勰能够卓尔不群，坚持"每事指斥，不尚浮辞"的创作原则和行文标准，不仅难能可贵，而且更加突显了其思想深处朴素精神的深刻与坚定。

四、农圣文化主体精神之勤俭朴素精神的当代价值

勤俭朴素是一种理智、高尚的生活观。勤者勤劳之谓，俭者俭朴、

---

① 据石声汉教授考证，古代富贵之家称奴仆之类的年轻人谓"童"，对自家儿女一般用"僮"字。

节约之理；而朴素即平实无华不虚夸。从《齐民要术》中作者对勤劳、节俭的支持、肯定和赞扬，著书的态度和文风等，强烈地感受到贾思勰思想中诸如此类的积极元素。可以说，勤劳节俭、平实无华既是贾思勰的思想主张，也是他的生活准则；既是他的创作宗旨，更是农圣文化中鲜活的精神瑰宝。

勤俭朴素精神是中华民族优秀传统文化中宝贵的精神财富，"历览前贤国与家，成由勤俭败由奢"（李商隐《咏史》）。历史的教训令人沉痛，社会发展的现实更应让人审慎。农圣文化主体精神中的勤俭朴素精神，虽然是在北魏时期社会现状的影响下产生的，但这种精神绝不仅仅适合于战乱频仍、社会动荡的时代，它在和平时期也同样非常重要，也是非常需要的一种优秀文化思想。纵观古今中外的人类发展史，勤俭朴素精神对国家、社会、个人的发展都有着重要影响，都应当传承和发扬光大。

在经济快速发展，社会储备不断充实，生活条件和质量不断提升的新时代，是不是就可以不要勤俭朴素精神了呢？回答是否定的。"历览前贤国与家，成由勤俭败由奢"，经济发展越好，物质条件和社会条件越优越，我们越应该提倡勤俭朴素的精神。原因正如贾思勰所言，"穷窘之来，所由有渐"。积沙成丘，集腋成裘，穷困的产生，是长期以来慢慢形成的，并且往往是在人们一点一滴的不经意间造成的，就像是"温水煮青蛙"。这正如贾思勰在《齐民要术》中振聋发聩的呼吁一样："夫财货之生，既艰难矣，用之又无节。""古今同患，所不能止也，嗟乎"。事实上只有风清气正的社会风气，才能为经济社会发展提供积极的氛围和环境，也只有继续发扬勤俭朴素的精神，我们才能够在发展中不断积蓄力量，夯实基础，实现真正意义上的国家富强、民族振兴、人民幸福。

另外，透过历史看现实，俗语曰"上行下效"，为官者懒惰老百姓就会跟着懒惰，老百姓懒惰了就会导致家庭经济的贫困。"不患寡而患不均，不患贫而患不安"（《论语·季氏篇·季氏将伐颛臾》），为官者奢侈了老百姓就会愤恨，社会就容易产生腐败，国家因此就会不安定。同理，老百姓一旦奢侈了就会导致家庭的贫困而一事难成。因此，勤俭持家的古训不能丢，朴实无华的本色不能抛弃。时代要前进，社会要发展，国家要强大，家庭要幸福，个人要提高，如果没有勤俭朴素的精神是很难想象的。1000多年前的古人尚能看清的问题，今天的我们更应该记住"前车之鉴，后事之师"的沉痛教训，勤俭朴素的精神在历史上起到过积极作用，对于今天、将来也是完全需要的。

第五节 一丝不苟学而不厌的严谨治学精神

"书籍是人类进步的阶梯"（高尔基语），读书学习是让人类摆脱愚昧、开启智慧的重要途径。书籍也是记录人类发展历史，传承文化之脉的重要工具。而读书，是治学的起步与开端。农圣贾思勰作为一个"人以文传"的历史人物，虽然历史缺乏记载，但通过研读其传世著作《齐民要术》，我们可以从其字里行间，深刻体会到他身上所特有的一种潜在的传统"文人"气质。以一丝不苟、学而不厌为主要特征，以博览群书、勤奋学习和著书立说为基本内容的严谨治学精神，就是作为"文人"的贾思勰所具有的一种典型的内在精神特质。

一、严谨治学基础体现在阅读范围和量上的广博

（一）贾思勰身上具有典型的古代"知识分子"特质

《齐民要术》卷三《杂说第三十》中，详细记载了"染潢及治书法"，也即染黄纸和保存书的方法，"雌黄治书法"即用雌黄涂改书籍的方法，以及"书厨中欲得安麝香、木瓜，令蠹虫不生"的藏书法；"上犊车篷簟及糊屏风，书帙令不生虫法"即用牛车车篷纸糊屏风和浆制书皮不生虫的方法，贾思勰对如何写书、修改书，如何正确使用书，书毁裂后如何补书，以及如何防治书生虫，如何进行晾书、谨慎藏书等古代文人治学过程中各种必备技能都做了详尽的阐述，设若不是一个有经验的读书人，这样深刻的体会是很难形成的。

史实证明，我国东汉末年的蔡伦改进了造纸术，《齐民要术》卷五《种谷楮第四十八》记载了楮树"其皮可以为纸者也""煮剥卖皮者，虽劳而利大。其柴足以供燃，自能造纸，其利又多"以及用楮树皮造纸的技术。而造纸术这样一个新生事物的产生，在技术要求和制作成本方面是比较高的，在经济极不发达的北魏时期，应当肯定的是蔡伦的造纸术在当时并没有得到全面普及，而极有可能还是小范围、社会上层甚至

官家范围的使用。作为一名地方基层官吏的贾思勰，他所处的北魏时期所谓的书籍还是以竹、木等制成的书简、木椟为主，纸质书籍是一般人家难以拥有的，而锦、帛一类昂贵的书写材料，更是非寻常百姓家所能拥有的。但通过《齐民要术》中的记载我们可以推知，贾思勰家的藏书非常丰富，并且贾思勰对包括藏书在内的相关技能、知识也非常在行。因为只有读书的人才会如此钟爱和熟悉这些制书、藏书的事，才有可能把这些技术细节写得如此细致而又切中要害。贾思勰把这些内容单独列为一章，作了详细介绍，这无疑从侧面有力地验证了其治学之严谨。

（二）贾思勰学习勤奋知识渊博

读书是读书人的本分，也是学习的必然途径。第一，研读《齐民要术》不难发现，关于贾思勰博览群书的资料比比皆是，证据确凿有力。据近代学者考证，《齐民要术》引用的古代书籍，如果把各家不同注本的同一本书都分别计算，则共引用了164种；如果各家不同的注本归入同一本书不重复计算，则共引用了157种[①]。研究这些引用的书籍又会发现，这些书籍涉及经、史、子、集等中国传统知识领域的各大门类，就其中可以确定书籍本源的情况看：经部 30 种、史部 65 种、子部 41 种、集部 19 种，无书名可考的还有数十种之多。

第二，贾思勰援引典籍的一个重要特点是，对原书的高度尊重，即贾思勰没有对原书内容进行肆意的篡改，这就使得这些引用极大限度地保持了原书原貌。我们知道，贾思勰所处时代的书籍还以简牍为主，雕版印刷术那是隋唐以后的事。在书籍以手抄传承为主的时代，贾思勰能从浩如烟海的古代典籍中撷取如此广泛的经典，已经是非常不容易，更让人肃然起敬的是，《齐民要术》中对古代典籍的引用，必要合理、恰如其分，使引文有力地充实了作品、丰富了作品、支撑了作品，这不仅说明了贾思勰阅读广泛，还进一步证明其治学的严谨。很多散佚的古代著作，如《氾胜之书》《四民月令》以及南方的一些植物学等方面的知识，正是因为《齐民要术》的引用，才保留了原书中的部分内容，让我们得以窥见其一斑。

第三，从《齐民要术》涉及的内容看，正如贾思勰所言"起自耕农，终于醯醢，资生之业，靡不毕书"，包括了现代大农业体系之内的

---

① 石声汉：《从齐民要术看中国古代的农业科学知识》，北京：科学出版社，1957 年。

农、林、牧、渔、副等各个领域，对精制食盐（造花盐印盐法）、淀粉糖化（作糵法煮白饧法）、煮胶、提取红蓝花色素、植物性染料用灰汁媒染、利用豆类种子中的"皂素"除污、护肤品的制作（作香泽法）、烹调等记载，既科学又特别具体，全书涉及内容之广，记载之详尽，可谓包罗万象，字字珠玑。如果不是作过详细的考察研究，没有认真的学习、总结和提炼，在当时的条件下是很难写出如此具体可操作的知识经验和做法的。

二、严谨治学途径体现于勤奋学习的实际行动

知识是在不断地创新、积淀、升华中发展，学习是做人处事和个人发展的基本途径，一个不读书不学习的人是永远不会进步的。学会学习，在学习中实践，在实践中学习向来是我国传统治学中备受推崇，并长期广泛应用的科学的治学方法和途径。

（一）注重广泛学习和学以致用

贾思勰是一个封建社会的知识分子，他身上无疑也具有古代知识分子的精神特质。研读《齐民要术》会发现，作为一名传统的知识分子，贾思勰却又不同于传统知识分子的"两耳不闻窗外事，一心只读圣贤书"，他除了注重书本知识的学习之外，还极为重视向生活、劳动人民学习。贾思勰这种虚心学习、善于学习、积极主动学习的精神，在《齐民要术》中有充分的体现。

贾思勰在《齐民要术》自序中坦诚地说明自己创作素材的来源是"采捃经传，爰及歌谣，询之老成，验之行事"，意思就是有选择地摘取了古代典籍中的相关记载，援引了生活中流行的谚语和民歌，请教咨询了有经验的专家（农民），自己还亲自做过实践验证。据专家考证，除了对古代典籍的大量引用外，《齐民要术》援引的古代农谚民歌就达45多条（首）[1]，这些农谚民歌简短实用，通俗易懂，是劳动人民在长期的农业生产实践中总结出来的宝贵经验，是劳动人民智慧的结晶。

例如，卷二《黍穄第四》引用农谚"穄青喉，黍折头"说明穄这种作物的收割，要在穗基部和秆相接的地方还没有完全褪色以前；黍这一

---

① 倪根金：《〈齐民要术〉农谚研究》，《中国农史》1998年第4期。

作物的收割，要在穗子完全成熟到垂下穗头时。我们现在需用很长很累赘的句子才能说明白的事，老百姓只用短短6个字就表达得一清二楚了。又如，卷二《大小麦第十瞿麦附》引用民歌"高田种小麦，穬稑（禾穗不饱实的意思）不成穗。男儿在他乡，焉得不憔悴？"说明在高处的田地里种小麦，麦穗长得不饱实（俗语中的"秕子"），就像男儿远游他乡，因为思念家乡而憔悴不堪的样子。把种在高田里的小麦生长不良的事实（体现的是农业生产中的"宜地"种植理念）表述得既生动又形象，既符合老百姓的表达习惯，容易为老百姓所接受，又把事情交代得清楚明白，实在是经典。

援引经典就需要阅读经典，并且是广泛细心地阅读，甚至做笔记，做考证，记在心里，坚持不懈才能学有所成就，这是古人的治学之道。谚语和民歌是普通老百姓对日常生活规律、生产生活实践经验的观察和总结，虽是民间的是"下里巴人"，在古代社会唯上唯书的情况下，也很难入经入典，但它来自生活、生产实践，具有深厚的生存土壤和普遍的指导意义，因此受众广沿袭久，社会影响力大，对目不识丁的贫苦百姓来说，其价值胜过农书经典。因此，要想正确地使用谚语和民歌，坐在屋里子读死书是不行的，还必须要行走四方，进行类似现在的采风活动，从而进行广泛地搜集，并对搜集到的农谚和民歌作认真地研究取舍，然后再有针对性地加以引用、阐发；请教专家也需要走出家门来到田间地头，才能寻访到那些有经验的农业生产高手，问题是咨询一个两个还不行还不够，还得是咨询若干人，到若干地方，经过这样的甄别、求证、对比，再结合自己的思考和实践，才能做到有的放矢，述而不偏，言而不废。这样的要求和标准不是太苛刻，而是现实的需要，也是治学的根本，但对封建社会的读书人来说是根本不可能做到的，而贾思勰却做到了，这不能不说明贾思勰对学习的重视和勤奋，也是值得我们学习的。

另外，卷一《种谷第三》贾思勰辑录了粟的97个品种，据专家考证，这其中有11个品种是转自前人的记载，而86个品种却是贾思勰在"询之老成"或者亲自观察、总结、研究的基础上自己搜集来后补充进去的[1]。同时，贾思勰还对当时北魏社会对粟的不同品种的命名方法"多以人姓字为名目""亦有观形立名，亦有会义为称"，以及根据味道的美恶、是否易春、成熟早晚等情况作了分类总结和记录，如"朱

---

[1] 石声汉：《从齐民要术看中国古代的农业科学知识》，北京：科学出版社，1957年。

谷、高居黄、刘猪獬、道愍黄、聒谷黄、雀懊黄、续命黄、百日粮，有起妇黄、辱稻粮、奴子黄、穄支谷、焦金黄、鹳履苍——一名麦争场：此十四种，早熟，耐旱，熟早免虫。聒谷黄、辱稻粮二种，味美。……此二十四种，穗皆有毛，耐风，免雀暴……一种易春……此三十八种中……二种味美……三种味恶……二种易春……此十种晚熟，耐水；有虫灾则尽矣……"不但翔实而且具体，具有非常高的史料价值、研究价值和实用价值。对这些记录，贾思勰作注说只是"聊复载之云耳"，现在的农业技术专家却认为，贾思勰所归纳的作物品种名称和命名原则，具有很高的科学水准和参考价值，为今后的作物命名提供了重要的思路和借鉴。

从以上分析看，贾思勰的读书做学问绝不是闭门造车、故弄玄虚，更不是读死书或做文字游戏，他的做法实际上已经完全超越了传统文人的治学常规，拿到今天也是非常值得学习和重视的。

（二）注重实地考察和研究总结

读万卷书，行万里路，这是古人对治学的一种最高标准和要求，而1000多年前的贾思勰已经完全做到了这一点。根据《齐民要术》记载信息，我们可以推测贾思勰大概的行经之地，除了贾思勰的出生和归田所在地齐郡益都（今山东寿光），以及其任职太守所在地高阳郡外，卷三《种蒜第十九》记载"今并州无大蒜，朝歌取种""并州豌豆，度井陉已东，山东谷子，入壶关、上党，苗而无实""皆余所亲见，非信传疑"等文字，表明贾思勰亲历之地已涉及并州（今山西太原一带）、朝歌（今河南汤阴附近）、壶关（今山西壶关）、上党（今山西长治）、井陉（今河北井陉）等许多地方。

除了这些，我们从其他卷篇也可找到贾思勰足迹所到之处的一些线索，如北魏前期的首都代（大同及其附近）、济州（山东茌平及其附近）、西安、广饶（当时齐郡所辖区域）、西兖州（山东定陶及其附近）、渔阳（河北密云一带）、陕西境内的茂陵等地。可以说，贾思勰的行踪基本遍及了北魏拓跋氏所辖的江淮以北疆域。在古代自然环境恶劣，物质条件匮乏，交通不便，又加之社会动荡不安的情况下，要想做到这些其难度是可想而知的，但贾思勰却都做到了。如此广泛的行经和考察学习，现实生活中丰富的资源和知识，都成为贾思勰创作《齐民要术》的第一手资料。如果没有严谨勤奋的治学精神，没有认真和吃苦的毅力是完全不可能的。

三、严谨治学的方法体现于一丝不苟的著书立说

学有所思所得者便记录之，学有所见所成者便立说之，这是历来我国学者的治学之道，也是文化传承创新的基本规律。贾思勰在广泛阅读、访问、实地考察、躬耕实践的基础上，已准备了所有写作的基础材料，走到了著书立说的治学之巅。

（一）著书立说注重科学严谨体例规范

主体结构的科学严谨性。贾思勰写作《齐民要术》"每事指斥，不尚浮辞"，全书第1—6卷讲的是种植业和养殖业，是主要的；第7—9卷讲的是农副产品加工的副业生产和保藏，是次要的；第10卷讲的是南方植物资源，因为"种莳之法，盖无闻焉"，又因"非中国所殖者"，所以"存其名目而已"。可以看出，全书是从先解决吃饭的问题，满足人生存的基本需要落笔，然后再到蔬菜、果木等种植，畜类、鱼类的养殖，再到家庭手工业的经营等，不断丰富人们的生活和提高生活质量，以此进行结构安排，系统地反映了人们现实生活中的基本生活逻辑和内容环节，体现了贾思勰在创作中由主到次、由重到轻的逻辑构思，这样用心良苦周密安排，不仅反映了贾思勰对生活观察和体会之深之切，是对当时社会生活状况的真实写照，无疑又是经过了贾思勰深思熟虑梳理后形成的体系。正如石声汉教授所说，《齐民要术》"为后来的农书，树立了一个好的规范，好的榜样"[1]。

主体内容体例的规范性。《齐民要术》行文基本是按照解题、正文、释文、引文的体例进行的，结构安排有条不紊，主次处理各有所重，内容叙述详略得当，文字表达简单明了。解题部分在每篇之首，一般用小字注释的形式出现，大多是先征引前人文献，然后再加上作者的按语，其内容又论及作物（或动物）名称的辨误正名、历史记载、品种及地方名产，兼及形态性状等，凡是对该生物知识需要了解的，都做了具体说明。正文部分是每篇的主体和精髓，以大字体文字形式为主，又间以小字体释文说明，是贾思勰对调查访问和观察实践所得第一手资料的总结。引文部分为篇尾，大多介绍政策或援引前人资料、古籍记载

---

① 石声汉：《从齐民要术看中国古代的农业科学知识》，北京：科学出版社，1957年。

等，以丰富完善各篇内容。

对于篇目中没有写进去的知识内容，贾思勰又另立"杂说第三十"一章进行了补录，全书体例更加完整，内容也更加全面具体。治学严谨如此，在古代学者中是鲜有的，也难怪后世学者特别是农学领域专家，如影响较大的元朝的王祯、明朝的徐光启等，都无一例外地遵循了贾思勰的著书体例，可见贾思勰严谨治学作风对后世影响之大。

（二）创作内容注重引经据典别出心裁

在古代中国，注（解释古书原文意义）、疏（解释前人注文的意义）、传（解释经文的著作）、纬（中国汉代以神学迷信附会儒家经义的书）、训诂（对古书字句作的解释）等学问，是传统知识分子治学的基本功和基本途径，在注疏中不断掺杂进自己的见解、嵌入注疏者新的思想，形成新的理论观点，成为中国传统文化得以不断传承发展的重要模式。贾思勰创作《齐民要术》也沿袭了这一传统，他自己的说法就是"采掇经传"，从书中可以看到作者大量地引用了先秦、两汉魏晋以及同时代的经典文献资料。

就篇幅而言，全书共118 000字，正文7万多字，仅注释性的文字就达4万多字，正文中引用的文献内容几乎占到全书的一半。在征引古代文献资料时，贾思勰采取了严肃、认真、负责的态度，绝不随意删改，所引原著文字一般都较好地保持了原书的模样，因而也给后世为其他经书之类的校勘提供了很好的考证资料。清代重要学派"乾嘉学派"的朴学家们就曾利用《齐民要术》中的引文来考订其他文献，又有不少新的发现①。贾思勰如此严谨地征引前人著述，同时又在字里行间加入自己的注释、见解，而且个人的注释、见解往往观点新颖，独有建树，对后世影响极大，反映出的正是古人治学的一贯方式，也充分体现了贾思勰治学严谨精神之所在。

四、农圣文化主体精神之严谨治学精神的当代价值

中华民族是一个善于创新的伟大民族，更是一个善于学习、勤于学习的民族，"天行健，君子以自强不息"是中华民族自强不自息的精神特

---

① 石声汉：《从齐民要术看中国古代的农业科学知识》，北京：科学出版社，1957年。

质，"君子博学而日参省乎己"是中华儿女严谨治学，修身齐家治国平天下的行为自觉，"操千曲而后晓声，观千剑而后识器"则是中华儿女勤于学习、善于总结的入世态度，它们的核心价值指向都是严谨治学。

严谨治学是自古至今中外做学问者共有的一种精神特质，尤其在古代社会经济条件贫乏、学习工具简陋、学习资源有限、学习途径单一的情况下，严谨治学作为一种传承文化、涵养思想、塑造精神的重要方法和途径，就显得尤为重要。我国历史上的北魏孝文帝以后时期，政治上腐败黑暗，社会动荡不安，战乱频仍，经济凋敝，农业生产受到极大的破坏，百姓生活贫苦艰难。在这样的时代背景下，作为一个守土有责的地方官吏，贾思勰有着切身的体会，感受到了问题的严重性，并对此抱有深深的忧虑。

作为一个有正义、有良知、有理想、有作为的古代"知识分子"，贾思勰又以中国文人一贯的传统方式，把自己的理想抱负付诸治学著书，从其《齐民要术》便可清晰地感受到这一坚定执着的治学态度，而这种态度正是中国文人一直推崇的严谨治学精神。严谨治学精神作为农圣文化主体精神的重要组成部分，从《齐民要术》所传达出来的信息看，主要体现在贾思勰的博览群书、全书严谨科学的体系架构、一丝不苟的注评，以及注重学习提高的人文自觉等方面。

我国自古就有"读万卷书，行万里路""书中自有千钟粟，书中自有黄金屋，书中自有颜如玉"的劝勉格言，剔除功利主义的思想，其中的要义不外是说读书的重要性，劝勉人们通过读书治学求得发展，跃过"龙门"，实现"修身、齐家、治国、平天下"的理想抱负。在文化以快餐式、碎片化形式传播的现代信息社会，虽然传统的学习方式受到严重的冲击，人们的学习有不断偏离正规、知识学习被严重功利化的危险，但学习仍然是不可缺少的。从国家、民族和事业等大的方面讲，如果没有严谨的治学精神，社会风气就容易流于浮躁，发展就缺少坚实的基础和持续的内动力，具体到中国来说，"两弹"就很难开花，玉兔也难于步月摘星……从一个人自身求学获取知识的角度讲，读书治学也是提高和完善自身素养的重要途径。一个人不读书，其素养就很难提高，其才学就有很大局限。一个素养不高、学识不深的人，他说的话、做的事一定是苍白而缺乏影响力的，其发展也不会一路坦途。

尤其对正处于世界观、价值观、人生观形成时期的青少年，一丝不苟、学而不厌的严谨治学，显得尤为重要和突出；在知识改变命运的当下，对身处终身学习时代的青年大学生，以及一切谋求发展和美好生活的人们来说，严谨治学精神仍然是不可少的。受世界经济发展和价值观多元化，以及一些客观因素的影响，读书虽然不一定能完全实现个人的价值追求和理想抱负，但我们可以肯定，如果没有了这种严谨的治学精神，缺乏甘于寂寞和"板凳要坐十年冷"的执着，就极易落入追逐名利、徒慕虚荣的俗窠，要实现个人梦想，也只能是天方夜谭，一厢情愿的事，这不能不引起我们的重视。

第六节 尊重规律敢于质疑的实事求是精神

"实事求是"一词最早出现在我国东汉时期的史学家班固著《汉书》一书中，卷五十三《刘德传》中，《汉书》评价河间献王刘德"修学好古，实事求是"，讲的是刘德考证古书时求其本真的治学态度和方法。我们今天常说的"实事求是"已成为哲学领域的一个命题，被赋予了科学地认知规律、客观地认识世界、改造世界的辩证法和方法论。毛泽东在《改造我们的学习》一文中，曾对"实事求是"作过一个通俗的解释，他说"'实事'就是客观存在着的一切事物，'是'就是客观事物的内部联系，即规律性，'求'就是我们去研究。"以尊重规律、敢于质疑为主要特征，将尊重客观规律，敢于挑战，甚至否定权威为基本内容的实事求是精神，作为农圣文化价值体系的重要组成部分，反映了贾思勰在总结客观规律，认知世界过程中所持有的一种科学态度，是农圣文化中依然具有强劲生命力的活思想，其价值和意义不言而喻。

一、尊重客观规律，宜时宜地宜法进行农事活动

（一）针对自然规律特点提出合理的耕种办法

在古代社会，受科学技术发展水平的影响，人们大多把希望寄托于虚无缥缈的神明，生活中普遍存在着泛神论的现象。因此，靠天吃饭成了古代现实社会中农业生产活动的基本特点。但贾思勰通过对前人的经验学习，以及自己对气候、地理条件的长期观察和总结研究，认识到和

发现了其中的一些自然规律，并提出了要尊重自然界客观规律，进行科学耕种的正确观点，这在当时无疑是十分可贵的，在今天也是值得学习的。卷一《耕田第一》在写到耕田方法时，贾思勰针对我国北方特别是黄河流域的气候特点，在书中作小注说："春既多风，若不寻劳，地必虚燥。秋田墢实，湿劳令地硬。"意思是说，北方春天风多，耕了地如果不马上耢平（把土地整平），土地一定会干燥。秋天下雨季节田土塌实，湿土耢地会使泥土发硬板结，不利于农作物生长。这是贾思勰在"爰及歌谣""耕而不劳，不如作暴"（耕了地而不马上整平，不如放弃不做）的基础上，加入了自己对自然现象的观察和总结研究，是对自然界客观规律一种实事求是的反映。

卷一《种谷第三》中，贾思勰针对北方气候春冷干燥、夏热雨多的特点，提出了顺应气候特点进行合理耕种的主张，并用小字体文字在书中作注释，表明自己的观点："春气冷，生迟不曳挞则根虚，虽生辄死。夏气热而生速，曳挞遇雨必坚垎。其春泽多者，或亦不须挞；必欲挞者，宜须待白背，湿挞令地坚硬故也。"意思是说，春季天气还比较冷，种子发芽生长缓慢，不用挞（一种农具）拖压，种子生出的根就是虚浮的，即使发了芽，不久也会死去。夏季天气热，种子生长迅速，若用挞拖压，遇到下雨地就会板结。那些春天多雨水的地方，也可不必用挞拖压；一定要用挞拖压的话，也应该等到土壤发白时才行，因为湿地拖挞会使土地坚硬板结。记载既具体又全面，分析既科学又符合客观规律和实际。

同时，贾思勰还根据自然规律的特点，通过自己的不断观察，总结出不同农作物种植的最佳时机，不同农作物生长需要的不同品质的田地，同一农作物不同土质的土地需要的种子分量不同，以及同一农作物不同时机下种的分量不同等多方面的经验，分为了"上、中、下"三个层次，具有非常科学的参考价值。石声汉教授曾进行过统计，参见第四章第三节"农事活动习俗"第3条四表所述，此不复载。

此外，贾思勰还对天象进行了长期的科学观察，并根据天象运行规律提出了"有闰之岁，节气近后，宜晚田"的主张，引用谚语"以时及泽，为上策"（根据时间和雨水情况适时进行农业操作是最好的）来说明从事农事活动必须符合自然规律的重要性。同时，还引用《氾胜之书》《孟子》等大量古书记载，说明"春生、夏长、秋收、冬藏，四时不可易也"的科学道理。全书中这样的例子和记载不胜枚举，不一一列述。可以说，这既是贾思勰尊重客观规律的具体体现，又是他观察自然现象，总结自然规律，充分根据自然规律特点指导农业生产、从事农业活动的真实反映。

（二）针对客观的土壤条件提出不同种植标准

土地的肥沃与贫瘠是一种客观存在，就像大地之上有山有水有平原也有沙漠等不同地貌一样。如何根据土地的不同特点，进行适宜的庄稼种植，这对提高农业产量具有重要影响，也是从事农业生产不得不注意的问题。贾思勰在《齐民要术》卷一《种谷第三》中记有"地势有良薄。良田宜种晚，薄田宜种早，良田非独宜晚，早亦无害；薄地宜早，晚必不成实也。山、泽有异宜。山田种强苗，以避风霜；泽田种弱苗，以求华实也。"这就是说好地（指土质较好较肥沃的）适宜晚些播种，瘦地（指较贫瘠的）必须早播种，好地不但适宜晚播种，种早些没有害处；瘦地必须早播种，种晚了一定没有好收成；山田要种好苗，来抵抗山间的风霜，湿地可以种些差点的苗，来保证好的收成。我们可以看出，这是贾思勰根据自然界中土质"良薄"的客观情况，确定种谷最佳时机的描述，即尊重客观规律，充分发挥人的主观能动性，从而获取最大成功的具体表现。

同时，贾思勰还根据山田（土地偏于干燥）和低洼田（土地偏于水湿）的特点，对种植谷苗的特点提出了不同要求，也就是具体问题具体分析，从而确定怎么做才能做到有的放矢，提高农作物产量，满足百姓的生活需要。这些记载都是贾思勰通过自己的实践，实事求是地根据土地的客观情况做出的不同判断，是尊重客观规律的有力佐证。

不仅如此，最为重要的是贾思勰在书中还明确提出了自己的主张："顺天时，量地利，则用力少而成功多，任情返道，劳而无获"，意思是如果顺应了天时（自然规律），又能根据土地情况进行合理种植的话，那么既节省了人力，又能提高庄稼产量。如果是凭主观意志行事而违反自然规律，那么就会徒劳而没有收获。同时贾思勰还用小字作注的方式记录："入泉伐木，登山求鱼，手必虚；迎风散水，逆坂走丸，其势难。"说明如果违犯客观规律，就像到水里去伐木材，到山上去捉鱼一样，只会两手空空；又像迎着风泼水，对着山坡滚泥团，要达到目的是很难的，进一步强调了农业生产要遵循而不是违背自然规律。

（三）根据农作物固有特性确定适宜种植的田地

粟，是古代对谷类作物的统称，是古代最重要的一种农作物。《齐民要术》中对粟（谷子）的品种搜集资料最多，除了引用郭义恭《广志》所记的 11 种之外，贾思勰自己还列举了 86 种，并对这些品种作了品质和性能方面的分析，可谓详之又详。例如，《齐民要术》卷一《种谷第三》中写到谷子"成熟有早晚，苗秆有高下，收实有多少，质性有强弱，米味有美恶，粒实有息耗"的特点，贾思勰针对土地的"良薄"以及山田、泽田等不同情况提出了不同的种植要求，既考虑了谷的特性，又结合了土地的特点，充分尊重了客观规律。

《齐民要术》卷二《种麻第八》"麻欲得良田，不用故墟"，这是因为在废墟地种麻容易使麻茎叶早死，麻皮不能用作织布；而"小麦宜下田"（卷二《大小麦第十》）是说小麦适宜在下等田种植，种瓜宜"良田，小豆底佳；黍底次之"（《种瓜第十四》），是说种瓜要在好地里种，"前作"（轮作中的前茬）是小豆的更好，"前作"是黍子的就差些；并且"多锄则饶子，不锄则无实。五谷、蔬菜、果蓏之属，皆如此也。"种好后还要多进行中耕锄地，不然果实就不够饱满，收成自然会受到影响。

再如，卷四《种枣第三十三》谈到枣树种植时，提到"枣性硬，故生晚；栽早者，坚垎生迟也。""地不耕也。如本年芽未出，勿遽删除。谚云：三年不算死。亦有久而复生者。""枣性坚强，不宜苗稼，是以不耕；荒秽则虫生，所以须净；地坚饶实，故宜践也。"等，意思是说枣树天性强硬，所以叶子生出的晚，移栽早了，土壤坚硬，叶子反而生得迟缓。并且种枣树的土地不用耕。如果当年种的枣树没有发芽，先不要急着除掉，因为谚语说得好，枣树苗三年不发芽不算死，也有很长时间后还会发芽的。枣树天性坚硬顽强，不能在树下种植其他庄稼，所以不需要耕地；但杂草多了就会生虫害，所以地面要干净，土地坚硬，枣树结果实就多，因而适宜让牲口来践踏。可以看出，贾思勰的观察非常细致，对农作物的习性与田地的特点掌握非常准确，甚至对促进农作物生长的外因也作了精确描述，这种尊重客观规律的严谨作风可以称得上是细致入微。

全书中这样记载作注的地方还有很多，不再赘述。由此，我们不难发现贾思勰对农作物生长规律把握之准确，研究之深入，总结之全面。更难能可贵地是在 1000 多年前的贾思勰，能够如此自觉而又理性地尊重客观规律，以此指导农业生产的思想和精神，仍然值得我们尊重和学习。

（四）根据作物成熟规律适时进行收获

人有生老病死，这是人生的规律；庄稼也有播种、生长、成熟的过程，这是农作物的生长规律。《齐民要术》对农作物生长规律的认识，既体现了贾思勰对农业生产客观规律的一种尊重，也是其实事求是精神的充分体现。

卷二《黍穄第四》中，贾思勰有"刈穄欲早，刈黍欲晚"的记载，同时引用谚语"穄青喉，黍折头"来强调说明收割穄要早，收割黍要晚。"穄晚多零落，黍早米不成。"因为穄成熟早，如果割晚了籽粒就会自己掉落很多，产量必然受到影响；黍子成熟晚，如果割早了黍米又会成熟得不好，也会影响产量。所以应该根据它们各自不同的生长期来确定具体的收割时间，这是贾思勰尊重农作物客观生长规律的最好佐证。

卷二《粱秫第五》中记载，对于粱秫要"收刈欲晚。性不零落，早刈损实。"粱秫的特点是成熟了也不容易落粒，如果收割早了，反而因为成熟不好而影响产量。卷二《大豆第六》中也写到对于大豆要"收刈欲晚。此不零落，刈早损实。"同时强调"叶落尽，然后刈。叶不尽，则难治。"因为大豆叶子落尽了才容易脱粒，今天农村中种植大豆的人家也还保留着把收割来的大豆在场地上晾晒几日，不断地翻挑，等到豆叶落尽后，再用木棍敲打令大豆脱荚而出的传统做法。

关于花椒的采摘，《齐民要术》记载要"候实口开，便速收之"，等到花椒粒开口，就快采摘，如果收晚了就难以采摘。采摘花椒的时候还应该"天晴时摘下，薄布曝之，令一日即干，色赤椒好。"在天气晴朗的时候采摘下来，并放到薄布上晒，让花椒一天就晒干，这样做花椒的品质好，颜色红。"若阴时收者，色黑失味。"（卷四《种椒第四十三》）意思是如果在阴天时采摘，摘下的花椒颜色发黑，味道也不好。如此详细的记录，如果没有长期的观察、总结，全面掌握花椒的生长规律，或者根本没有听过或亲自实践过，就不会有这么深刻的体会，要想有如此精到的描写，简直是难以想象的。

类似这样的记载还有很多，并且绝不仅仅是单纯地针对农作物，而是还包括了伐树、鱼类养殖、蔬菜种植等众多的方面，不再一一赘述。

二、坚持实事求是原则，勇于挑战敢于质疑

农圣文化主体精神之实事求是精神，还体现在贾思勰对不切实际的传统或说法的质疑，甚至对古代历史权威的挑战和大胆否定。虽然贾思勰在创作《齐民要术》时也援引了一些虚妄玄幻，甚至荒唐不稽的纬书内容，但这是受汉晋以来玄学思想影响的自然流露，是很次要的内容，也不足以说明问题的全部，正如石声汉教授所言"作伪的责任，不该由《要术》作者负"①。从以下几处例子我们就能清晰地感受到贾思勰坚持实事求是、勇于挑战、敢于质疑的优秀品质和精神。

（一）敢于质疑荒唐不稽的说法

卷一《种谷第三》中贾思勰引述《氾胜之书》播种的段落，其中有"凡九谷有忌日，种之不避其忌，则多伤败"的说法，贾思勰虽然在这一篇中也引用了《阴阳杂书》里面一些所谓的"忌日" 之类的文字，但他并不同意这种看法，在自注中援引了《史记》中"阴阳之家，拘而多忌"（从事阴阳学的人，受到很多约束而讲究忌讳）之类的话，推出历史学家司马迁，来做世俗和理论上的支撑，说明他对此类说法的不同观点："止可知其梗概，不可委曲从之。"意思是只可以大略知道一些就行了，但不应该作为重要依据，更不可以呆板的时时处处照着办。因为盲目呆板地讲究什么忌讳，就会耽误农时错过节令影响生产，会误农耕大事。因此，他又引用谚语"以时及泽，为上策"，说明只有把握好时令和水利条件才是农耕的上策。

由于科学知识的局限，当时人们对自然界的规律认识不足，对一些自然现象怀有近似膜拜的盲目敬畏之意，长期以来在传统农业生产中形成了诸多"忌讳"，这其实是没有科学道理的，是伪科学。只有怀有实事求是的精神，有着现实丰富的农业生产活动经历，才会在实践中逐步认识和总结出自然界的客观规律，发现这些做法的荒唐不稽。正是如此，贾思勰才透过世俗传统的迷障，提出质疑，敢说真话，这不仅在1000多年前是可贵的，就是拿到今天来讲也有着非常重要的现实意义。

---

① 石声汉：《从齐民要术看中国古代的农业科学知识》，北京：科学出版社，1957年。

（二）对学术权威的大胆否定

在人们的认知能力非常有限的古代社会，知识被少数人掌握控制，统治者甚至行业权威的言论就成了老百姓生活的金科玉律，这是容易理解的历史事实。作为一个有良知的知识分子，贾思勰能够怀着"要在安民，富而教之"的理想抱负，敢于冲出传统樊篱，坚持真理，反对权威，可谓拨云见日，晴空霹雳。

卷二《黍穄第四》引《氾胜之书》"凡种黍，覆土锄治，皆如禾法，欲疏于禾。"意思是说种黍和种禾的方法是一样的，但黍苗要比禾苗种的稀疏。氾胜之，今山东曹县人，是西汉时期著名的农学家，其所著《氾胜之书》早已散佚，借助《齐民要术》等古籍的援引才得以保留部分内容，但氾胜之的影响在农学领域是不容置疑的。贾思勰通过实践和观察后，对山东老乡氾胜之也毫不客气，他针对氾胜之的错误说法在书中作注写道："按疏黍虽科，而米黄，又多减及空；今概，虽不科而米白，且均熟不减，更胜疏者。"意思是黍子种稀了虽然分蘖（根部分生多株）的多，但成熟后收获的黍米会发黄，并且还有很多瘪壳和空壳。现在种密了后，虽然不分蘖，但是黍米变白了，而且颗粒都饱满，比种得稀疏的质量要好很多。通过观察对比，贾思勰对氾胜之的说法做出了"其义未闻"的评价，意思是氾胜之所说的道理没有听说过，其中的否定意味不言而喻。

卷五《伐木第五十五》贾思勰通过对"山中杂木"习性的观察研究，对所引《周官》（即《周礼》）"仲冬斩阳木，仲夏斩阴木"（仲冬砍阳木，仲夏砍阴木）的记录有着自己的理解，与郑玄所作"阳木生山南者，阴木生山北者。冬则斩阳，夏则斩阴，调坚软也"（阳木指生长在山坡南面的树，阴木指生长在山坡北面的树。冬天砍阳木，夏天砍阴木，是为了让坚硬的木材和松软的木材搭配恰当）的注释有着截然不同的观点。贾思勰认为《周官》所说的"盖以顺天道，调阴阳，未必为坚韧之与虫蠹也"（大概是为了顺应自然，调节阴阳，不一定与木质坚硬，长虫不长虫有什么关系）。因此，贾思勰坦言"郑君之说，又无取"（郑玄的说法又是不可靠、不可取的），因为"松柏之性，不生虫蠹，四时皆得，无所选焉。山中杂木，自非七月、四月两时杀者，率多生虫，无山南山北之异"（松树、柏树生性不长虫子，一年四季都可以砍伐，没有季节性限制。至于山里的其他种树，除非是七月、四月两个时间砍伐，否则大部分会长虫子，没有什么山南山北的区别）。

郑玄，今山东省潍坊市高密市人，是我国东汉末年著名的经学大师，汉代经学的集大成者，他的社会知名度极高，社会影响力极大，贾思勰在这里不仅否定了郑玄的说法，而且根据树木的特性作了科学恰当的分析和解释，有理有据不容辩驳。书中这样的文字公案还有很多，限于篇幅不一一赘述，但由此便可窥一斑而知全豹，贾思勰实事求是的精神光芒便不可覆盖之。

三、农圣文化主体精神之实事求是精神的当代价值

实事求是作为一种科学的辩证法，是人们正确认识世界，把握客观发展规律，从而科学地改造世界的重要方法论。孔子的"君子不器"强调的是不要为事物的表面形态、现象所局限，要善于发现事物的真相本质。而其"知之为知之，不知为不知，是知也"则鲜明地表达了对认知的态度，要敢于面对现实承认不足，实事求是而不是弄虚作假，只有如此，人的素质才会提高，国家才会向前发展，社会才会进步。

在物质条件贫乏、科学技术极不发达的古代社会，尤其是贾思勰所处的北魏时期，由于受魏晋时期清谈风尚和玄学思想的影响，加之举国上下对佛教的空前推崇，社会上流传着诸如《神异经》《十洲记》等近似今天虚幻小说之类的纬书，人们的思想和精神世界处于一种极不正常的状态。虽然贾思勰在《齐民要术》中也引用了一些"专门撒谎的荒唐书"（石声汉语），但从整体来看，全书还是以实事求是为主，作者在书中某些地方的表达甚至颇具胆识，也正如石声汉教授所说，"作伪的责任不该由《齐民要术》作者负"。

通过研读《齐民要术》文本信息不难发现，农圣文化中实事求是的精神内涵主要体现在贾思勰尊重客观规律，有灵活机动的科学思维，敢于挑战甚至否定学术权威不实之论的立场态度。

实事求是是《齐民要术》农学思想文化中固有的一部分，也可以说是随着社会和科学的发展，贾思勰通过自己的观察、实践，不断坚定和践行的一种思想精神。应该说，这是农圣文化中具有强劲生命力的文化精髓，无论在今天还是将来，实事求是仍然是指导我们工作、学习、生产生活和一切事务的重要思想精神，仍然具有十分重要的现实意义。

对于国家民族来说，只有实事求是地根据社会和时代发展规律制定方针政策，才不会走改弦易辙的邪路，也不会走封闭僵化的老路。只有朝着国家和民族的梦想，以饱满的精神、昂扬的斗志、一往无前的勇气走向辉煌灿烂的明天。

　　对于事业、生活来说，只有实事求是地根据客观事物的发展规律，审时度势，积极努力，灵活应对，才不会陷入盲目的乐观和消极的悲观，人们的生活和事业的发展才会有条不紊，朝着理想的方向稳步前进。对于个人来说，只有实事求是地根据自己的实际情况，认真分析自己具有的发展条件，积极准备、适应条件，准确把握机遇，坚定不移地努力拼搏，才会求得发展，取得成功，创造出美好的生活。

第七节　重视和提倡应用先进科技的科学精神

　　科学精神是一种具有强大生命力的文化思想，以重视和提倡先进科学技术应用为主要特征，以支持创新、潜心钻研为基本内容的科学精神，是农圣文化主体精神的重要组成部分，也是促成贾思勰完成《齐民要术》，并使之成为世人誉之为"中国古代农业百科全书"的重要因素之一。

　　18世纪60年代，以蒸汽机的发明和使用为标志发生了第一次工业革命，机器工作替代了工厂手工业，使社会生产力发生了革命性的变革，人类进入了"机器时代"。19世纪70年代，以电力的发明和应用为标志发生了第二次工业革命，电力工业和电器制造业迅速发展，人类进入了"电器时代"。人类发展史上两次著名的工业革命，极大地促进了生产力的提高，彻底改变了人类的生存状态和经济发展现状，为人类文明的进步做出了积极贡献。毋庸置疑，科学技术是推动人类文明进步的革命性力量，是人类历史发展进程中的第一生产力。

　　生产力包括劳动者、劳动工具和劳动对象（包括自然物经过劳动加工后的原材料）三大要素，而科学技术一旦被劳动者掌握，便会转化为劳动生产力；科学技术物化为劳动工具和劳动对象的能力，就会进一步转化为物质生产力。马克思在《政治经济学批判（1857—1858

年草稿）》中也提到"生产力中也包括科学""社会劳动生产力，首先是科学的力量"。科学精神作为创新科学技术的灵魂，是人类精神宝库中最宝贵的财富，是人类认识、改造、创新世界的力量源泉和思想引领。

一、《齐民要术》的科学魅力

英国生物学家达尔文曾给科学下过一个定义："科学就是整理事实，从中发现规律，做出结论。"其定义指出了科学的内涵，即事实与规律。据专家考证，"科学"一词最早由康有为传入中国，时间是清朝末年。因此，1000多年前的贾思勰按说是不懂得什么是"科学"的，但在其所著《齐民要术》一书中，我们可以清楚地发现贾思勰重视"科学"的信息记录，这既包括贾思勰在创作《齐民要术》一书时谋篇布局的体例设计，也包括贾思勰对社会创新工作的重视和对先进农业生产工具的提倡，对先进的农业生产技术的重视和总结，以及对当时一些前沿知识的观察、研究和实践。贾思勰将这种科学精神通过技术再现、规律或特性总结的方式，对不同生产领域的先进技术进行了详细记录，他当然不会知道这就是科学，但正是因为这种科学精神的存在，有力地成就了《齐民要术》在世界农学史上的地位。达尔文在其名著《物种起源》中就多次参阅《齐民要术》，并援引有关事例作为他的著名学说——进化论的佐证。关于选择原理，他赞扬道："要以为这一原理是近代的发现，那未免和真实相距甚远了。我看到一部中国的古代百科全书清楚记载着选择原理。"①英国的李约瑟博士在其编著的《中国科学技术史》中也曾说："中国文明在科学史中曾起过从未被认识的巨大作用。在人类了解自然和控制自然方面，中国有过贡献，而且贡献是伟大的。"他所指的也是贾思勰的《齐民要术》；日本学者神谷庆治在西山武一、熊代幸雄《译注校订齐民要术》序文中说：《齐民要术》至今仍有惊人的实用科学价值，"即使用现代科学的成就来衡量，在《齐民要术》这样雄浑有力的科学论述前面，人们也不得不折服"。

---

① （英）达尔文撰，周建人、叶笃庄、方宗熙译：《物种起源》，北京：商务印书馆，1995年，第44页。

二、《齐民要术》体例设计的科学精神体现

贾思勰在自序中言：全书"起自耕农，终于酰醢，资生之业，靡不毕书，号为《齐民要术》。凡九十二篇，束为十卷。卷首皆有目录，于文虽烦，寻览差易。"从耕田务农直到酿造酱醋等家庭手工业，凡是对人们生活有用的技术，都做了详细记录，并且每卷都有目录，可谓是一部名副其实的"中国古代农业百科全书"。研读《齐民要术》文本，我们可以从以下三个方面体悟其体例设计的科学性。

（一）主要矛盾和次要矛盾处理的科学性

民以食为天，这是人类生存所决定了的；我在，故我思，这是人类之所以前进的重要原因。为了生存，人类从茹毛饮血到食能果腹，再到文明饮食，直至健康饮食，经历了一个漫长的历史发展过程，并将续而不止。由此，解决人们的吃饭（粮食）这一主要矛盾就成了头等大事，当解决了基本的吃饭（粮食）问题后，蔬菜的加入、饭菜品种的多样化、质量的高端化、营养搭配的均衡性等次要矛盾问题，成为如何吃得文明吃出健康的关键，又成为人类思考的新问题。《齐民要术》在谋篇布局上对这一主要矛盾和次要矛盾的处理非常科学。

第一，全书将粮食生产，以及如何提高粮食作物的产量等内容放到了首卷，体现了主要矛盾的重要性。再进一步讲，土地和种子又是解决粮食种植问题的主要矛盾所在，进而土地又成为主要矛盾。因此，贾思勰又把土地放到了首篇，是谓"耕田第一"，把种子的收取、选择、存放等安排在次篇，是谓"收种第二"。粟，是古代社会对谷类作物的统称，也是最重要的一种粮食作物，故全书首卷第三篇为"种谷第三"。在生产力低下，粮食生产不足的情况下，与谷物形类品近的野生植物"稗"，作为一种辅助粮食自然进入人们的生活，因此贾思勰又将"稗"附于"谷"后合为一篇，全书第一卷就此完结。

第二，通览全书我们还可以发现，除了第一卷外，其他各卷各篇在内容安排和体例设计上，贾思勰也基本遵照了以上原则，主次分明，详略得当，体例统一。有了足够的粮食，食能果腹了，随着生产力的不断提高，人们的生活水平也得到相应提高，对生活的标准和要求也不断提

高。于是在介绍完粮食作物的种植之后，贾思勰便从实际出发，结合生活中必不可少的蔬菜、水果，到纤维、油料，林木的种植（木材）、染料，再到肉类（畜牧）、鱼类养殖，酒、酱、醋、豉等酿造，以及食品加工保存，甚至再次要的笔墨制作、家庭经营等，直到卷十只"存其名目"的南方"五谷""果蓏""菜茹""木"等记载，各卷各篇内容的设计与取舍由主到次，完全结合了当时人们的生活习惯和实际需要，相当科学合理。《齐民要术》的这一体例设计与创新成为农书创作的标准和典范，也难怪一直为以后的农书创作者充分借鉴和学习。

第三，生产是关键问题，也是主要矛盾，而生产一旦过剩后如何解决就成为次要矛盾。《齐民要术》卷三最后一篇《杂说第三十》、卷七第一篇《货殖第六十二》，已经不是单纯的农业生产技术知识，那为什么还要写？这就是生产与过剩的矛盾。研读文本可以发现，卷三整部都是介绍家庭中园篱蔬菜的种植知识，生产力提高了，蔬菜生产过剩了，如何提高蔬菜生产的综合价值就成为新的主要矛盾，而《杂说第三十》就是介绍如何经营农业，来为老百姓的家庭生活提供资源，将其放在蔬菜种植的最后，正反映了贾思勰在处理生产与过剩这一主要矛盾和次要矛盾上的艺术性、科学性。当然，粮食生产或其他产品如果有过剩问题，"杂说"所列仍亦可做参考，但相对于百姓的日常生活，粮食和蔬菜是最主要的，根据这样的逻辑，"杂说"放在卷三最后一篇其科学性就更加突出。

卷七整卷是介绍家庭手工业制作知识的，随着生产技术的提高，手工业产品除了满足自家之用外，也会产生过剩的问题，相对于家庭手工制作来说，又成了新的主要矛盾。而《货殖第六十二》是介绍如何利用自家生产的农产品来进行商业经营，使家庭富裕的知识，这与老百姓的生活息息相关。结合"要在安民，富而教之"的创作理想，从把《货殖第六十二》列为卷七之手工业生产内容的第一篇来看，我们可以推断，贾思勰农学思想中对家庭手工业制作的基本观点，应该是倾向于其商品价值的，而其根本目的就是让老百姓致富，这又从另一角度体现出贾思勰在处理主要矛盾与次要矛盾上的科学性。

（二）传统经验与实践经验相结合的全面性

传统经验的直接引用，实践经验的佐证或深化辅助，两者相辅相成，相互结合，大大提升了《齐民要术》创作上的科学性。一方面，贾思勰大量的不加修改的如实引用古代典籍，即所谓的"采捃经传"，是《齐民要术》创作的突出特点，也是贾思勰对传统经验的尊重和传承。据石声汉先生统计，如果按同一书不同的各家注本分别统计，《齐民要术》共引用了164种古代典籍，如果不同的各家注本归入各本书，不重复计算的话，则共引用了157种古代典籍①，其引用量之大，阅读面之广，引用之具体恰当，以及保持原籍原貌之程度，都是前无古人的。特别如对《氾胜之书》《四民月令》《广州记》等这类已佚失古籍的引用，就为我们保存了大量珍贵的历史资料，成为研究古代农业或其他学科知识极为宝贵的原始资料。

另一方面，贾思勰还将自己搜集来的民歌民谣、咨询有经验的老农后得来的间接经验、当时劳动人民实际的生产生活经验，以及自己的实践经验一并载入《齐民要术》各篇，即"爰及歌谣，询之老成，验之行事"，使全书的实用性、针对性更强，能有力地指导当时的农业生产，并为今后的农业活动提供了重要参考。

（三）逻辑结构处理上的严密性

《齐民要术》各篇的结构设计上，基本按照标题、解题、正文、注释、引文的行文原则组织。标题，是贾氏介绍各篇主要内容主旨和序目的，如"耕田第一""收种第二""种葵第十七"，卷十中的"五谷""果蓏""菜茹""木"等。解题，是对各篇标题进行解释，或引用典籍对标题涉及内容进行释说的，如"耕田第一"，解题就引用了《周书》关于神农耕种，以及制作农具、垦荒等记载进行释说，还引用了《世本》关于农具的介绍，《说文》关于农具制式特点的释说，《释名》关于田地、农耕方法的释说等，完善了"耕田"所涉及的工具、技术方法等主要内容，让人从标题与解题就能把握本篇的主旨，逻辑非常严密。

正文，是各篇的主要部分，是详细叙述本篇主要内容的，原书一般都是非常明显的大字体文字，在此不举例说明。注释，则是针对正文中关键语句、技术方法等，进行合理必要的解释补充，或记录自己的实践体会以辅助说明，或对正文文字进行训诂，一般都是小字体双行文字，并且是夹杂在正文之中的（这也是后人反复刻印、注释最容易出错的原

---

① 石声汉：《从齐民要术看中国古代的农业科学知识》，北京：科学出版社，1957年。

因），如《耕田第一》中，"春耕寻手劳"句后注释曰"古曰'耰'，今曰'劳'。《说文》曰：'耰，摩田器。'今人亦名劳曰'摩'，鄙语曰：'耕田摩劳'也。"对"劳"的含意进行了多角度的释说，并引典籍进行佐证，又用"今人"即作者生活时代对"劳"这一农具的普遍称法，以及"鄙语"即民间说法进行反复说明，可谓详之又细。又如，《种蒜第十九》注释中，就提到了并州无大蒜，朝歌取种而成百子蒜，并州芜菁根大，种在其他地方亦大，又记录"并州豌豆，度井陉以东，山东谷子，入壶关、上党，苗而无实。皆余目所亲见，非信传疑"的事实，同时提出了自己的观点"盖土地之异者也"。训诂类的注释书中很多，不另列举。总之，注释让正文内容更加完善，也进一步提升了书稿内容的科学性。

引文，是《齐民要术》创作的重要特色，包括解题、正文、注释中都大量引用了古代典籍，或释义，或训诂，或佐证，或补述，或典故，不一而足，亦不另例。

三、对先进农业生产工具的重视和提倡

马克思主义认为，人类社会区别于动物界的重要特征是劳动。而劳动，是从制造生产工具开始的。生产工具是人类为了生存和不断改善生存状况的产物，是人类利用和改造自然界的产物，是社会生产力不断发展的标志，更是一种文化载体和文化现象。尤其在古代社会，可以说生产工具是社会发展的重要物质基础，它的产生和发展，又受到社会发展进程的影响和直接制约。研读《齐民要术》，我们可以发现贾思勰对那些生产工具改进者的崇敬之情，以及对推广使用先进生产工具的迫切之情。

《齐民要术·序》中，贾思勰通过"盖神农为耒耜，以利天下；尧命四子，敬授民时；舜命后稷，食为政首；禹制土田，万国作乂"，充分表达了对神农氏、尧、舜、禹这些圣贤的敬畏，以及对人类发展做出开创性贡献者的敬仰之情，其原则、态度和立场不言而喻。贾思勰认为"赵过始为牛耕，实胜耒耜之利"使用畜力服务于农业生产，大大提高了生产效率，是一种巨大的历史进步，更是"益国利民，不朽之术"。贾思勰还写到"九真、庐江，不知牛耕，每致困乏"（九真、庐江等地

的老百姓不懂得用牛耕地，种的粮食常常不够吃的）。"任延、王景，乃令铸作田器，教之垦辟，岁岁开广，百姓充给"（任延、王景就下令铸造耕田的工具，教他们开垦土地，每年开垦了不少田，百姓的粮食也能自给了）。贾思勰对老百姓学会使用先进的生产工具，表现出极大的热情和赞赏。"敦煌不晓作耧犁，及种，人牛功力既费，而收谷更少。皇甫隆乃教作耧犁，所省庸力过半，得谷加五"（敦煌人不懂得用耧犁这种先进的农具，种田时人、牛费力不说，谷物收成也少，皇甫隆就教会他们制作和使用耧犁，省下了一半多的人力，收成却增加了五成）。对使用"耧犁"这一先进的生产工具提高农业生产力的做法，贾思勰更是旗帜鲜明地阐明了自己的肯定立场。

贾思勰还引"五原土宜麻枲，而俗不知织绩；民冬月无衣，积细草，卧其中，见吏则衣草而出，崔寔为作纺绩、织纴之具以教，民得以免寒苦"（五原一带适宜种麻，而当地百姓却不懂的用麻织布，崔寔教会了他们制作纺织工具和纺织方法，老百姓才免受寒冷之苦）；"颜斐为京兆，乃令整阡陌，树桑果；又课以闲月取材，使得转相教匠作车"（颜斐做京兆郡长官时教人们种树，又教人们相互传授木匠之艺制作车具，提高了运输能力）。

在卷一《耕田第一》最后，贾思勰在注中记有"三犁共一牛，若今三脚耧矣，未知耕法如何？今自济州以西，犹用长辕犁、两脚耧。长辕耕平地尚可，于山涧之间则不任作，且回转至难，费力，未若齐人蔚犁之柔便也。两脚耧，种垄概，亦不如一脚耧之得中也。"对使用畜力（牛耕），耧和犁等先进农具情况进行了评价，对不同地域使用不同农具提高生产效率进行了对比分析，强调了先进生产工具在提高农业生产力方面起到的重要作用。

《齐民要术》中涉及的农具还有耙（整地工具），耢（耢，整地工具），窍瓠（点种用的器具），碾（磨面粉工具），碡碌（脱粒工具），挞（覆种工具），锋、耩（中耕工具）等当时在提高农业生产力方面起到积极作用的较为先进的众多农业生产工具，而这些先进生产工具的使用是一种重大的社会进步，提高了生产效率，创造了经济财富，改变了人们的生活状况，推动了社会的发展，充分体现了贾思勰对先进农业生产工具的肯定和推崇。

四、注重对农业科学技术的总结、推广和应用

（一）《齐民要术》记载了以前或当时先进的农业科学知识

科学技术一旦渗透和作用于生产过程中，便成为现实的、直接的生产力。通过研究《齐民要术》，我们不难发现贾思勰是非常注重先进、科学的农业技术的推广与使用。石声汉教授认为"《要术》保存了许多古代农业生产科学技术知识。这些知识的记载，有的远远早于《要术》而且有些原书已失传。"①石声汉教授曾按时代先后，把这些比《齐民要术》更早的农业科学知识，分西汉以前（前200年以前）、从汉到晋（前200到400年）两个时期做过分析，这些科学知识古已有之，也非本书研究重点，在此不作赘述，但也足以看出贾思勰对农业科学知识的重视，如果不是这样，按照贾思勰的创作原则应当会"阙而不录"。

此外，石声汉教授还将《齐民要术》里面记载的，贾思勰自己总结归纳的，以及当时的农业科学知识，按9个方面作过统计，为便于全面了解《齐民要术》农学思想科学精神的内涵，列表5-3如下。

表 5-3　《齐民要术》涉及的农业科学知识统计表

农业科学知识类别	涉及的主要知识内容
时宜地宜的认识	农业操作分"上、中、下"三时；地宜也分三时；同一作物不同地，种子用量不同；风土条件；天时地宜间的关系；应用原则
农艺（谷物的栽培）	耕作；品种；下种；肥培；保育；收获及贮藏
蔬菜	种类及栽培；套作；蔬菜的加工和保存
果树	果树及品种选育；繁殖；果品储藏与加工
林木	树木种类；培育经营；伐木
其余作物	纤维作物；染料作物
动物饲养	选种办法；阉割肉用兽；饲管；兽医
农家家庭经济	蚕桑；酿造（酒、酱、醋、豉、菹、酪）；淀粉加工制品；脯腊
一些特殊方法和技术知识	食盐的精制；淀粉糖化；煮胶；提取红蓝花中所含色素；植物性染料用灰汁媒染；利用豆类种子中的"皂素"除污；作香泽（润肤品）；烹调

资料来源：根据石声汉教授《从齐民要术看中国古代的农业科学知识》整理

从表5-3所列内容可以看出，《齐民要术》对古代先进的农业科学知识记载全面、涉及领域广泛、结构体系完整。如果深入研究《齐民要

---

① 石声汉：《从齐民要术看中国古代的农业科学知识》，北京：科学出版社，1957年。

术》文本，还会为贾思勰严密的论证逻辑、精炼而又"不尚浮辞"的语言所震撼。我们可以肯定，这正是在贾思勰科学精神的驱动下苦心经营的结果，因此今天的我们才能够得以看到，并分享到古人的智慧结晶，对先人的劳动创造产生由衷的崇敬之情。

（二）从《齐民要术》几则典型记载看贾思勰的科学精神

农史学家称赞《齐民要术》中关于旱地耕作的精湛技艺和高度的理论概括，把当时黄河中下游旱地耕作技术推向新的水平，使我国农学第一次形成精耕细作的完整体系。其中区种法（即精耕细作法）作为一种科学的农业技术至今仍具有突出的借鉴意义。贾思勰在书中引谚曰"顷不比亩善"来说明"多恶不如少善"的道理，他还援引时任西兖州刺史的刘仁之"昔在洛阳，于宅田以七十步之地域为区田，收粟三十六石"的事实，主张"少地之家，所宜遵用也"，同时还算了一笔账"然则一亩之收，有过百石矣"，强调区种法对"少地之家"的重要意义，表现出贾思勰对精耕细作先进农业生产技术的重视。当今，无论在中国还是在世界范围内，随着现代工业的大发展、地球人口的不断增多、城镇化人口的转移，大量土地被占用或沙漠化，耕地出现大幅度缩减，这种精耕细作（区种法）的突出意义尤其显得重要。

其实，除此之外，《齐民要术》在其他方面，还有很多具有科学价值的观察与记载，都从不同侧面反映了贾思勰身上所拥有的科学精神，在此略举几例以为论证，以期将《齐民要术》农学思想中抽象的科学精神具体化。

第一，关于成霜原理与防霜冻措施。《齐民要术》卷四《栽树第三十二》中"天雨新晴，北风寒切，是夜必霜"，对成霜的原因记载与现代对成霜原理的科学解释非常接近。对于如何抗寒防霜，贾思勰也给出了科学的方法：首先"常预于园中，往往贮恶草生粪"，作好预防准备，然后一旦"天雨新晴，北风寒切"，便可"此时放火作煴，少得烟气，则免于霜矣。"这种煴烟防霜的措施，至今仍然是北方农业生产中减免霜害的科学有效的方法之一。

第二，关于假植蔬菜的藏生菜法。《齐民要术》卷九《作菹、藏生菜法第八十八》中记有"九月、十月中，于墙南日阳中掘作坑，深四五尺。取杂菜，种别布之，一行菜，一行土，去坎一尺许，便止。以穰厚覆之，得经冬。须即取，粲然与夏菜不殊。"掘坑作窖，窖中湿度适合又可保温，对于储藏鲜菜极为便利，这与现代科学中的"假植蔬菜"道理是一致的，至今在我国北方地区还使用着贾思勰所说的这种冬季储藏鲜菜的方法。寿光是著名的中国蔬菜之乡，由此发端的温室大棚蔬菜种植就是对《齐民要术》"藏生菜法"的一种科学发展，而正是温室大棚蔬菜的发明，大大改变了我国北方冬季没有时令鲜菜的局面，极大地丰富了北方居民的生活餐桌。

第三，关于遗传与环境关系的认识。蒜本是古代西域（新疆及以西地区）之物，西汉时期张骞出使西域带回蒜种，中原大地始有蒜。贾思勰对此有过实地调查和研究，在《齐民要术》卷三《种蒜第十九》中记有"并州无大蒜，朝歌取种，一岁之后，还成百子蒜矣，其瓣粗细，正与条中子同。芜菁根，其大如碗口，虽种他州子，一年亦变大。蒜瓣变小，芜菁根变大，二事相反，其理难推。又八月中方得熟，九月中始刈得花子。至于五谷蔬果，与余州早晚不殊，亦一异也。并州豌豆，度井陉以东，山东谷子，入壶关、上党，苗而无实。"对于这一现象，贾思勰说："皆余目所亲见，非信传疑"，就表明他的观点不是道听途说的，是在实地调查研究后得出"盖土地之异者也"结论。达尔文在《动物和植物在家养下的变异》第二十四章"变异的法则——用进废退及其他"中就曾引用这一观点："农学者们的普通经验具有某种价值，他们常常提醒人们当把某一地方的产物试在另一地方栽培时要慎重小心。中国的古代农业作者们建议应当栽培和保存各个地方的特有变种。"[①]

在《齐民要术》卷四《种椒第四十三》还记有古青州商人成功种植蜀椒（四川花椒）的文字，贾思勰认为"此物性不耐寒，阳中之树，冬须草裹"，并特别注有"不裹即死"的经验之语。同时，贾思勰还写到"其生小阴中者，少禀寒气，则不用裹"，对此的解释贾思勰引用了一句社会俗语"习以性成"（习惯成为自然本性），来说明物种变异的特点。同进又用了类比方法进一步说明这一道理："一木之性，寒暑异容；若朱、蓝之染，能不易质？故观邻识士，见友知人也。"一种树木的本性因寒热与否有不同的表现，就像朱土（红色染料）蓝靛（蓝色染料）放在一块，其性质是不能不变的；贾思勰还由此推及人，说这种变异情况就像看一户人家的邻居和朋友，就可以知道某个人的品质特点一

---

① （英）达尔文著，叶笃庄、方宗熙译：《动物和植物在家养下的变异》，北京：北京大学出版社，2014年，第536页。

样。这就是平常所说的"近朱者赤，近墨者黑"的道理，拿到农作物来讲，道理是一样的，也就是说环境的改变对物种的变异会产生一定的作用。

在《齐民要术》中这样的记录还有很多，限于篇幅，不再一一赘述。通过以上几则实例，我们就可以非常清晰地看到贾思勰身上那种求真、务实、严谨、科学的思想光芒。

五、农圣文化主体精神之科学精神的当代价值

老子的"道可道，非常道；名可名，非常名"强调了真理的获得不是一件轻松的事，正如马克思所言"在科学的大道上是没有平坦的道路可走的，只有不畏劳苦艰险、沿着陡峭崎岖的山路努力攀登的人，才有希望到达光辉的顶点。"而孔子"朝闻道，夕死可矣"、柳永"衣带渐宽终不悔，为伊消得人憔悴"则表达了中华民族对真理追求的迫切和坚贞不渝，也反映了人类对科学真理追求的执着。

"可以简单地说，科学是如实反映客观事物固有规律的系统知识"[1]，作为推动人类文明不断向前发展的"革命性力量"，科学的价值和意义毋庸讳言。科学技术对于国家的繁荣富强和民族的进步兴盛，其意义之重大也毋庸讳言，姑且不论。我们可以不是科学家，不是发明家，但即使作为一名平凡的人，我们的工作和生活也应该具有一种自觉的科学精神。

工作中具有科学精神，就会严谨务实精益求精，变消极应付工作为积极主动地融入工作，不断在工作中总结经验、掌握规律、创新方法、提高效益，从而创造佳绩，反之则难。在不进则退、慢进也即退的当下，缺少科学精神的推动，就会疲于重复性的工作应付，不但效率低下，有时还会造成巨大的工作损失，甚至会留下终生的遗憾。

由是观之，科学精神的现实意义是重大的，《齐民要术》农学思想中的科学精神是应该传承和发扬的，而且作为人类共有的一种宝贵的精神财富，任何时候都不能丢。

---

① 赵祖华：《现代科学技术概论》，北京：北京理工大学出版社，1999年。

第八节　知行合一躬行践履的实践精神

实践精神是中华优秀传统文化的鲜明特色，是中华民族千百年来创新发展，雄立于世界民族之林的文化精粹。以知行合一和躬行践履为主要特征，以脚踏实地、身体力行为基本内容的实践精神，是农圣文化主体精神的重要组成部分，也是农圣文化中具有鲜活生命力的精华所在。研读农圣文化的重要载体《齐民要术》，厘清农圣文化主体精神之实践精神的关键点，对于准确把握农圣贾思勰的思想实质，正确理解农圣文化实践精神的基本内涵，从而有效地传承、创新、发展好农圣文化，服务于经济社会发展有积极的意义。

一、对贾思勰知行合一的思想探析

（一）援引传统经典阐明实践思想主张

实践精神在贾思勰农学思想中占有突出地位，也是指导、促成他能顺利完成农业科学巨著《齐民要术》的重要推动力。《齐民要术》自序引用《左传》名句"人生在勤，勤则不匮"强调了只要勤劳实干，就不会贫穷的观点，从而号召人们积极参加农业生产实践。又引用古语"力能胜贫，谨能胜祸"进一步强调了出实力干实事就能脱贫致富，谨慎行事就能避免灾祸的道理。贾思勰还引用《仲长子》"天为之时，而我不农，谷亦不可得而取之"说明自然界虽然给了我们天时（机会），如果我们不及时参加劳动实践，也不会得到粮食。其所强调的重点在于即使条件具备了，如果只是临渊羡鱼不去努力实践，也不会成功有收获，可见贾思勰对实践的高度重视。

（二）列举圣贤做法肯定实践的重要性

《齐民要术》自序援引《淮南子》"禹为治水，以身解于阳盱之河；汤由苦旱，以身祷于桑林之祭。……神农憔悴，尧瘦癯，舜黧黑，禹胼胝"的史事，目的在于说明古代圣贤不仅心里装着百姓，而且贵在身体力行，通过自身的"躬行践履"为老百姓带来了幸福。大禹为了治水患，用自己的身体为人质押在阳盱河，向河神祈祷；汤为了给老百姓解除旱灾，把自己的身体作为人质向上天祷告；为百姓奔波操劳，神农氏以至于憔悴不堪，尧帝消瘦了，舜帝变黑了，大禹手上长满了老茧。虽然这些圣贤的做法可能只是传说，有对人物的神化倾向，但从他们所处的时代来说，能把老百姓的事当作大事放在心上，已经是难能可贵了。对古代圣贤们身体力行、躬行践履的典范行为，贾思勰持有一种虔诚的称颂和尊崇。

孔子是世人公认的"至圣先师"，但当其弟子樊迟向他请教学习种庄稼的时候，孔子却说"吾不如老农"。暂且不说孔子是否看得起稼穑之事，单就孔子作为一代圣贤来说，他能毫不掩饰地坦言在种植庄稼方面，自己比不上天天与土地打交道的农民，不仅说明了实践的重要，还表现出了圣人的坦诚和伟大。如果咬文嚼字，我们看孔子说的是"不如老农"，是比不过、跟不上，而不是鄙视看不起农民。因此，孔子是因为自己没有实际做过农事，没有实践也就没有发言权，孔子确实是值得我们学习的"万世师表"。而贾思勰引用这些事例，无非是说明"智如禹、汤，不如尝更"，就算有禹、汤一样的智慧，也不如从亲身体验中得来的知识高明，直白地表达出实践思想在自己内心的分量。

二、贾思勰"躬行践履"的文本探析

贾思勰的实践精神绝非限于空乏的思想层面，更不是局限于口头上的游戏辞令，研读《齐民要术》文本可以发现更多的真实记载，这对于准确把握农圣文化的实践精神内涵具有重要支撑作用。

（一）贾思勰有重视、搜集、整理农业生产实践经验的实际行动

劳动人民是人类历史的伟大创造者和发展者，他们在人类发展的历史长河中，历经风雨坎坷和社会沧桑，始终以朴素无华、坚韧不拔的意志和劳动实践，创造了光辉灿烂的文明，显示了劳动人民的智慧和伟大。对劳动人民在生产生活中的经验进行全面系统的整理、总结、创新，是历史不断向前发展的重要基础和推动力。贾思勰写作《齐民要术》正是做了这一伟大的工作，特别是对劳动人民在生产生活中总结出来的、普遍为劳动生产所应验的实践经验的梳理，既形象生动又富有科

学指导意义，是指导农业生产劳动的最好依据。

《齐民要术》自序中谈到自己的创作依据时，贾思勰说是"采捃经传，爰及歌谣，询之老成，验之行事"，民歌民谣是老百姓在生产实践过程总结出来的实际经验，具有较强的指导作用。据华南农业大学倪根金教授考证，《齐民要术》采用的民间农谚歌谣多达45条。现举几例如下。

"家贫无所有，秋墙三五堵。"（《种谷第三》），贾思勰作注说"盖言秋墙坚实，土功之时，一劳永逸，亦贫家之宝也"，意思是说秋天把土墙筑得很坚实，动工修建时，要多花点力气筑牢固，就能管用很久，省去很多因墙体不牢固而修缮耽误的工夫，这对本来经济条件不好的贫穷人家来说，也可以算作是积累了财富。八月秋高，是收获的季节，老百姓要准备好器具来收获和贮藏粮食，等到冬天到来以后使用。如果把"秋收"的准备工作做好了，"冬藏"就没有了后顾之忧。在条件落后，科学技术不发达的古代社会，这是农家生活的必备环节，民歌的引用则言简而意赅地强调了准备工作的重要性。

"穄青喉，黍折头"（《黍穄第四》），意思是说，穄应该在穗基部和秆相接的地方还没有完全褪色以前收割；黍应该在穗子完全成熟到弯下头来时收割。我们现在需要很长很累赘的句子才能说清楚的道理，老百姓用了短短的6个字就讲得明明白白，这就是劳动者的实践智慧。

"夏至后，不没狗"（《种麻第八》），意思是说，夏至以后种的麻，长的高度都不能遮住一条狗，说明晚种的麻生长缓慢。

"但雨多，没橐驼。"（《种麻第八》），意思是说，麻这种植物，只要雨水多，就可以长到遮住骆驼的高度，说明麻喜欢水湿环境。

"五月及泽，父子不相借。"（《种麻第八》），意思是说，五月趁着天下雨做庄稼活，父子之间都来不及互借人力。五月是种麻的关键时节，用父子之间都不互相帮忙，说明了农时的重要性。

"东家种竹，西家治地"（《种竹第五十一》），意思是如果东邻种了竹子，西邻就得整治自己家里的地。为什么呢？贾思勰作注说"为滋蔓而来生也"，因为竹子具有向西生长的特性，东邻种上的竹子会自然而然蔓延生长到西邻，如果西边的人家不进行土地整理，也会长满竹子。

这些农谚歌谣是自古以来在民间口头相传的、劳动人民生产实践经验的智慧结晶，虽然在书中的引用远不如对古书的引用多、地位重要，却都是劳动群众长期以来对生产生活进行观察、实践、总结、提炼的结果，是不可多得的活经验、真宝贝，极具实用价值。如果不是熟悉农业生产劳动，并且尊重这些农业生产实践经验，如果没有亲自做过深入的实地搜集、调查和了解，如果不是用心地梳理、归纳和总结，是很难收集到这些宝贵经验，进行合理的安排取舍，并巧妙地引用和融入自己著作中的。因此，我们说贾思勰有重视、搜集、整理农业生产实践经验的实际行动，并且也形成了相当的成果。

（二）贾思勰有"验之行事"的切身经历

实践是检验真理的唯一标准。一切经验和做法也只有经过了实践的验证，才显示出它的普遍性、合理性和可行性。如果只是局限于书本理论，或者是前人的经验理论，或者是道听途说的东西，最终是经受不住时间和实践考验的，即使冠其以某理论某办法，也难以在实际生产生活中起到真正的指导作用，产生应有效益。贾思勰作为一位伟大的农学家，最为可贵的就是他自己身体力行，用自己的实践来对前人或当时的经验、做法进行科学的验证，形成强有力的第一手资料，使自己的农书更加适用于劳动人民现实生产生活的需要。那么，是否有贾思勰切身体验的证据？回答是肯定的。

证据一：养羊的故事，也是最为人们传诵的一个故事。卷六《养羊第五十七》之"积茭（牧草）之法"，贾思勰作注说："余昔有羊二百口。茭豆既少，无以饲。一岁之中，饿死过半；假有在者，疥瘦羸弊，与死不殊，毛复浅短，全无润泽。余初谓家自不宜，又疑岁道疫病，乃饥饿所致，无他故也。人家八月收获之始，多无庸暇，宜卖羊雇人。所费既少，所存者大。"原来贾思勰在自家养过200只羊，开始的时候因为牧草积蓄较少，羊饿死了一大半，即使活下来的也都满身生疮，瘦弱得像快要死的样子，其实跟死的也差不多了。贾思勰最初以为是自己家里不适宜养羊，后来又怀疑是年岁瘟疫的原因，有了羊"饿死过半"的沉痛教训之后，才最终明白实际上羊是因为饥饿而死的，没有其他原因。这是贾思勰通过自己养羊换来的经验之谈，痛定思痛之后的切身体会，也是贾思勰实践精神最典型的一例。

证据二：《齐民要术》引用古书多达150多种，足见贾思勰家学渊源和藏书之丰。其卷三《杂说第三十》记载了贾思勰写书、看书、藏书等经验做法，甚至对修补书籍破毁、折裂，"点书"（涂改）、"记事"，"雌黄治书"（用雌黄涂改书籍），晾晒、防虫等方法都做了详细记录，要言不烦笔笔见力，其见地和经验皆非常人所能及。如果没有丰富的读书治书经历和切身体会，根本无法做出如此详细的文学记录。可以肯定，贾思勰读过很多书，并且对如何制书、修补书，如何让书防虫咬等这些细致入微的具体做法亲身实践过，有着切身体会和丰富经验，因此才能如此准确、清楚、简练而又重点突出地记录在案。

证据三：卷八《作酢法第七十一》引用《食经》文字记载了"卒成苦酒（古代对醋的别称）法"："已尝经试，直醋亦不美"意思是说我已经按《食经》里的"卒成苦酒法"进行了实验，做出来的醋除了酸度较重外，味道也不好。为了改进醋的味道，提升醋的品质，贾思勰还根据自己的实验对传统的"卒成苦酒法"进行了改进："以粟米饭一斗投之，二七日后，清澄美酽"。从记录可以看出，贾思勰对改进以后制醋的用料量记录非常具体，酿制的时间也准确到了天数，醋的色、味等也有非常细致的观察，毫无疑问这是贾思勰身体力行的真实记录。经过这样改进后制作的醋，贾思勰也一定亲自做过品尝，否则他不会知道用这种方法酿成醋的味道，并在书中写下"与大醋不殊也"（和大醋没有大的差别）的体会。

除了上面提到的三个最直观的例子外，贾思勰还在《齐民要术》中记载了大量亲自做过实践的体会文字，现简略摘录部分，如卷三《种韭第二十二》中提到"韭性内生，不向外长"；《插梨第三十七》中提到梨树嫁接，接穗"用根蒂小枝，树形可喜，五年方结子；鸠脚老枝，三年即结子而树丑""每梨有十许子，唯二子生梨，余生杜"；卷四《种椒第四十三》讲述花椒的移栽时称"此物性不耐寒，阳中之树，冬须草裹，其生小阴中者，少禀寒气，则不用裹。"只有通过长期、实地、细致的观察，才有条件写出这样详细具体而又可操作的经验之谈，除此之外仅凭"询之老成"的道听途说，是很难有此见地和表述的。因此，我们说贾思勰是一个伟大的社会实践家。

（三）贾思勰有行万里路深入生活的丰富体验

读万卷书，行万里路是古人治学的突出特点，其中包含了理论学习和实践相结合的重要理念。读万卷书，就是说要广泛地学习，不断丰富充实自己的知识，这是治学的基础，也是理论的准备阶段。行万里路，就是要脚踏实地地去做、去体验，这是理论的落实，也是理论与实践相结合的实施阶段。这两点贾思勰都做到了，在本章第五节我们已对农圣文化主体精神中的治学精神做过分析，这里不再赘述。

卷三《种蒜第十九》贾思勰的注文记载"并州无大蒜，朝歌取种。一岁之后，还成百子蒜矣，其瓣粗细，正与条中子同。芜菁根，其大如碗口，虽种他州子，一年亦变大。蒜瓣变小，芜菁根变大，二事相反其理难推。又八月中方得熟，九月中始刈得花子。至于五谷蔬果，与余州早晚不殊，亦一异也。并州豌豆，度井陉以东，山东谷子，入壶关、上党，苗而无实。"对于这些现象，贾思勰说"皆余目所亲见，非信传疑"，这都是自己亲眼看到的，不是什么道听途说的附会讨巧，也绝不是凭空捏造出来的。同时，贾思勰还根据自己的实践经验和观察分析，提出了自己的判断结论：这是土地（土壤环境条件）不同的原因造成的。如果没有长途跋涉到达其地，没有丰富的实践经验和系统的对比研究，根本难以有如此科学精当的分析。

此外，从《齐民要术》一书涉及的有关物产与地名情况看，除了并州（今山西境内）、朝歌（494年北魏迁都河南洛阳，贾思勰大概也曾游历于此）、井陉（今河北境内）、壶关（今山西境内）、上党（今山西境内）外，贾思勰还到过陕西的茂陵、河北的渔阳（今北京密云一带）、山西的代（今大同附近）、并（今太原附近）、东北地区的辽（今昔阳一带），山东的益都（今山东寿光，贾思勰的出生之地）、青州（今临淄附近）、齐郡历城（北魏时青州的辖郡）、西兖州（今定陶及附近）、济州（今茌平附近）、西安、广饶（当时的齐郡辖县，今河北和东营一带）等地，足迹基本踏遍了北魏统治的区域，正因为有着如此丰富的实地考察，加之"询之老成"和自己的严谨治学，《齐民要术》所记内容才会如此丰富庞杂，体例完整，条理清楚，各种农业生产技术、农谚民谣才搜集得这样全面，如果没有行万里之路而是闭门造车，是完全不可能有这样的收获的。

综上所述，从贾思勰的思想主张、理念再到生产生活中的亲自为之，正是这种可贵的实践精神，才使《齐民要术》具有了扎实的理论基础和第一手资料的事实支撑，成为一部"中国古代社会农业百科全书"，至今都闪耀着科学的光芒。

三、农圣文化主体精神之实践精神的当代价值

"实践"是中国哲学中固有的概念，临渊羡鱼，不如退而结网，陆

游诗中所言"纸上得来总觉浅，绝知此事要躬行"、墨子所说的"士虽有学，而行为本焉"强调的都是铺下身子实干，放开手脚实做。老子《道德经》中论及的"天下难事，必作于易；天下大事，必作于细"，更是强调了克服困难成就大事，必须从容易的事情做起，从细小的事情做起，其核心指向仍然是具体实践。"合抱之木，生于毫末，九层之台，起于累土"，一分布置，九分落实，纵有千般想法万般规划，不去落实不去实干，再好的方案也等于零，再好的决策部署也会落空。

黑格尔在扬弃前人思想的基础上，从历史的视角展开对实践的探寻，第一次提出了劳动实践的概念。在中国古代哲学中，实践的主要含义是"躬行践履"，就是亲自去做去落实，包括思想道德、为人处世和社会生活的方方面面，其外延实际上是非常大的。而现在马克思主义哲学体系中的实践概念，则是倾向于物质性的活动，与中国哲学传统中的实践有着较大差别。

贾思勰作为一个家学渊源深厚，又饱读诗书的古代知识分子，他对中国传统文化中的精髓既有充分的继承，又有全新的创造，充分体现在其著作《齐民要术》中。实践精神作为农圣文化主体精神的重要组成部分，既符合中国传统文化中的"躬行践履"精神，又与马克思主义哲学中的实践内涵有着共同之处。马克思主义认为实践第一，主张实践是人类自觉自我的一切行为。实践精神的实质就是脚踏实地、躬行践履、身体力行地去做事去落实。中国向来提倡埋头苦干的精神，也尊重具有实干精神的人，鲁迅先生称之为"中国的脊梁"。可以说，实践是人类社会由必然王国进入自由王国的唯一途径。

人类发展需要实践精神。实践决定了人类发展的历史进程，从茹毛饮血的蛮荒时期到文明自觉的现代人，人类自身的每一次飞跃都离不开实践。人类在实践中认识世界，在认识中再实践再认识，从而推动了人类历史的不断发展，过去如此，今天如此，将来依然如此。

社会进步需要实践精神。发展是历史的自然规律，而发展的内动力来源于实践的推动，是否具有脚踏实地的实践精神关系社会发展的进程。社会由贫穷到富裕、弱小变强大、落后变先进等需要全社会的实践努力，需要在实践中不断地突破，不断地扬弃，向着最美好的未来不断努力，反之则不成。

工作创新需要实践精神。贾思勰经过养羊失败的教训之后，总结出了科学而又全面的养羊理论；贾思勰读过万卷书，行过万里路，虚心地

"询之老成，验之行事"，向劳动人民学习的同时还自己身体力行，做了大量的实践工作去验证，历时很长时间才写成了世界上现存最早、最完整的农学巨著《齐民要术》，如果没有"躬行践履"的实干精神和丰富的实践经验，谈何容易？

第九节　居安思危防患未然的忧患意识

忧患意识也可以称为居安思危意识，是中华民族自古以来就具有的精神传统之一，它源于传统知识分子对祖国、民族命运和前途的深沉关切，代表了一种高尚人格，体现的是一种社会危机感、责任感和历史使命感。以居安思危、防患未然为主要特征，以未雨绸缪和倡导荒政为基本内容的忧患意识是农圣文化主体精神中的可贵之处，与贾思勰农学思想和《齐民要术》体现出来的其他优秀思想文化一起，构成了农圣文化特有的精神价值体系。忧患意识不仅与贾思勰生活时代的自然条件有关，还与当时的社会风气、社会环境有关。

一、忧患意识在《齐民要术》中的明确表达

一个人的思想不仅表现在他的言语和行为上，还表现在他的文章和作品中，如著名美术大师徐悲鸿的马，他所做的水墨骏马，桀骜不驯，体现了民族精神，在写实的形体中充满着浪漫主义的遐想和激情，是徐悲鸿思想感情的一种艺术表现形式。贾思勰的农学思想以及农圣文化主体精神，我们同样可以通过他的《齐民要术》感受到。在《齐民要术·序》中，贾思勰通过引用前人的论述和直抒胸臆的方式，对自己内心的忧虑和诉求进行了直言不讳的表达，显示出一个有良知的地方官吏的责任和担当。

贾思勰引用陈思王曹植的话"寒者不贪尺玉而思短褐，饥者不愿千金而美一食。千金、尺玉至贵，而不若一食、短褐之恶"（《齐民要术·序》，下文未特别注明者都引于此）说明事物的重要性是由特定的情势所决定的道理。在丰收无灾祸的年景，人们不会重视一顿饭、一件

粗布衣裳的价值，然而一旦遇到天灾人祸，一顿饭、一件粗布衣裳都有可能成为奢求。天有不测风云，人有旦夕祸福，在生产技术不发达、生产力低下的古代社会，衣食之需是老百姓首先想到的。当然，即使在科技发达、物质条件优越的今天，人们也应当具备这一居安思危、有备无患的思想。也正因为"物时有所急"，所以贾思勰主张时刻抱有忧患意识是有必要的。

贾思勰在《齐民要术·序》中还对当时社会上"用之无节"的奢靡浪费之风表现出强烈的不满和反对。他认为"凡人之性，好懒惰矣"（人的本性喜好慵懒享受），"率之又不笃"〔（政府、官吏）组织引导又不得力〕，"加以政令失所，水旱为灾，一谷不登，胔腐相继"〔加上（国家、地方的）政令不当，遇上水灾旱灾，颗粒不收，死去的人就会相继不断〕。贾思勰慨叹"古今同患，所不能止也，嗟乎！"

贾思勰认为"穷窘之来，所由有渐"，人们穷困的原因，是从不注意微小的苗头，到发展成为大的灾难的渐变过程，贾思勰的这一判断非常符合马克思主义学说从量变到质变的过程。"既饱而后轻食，既暖而后轻衣。或由年谷丰穰，而忽于蓄积；或由布帛优赡，而轻于施与"都是不应该的、是错误的，他强调不应该饭吃饱了就轻视或浪费粮食，衣穿暖和了就轻视而不是珍视衣物，遇上丰收年景就不注意积蓄，布帛多了就随意地施予或浪费，而应该是时刻注意节俭、积蓄，这种居安思危的忧患意识犹如黄钟大吕，震响于历史的天空，警醒着世人。就是拿到今天来讲，也是有着重要的警示作用。

二、忧患意识在《齐民要术》中的具体体现

（一）贾思勰高度重视主要农林作物之外的救荒作物

北魏时期气候变化不稳，造成水灾旱灾频发，单就与贾思勰生活时代较近的年代来说，据《魏书·灵征志》记载：太和年间（477—499）发大水六次，殃及24州4镇；太和十一年（487）"春旱至今"，以至于"野无青草"；太和十二年（488）"是岁，两雍及豫州旱饥。明年，州镇十五大馑"；景明元年（500）9州2郡发大水"平隰一丈五尺，民居全者十四五"；正始二年（501）"青州、徐州大雨连绵，海水溢出于青州乐陵之隰沃县，冲走一百五十二人"；永平三年（510）

20个州郡发大水。此外，还有地震、山崩、冰雹、霜冻、大风、虫灾等灾害，这些自然灾害的破坏性极强，给本来就脆弱的农业生产带来严重的威胁，造成了人民生活的困窘。

在这样的时代背景下，贾思勰在创作《齐民要术》时自然对社会生产和人民生活更加关注，特别是对当时种植的主要农作物之外那些能救人活命的作物种植表现出极大的关注，有些重要的救荒作物甚至做了特别强调。现从《齐民要术》中析出较为突出的六条阐述如下。

第一，卷一《种谷第三》，贾思勰引用《氾胜之书》"稗，既堪水旱，种无不熟之时，又特滋茂盛，易生芜秽。良田亩得二、三十斛。宜种之，备凶年。"并作注"酒势美酽，尤逾黍、秫。魏武使典农种之，顷收二千斛，斛得米三四斗。大俭可磨食之。若值丰年，可以饭牛、马、猪、羊。"意思是说，稗这种非粮食作物是酿酒的好材料，用稗做原料酿出的酒其品质甚至超过黍（黍子）、秫（高粱）酿酒。魏武帝就曾经让典农种过稗，一顷地能收获2000斛（中国旧量器单位，五斗为一斛），大灾之年可以把稗磨成面粉当粮食，丰收的年份还可以用来喂牛、马、猪、羊等家畜。同时，他还引用《汉书·食货志》"种谷必杂五种，以备灾害"（五种指的是黍、稷、麻、麦、豆），说明种谷子时必须杂着、混着种些其他作物，以防备灾害的发生。这些转载都非常清晰地体现出了贾思勰对救荒作物的重视。

第二，卷二《种芋第十六》，贾思勰用小字作注"芋可以救饥馑，度凶年。"种植芋可以救饥荒，渡过灾年，并指责当时"今中国多不以此为意，后至有耳目所不闻见者。及水、旱、风、虫、霜、雹之灾，便能饿死满道，白骨交横。"最后还发出了"知而不种，坐致泯灭，悲夫！"的悲叹，明知种芋可以用来救饥荒，人们却大多不在意，对有些人甚至视而不见、充耳不闻的做法极为不满，对一旦各种灾害来临，饿殍满道、白骨纵横的悲惨境况极为痛心，其忧患意识可谓至强至烈至急。

第三，卷三《蔓菁第十八菘、芦菔附出》记载"（多种芜菁）可以度凶年，救饥馑。干而蒸食，既甜且美，自可借口，何必饥馑？"同时，贾思勰还算了一笔账，并用小字作注的方式予以明确示人"若值凶年，一顷（蔓菁）乃活百人耳。"算法是否准确姑且不论，仅从此便足见贾思勰对应对"凶年"的重视程度之高。

第四，卷四《种梅杏第三十六》，贾思勰引用《嵩高山记》中的故事"东北有牛山，其山多杏。至五月，烂然黄茂。自中国丧乱，百姓饥饿，皆资此为命，人人充饱。"进一步说明多种杏可以"资此为命，人人充饱"的事实。通过这个故事，贾思勰强调了"杏一种，尚可赈贫穷，救饥馑"，杏可以赈济贫穷救饥荒，值得大量种植的观点，表达出的仍然是一种未雨绸缪、居安思危的深深的忧患意识。

第五，卷五《种桑、柘第四十五》记载"椹熟时，多收，曝干之，凶年粟少，可以当食"，同时，以当时的史实和自己的亲身经历为据，作注说明"今自河以北，大家收百石，少者尚数十斛。故杜葛乱后，饥馑荐臻，唯仰以全躯命，数州之内，民死而生者，干椹之力也。"黄河以北地区的老百姓，收获桑葚多的人家有一百石，少的也有数十斛，因为"杜葛之乱"致使河北多个州内经济萧条，当地的老百姓就是凭借干桑葚救活了很多人，这样写就进一步强调了桑葚可以补粮救荒的道理和主张。

第六，卷五《种槐、柳、楸、梓、梧、柞第五十》中，贾思勰在记述柞树（即栎树）种法的同时，还强调了柞树果实"橡子"的救荒作用："橡子俭岁可食，以为饭；丰年放猪食之，可以致肥也。"荒年可以当饭吃，丰年的时候又可以用作猪饲料，猪可以长得很肥大。

以上六条所记载的，既有农作物，又有蔬菜类、瓜果类和林木（果实）类，涉及当时农业生产的主要方面。不难看出，贾思勰的忧患意识绝非一时的随意而为，而是实实在在内心和思想中的一种存在，更是在生活中时时用心、处处留意的一种行为自觉。在生产力低下，经济不发达，社会财富匮乏的古代社会，对于应对发展中不可预料的各种突发危机，这种忧患意识的作用是可想而知的，也是大有裨益的，即使在今天也是足以借鉴的。

（二）贾思勰非常重视自然野生的救荒植物

地势坤，厚德载物，大地的伟大就在于它的博大、包容和奉献。大自然是人类生存的根本，如何认识大自然，从自然界中科学地获取人类生存的能量，是人类认识自然、改造自然、利用自然与自然界和谐相处的伟大创举。贾思勰作为一个伟大的农学家，其眼光是开阔的、独到的，他善于从自然界发现对人类有价值的东西，这既体现了他对自然界的敬畏，更体现了他对人类生命的关怀与尊重。

在《齐民要术》中，我们就能读到贾思勰的这份博爱之心和伟大之行。因为，除了对农林作物之外救荒作物的关注外，贾思勰还非常重视野生救荒植物的利用，他在卷十《五谷、果蓏、菜茹非中国物产者》中说"爰及山泽草木任食，非人力所种者，悉附于此"，意思是有些生长在山川水泽中可供人们食用，却又不是人们种植的作物，一起在这里作了记录。贾思勰注意到了这些植物在"俭岁"（年景不好收成差的年份）中救饥的重要性，所以"爰及山泽草木任食，非人力所种者，悉附于此"。如果没有防患于未然的忧患意识，在南北朝政权对峙、信息交流封闭的社会形势下，贾思勰怎么会有如此坚定的毅力？

根据石声汉教授考证，第十卷中共记载了 167 种可以供人类食用的植物，而其中的62种当时在黄河流域，也就是北魏政权所管辖的范围内土生土长的，而其余的105种则是当时只在江南地域[①]，也就是南朝的刘宋政权管辖范围内生长的。因为南北朝政权的对峙，以及社会条件的限制，贾思勰可能根本就没有到过南方，按照贾思勰"种莳之法，盖无闻焉"所以"阙而不录"的创作原则，那么这些记载就极有可能是贾思勰通过广泛的阅读，再加上自己的听闻和考证得来的结果，从这一点看，贾思勰真是做到了事无巨细、旁涉不拘，也充分体现了贾思勰忧患意识的深邃性。

前人栽树，后人乘凉。正是基于贾思勰的这一开创性工作，后来的农学家们才有更多的人重视"荒政"，甚至形成了如南宋董煟的《救荒活民书》，明代周定王朱橚的《救荒本草》、王磐的《野菜谱》、鲍山的《野菜博录》等一批救荒专著，而这些专门性成果都是对贾思勰《齐民要术》农学思想文化的有益传承和发展，在历史上起到了救荒救命的积极作用，是中华民族居安思危忧患意识的一脉相承。

三、农圣文化主体精神之忧患意识的当代价值

《礼记》中"凡事豫则立，不豫则废"强调了做任何事都要有思想准备，有基本的规划，否则机会来了也不会成功。老子的"祸兮福所倚，福兮祸所伏"说明了"祸"与"福"互变的辩证关系，告诉人们遇祸不必消沉，在福不可持骄，人应该时刻抱有一种忧患意识，而其"为之于未有，治之于未乱"则更加清晰地强调了未雨绸缪的忧患意识。孟子的"君子有终生之忧，无一朝之患也"强调了忧患意识对人一生的重要性，而其"生于忧患，死于安乐"的表达则更加直白晓畅。《左传》

---

① 石声汉：《从齐民要术看中国古代的农业科学知识》，北京：科学出版社，1957年。

则明确提出"居安思危,思则有备,有备无患。"而管子"举所美必观其所终,废所恶必计其所穷"则告诫人们不要被眼前的繁荣所迷惑,也不要被当前的困难所吓倒,而应该心存忧患,理智对待,积极面对人生。这些经典和贤哲言论无不告诉我们,忧患意识作为一种优秀的传统文化思想,是中华民族自古至今能屹立世界民族之林的生存智慧之一,面对世界矛盾激化、价值观多元化的当今时代,我们不仅应该把忧患意识继续发扬光大,更应该让优秀的传统文化思想转化为实现中华民族伟大复兴的重要原动力。

贾思勰生活在一个北方游牧文化与中原汉民族农耕文化交流碰撞,南北朝政权对峙的特殊时期。特别是北魏孝文帝去世以后,北魏社会陷入了一种长期的动荡不安,胡太后重新掌握朝政之后,朝纲败坏,秩序大乱,整个社会佛教泛滥,战乱频发,奢靡之风尤为猖獗,加之自然灾害接连不断,田地荒芜不断增多,人民生活颠沛流离,陷入了水深火热之中。在这样的社会背景下,贾思勰作为一名地方官吏,在深受其害、深感其责任重大的情况下,作了深入的思考和总结。

一方面,贾思勰通过引用经典和历史名人言论来申明自己的观点,呼吁和倡导要勤劳节俭、居安思危。另一方面,他在记录各种农林作物耕种之法的时候,又对具有救荒作用的稗、芋、蔓菁、杏、桑葚、柞树等农作物和蔬菜、瓜果、林木类作了强调说明。此外,贾思勰还对野生能救荒的植物进行了总结和记录,进一步充实了之前历代"荒政"的基本内容,有效地继承了中国传统文化中居安思危的忧患意识精神。

"生于忧患,死于安乐"是《孟子·告子下》里面的一句千古至理名言,是典型的中国表达、中国智慧,也是千百年来中华儿女引以为豪的生存之道。忧患意识作为中华民族的生存智慧之一,不仅具有深刻的哲学内涵,也具有积极的现实意义,是中华民族屹立于世界民族之林的重要因素之一。诸如"先天下之忧而忧,后天下之乐而乐""居安思危,戒奢以俭""忧劳可以兴国,逸豫可以亡身"等名言警句,都是历代优秀的中华儿女智慧的结晶和发自内心的精神呐喊。

未雨绸缪、防患于未然是内化于我们民族精神之中的经验和大智慧。特别是在经济多元化、竞争多元化的当代社会,增强忧患意识,是推进社会又好又快发展的强大助推力,是我们成功应对各种风险考验的重要保证。增强忧患意识,会让我们始终保持一个清醒的头脑,充分认清形势,变压力为动力,变挑战为机遇,从思想深处切实增强危机感、责任感和使命感，有利于克服麻痹大意的心理和小胜即骄、小富即安的盲目乐观。增强忧患意识，会让我们树立坚定的信心，顺境中乘势而上，争创更好业绩，不断向更高层次迈进；逆境中迎难而上，积极克服困难，努力打开一片新天地。正如《易传》所言："君子安而不忘危，存而不忘亡，治而不忘乱，是以身安而国家可保也。"在时代飞速发展，国际竞争、国内竞争、行业竞争、职业竞争、人人竞争等日趋激烈的形势下，增强居安思危的忧患意识，大到一国一族，小到一家一人，也就显得更加重要和突出。

第十节　忠于职守勤政为民的职业精神

基于社会分工的不同和生产关系内部的劳动再分工，产生了不同的行业，又因行业性质的不同从而形成了不同性质的职业，不同的职业无一例外的拥有属于各自职业类别的大批从业者。在其位谋其政，人们因为从事职业的不同而直接承担了一定的职业责任，从而又不可避免地承担了不同的社会责任。从一定程度上讲，职业的不同影响了人们对人生目标的确立和对人生道路的选择，是影响其人生观、价值观和职业观[1]的重要因素，能否承担一定的职业责任和相应的社会责任，体现了一个人的职业精神和素养。

"北魏高阳太守"贾思勰是生活于南北朝时期一个品秩较低（四品）的地方官吏，虽然史籍缺乏他的政绩记载，但通览其《齐民要术》，我们依然能从中感受到贾思勰作为封建时代一名地方官吏的职业操守与政绩所在。最突出的一点就是，对为官一任造福一方的职业责任和社会责任的担当，也即封建社会地方官吏对其职业职责的一种践行。从《齐民要术》记载的丰富内容分析，我们可以把农圣文化主体精神中的职业精神概括为：以忠于职守、勤政为民为主要特征，以重农爱农、善为民谋利为基本内容。

---

① 王伟：《论职业精神》，《光明日报》2004 年 6 月 30 日。

一、关于职业精神的概述

职业精神，在国外的翻译是 professional ethics 或 work ethics，意思即职业道德或工作伦理，是基于价值观以及通过一定的价值判断，所表现出来的一种外显行为和情感态度。国内对职业精神的理解认为，从业人员把工作职业规范内化为自身道德和精神追求的一部分，所表现出来的对工作的情感态度和行为方式①，即人们基于对职业的正确认识，建立在职业道德和职业伦理之上，把职业当作其人生的事业和奋斗的目标，从而自觉地内化为自身的道德修养和精神追求，外显为一种积极的实践能力和社会能力。按照现代社会学理论，学界普遍认同职业精神包含了职业理想、职业态度、职业责任、职业技能、职业纪律、职业良心、职业信誉、职业作风八个方面的基本内涵，一个人的职业理想决定了其职业精神的高度和价值，而职业责任和职业良心又决定了其职业态度和作风，影响其职业技能、职业纪律和职业信誉，形成相互关联的内在机理，决定了其人生价值和事业的成败。

人们在社会实践过程中，因为从事职业的不同而形成内涵和特征不同的职业精神。无论古今，无论何种工作岗位或职业，如果一个人没有一定的职业理想，就没有一定的责任担当，就不会自觉践行其行其业的职业精神，就难以取得事业上的成功，难以实现其人生价值。

二、北魏时期的郡太守及其主要职责

南北朝时期，北朝鲜卑族一统黄河南北广大区域，与据守长江南北的汉族政权形成政治对峙，经孝文帝改革，少数民族的优秀文化与汉族优秀文化充分融合，无论在政治上还是经济上都推动了民族的大融合大发展。在继承曹魏时期"九品中正制"用人制度的前提下，北魏政府在职官制度方面也进行了一系列汉化性质的改革。但因战事不断，北魏的职官制度也呈现出不稳定性，但中央与地方两个层面的职官管理制度基本具备。

《汉书》卷一九上《百官公卿表上》载："郡守，秦官，掌治其郡，秩二千石。"汉初沿置，汉景帝中平元年（184）更名太守。《后

---

① 刘慧：《职业精神的概念界定与辨析》，《江苏教育》2015 年第 12 期。

汉书·志第二十八》"百官五"载："凡郡国，皆掌治民，进贤劝功，决讼检奸。常以春行所主县，劝民农桑，振救乏绝。秋冬遣无害吏案讯诸囚，平其罪法，论课殿最。岁冬遣吏上计。并举孝廉……"①据此可以得知，郡太守一职的职责内容无外乎以下几个方面：第一，管理和教化区域内的民众。第二，为国家举荐贤士功臣。第三，负责地方诉讼，检察枉法奸佞。第四，春天巡察所辖县域，劝民农耕，赈济灾荒。第五，秋冬时节处理那些不太重要的案件，依章定罪。第六，每年冬季，总结年度工作，向朝廷述职，为朝廷决策提供参考。《周书·裴文举传》载："邃（裴邃）之往正平也，以廉约自守，每行春省俗，单车而已。"即指裴邃春天到所辖县域巡察，轻车简从劝耕农桑之事。由此也可见，对地方官吏来说"行春省俗"是非常重要的职责之一。自秦降，诸朝官制多仿照前制而有所增减，北魏亦多承前制，虽然征战频繁，民生寥落，地方行政组织混乱，但仍然维持了州、郡、县三级地方行政体制②，但因州的设置，郡太守的职权已是大大降低。至北魏孝文帝太和十年（486），北魏疆域基本以黄河为界，南北共设38州。北魏末年，战事迭起，东西分裂，北齐置州97，北周置州达211③。州是地方最高行政区划，其职官为刺史，道武帝（拓拔珪）天赐二年（405）"又制诸州三刺史，刺史用品第六者，宗室一人，异姓二人，比古之上中下三大夫也。郡置三太守，用七品者。县置三令长，八品者。刺史、令长各之州县，以太守上有刺史，下有令长，虽置而未临民"④。因此，到了北魏时期，郡太守的地位和权势已远远不能与汉、三国、两晋时等论，直至太和年间孝文帝改革官制时，一郡三太守制始废⑤。

孝文帝延兴三年（473）下诏"牧守令长，勤率百姓，无令失时"⑥，强调的就是太守管理百姓不失农时之责。西魏大统十年（544），文帝元宝炬颁行职官"新制六条"，明确刺史的职责为：一为"先治心"。二为"敦教化"。三为"尽地力"。四为"擢贤良"。五为"恤狱

① （南朝·宋）范晔：《后汉书》，北京：中华书局，1999年，第2460页。
② 黄惠贤：《中国政治制度通史·魏晋南北朝》第四卷，北京：人民出版社，第240页。
③ 黄惠贤：《中国政治制度通史·魏晋南北朝》第四卷，北京：人民出版社，第235页。
④ 许嘉璐主编：《二十四史全译·魏书》卷一百一十三，上海：汉语大词典出版社，2004年，第2416页。
⑤ 俞鹿年：《北魏职官制度考》，北京：社会科学文献出版社，第185页。因资料所限，未查阅到史籍所载，暂存疑。
⑥ 许嘉璐主编：《二十四史全译·魏书》卷七，上海：汉语大词典出版社，2004年，第110页。

讼"。六为"均赋役"。刺史下属为太守，太守之下又为县令，可推知除了职权的大小外，刺史之职责亦当为郡太守及其他地方官吏职责内容。孝文帝太和年十七年（493）、太和二十三年（499）北魏朝廷先后颁布前后两个《职员令》，并分别于493年和500年（世宗宣武帝景明元年）公布，对官员进行了定制，但查阅《魏书》前《职员令》并未有郡太守记载，后《职员令》郡太守也仅为第四品下（上郡太守）、第五品下（中郡太守）和第六品下（下郡太守）的品秩（级别），官职品秩和权力又大大降低。但对比北魏之前和其后郡太守的职责内容可以得知，除其他管理职能外，"敦教化"和"尽地力"（劝耕农桑）之责，一直是太守所肩负的重要职责之一。我们虽然无法确知贾思勰所处的具体历史时代，以及当时贾思勰作为高阳郡太守这一地方官职责的全部内容，但可以肯定的是，教化和劝耕农桑必是其中的重要职责之一。我们从《齐民要术》所载内容，以及书中所反映出的其他社会信息，也可以确认和支持这一观点。

三、贾思勰对北魏地方官吏职责的理解与态度

贾思勰对北魏地方官吏职责的理解与态度，我们可以通过《齐民要术》中的自序得到相关信息，而这些关键信息又是我们了解贾思勰职业精神的重要依据。

（一）对地方官吏（个体）与国家（集体）之间的关系理解

行政官员是一种特殊的职业，其职责也具有相对的特殊性，主要体现在代表国家（政府）行使管理和监督等权力，将国家意志转化为现实生产力，也即将国家的政策措施落实到实际生产生活，维护一方安定，保障人民生产生活，而地方行政官吏尤甚。天子是古代社会国家权力的象征，代表了国家。地方行政官吏（个体）与天子（国家）之间的关系决定了其职责迥异。在生产力低下、经济水平落后的古代封建社会，维护地方安定和提高农业生产力是地方官吏的首要职责。

李悝是战国初年的政治家，任魏文侯相；商鞅是战国时著名的政治改革家，秦孝公用其主持变法。贾思勰援引"李悝为魏文侯作尽地力之

教，国以富强；秦孝公用商君，急耕战之赏，倾夺邻国而雄诸侯"[①]的史实，说明官员勤政对国家兴盛的巨大作用，深层次反映了官员个体与国家的利害关系。《齐民要术》引《淮南子》"田者不强，困仓不盈；将相不强，功烈不成"，以"田者"（种田之人，即农民）能动性发挥与否同"困仓"盈亏的辩证关系，类比"将相"（吏者）尽职与否同其功劳业绩的关系，说明官员勤政与否事关国家兴衰。地方官吏是地方百姓的父母官，是地方经济发展、社会稳定的主要责任者。贾思勰引《汉书·食货志上》晁错的话"夫腹饥不得食，体寒不得衣，慈母不能保其子，君亦安能以有民？"强调地方官吏如不勤政履责，百姓食不果腹衣不蔽体，母亲都不能保护自己的孩子，国家危在旦夕，一国之君又怎能保护好自己的子民呢？进一步说明地方官吏之于国君（家）的关系。在序中，贾思勰还有一句名言："家犹国，国犹家，是以'家贫则思良妻，国乱则思良相'"，更加形象地说明了吏之于国的利害关系，这些观点充分反映了贾思勰对官员个体履职尽责程度与国家安稳盛衰辩证关系的思考。

（二）对地方官吏职责的理解与评价

贾思勰对地方官吏如何勤政、履职、尽责也有着自己的深刻理解，在《齐民要术》中也有充分表达，主要体现在以下几个方面。

1. 对地方官吏职责的深刻理解

舜是上古时代国家的最高统治者，代表了国家，后稷是舜时农官，教民耕种，代表了行政官员，《齐民要术》自序首段即以舜教导后稷的话"食为政首"，说明官员施政的首要问题是粮食生产，也即发展农业生产。文引《管子》"一农不耕，民有饥者；一女不织，民有寒者"以及《汉书·食货志上》晁错语"夫珠、玉、金、银，饥不可食，寒不可衣……是故明君贵五谷而贱金玉"进一步阐述发展农业生产的重要性，也深刻说明了地方官吏尽职履责的重要性。全书开篇言旨，既明确了贾思勰著书的第一目的，也反映了作为地方官吏的贾思勰所坚持和理解的官员应当恪守的首要职责。同时，贾思勰还从"殷周之盛"的原因，"《诗》《书》所述"的道理，总结出官员的职责"要在安民，富而教

[①] 引自北魏贾思勰《齐民要术·序》，下文未注明出版者皆引自《齐民要术》，不另注。

之"（根本在于使老百姓生活安定，让老百姓经济富足，继而让他们受到教化）。可以说，这是贾思勰对北魏，乃至历史上行政官员肩负责任最深刻的理解和最核心的解释。

贾思勰还援引《淮南子》"自天子以下，至于庶人，四肢不勤，思虑不用，而事治求赡者，未之闻也"，说明从国家最高统治者到一般的老百姓，如果劳动不勤奋，思想不积极，想要办好事情求得富足是根本不可能的，进一步说明各司其职、各尽其责的重要性。一方面强调了以天子为代表的行政官员必须要勤政履责；另一方面也强调了老百姓要勤于农桑耕作，只有如此才有可能实现"安民""富民""教之"的根本目标。

2. 肯定良吏功业，阐明勤政尽责重要性

（1）对高级官吏勤政履职尽责的评价。对国家最高统治者勤政履职尽责的评价。贾思勰在《齐民要术》自序首段明义，列述了上古时代神农氏、尧、舜、禹的事迹，肯定明君心忧百姓利国利民的做法与功绩，阐明其善为民谋利的思想主张。后文复引《淮南子》"禹为治水，以身解于阳盱之河；汤由苦旱，以身祷于桑林之祭。……神农憔悴，尧瘦癯，舜黧黑，禹胼胝"，以至后世国家最高统治者的"天子亲耕，皇后亲蚕"的记述，则体现了贾思勰对国家最高统治者、先贤明君勤政和履职尽责为民的赞赏和高度评价。

（2）对国之重臣勤政履职尽责的评价。魏国的富强得益于"李悝为魏文侯作尽地力之教"，秦国"倾夺邻国而雄诸侯"得益于"秦孝公用商君急耕战之赏"，李悝和商鞅作为国之重臣都尽了人臣之责。耿寿昌、桑弘羊分别是西汉宣帝和汉武帝时的中央农官，因为推行了常平仓、均输法用以调节和平抑物价，国家和老百姓皆得其利，被贾思勰誉为"益国利民，不朽之术"。商末姜太公助周灭商，封于齐"而斥卤播嘉谷"，秦时郑国、汉武帝时白公亦为重臣，开郑国渠、白渠改善灌溉条件，粮食获得高产。汉武帝时"搜粟都尉"赵过"始为牛耕"（与史实相左，但赵过总结前人经验创制了三脚耧和代田法，亦为殊功），促进了农业生产。东汉蔡伦改进造纸术，推进了造纸技术的发展，无论是实际的还是象征性的做法，贾思勰对国家高级官吏勤政履责的行为都给予充分肯定，也说明贾思勰思想中是以这些高级良吏在其位谋其政为榜样的。

（3）对地方官吏勤政履职尽责的评价。地方官吏的勤政履职尽责方式更多，内容更丰富，直接与老百姓的生产生活息息相关，效果也更加突出。贾思勰引用春秋时猗顿问致富术于陶朱公而行之，东汉时九真太守任延、庐江太守王景"铸作田器，教垦辟，岁岁开广，百姓充给"，三国时京兆太守颜斐、敦煌太守皇甫隆"教作耧犁"等系列做法，还有东汉时桂阳太守茨充、五原太守崔寔、河东太守杜畿，西汉时颍川太守黄霸、渤海太守龚遂、南阳太守召信臣，东汉时僮种等等一大批地方官吏的事例进行评说，一方面肯定其行为；另一方面因为这些地方官吏的官职与其相同，他们的做法是无疑代表了对太守职责的落实，也自然体现了贾思勰思想上对太守职责的认同与接受。

四、贾思勰重农爱农、善为民谋利的具体表现

（一）以劝民农桑为终生职业

1. 以农为本的重农思想突出

《齐民要术》序中"要在安民，富而教之"，以及全书"起自耕农，终于醯醢，资生之业，靡不毕书"的表述，体现了作为高阳太守的贾思勰的职业理想所在。引《仲长子》"天为之时，而我不农，谷亦不可得而取之"，《谯子》"朝发而夕异宿，勤则菜盈倾筐。且苟无羽毛，不织不衣；不能茹草饮水，不耕不食。安可以不自力哉？"以及《后汉书》刘陶的话"民可百年无货，不可一朝有饥，故食为至急"等强调勤于劳作和民以食为天的重要性，又体现了贾思勰思想中以农为本的勤政观和作为高阳太守的责任担当。援引猗顿、任延、王景、皇甫隆等的具体做法，一方面阐明太守的职责内容；另一方面也表明了贾思勰的职业态度和职业良心，即以之为师，重农爱农，善为民谋利。援引《仲长子》"稼穑不修，桑果不茂，畜产不肥，鞭之可也；枊落不完，垣墙不牢，扫除不净，笞之可也"的观点，对"舍本逐末，贤哲所非，日富岁贫，饥寒之渐，故商贾之事，阙而不录"，对花草之流"匹诸浮伪，盖不足存"不做记录的原则做法，以及"丁宁周至，言提其耳，每事指斥，不尚浮辞，览者无或嗤焉"的细心周密与谦虚态度，则进一步表明贾思勰在落实以农为本、勤于耕作方面的职业纪律和职业作风。

贾思勰还援引《礼记·月令》《四民月令》《氾胜之书》《管子》等150多种与农业生产、农业经营、农学思想相关的古代典籍，对一年

四季的劳动内容，以及耕、种、管、收、藏、酿造、食品加工、农业经营等农业生产和生活中的技术、方法、经验均做了具体转载记录，为地方官吏落实督课之责，为老百姓生产生活，都提供了丰富的间接经验和历史借鉴，也为后世农学研究和创新提供了丰富资料。贾思勰的这一做法至少说明了两个问题：第一，贾思勰思想上高度重视历代与农业生产相关的先进做法和传统农学经验，并善于从中择取有用知识，丰富自己的农学理论和农业技术创新内涵。第二，进一步证明了贾思勰善于学习，善于古为今用。究其根本，就是贾思勰具有重农爱农的思想，其志在安民富民，一切为老百姓的生产生活谋利益，这是贾思勰职业理想与职业良心、职业责任、职业态度与职业信誉的高度融合，是贾思勰职业精神在其思想上的重要体现，也为贾思勰赢得"农圣"美誉与后人的尊敬。

2. 撰成"古代农业百科全书"——《齐民要术》

贾思勰勤政履责最突出最直观的体现，应该是他倾其毕生精力撰成的"古代农业百科全书"《齐民要术》。正如自序中所言："起自耕农，终于醯醢，资生之业，靡不毕书"，《齐民要术》涵盖了农、林、牧、渔、副等[①]"大农业"的全部，"凡九十二篇，束为十卷"共11多万字，"凡是人们生产上生活上所需要的项目，无不记载下来，它几乎囊括了古代农家经营活动的所有事项，以百科全书式的全面性结构展现在我们面前。""此书除在中国流传外，还在日本、朝鲜等亚洲国家以及欧洲各国有广泛影响"[②]。英国生物学家达尔文在其《物种起源》等著作里就多次引用《齐民要术》原文[③]，并称其为"中国古代农业百科全书"；日本学者神谷庆治在西山武一、熊代幸雄《译注校订齐民要术》一书序文中就说：《齐民要术》至今仍有惊人的实用科学价值，"即使用现代科学的成就来衡量，在《齐民要术》这样雄浑有力的科学

---

① （北魏）贾思勰著，缪启愉、缪桂龙译注：《齐民要术译注》，上海：上海古籍出版社，2009年，前言第5页。
② 潘星吉：《达尔文与〈齐民要术〉——兼论达尔文某些论述的翻译问题》，《农业考古》1990年第2期，第193页。
③ 据潘星吉考证，达尔文引用《齐民要术》内容多达4次，并且达尔文参考的并非《齐民要术》原著，而是18世纪在巴黎出版的《北京耶稣会士关于中国人历史、科学、技术、风俗、习惯等纪要》，简称《中国纪要》。实际上，综合达尔文《物种起源》和《动物和植物在家养下的变异》两书，评价或引用《齐民要术》的资料多达5处。

论述前面，人们也不得不折服"①。无论从《齐民要术》对后世的影响，还是从其对现代大农业发展的启示来讲，《齐民要术》都是一部名副其实的"中国古代农业百科全书"。

（二）注重新技术新农具的推广应用

贾思勰撰写《齐民要术》其目的"要在安民，富而教之"，能让民安者无非是满足百姓的衣食住行等基本生活需要，而能让民富者又无非是经济上的富裕、生活条件的富有，然后是思想上和文化上的教化。无论从现实生活需要，还是地方管理的需要，贾思勰"要在安民，富而教之"的理想都体现了以人民为中心，以履职尽责为基本内容的职业精神。为了实现自己的理想，贾思勰非常注重新技术的推广应用，主要体现在以下几方面。

1. 肯定历史上在农业生产方面的技术创新与推广

《齐民要术》序中列举："九真、庐江，不知牛耕，每致困乏。任延、王景，乃令铸作田器，教之垦辟，岁岁开广，百姓充给。""燉煌不晓作耧犁，及种，人牛功力既费，而收谷更少。皇甫隆乃教作耧犁，所省庸力过半，得谷加五。"对任延、王景推广使用铁制农具，皇甫隆教民制作耧犁等给予肯定；茨充在桂阳"教民益种桑、柘，养蚕，织履，复令种紵麻"，百姓"数年之间，大赖其利"，崔寔教五原人"作纺绩、织纴之具……民得以免寒苦"，召信臣做南阳令，"好为民兴利……开通沟渎，起水门、提阏，凡数十处，以广溉灌，民得其利，蓄积有余"，颜斐教匠作车，卷一《种谷第三》引《汉书·食货志》"（赵）过能代田""后稷如呬田"等历史人物及其事迹，无一不反映了贾思勰对新农具、新技术的推广应用所寄予的期望和支持。

2. 重视作物选种、品性和种植技术的科学性

（1）注重作物选种技术。为了增加百姓的农业收入，贾思勰非常注重新品种的选育，这里仅选取几则最重要的予以简单说明。第一卷《收种第二》中，特别强调"粟、黍、穄、粱、秫，常岁岁别收，选好穗纯色者，劁刈雕反刈高悬之。至春治取，别种，以拟明年种子。"同

① 缪启愉：《齐民要术导读》，北京：中国国际广播出版社，2008 年。

时指出"将种前二十许日，开出，水淘，浮秕去则无莠"，就是对如何精选作物种子的科学记载。达尔文在《物种起源》中就曾参考了这一理论，并且说："选择原理成为有计划的实践差不多七十五年的光景，这种说法也许有人反对。……但是，要说这一原理是近代的发现，就未免与真实相差太远了。……我看到一部中国古代的农业百科全书清楚记载着选择原理。"①这一"中国古代的农业百科全书"指的就是《齐民要术》。《种瓜第十四》对瓜种选择提出了"岁岁先取'本母子瓜'"的办法，为了让瓜种起苗快，还提出了"须大豆为之起土"这一巧妙而新颖的方法。这些记载都突出地体现出贾思勰关于选种理论的科学性，其对农作物成长和产量提高都具有重要的参考价值。

（2）注重农作物性状和品质。贾思勰对作物品种有着认真的科学观察，明确了各类农作物品种的性状与优劣，为农家种植和提高农作物产量提供了重要参考。《种谷第三》中除列出前人总结的11种谷子类别，贾思勰又加了86种，并对各种谷物的品质、性状，如成熟早晚、耐水旱与否、是否防鸟虫害、是否易舂，以及做成食品后的味道如何等都做了详细说明，对老百姓选择适宜的作物种子、提高单位产量都是极有益的。卷四《插梨第三十七》记载"棠，梨大而细理；杜次之；桑梨大恶；枣、石榴上插得者，为上梨，虽治十，收得一二也"，对嫁接梨所选砧木不同所结梨子品质亦不同，以及嫁接成活率等做出了明确总结。卷六《养牛、马、驴第五十六》《养羊第五十七》等有关畜牧业方面，也有着大量观察和实践经验的总结，这些经验记载对百姓生产生活无疑是重要的。

（3）注重种植时间与土壤。对农作物种植时间和土壤的选择，贾思勰按照"顺天时，量地利"的科学思维，针对农作（动）物成长规律和天时、地利等自然条件，对谷子、黍子稷子、春大豆、小豆、麻、麻子、大麦、小麦、早稻、瓜、胡麻、栽树、剥桑、种地黄、羔羊种、作酱、作豉等，提出了上时、中时、下时②的科学观点；对农作物成长的"地宜"，如谷子、黍子稷子、瓜等的种植，提出了上、中、下三种情况；针对不同的土壤类型，对农作物的下种量，以及同一作物不同的

---

① （英）达尔文著，周建人、叶笃庄、方宗熙译：《物种起源》，北京：商务印书馆，1995年，第44页。

② 参见石声汉：《从齐民要术看中国古代的农业科学知识——整理齐民要术初步总结》，北京：科学出版社，1957年。

"时"宜，前者如谷、麻、葱，后者如大小豆、大小麦等，也提出了科学的解决方案；对不同环境适宜种植何种作物，也提出了具体可行的意见，如古时重要的农作物类"凡谷田，绿豆、小豆底为上，麻、黍、胡麻次之，芜菁、大豆为下""凡黍穄田，新开荒为上，大豆底为次，谷底为下""粱秫并欲薄地而稀""种茭（指用作牲畜饲料的茭豆）者，用麦底""小豆，大率用麦底""麻欲得良田""小麦宜下田""禾广麦，非良地则不须种"；蔬菜类，种葵"地不厌良，故墟弥善"，种芜菁"唯须良地，故墟新粪坏墙垣乃佳"，种蒜"蒜宜良软地"，种薤"宜白软良地"，种茱萸"宜故城、堤、冢高燥之处"；果木类，种枣树"其阜劳之地，不任耕稼者，历落种枣则任矣"，种楮树"宜涧谷间种之，地欲极良"，种竹"宜高平之地。近山阜，尤是所宜。下田得水即死。黄白软土为良"等，可谓涉及农业生产的核心和根本，而究其目的只有一个，即提高农作物产量，增加百姓收入。

3. 注重综合农业生产与管理效益

围绕安民富民的职业理想，为了提高农作物产量和百姓的综合经济效益，贾思勰以高度的职业责任、积极的职业态度、严谨的职业作风，充分发挥自己的职业技能优势，在提高综合农业生产与管理效益方面，主要有以下实践。

（1）提倡大农业综合生产，提高百姓的总体收益。从序中列举的历史人物及其事迹看，在保证基本农业生产的前提下，对皇甫隆"教作耧犁"，制作先进农具，提高生产效率，禁改"妇女作裙，挛缩如羊肠，用布一匹"，改进手工制作技术，开源节流；茨充"教民益种桑、柘，养蚕，织履，复令种紵麻"；崔寔"作纺绩、织纴之具以教"，鼓励家庭经营；黄霸"使邮亭、乡官，皆畜鸡、豚""务耕桑，节用，殖财，种树"，提倡农、林、牧兼营；龚遂"劝民务农桑，令口种一树榆，百本薤，五十本葱，一畦韭，家二母彘，五鸡"的农、林、蔬、牧多种经营；颜斐令民"树桑果""令畜猪，投贵时卖，以买牛"等林、果、牧兼作等做法，贾思勰给予了充分肯定，体现了其大农业综合经营的思想。从《齐民要术》完整的体例和丰富的内容看，则包括了农、林、牧、渔、副等大农业生产的全部，系统、全面地记载了相关的农业科学技术，进一步在其农学体系中体现了大农业生产的综合经营思想。

（2）强调套种和区种技术，提高单位面积综合收益。北魏社会动荡不安，土地大量荒芜，开发和利用有限的田地提高农作物产量，是增加百姓收入的重要措施。卷二《种麻子第九》载："六月间，可于麻子地间散芜菁子而锄之，拟收其根"，强调麻子（苴麻）与芜菁混种，一地可得两利；卷五《种桑柘第四十五》载："岁常绕树一步散芜菁子。收获之后，放猪啖之，其地柔软，有胜耕者""种禾豆，欲得逼树"，就是利用桑田树下闲地间种芜菁、谷类和豆类，更有趣的是放猪吃芜菁收后的残根剩茎，一地三用，提高了有限土地上的综合收益。同是该篇，贾思勰还引用《氾胜之书》"每亩以黍、椹子各三升合种之"，记载了以桑、黍混种的方法提高综合收益。《种槐柳楸梓梧柞第五十》载："好雨种麻时，和麻子撒之……麻熟刈去，独留槐……明年斸地令熟，还于槐下种麻。胁槐令长"，强调槐麻混种，同时麻还能有助于槐树苗克服"不能自立"的问题，非常巧妙。

区种技术是我国古代劳动人民的重要发明，其特点是在区内深耕，集中施肥、浇水，发挥增产潜力，再加上密植、全苗和其他精密管理，在干旱环境下也能夺取高产[①]。在社会动荡、民不聊生、田地荒芜的现实情况下，贾思勰引用《氾胜之书》及其他古籍，说明区种法的好处，并大力推广使用这一先进的耕作技术，无疑是实现其安民富民理想的重要内容，也是其职业责任的重要体现。

（3）强调因地制宜、错（适）时经营，提高经济效益。蔬菜是人类日常生活中的重要食材，贾思勰从提高农民经济收益的角度出发，针对蔬菜类作物的种植情况，提出了因地制宜和错（适）时经营的富民措施。

一是在靠近城市或市场的地方种植蔬菜或经济作物。一方面城市人口密集，日常生活需求量大；另一方面有市场便于买卖。卷三《种葵第十七》载："近州郡都邑有市之处，负郭良田三十亩……"；《蔓菁第十八 菘芦菔附出》载："近市良田一顷，七月初种之"；《种胡荽第二十四》"近市负郭田……"；当时还可能作为蔬菜的苜蓿，在《种苜蓿第二十九》载："都邑负郭，所宜种之"；《种榆白杨第四十六》载：种榆"地须近市。卖柴、荚、叶省功也"；卷五《种红蓝花栀子第五十二》载："负郭良田种一顷者，岁收绢三百匹"；《种蓝第五十三》载："种蓝十亩，敌谷田一顷。能自染青者，其利又倍矣"。这些记载都体

---

① （北魏）贾思勰著，缪启愉、缪桂龙译注：《齐民要术译注》，上海：上海古籍出版社，2009年，第67页。

现了贾思勰因地制宜、安民富民的思想和职业理想。

二是充分认识作物特性，利用闲置土地，增加收成。卷三《种苣蓼第二十六》载："苣则随宜，园畔漫掷，便岁岁自生矣"，就是根据苣"性甚易生"的特点，利用了菜园旁的边隙地种植，从而增加农民收成。《种蘘荷芹蓠第二十八》载："蘘荷宜在阴下"，根据蘘荷喜阴特点，充分利用了树荫下闲地种植，是增加农民收成的另一种途径。

三是进行错时或适时经营，提高经济收益。《杂说第三十》载："凡籴五谷、菜子，皆须初熟日籴，将种时粜，收利必倍。凡冬籴豆、谷，至夏秋初雨潦之时粜之，价亦倍矣。……丰年尤宜多籴。"并引用"《师旷占》五谷贵贱法"，这些都是强调错时经营"收利必倍"的道理。为了提高经济收益，卷六《养羊第五十七》甚至记载了"常于市上伺候，见含重垂欲生者，辄买取"，看到怀孕的驴马牛羊就快买回来，达到买一获多的近似投机的做法以提高经济收益。

（三）深入民间体察民情践行督课之责

"行春省俗"是古代地方官吏巡访田间、督课农桑的重要职责内容。贾思勰作为高阳太守，不仅做到了"行春省俗"，更为重要的是将安民富民当作了自己的职业理想。一方面，自序言及《齐民要术》创作是"爰及歌谣，询之老成"，说明贾思勰有深入民间体察民情，或者劝民农桑的实际行为。另一方面，根据贾思勰"阙而不录""存其名目而已"的创作原则，《齐民要术》引用的民间农谚至少45条[1]，反映了各地农民在长期生产和生活实践中的经验概括，不行万里难得如此多的农谚。书中出现地名涉及山东、河北、山西、河南、辽东等多地，针对"并州豌豆，度井陉以东，山东谷子，入壶关、上党，苗而无实"的现象，贾思勰说"皆余目所亲见，非信传疑"，说明贾思勰不仅履行了其职责范围内的辖域，更为重要的是踏遍了北魏统治区的大部分区域。正是因为职业责任的原因，他对某些特殊现象都有亲身观察，绝非道听途说，反映了贾思勰职业理想的坚定，又体现了其职业态度、职业良心、职业责任和职业作风的高度融合，而其最终目的是实现安民富民的职业理想。

---

① 倪根金：《〈齐民要术〉农谚研究》，《中国农史》1998 年第 4 期。

（四）自己动手以身示范证明其职业技能

"验之行事"是贾思勰创作《齐民要术》的四大原则之一，也是古今农家的重要遵循。卷六《养羊第五十七》载："余昔有羊二百口，茭豆既少，无以饲，一岁之中，饿死过半……"，就反映了贾思勰亲自养过200多只羊，因饲料准备不足"饿死过半"的惨痛经历。卷八《作酱等法第七十》作卒成肉酱载："熟迟气味美好。是以宁冷不焦，焦，食虽便，不复中食也""临食，细切葱白，着麻油炒葱令熟，以和肉酱，甜美异常也"，卷八《作酢法第七十一》关于制作卒成苦酒法时提到"已尝经试，直醋亦不美。以粟米饭一斗投之，二七日后，清澄美酽，与大醋不殊也"，这是贾思勰就《食经》的"卒成苦酒法"进行了试验，发现味道不好，之后加大粟米饭投入量而制成的新醋种，味道酽美"与大醋不殊也"，这些记载充分说明贾思勰曾针对某些方法亲自做过实验并品尝过，有着切身的经验，否则不会有此具体的记录。另一例证是关于黍的种植方法问题的实验，卷二《黍穄第四》引《氾胜之书》"凡种黍……欲疏于禾"的观点，贾思勰加按语"疏黍虽科，而米黄，又多减及空；今概，虽不科而米白，且均熟不减，更胜疏者"，对氾胜之所说的"欲疏于禾"，提出了自己的观点："其义未闻"，证明贾思勰作过对比实验，其结论是可靠的，因此才提出反对意见。这些记载又充分反映出贾思勰不仅是一位有着较高农业技术水平的专家式"太守"，而且还善于自己动手进行科学验证，得出正确结论，为农民生产生活提供参考，说明贾思勰有着较强的职业技能。

（五）实事求是讲究科学履行教化之责

贾思勰在序中引《管子》"仓廪实，知礼节；衣食足，知荣辱"，强调农民经济富足了才有"知礼节""知荣辱"的可能，也即接受教化继而能够教化，这也反映出贾思勰对其职业精神的深层次理解，即百姓富足之后的教化。除此纲领性的总说之外，《齐民要术》中还有大量记载说明贾思勰实事求是讲究科学履行教化之责的具体行动，最具代表性有以下几点。

1. 教育人们正确对待古农书中的说法，科学种植，提高收成

卷一《耕田第一》引《礼记·月令》关于仲冬之月"土事无作"的

说法，贾思勰加按语"今世有十月、十一月耕者，非直逆天道，害蛰虫，地亦无膏润，收必薄少也"，强调要尊重自然规律进行农事耕作，是教化人们认识自然规律进行科学种植的重要证据。《种谷第三》引《氾胜之书》关于作物种植时间的忌讳问题，同时引用司马迁《史记》"阴阳之家，拘而多忌"的观点给予批判，提出"止可知其梗概，不可委曲从之"，又进一步援引农谚"以时，及泽，为上策"说明作物种植重要的是时节和墒情（水分）问题，不要拘泥于阴阳家那些没有道理的禁忌。卷二《黍穄第四》同样是引用《氾胜之书》的内容，关于种黍要"疏于禾"的说法，经过自己的实验证明也是没有道理的，这无疑是教化农民实事求是科学种植，是对其职业精神教化之责的真正落实。

2. 纠正古籍和著名人物的错误观点，讲究科学服务生活

卷二《大小麦第十》引《陶隐居本草》关于大麦、穬麦的说法纠正了其谬误，指出"大、穬二麦，种别名异，而世人以为一物，谬矣"。卷三《蔓菁第十八菘芦菔附出》针对《尔雅》的注解家把芜菁当作菘菜（白菜类蔬菜）、《广志》把芜菁当作芦菔（萝卜），也给予了纠正："菘菜似芜菁，无毛而大""芦菔，根实粗大，其角及根叶，并可生食，非芜菁也"。卷四《种梅杏第三十六杏李麨附出》对世人关于梅杏混为一物的错误认识，贾思勰按形态、性状等不同进行了区分，指出"梅花早而白，杏花晚而红；梅实小而酸，核有细文，杏实大而甜，核无文采。白梅任调食及齑，杏则不任此用。世人或不能辨，言梅、杏为一物，失之远矣"。卷五《种棠第四十七》对《尔雅》《毛诗》、郭璞将棠、杜混为一物的说法，贾思勰指出"今棠叶有中染绛者，有惟中染土紫者；杜则全不用。其实三种别异，《尔雅》、毛、郭以为同，未详也"，贾思勰的纠正起到了以正视听的作用，对老百姓来说也是一种教化。卷五《伐木第五十五》对东汉经学大师郑玄关于《周官》伐树的注释"阳木生山南者，阴木生山北者。冬则斩阳，夏则斩阴，调坚软也"提出疑问，写按语"柏之性，不生虫蠹，四时皆得，无所选焉。山中杂木，自非七月、四月两时杀者，率多生虫，无山南山北之异。郑君之说，又无取"，并对《周官》的说法给以评价，认为"盖以顺天道，调阴阳，未必为坚朋之与虫蠹也"，从而否定了郑玄的观点，通过教化让百姓有了正确的伐木观。

《齐民要术》虽然引用了大量的古代谶纬之书，有些毫无道理，有

些却能告诉人们一些与自然规律相关的知识，从一定意义上讲也是古代社会教化百姓的内容之一。受汉晋以来玄学发展的影响，特别是东汉以降，谶纬逐渐形成包罗万象的综合性百科式知识体系[①]后，其影响深远是不可避免的，也正如石声汉先生所言："作伪的责任，不该由《要术》作者负"[②]，我们应该更多重视的是贾思勰履职尽责的实际行动。

综上所述，我们从贾思勰对地方官吏（个体）与国家（集体）之间关系的理解，对地方官吏职责的理解与评价，以及以劝民农桑为终生职业、注重新技术新农具的推广应用、深入民间体察民情践行督课之责、自己动手以身示范发挥其职业技能、实事求是讲究科学履行教化之责的种种做法，可以概括了解贾思勰忠于职守、勤政为民、重农爱农、善为民谋利的职业精神之所在，而后世尊称其为"农圣"，誉其所著《齐民要术》为"中国古代农业百科全书"，无疑又是其职业信誉的充分体现。

五、农圣文化主体精神之职业精神的当代价值

职业精神体现了个人对所从事职业的综合素质，是职业理想、职业态度、职业责任、职业技能、职业纪律、职业良心、职业信誉、职业作风的综合表现。一个人只有有了崇高的职业精神，才能激发其职业良心，激励自己以高度的职业责任心、严谨的职业态度和职业作风、严格的职业纪律要求自己，才能在各自的工作岗位上能动地发挥自己的专业才能，为了自己的职业理想不断努力奋斗，从而实现自己的人生价值，赢得良好的职业信誉。

当今社会分工越来越细，职业呈现多元化细微性特点，但不可否认，从国家领导人到普通老百姓，从高精尖的现代高端产业到琐碎单调低层次的一般职业，任何岗位任何职业都需要一批具有一定职业精神的从业者。职业精神的当代价值主要体现在以下几个方面。

第一，职业精神是推动行（产）业发展兴盛的重要原动力。一种行（产）业的发展兴盛，一个单位的发展创新，离不开全体员工的共同努力，而职业精神作为凝聚行（产）业、单位员工的精神纽带，是激发员工敬业、勤业、创业、立业、求是、求新的原动力，只要人的能动性得

---

① 吕宗力：《谶纬与〈齐民要术〉》，《中国农史》2015 年第 1 期。
② 石声汉：《从齐民要术看中国古代的农业科学知识》，北京：科学出版社，1957 年。

到发挥，其创造力就是巨大的，这也是各行各业张扬其职业精神、又好又快发展的重要依据。

第二，职业精神是体现人的综合素养的重要评价指标。人的素养是多方面的，除了日常生活中的社会表现外，更重要的体现在一个人在工作中的表现，而其职业良心、职业态度、职业责任、职业纪律、职业技能与职业作风，又进一步影响其综合素养。否则，就容易形成两张皮，人前一面，人后一面。从一定程度上讲，具有优秀的职业精神的人，往往在其他方面也是优秀的、成功的。

第三，职业精神是实现职业理想和人生价值的重要保证。人生的价值在于为理想而奋斗，最终以实现自己的人生理想为目标。职业理想虽然不是人生理想的全部，但却是实现其职业人生价值的重要方面。随着人事制度改革的不断推进，人们的工作年限得到延长，职业工作将会成为一个人一生中的重要时段，是否具有坚定的职业精神，是关系是否热爱工作、融入工作、敬业乐业的关键，也关系到其职业理想的实现，关系到其人生价值的实现。否则，工作将成为非常无聊和痛苦的事，也就谈不到创业、立业，实现其人生价值了。

第四，职业精神是实现社会繁荣发展的重要推动力。创新是一个民族发展不竭的动力，国家和社会的繁荣发展，依赖于各种行（产）业的兴盛。历史反复证明，推进职业发展，关键要敢于和善于创新[1]，而职业精神事关有没有创新能力、能不能进行创新的问题。实现中华民族的伟大复兴，需要我们各行（产）各业的创新发展，更需要我们各行（产）各业的从业者坚持其职业精神，坚定其职业理想，发挥其能动性，以时不我待、只争朝夕的精神，奋力走好新时代的长征路。

---

[1] 王伟：《论职业精神》，《光明日报》2004 年 6 月 30 日。

第六章　农圣文化主体精神的探本溯源

　　文化，是人类共同的发展基因。一方水土养育一方人，一方人创造了一方文化，繁荣了一方经济。在中国是这样的，在世界上也是这样的。因此，任何文化的产生都有其地域性特点，就中国来说，无论是齐鲁文化、燕赵文化、荆楚文化、吴越文化，还是岭南文化、巴蜀文化、秦晋文化等，都是中国传统文化中地域性文化的杰出代表。就世界范围来说，无论中国文化、美国文化、英国文化，还是非洲各国文化等，都是世界（国际）文化的地域性文化代表。此外，还有民族文化、现代文化与古代文化等不同分类的文化类别，可谓文化形式多样，文化内容斑斓多彩。

第一节　农圣文化的滥觞

　　农圣文化以中国传统农耕文化为母体，以齐鲁大地为策源地，是齐鲁圣贤文化的代表，也是齐鲁文化的重要组成部分。农圣文化以其丰富的内涵、清晰的脉络、深远的渊源，融于中国传统文化，彰显了中华优秀传统文化的魅力，其根源可追溯到史前东夷地区的东夷文化。

一、东夷地域的界定

　　东夷，是对我国古代东方土著先民生活之地的统称，其地域范围包括泰山以东的（胶东半岛）广大地区，北临渤海，南临东海，西倚泰山。李白凤先生《东夷杂考》认为，东夷族生活的地域包括今天的山东、苏北和河南东部地区，故齐鲁之地也被称为"东夷"。郝导华《海岱文化及其发展趋势》一文认为，其空间分布以泰沂山系为中心，主要包括今黄河和淮河下游地区，行政区划上主要包括山东全省，江苏，安徽北部、河南东部、河北东南部与辽东半岛南部等地区。东夷之地的土著人是我国东方最古老的民族，与中原华夏民族、南方苗蛮民族鼎足而立。东夷人所创造的文化，是人类最古老、最辉煌的文化之一，又因其地理位置的特点，而被称"海岱文化"。

二、东夷文化的地域范围

周光华《东夷齐文化与华夏文化的融合发展》一文认为，东夷文化地域有五大范围。第一，泰山西部汶泗文化范围。以泰山西部的大汶河、泗水河流域为族群地范围，从黄河南岸的济南南下泰安、泗水、曲阜、济宁一线，往西到河南省的开封、杞县、淮阳、商丘地域及安徽省的亳县地区。第二，泰山东南部沂沭文化范围。泰山往东，沿沂河、沭河南下到江苏淮北地域，包括沂源、沂水、五莲到临沂、枣庄往南地域，江苏徐州——连云港往南到洪泽湖的淮安市，往东至滨海地区。再加上安徽的淮北、宿县地区。南转到杭州湾。第三，泰山北部文化范围。泰山北麓莱芜市往北，黄河南的济南往东，到潍河流域，包括济南、邹平、淄博、潍坊市地域。第四，半岛文化范围。以大沽河、大沽河流域为族群地范围，莱阳市（五龙河）为中心的整个山东半岛。第五，渤海湾文化范围。山东小清河往北的黄河流域，沿渤海湾向北到辽河流域、朝鲜半岛，兼及黑龙江流域或再往北。

郝导华认为，海岱文化的内涵独特，发展脉络清晰，年代关系明确，是基本独立延续发展的多元考古学文化中的一元，对中国古代文明的起源和发展发挥了巨大的推动作用。

三、东夷人创造了东夷文化

（一）史前传说期——东夷文化的酝酿阶段

文化的产生与人类的产生是同步的，远古时期我们的祖先用鸿蒙初开的质朴创造了古老的远古文化，我们从《山海经》《史记》等古代典籍可以了解我国远古时期的文化雏形。东夷文化的早期就产生于远古东夷人的生活地，据《竹书纪年》及《后汉书·东夷传》记载，"九夷"包括畎、于、方、黄、白、赤、玄、风、阳九姓部落，史载东夷人身材高大、民风淳厚、喜骑射、善征战。东夷人曾统一于以蚩尤为军事首领的部落联盟，后来与炎帝、黄帝战而败北，遂归顺炎黄二帝，这标志着东夷人很早就加入了中华民族的大家庭。

中国神话传说中的"三皇五帝"，他们神奇的故事经过一代代人的口口相传而得以传播，填补了我们历史的空白。检阅古籍，那些具有浓烈传奇色彩的人物，如开天辟地的盘古氏、勇射烈日的后羿、远古时期巢居的发明者有巢氏、中国文字发明者仓颉等人，他们的英勇与创造，让东夷文化在中华文化大花园中更加璀璨，也让中华文明光耀世界。通过这些神话传说中的人物及其故事，我们可发现，东夷人崇尚英雄、勇于开拓创新的精神由来已久，已成为中华传统文化的重要内容之一。

（二）史前考古学文化期——东夷文化的形成与发展阶段

1. 后李文化、北辛文化时期——东夷文化的初步形成阶段

历史的车轮滚滚向前，文化的潮流愈集愈大，文明的历程愈展愈阔，这是自然的法则。根据考古发掘研究，距今四五十万年以前的齐鲁大地，就已经有了先民活动的身影。后李文化时期（距今8500—7500年左右），东夷文化中心主要分布于泰沂山北侧区域，东起潍河流域，西至济南以西，以厚胎深腹釜为器物代表的手工业得到发展，原始耕锄已经成为东夷地区社会经济的重要形式，此时的生产和生产工具均已专门化、定型化。后李文化之后的北辛文化时期（距今7000—6100年），是新石器时代早期文化，东夷文化中心主要分布于泰沂山南北两侧区域，在其遗址出土了配套齐全（翻地、播种、收割、脱粒）的农耕工具和粟类颗粒，这说明社会生产逐步发展，农业、饲养业、手工业和陶器制作业均有所进步，社会已开始由母系氏族社会向父系氏族社会过渡。从文化的主要构成要素讲，至此，东夷文化已初步形成。

2. 大汶口文化、龙山文化时期——东夷文化的鼎盛阶段

北辛文化之后就是大汶口文化（距今6500—4500年）时期，大汶口文化是新石器时代文化，分为早、中、晚 3 期。大汶口文化早期阶段，东夷文化分布区对外扩展，农业已成为基本的生活手段，出现了环壕聚落，使用木质棺椁，阶级分层已经开始出现，并与中原文化交流活跃。大汶口文化中晚期阶段，大汶口文化受红山文化、良渚文化、仰韶文化的冲击影响，达到鼎盛，制石、制骨，特别是制陶业已有很大发展。聚落和墓葬等级分化严重，大汶口文化晚期阶段，墓葬逐渐形成定制，社会分层已明显形成，东夷地区已进入国家阶段。

大汶口文化遗址中还出土了彩绘与刻画的象征符号（莒县陵阳河出土陶器有20多个陶文，邹平丁公村出土陶器有 11 个陶文，被称为“龙山陶书”），其字形结构以象形为特征，已具有偏旁部首之类的组合形式。唐兰认为“大汶口文化已经是有文字可考的文明时代”，并强调指出，“应该说我国的文明史有六千年左右”[①]。出土的笛柄杯，能吹出四个不同的乐音，且出现半音音程，说明史前东夷人的音乐文化已较发达；后来在齐国保留下来的被孔子称为尽善尽美的《韶乐》，据说就是东夷族首领命乐师创作的。此外，大汶口文化时期，东夷人已开始使用龟甲占卜，反映了东夷人占卜习俗的起源历史久远。

大汶口文化之后，距今4600年左右，东夷地区进入龙山文化时期。社会分级更加明显，中心城址出现，墓葬制度形成等级，社会矛盾趋于激烈，已进入方国阶段。东夷人在矿石冶炼、金属加工、制陶、制骨、制玉等手工业方面又取得了新的成就，已经能够生产黄铜器皿和铁器；还生产出一种薄胎蛋壳黑陶，黑陶薄如纸、明如镜、黑如漆，还饰有精细的花纹图案，黑陶文化因此成为龙山文化的代称。这一时期，东夷地区农业进一步发展，稻作农业种植在东夷地区全面推开，已有一定数量的粮食用于酿酒和储藏，标志着东夷文化进入了鼎盛时期。

3. 岳石文化时期——东夷文化的瓦解与分化阶段

岳石文化时期距今约3900—3400年，已进入青铜时代，石器技术明显发展，版筑技术已相当成熟，聚落成群分布已不存在。岳石文化对中

---

① 唐兰：《从大汶口文化的陶器文字看我国最早文化的年代》，《光明日报》1977 年 12 月 15 日。

原早、中商时期的文化影响达到高潮。随着商文化占据中原，并且不断东征，在岳石文化晚期，东夷文化不断走向没落，而中国多元到一体的格局基本形成。

（三）商周时期——东夷文化融入中原文化

殷人原本是东夷族的一支，所以殷的始祖契建都于蕃（今山东滕州），汤建都于亳（今山东曹县），从契到汤共十几代商王都在山东建都，这期间殷商与东夷的关系是很密切的。殷商文化即是以东夷文化为基础又接受了中原文化而取得长足发展的。随着商文化的强大和商朝东征的发展，东夷文化自身特色渐微，并不断被瓦解分化，渐渐与商文化融为一体，成为以商文化为基础的中原文化一部分。商纣祸国，武王伐纣，建立周朝，分封天下，姜尚首封于齐，东夷地区由此逐渐并入齐国版图，东夷土著文化也随即与齐文化合流，焕发出新的光彩。

东夷文化研究专家逄振镐先生及其同仁，确认东夷在华夏族源文化中占据着重要地位，是华夏文化的东部源地。东夷文化是齐文化的最早源头，作为齐地农业文明的集大成者，以《齐民要术》为载体的农圣文化的文化源头自然可以追溯到东夷文化。

第二节　齐鲁文化对农圣文化的影响

齐鲁大地物华天宝，人杰地灵，勤劳勇敢的齐鲁人民，在漫长的历史发展进程中，创造了辉煌灿烂的齐鲁文化，进一步巩固和完善了以礼治精神为主脉的中国传统文化，引领了中国文化的发展方向。其当今的行政区域来源于历史上东夷人居住之地，而较之史前东夷族居住之地又有所减小。中原地区的夏朝文化没落后，随着商文化的强大和商朝东征的发展，东夷文化融入中原文化，与中原文化融合一体，发展为中华传统文化的正统。因此，应该说齐鲁文化的源头在东夷文化。

商亡周立，周王朝建立后实施了分邦封国，齐、鲁作为周王朝两大诸侯国各辖一地，从考古学文化角度看，它们开始形成各具特色的两大文化体系，即齐文化、鲁文化。从文化的延续性特点来说，无论是齐文化还是鲁文化，既有东夷文化的基础，又都受到周朝正统文化的影响，因而呈现出一种有别于其他文化的综合地域文化特点，但此时的齐文化与鲁文化仍然以各自的形态存在，尚未形成所谓一体的齐鲁文化。经历春秋战国之后，"齐鲁"并用，齐文化、鲁文化最终合二为一，形成具有鲜明特色的齐鲁文化。秦汉以降，"齐鲁"一词普遍使用，齐鲁文化渐成为中国传统文化的主流。按照德国思想家亚斯贝斯的观点，公元前800年到公元前200年，是人类精神觉醒、哲学突破的"轴心时代"；先秦文化研究专家、历史学家徐中舒，在研究安阳、殷商文化的时候认为"齐鲁为先秦最高文化区"；傅斯年先生在对齐鲁文化的研究中也曾说过："从春秋到王莽时，中国上层的文化只有一个重心，这一个重心便是齐鲁。"傅斯年还认为，"儒出于鲁""道出于齐""墨出于宋，而兴于鲁"，儒、道、释向来是中国传统文化的三大主流，儒、道皆出于齐鲁，这在全国是绝无仅有的，也充分说明了齐鲁文化在中国传统文化中的核心地位，其是中国传统文化的主流。台湾学者许倬云、余英时等人也一致认为，先秦齐鲁文化已经具备了作为中国传统文化主体与核心的内涵与精神特质，齐鲁大地是中国文化"轴心时代"的核心区域。综合各专家观点，我们可以说这一时期的文化思想决定着中华民族的文化价值取向，支配着人们的思想与行为方式，最终凝聚为中华民族独特的人格特征与精神气质。

纵观人类文明发展史，任何一种重要的思想文化，都是历史的产物、时代的产物，都有其必然的自然环境和社会条件。农圣文化作为齐鲁文化的重要组成部分，自然受到齐鲁文化的诸多影响，而其主体精神也因此具有了齐鲁文化的某些特点和特色。

一、为农圣文化提供了优越的文化条件

（一）齐鲁之初的文化对农圣文化的影响

齐鲁是对历史上齐国与鲁国的合称，齐国与鲁国是周朝分封的两大诸侯国。周朝立国后的第一件事就是"分邦封国"，据《荀子·儒效》载："（周公）兼制天下，立七十一国，姬姓独居五十三人。"可知当时分封的异姓国仅有18国，鲁国以姬姓周公姬旦（周文王姬昌第四子，

周武王姬发的弟弟）立国，"周公不就封，留佐武王"（《史记卷三十三·鲁周公世家第三》），"其子伯禽代就封于鲁"，是周朝姬姓五十三国之一。而齐国立国者是姜太公，是周朝诸侯国中十八个异姓国之一。齐鲁两个诸侯国以泰山为界分疆治理，泰山以北，以临淄为中心，今天的鲁东、鲁中、鲁北、鲁西等均属齐地。泰山以南，以曲阜为中心，今天的泰安、新泰、泗水、兖州一带，多属鲁地。据《史记·周本纪》载：周灭商以后，"于是封功臣谋士，而师尚父为首封。封尚父于营丘（作者注：今淄博市临淄一带），曰齐。封弟周公旦于曲阜，曰鲁"。公元前256年，鲁国为楚所灭，鲁国自周公至鲁顷公传了34代，历时800余年；齐国自姜太公后，后29世为田齐所代，但国未变，至公元前221年为秦所灭，齐国存在了844年。

历经800多年的发展，齐、鲁两国都形成了拥有自己特色的文化，它们为丰富齐鲁文化内涵，促进齐文化与鲁文化的合流发展奠定了基础。

鲁国为周公的封地，因其地位和影响而享有周天子赐予的太多优惠政策，很多方面甚至与周天子的待遇一样，而其子伯禽治鲁"变其俗，革其礼"，遵循了周王朝的一切礼制，随着周王朝的衰弱，鲁国最终成为周王朝礼制正统的唯一继承者，所谓"周礼尽在鲁"。可以看出，伯禽的"变其俗，革其礼"虽是对周王朝礼制的继承，表现出一定的守旧性和保守性，但相对于鲁地原来的秩序与传统，伯禽提出的"变"与"革"就是一种实践创新，这一思想虽然与齐文化中的开拓创新思想有着截然不同的内涵，但它们却以积极的意义融合凝练为齐鲁文化的创新精神。从《齐民要术》可以得到印证，这一创新精神对贾思勰农学思想影响深刻，是农圣文化主体精神的重要内容之一。

此外，鲁文化对周王朝传统的尊重，强调"序"的理念，体现为讲究人伦纲常、讲究宗法秩序、讲究稳定的文化特点，这一文化特点对贾思勰农学思想的影响也非常大，《齐民要术》中关于农事活动的时间和季节性要求、农作物由主及次的安排处理，以及使用套作、轮作、间作、混种等具体农业技术，如《种瓜第十四》就引用了氾胜之"区种瓜"中在瓜田种薤和小豆（以叶作蔬菜），《种葱第二十一》葱中种胡荽（香菜），《种麻子第九》在"麻子地间散芜菁子……拟收其根"等关于套作的记载，以及《种麻第八》"麻欲得良田，不用故墟……田欲岁易"，《种谷第三》"谷田必须岁易"，《水稻第十一》"唯岁易为良"等关于轮作的记载，这些体现古代劳动人民智慧的农业科学技术，不仅对农业生产丰收起到了保障，而且一定程度上增加了农民的收入，稳定了社会秩序，应该说这就是农圣文化对鲁文化中"序"的理念在思想上的重视和具体应用中的体现。

《史记》卷三十三《鲁周公世家第三》记载，周公告诫其将赴鲁国就封的儿子伯禽"我文王之子，武王之弟，成王之叔父，我于天下亦不贱矣。然我一沐三捉发，一饭三吐哺，起以待士，犹恐失天下之贤人。子之鲁，慎无以国骄人。"鲁文化中这一"尊贤尚士"的传统与齐文化中"举贤上功"的文化特点有着很大的相似性，而贾思勰在《齐民要术》自序中对历代贤哲为老百姓生产生活做出的巨大贡献，表现出无限的钦佩与崇敬，就是对鲁文化"尊贤尚士"与齐文化"举贤上功"传统的有益继承，也是齐鲁文化对农圣文化的影响所在。

（二）齐文化对农圣文化的深刻影响

任何文化形态都从属于一定的社会形态，不同形态的社会会形成不同形态的文化。但文化的发展具有历史的延续性和相对的独立性，在一定历史时期往往会呈现出跨越社会形态的特点。贾思勰所处的北魏"齐郡益都"是春秋战国时期中国政治文化中心——齐国的政治核心区域，从此意义上讲，其思想受齐文化影响应该是更加深刻的，这里也着重针对齐文化的发展情况作详细的解读。

姜太公分封到的是齐地。齐地靠近渤海边，"地舄卤，人民寡"（《史记·货殖列传》），"齐地负海舄卤，少五谷"（《汉书·地理志上》），齐国背靠着渤海土地盐碱，不宜耕种，所以少五谷。"舄卤之田，不生五谷也"（《汉书·食货志上》注引晋灼语），"昔太公封于营丘，辟草莱而居焉，地薄人少"（《巍论·轻重篇》）。一方面，齐地"舄卤""不生五谷"，是不利的自然条件。当然，这也只是当时姜太公到齐地时大概的一种情况，绝不会是齐地的全部。另一方面，齐地"负海""北被于海"，背靠着渤海，便于鱼盐之利，这又是有利的自然条件。齐地特殊的地理条件为姜太公因地制宜，制定齐国国策提供了依据，而齐国国策的不断延续发展，为齐文化的形成发展奠定了坚实基础，也培育了齐文化特有的精神特质。

以姜太公分封齐地为始，齐文化先后经历了奠定期（西周时期）、发达期（春秋时期）、高峰期（战国时期）和转型期（秦汉时期）四个阶段的发展，才最终完成定型[①]。研究历史文献和相关资料可以发现，每一时期齐文化都能积极主动地与其他文化融合发展，也促使齐文化本身得到不断完善，最终成为中华传统文化的主流。距离齐文化完成定型的秦汉时期仅有300多年的"齐地"人贾思勰，无疑会受到齐文化的深刻影响。这里综合齐鲁文化研究专家王志民、孟天运等教授的观点，作一简单概括，以期对深入理解齐鲁文化对农圣文化的影响提供帮助。

1. 齐文化发展的奠定期（西周时期）

姜尚治齐时期。以姜太公在齐建国为标志，带来了以商文化与炎黄文化为主体的中原文化，与当地的东夷文化形成三源融合，奠定了齐国初期的文化格局。

姜尚（姜太公）分封到齐地后，根据齐国方圆不过百里、人口稀少、土地荒芜，并且有盐碱地的实际情况，制定了符合齐国发展需要的一系列大政方针，为齐文化的发展奠定了基础，明确了走向。政治方面，齐国推行"举贤上功"，任人唯贤而不避贫贱，这让老百姓看了希望，也为齐国初期的稳定和发展奠定了基础。经济方面，姜太公从实际出发，因地制宜，提出了"通工商之业，便渔盐之利"（《史记·齐太公世家》）、"通末利之道，极女工之巧"（《盐铁论·轻重篇》）等经济措施，大力发展工商业、渔业、盐业和手工业，使齐国经济获得了迅速发展。文化方面，《史记·齐太公世家》记载："太公至国修政，因其俗，简其礼。""因其俗"，就是对齐地的风俗有选择地加以取舍，原则上仍然沿用而不是全盘否定，从而顺乎百姓意愿，而非违背民意一意孤行强行改变当地的风俗习惯。这一政策实施，尊重了当地百姓的习惯，赢得了百姓的支持，维持了齐地的稳定，是一种智慧之举。"简其礼"就是对繁杂的周礼加以简化、简略，使之更加容易让人接受，与鲁国实行的"变其俗，革其礼"截然相反，其效果也大相径庭。齐国的这一文化政策，使鲁文化与东夷文化得以相融共存，为齐文化的博大内涵注入了新的元素。

姜太公在齐国的指导思想和治理方针，贯彻了开放、务实的精神，涉及政治、经济、文化等各个方面，并逐渐发展成为一种传统，深刻地

---

① 王志民：《齐文化的内涵、发展历史及其贡献——在山东省政协中心理论学习组全体会议上的讲座》，《齐鲁文化研究》第 5 辑，济南：山东文艺出版社，2006 年。

影响着齐文化的发展和走向，成为齐文化的指导思想和基本特征。由此，我们可以说齐文化自齐国初期开始，就是开放的复合型文化，就是丰富多彩的文化，体现了一种兼容并包的特色。

得益于姜太公"因其俗，简其礼"的文化政策，齐文化的积淀有了更深层次的追溯，为后世齐文化的丰富多彩做了时间和实践上的准备，也保留了东夷文化中许多原生态性质的文化传统，应当说为贾思勰创作《齐民要术》提供了更加真实可靠的资料来源。

2. 齐文化发展的发达期（春秋时期）

这一时期，是齐国经济快速发展的时期，也是齐文化大发展的时期。以管仲、晏婴为代表人物，他们的思想主张与姜太公的治国理念一脉相承，又有所创新丰富，为齐文化的发展与完善做出了卓越贡献。

管仲治齐。在齐国初期的政策影响和经济发展基础上，管仲进行了创造性的改革和完善，提出了"仓廪实则知礼节，衣食足则知荣辱，上服度则六亲固，四维张则君令行"的论断（《管子·牧民》），闪耀着朴素的唯物思想光辉，是齐文化中宝贵的精神财富。管仲的改革思想系统化、理论化、制度化，推行于全国，政久成俗，对齐文化的发扬光大和改革创新做出了巨大贡献，产生了极大影响。齐桓公在管仲的辅佐治理下，"九合诸侯，一匡天下"，使齐国经济文化发展达到了一个高峰期，齐国最终成为"春秋五霸"中的首霸，奠定了齐国的大国地位。姜太公初封于齐时，营丘（今临淄附近）一带是一片比较荒芜的盐碱地，齐地的经济基础也非常薄弱，但到了齐桓公称霸时，齐国已发展成为首屈一指的强国。到春秋末期，《战国策》记载"临淄城中七万户"已成为相当繁荣富庶的泱泱大国。司马迁在《史记·齐太公世家》篇末里曾写到"吾适齐，自泰山属之琅邪，北被于海，膏壤二千里，其民阔达多匿知，其天性也。以太公之圣，建国本，桓公之盛，修善政，以为诸侯会盟，称伯，不亦宜乎？洋洋哉，固大国之风也！"

继管仲之后，齐国最有影响的政治家、思想家是晏婴，他的思想学说进一步丰富了齐文化的内涵，为齐文化的发展完善做出了积极贡献。晏婴的学说不专一派，兼容并包，务求实用，是战国时期杂家思想的开创者，他根据姜齐末期的社会现实，提出了"节用""自俭"思想，认为治国之要在于"其政任贤，其行爱民，其权下节，其养自俭"（《晏子春秋·内篇问上·第十七》），进一步发展了姜太公、管仲以来"爱民""举贤上功"的优良传统。

春秋时期，齐文化发展进入一个相对的高潮期，齐国作为"春秋五霸"的霸主，显示出其经济的发达与文化的引领，为后世齐文化的巅峰时期准备了条件，也为后世《齐民要术》的诞生提供了坚实的经济基础和文化土壤。

3. 齐文化发展的高峰期（战国时期）

这一时期出现了"七国争雄"的局面，而齐国位列首位。《战国策》中记载："临淄之中七万户……临淄甚富而实，其民无不吹竽鼓瑟，弹琴击筑，斗鸡走狗，六博蹋鞠者。临淄之途，车毂击，人肩摩，连衽成帷，举袂成幕，挥汗成雨，家殷人足，志高气扬。"反映了战国时期齐国都城的繁华，百姓生活的富足景象，充分证明了齐国作为"战国七雄"之一的经济实力。

同时，这一时期还是齐文化发展的繁荣期。其中，延续时间最长、成就最大、影响最深远的就是战国时期的"百家争鸣"，而争鸣的中心就是齐国的稷下学宫。中国文化特别是思想文化的奠基时期、轴心时期就是战国时期的"百家争鸣"。"百家争鸣"发轫于鲁国都城曲阜，开始声势并不大，参加者也很少。齐桓公田午（前 374 年—前 357 年在位），在齐都临淄设立学宫，吸引天下学者来此讲学，全国的文化中心随即由鲁国转移到了齐国，"百家争鸣"当时号称"九流十家"，"十家"即指儒家、墨家、道家、法家、阴阳家、名家、杂家、小说家、农家、纵横家，其中最重要的有儒家、墨家、法家、阴阳家、道家和名家六家。六家当中，著名的代表人物大都与齐国或稷下有过直接的联系。郭沫若先生曾说"稷下学宫的设置在中国文化史上实在是有划时代的意义"。正是因为"百家争鸣"的出现，齐文化发展进入了全盛期，而且不仅是齐文化得到了空前的繁荣，同时也带动列国文化进入了一个黄金时代。

这一时期，齐国的文化政策开明，学术上兼容并包，不拘一格，任各家充分发展，自由争鸣。儒家、道家、名家、墨家、法家、兵家、农家、纵横派、阴阳派诸派并列，淳于髡、尹文、田骈、慎到、孟轲、邹衍、荀况等大家辈出，齐国文化界、思想界呈现出派全方位开放、蓬蓬勃勃、兴旺发达的局面。齐国稷下学宫成为全国的思想文化中心，也是学术研究中心和教育中心。其规模成就，不仅为中国古代所仅有，就是在世界古代史上也堪称独步。

正因为"百家争鸣"局面的出现，齐国成为当时全国的文化轴心和文化中心，齐文化成为最先进、最具开放性的文化之集大成者。仅仅是在500多年以后，《齐民要术》出现了，《齐民要术》作为"百家争鸣"之后农家学派的扛鼎之作，成为齐文化中的佼佼者，也以其更加迷人的魅力与齐文化、齐鲁文化一起影响着社会、影响着后人。

4. 齐文化发展的转型期（秦汉时期）

"战国七雄"中的秦国以其发展的强势取齐国而代之，完成了中国历史上全国的最终统一。在秦汉王朝的封建统治下，齐文化不再也不可能再以绝对的优势得以全面的展现，而是变换形式，继续以学术、思想上的成就影响着秦汉文化的发展，使秦汉文化表现出齐文化的若干特点。这其中，以稷下学术为主的齐国学术、思想文化对秦汉时期的整个政治、经济、文化产生了巨大影响，主要表现为三个阶段：第一阶段在秦代，主要产生于齐国稷下学宫的阴阳五行家的"五德终始学说"，以及齐国的方士及其文化对秦国政治、文化，尤其是对秦始皇本人的影响巨大。史书上记载，秦始皇后来迷信丹药，多次派人到东海蓬莱仙山求长生不老之药，就是因为受了齐国方士的影响。第二阶段在汉代初期至汉武帝前期，主要是产生于齐地的"黄老思想"对汉代政治、经济、文化产生的巨大影响。第三阶段是汉武帝采用了汉代儒学大师董仲舒的建议，"罢黜百家，独尊儒术"，使儒家学说成为显学，对汉代及后世都产生了深远影响，而董仲舒即稷下齐学中"公羊学派"的代表人物。所以，有专家认为，中国两千多年的封建文化体系在齐文化中已基本构成，秦以后的思想、文化、学术，几乎都可以在齐文化中找到源头。

北魏时的"齐郡益都"（今山东省寿光市）是齐郡属地，位于齐文化发展腹地，距离齐都临淄仅有50多千米，其先人无疑是齐文化形成和发展的创造者、参与者之一，由于地缘关系，他们的思想、习俗必然是相近甚至趋一的。可以推断，生活于齐文化定型之后仅仅300多年的北魏时期的贾思勰，无论是思想还是行为都必然深受齐文化影响，在著作中自然流露出来的也是"性以习成"，这一点通过研读其著作《齐民要术》也可以得到印证。

二、对农圣文化主体精神影响深远

齐鲁文化博大精深，是中华传统文化的基础，对中华民族的文化心理、民族信念、人格与气质、价值观、人生观等，都有着难以磨灭的影响。无论是齐鲁文化丰富的思想内涵，还是齐文化独具特色的文化特质，它们都对贾思勰农学思想的形成产生了深刻影响，使农圣文化主体精神被深深地打上了齐鲁文化，特别是齐文化的烙印。

（一）齐鲁文化思想内涵对农圣文化主体精神的影响

1. 天下为公的群体精神

"老有所终，壮有所用，幼有所长"（《礼记·礼运》）的美好社会，是以齐鲁圣贤为代表的齐鲁文化的核心精神。儒学经典《礼记·礼运》关于"大道之行也，天下为公，选贤与能，讲信修睦。故人不独亲其亲，不独子其子，使老有所终，壮有所用，幼有所长，鳏、寡、孤、独、废疾者皆有所养，男有分，女有归。货恶其弃于地也，不必藏于己；力恶其不出于身也，不必为己。是故谋闭而不兴，盗窃乱贼而不作，故外户而不闭，是谓大同"的论述，充分体现了齐鲁圣贤们追求天下为公、天下大同的群体精神。从农学角度分析，群体精神就是整体性、综合性思维在农业产业结构、农业生产活动等方面的具体体现。《齐民要术》的体例内容不是局限于某一专门技术、某一专门领域的知识论述，而是包含了农、林、牧、渔、副等整个大农业生产体系的各个方面，其思维方式是一种基于大农业体系整体的综合性思维，是贾思勰农学思想对齐鲁文化群体精神在现实农业生产上的实际应用。贾思勰在自序中还提及一个体现其思想主张的重要观点，即"然则家犹国，国犹家，是以家贫则思良妻，国乱则思良相，其义一也。"将一家融入一国之整体，同时将一国视为天下众家之共和，其中所体现出来的核心思想，即齐鲁文化中天下为公的群体精神。

2. 厚德仁民的民本精神

齐鲁文化传统中尊重人民、重视人民，视人民群众为国家政治之根本、基础的思想，充满了人道主义精神，也是中华传统文化中"民本"

思想的重要源头之一。春秋时期的管子最早提出了"政之所兴，在顺民心；政之所废，在逆民心。民恶忧劳，我佚乐之；民恶贫贱，我富贵之；民恶灭绝，我生育之……故从其四欲，则远者自亲；行其四恶，则近者叛之。"（《管子·牧民》）孔子的"仁"学思想体系，也是在民本思想基础上建立起来的。《齐民要术》编撰之目的就在于"要在安民，富而教之"，因此"起自耕农，终于醯醢，资生之业，靡不毕书"，贾思勰所强调的"食为政首""人生在勤，勤则不匮""力能胜贫，谨能胜祸"等观点，体现出来的是一种以民为本的朴素思想。

3. 讲信修睦的和谐精神

崇尚集体主义，讲和睦，讲和谐，讲和平，强调群体对个体的至上性，认为群体价值大于个体价值，要求个体合群，世界大同是齐鲁文化所体现的世界观。"宽厚处事，协和人我""老吾老以及人之老，幼吾幼以及人之幼"等主张都是这一精神的经典表述。《齐民要术》中农、林、牧、渔、副中强调的由主及次、主次兼顾的综合经营思想，以及用地养地思想，就是齐鲁文化中和谐精神的充分体现。

4. 经世致用的救世精神

齐鲁文化崇尚经世致用，主张积极入世，把建构一种合理化的社会秩序和政治秩序，作为实现个人社会理想的根本途径，把实现国强民富、天下大同作为理想追求和政治抱负，充分体现了一种经世致用的救世精神。贾思勰把各种促进农业生产，增加农民收入的方法、技术、做法，视为"益国利民，不朽之术"，强调"稼穑之艰难""财货之生，既艰难矣"，对当时社会上"用之无节"的奢靡之风，发出强烈的斥责，可谓是对齐鲁文化中经世致用、救世精神的充分继承和发扬。

5. 躬身实践的求实精神

尊重实际、尊重规律，躬身实践，求真务实，是齐鲁文化留给我们的宝贵精神财富，是颠扑不破的中华优秀传统美德，也是古今以来成就伟业的优良传统。这在第五章第六节"尊重规律敢于质疑的实事求是精神"中已作阐述，不赘言。

6. 自强不息的进取精神

以"富贵不能淫、贫贱不能移，威武不能屈"（《孟子·滕文公下》）为道德标准，集中表现为自尊、自立、自爱的品德和独立的人格，在挫折和厄运面前不低头、不气馁，勇于奋起抗争，坚忍不拔、顽强进取的精神；也表现为顺应时代潮流，确立远大目标、积极进取，有所作为。贾思勰面对动荡不安、经济凋敝的北魏社会现实，以"要在安民，富而教之"为己任，历尽千难万险完成了反映古代劳动人民智慧的农业科学集大成之作——《齐民要术》，就是齐鲁文化中进取精神的一脉相承和充分体现。

7. 勤勉睿智的创造精神

齐鲁大地的原始土著东夷人就是一个勤劳勇敢、聪明睿智、善于发明创造的民族，从弓、矢、舟、车的发明，到渔、猎、农、牧、酿造、冶炼技术的创造，以至天文、地理、律历、礼乐制度，都有重要的发现和创建，为中华文明做出了突出贡献，为中华民族优秀传统文化注入了创新活力。《齐民要术》以其宏大的体例、完备的知识体系、严谨的逻辑结构、全新的知识内容等，树立了中国古代农书的典范，为后世农书创作打开了一个新局面，应该说这正是农圣文化对齐鲁文化创造精神的一种坚守和自觉践行。

（二）齐文化核心思想对农圣文化主体精神的影响

1. 民本思想和富民思想

齐国立国之初，姜太公就提出"天下非一人之天下，乃天下之天下也。同天下之利者，则得天下；擅天下之利者，则失天下"（《六韬·文韬·文师》）强调天下民心；同时，姜太公还认为"治国之道，爱民而已"（《说苑·政理》），说明了治国之道以民为本。此外，《六韬·文韬·守土》中还认为"是故人君必从事于富，不富无以为仁，不施无以合亲"，把"富民"作为了治国之要。春秋时齐国著名贤相管仲则明确提出了"以人为本"的观点，"夫霸王之所始也，以人为本。本理则国固，本乱则国危"（《管子·霸言》）。"古之圣王，所以取明名广誉，厚功大业，显于天下，不忘于后世，非得人者，未之偿闻……故曰：人，不可不务也，此天下之极也"（《管子·五辅》）强调了"人"是至关重要的，是取得天下的根本。同时，管仲还论证了富民利民的治国原则，"凡治国之道，必先富民……故治国常富，而乱国常贫"（《管子·治国》），"得人之道，莫如利之"（《管子·五辅》），"以天下之财，利天下之人"（《管子·霸言》），提出了"藏富于民"的观点，"王者藏于民，霸者藏于大夫，残国亡家藏于箧"（《管子·枢言》），认为统治者应当"爱民""惠民""利民""富民"，因为只有百姓生活安定，政权才能巩固和稳定，把"富民"作为稳定社会的第一要素。春秋末期齐国名相晏婴也认为"民，事之本也"（《晏子春秋·内篇问上》），"卑而不失尊，曲而不失正者，以民为本也"（《晏子春秋·内篇问下》），在中国思想史上第一次明确提出了"以民为本"和"均贫富"的思想。同时，晏婴还把"节欲则民富，中听则民安"作为治国之道，齐国（齐景公时期）的繁荣昌盛才得以维持和发展。荀子在《荀子·王制》中也说："《传》曰：君者，舟也；庶人者，水也。水则载舟，水则覆舟"，更是用形象的比喻道出了民心向背与君主社稷安危的损益利害。

除此之外，齐人还非常重视德治，荀子在《荀子·议兵》中提出"以德兼人者王，以力兼人者弱"。他还以马安而舆安，安舆在静马为借喻，申述民安而政安，安政在惠民，"庶人安政，然后君子安位"（《荀子·王制》）的道理，劝诫统治者仁民以保天下。

虽然齐文化或者历代封建统治者心中的民本思想，是以肯定王权为先决条件的，所谓重民、富民，也都是出于稳定统治秩序需要而提出的，但不可否认，在人类思想智库里，这一思想仍然放射着智慧的光芒。《齐民要术·序》中，贾思勰在申明自己的著述原则或者原因时强调"要在安民，富而教之"，显然是对齐文化"民本思想""富民思想"的继承发挥。

2. 创新精神

在早期齐文化中即有的开天辟地的盘古氏、勇射烈日的后羿、巢居的发明者有巢氏、汉文字的发明者仓颉等传奇，虽是传说却也鲜明地体现出了齐民思想或意识里的开拓与创新精神。在东夷文化时期，尤其在制陶业、铜器制造业、纺织业、航海业和造船业等手工业制作方面，东夷人均取得了辉煌的成就，特别是其制陶、航海和造船等行业已经引领了中华古老文明之先，达到了同一时期的最高水平。

在姜齐时代，姜太公为了齐地的社会稳定，实施了"因其俗，简其礼"的柔性政策，相对于鲁国当时"尊尊亲亲""革其俗，变其礼"因循守旧的国策来说，也是一种实际意义上的改革和创新。姜太公为了抵制东夷族的侵扰，还实施了一系列用兵之法，齐国兵学思想也得到了全面发展和创新。管仲治齐时代，一方面继承和发扬了姜太公的思想；另一方面又大举创制立法。"定四民之居，使各安其业，制国鄙之制，参其国而伍其鄙；军政合一，寄军令于内政；尽地力、官山海、正盐策；尊王室、亲邻国、攘夷狄"（《国语》）。管仲的改革既有因也有革，"因"的是继承和借鉴传统法制中优秀部分，"革"的是除弊政创新政，其依据都是民众的利益和意愿。管仲认为，"政之所兴，在顺民心。政之所废，在逆民心。民恶忧劳，我佚乐之，民恶贫贱，我富贵之，民恶危坠，我存安之，民恶灭绝，我生育之，……故从其四欲，则远者自亲，行其四恶，则近者叛之。故知予之为取也，政之宝也"（《管子》）。

战国时期，稷下学宫更是创造了中国学术发展史上的开放论坛，各地贤哲纷纷加盟，形成了"九流十家"，出现了"百家争鸣"的学术自由局面。"农家"作为其中的重要一派，虽然不是最具代表性的一家，但也已成为齐文化中不可缺少的一部分。这是齐文化学术创新的史实，也是《齐民要术》创新精神的源流之一。

3. 务实精神

务实精神是《齐民要术》农学思想文化内涵的一个重要内容，在齐文化思想宝库中，"务实精神"同样是不可忽视的重要内容之一。从齐文化发展的四个主要时期来看，务实精神都是一以贯之的。为便于深入理解，现借鉴李维香教授的研究成果作一简要介绍。

（1）遵天时就地利的客观自律。主要体现在以自然之天为天，尊重自然界规律，抢时机、重时效，因地制宜，充分发挥地理优势，合理利用自然资源等方面。

商末时期，姜太公不信鬼神天命，反对卜筮迷信，力排众议，辅佐周武王取得了伐纣的胜利，建立了周朝，可以说是从理论和实践上否定了天的至上权威，开了齐文化无神论思想之先河。管仲以姜太公无神论思想为基础，又从理论上恢复了天的自然本性。他认为，天是一种没有感情和意志、无私无亲的自然存在，"如地如天，何私何亲？如日如月，唯君之节"（《管子·牧民》）；"万物之于人也，无私近也，无私远也，巧者有余，而拙者不足"（《管子·形势》）；"天也，莫之能损益也"（《管子·乘马》）。著名军事家孙武也把天明确看作"阴阳、寒暑、时制"等自然之天，因此，他也像姜太公一样反对求神弄鬼等一切迷信活动，强调知或先知的取得，只能着眼于人事的活动，要从调查和了解实际情况入手，所谓"先知者，不可以取于鬼神，不可象于事，不可验于度，必取于人，知敌之情者也"（《孙子兵法·用间篇》）。

贾思勰在记录农业生产经验时，表现出对自然界的充分认识与尊重，完全自觉地继承了齐文化中的务实精神，如卷一《种谷第三》中有一句至今广为引用的名言："顺天时，量地利，则用力少而成功多。任情返道，劳而无获。入泉伐木，登山求鱼，手必虚；迎风散水，逆坂走丸，其势难。"就是最好的佐证。

管仲认为，自然界的天是不受其他因素影响而按其固有规律来运行的，"天不变其常，地不易其则，春秋冬夏不更其节，古今一也"（《管子·形势》）。之后的晏婴也认识到"天道不谄，不贰其命，若之何禳之？"（《左传·昭公二十六年》）天，也即自然界，是有其独特运行规律的，这一朴素的唯物思想对人类认识自然，适应自然规律，利用自然为人类服务，具有重要的意义。

贾思勰在写到农事操作时，也提出了要充分尊重自然规律，在适宜之时、适宜之地，使用适宜之法，进行相关的农事活动，如卷一《种谷第三》中"春气冷，生迟不曳挞则根虚，虽生辄死。夏气热而生速，曳挞遇雨必坚垎。其春泽多者，或亦不须挞；必欲挞者，宜须待白背，湿挞令地坚硬故也"等。

伐纣灭商时，姜太公对武王进言："且天与不取，反受其咎；时至不行，反受其殃。"（《群书治要·六韬》）督促武王抓住时机，兴师伐纣；《管子·牧民》开篇就提到："凡有地牧民者，务在四时，守在仓廪""地之生财有时""不务天时则财不生"。同时，管仲还认识到了时间的一维性特点，指出："时之处事精矣，不可藏而舍也。故曰，今日不为明日亡货，昔之日已往而不来矣。"（《管子·乘马》）"怠倦者不及，无广者疑神。……曙戒勿怠，后稚逢殃。朝忘其事，夕失其功。"（《管子·形势》）就是说如若因怠倦而延误时机，将会一事无成，强调了时机的重要性。

《齐民要术》中强调抢抓生产时机，提高生产实效的记载俯拾皆是，如在谈到庄稼收割时，贾思勰就援引民谣"穄青喉，黍折头"，说明不同的农作物有不同的最佳收获时间，要在合适的时候做合适的事，才能增加粮食的产量。

姜太公受封齐地营丘后，因为"齐地负海舄卤，少五谷，人民寡"（《汉书·地理志》），不适于农业生产，又由于齐地濒临大海，有丰富的鱼盐资源，盐碱地虽薄，但适宜种植桑麻，百姓又擅长植桑养蚕且好"女工"，因此手工业较为发达。根据这些实际情况，姜太公制定了"通商工之业，便鱼盐之利"的经济发展措施，一方面大力发展鱼盐生产；另一方面又充分发展工业和商业。这一扬长避短、充分发挥当地当时自然优势的做法，收到了极好效果，齐国逐渐富裕起来，"人民多归齐，齐为大国"（《史记·齐太公世家》）。贾思勰虽在序中说："商贾之事，阙而不录"，但《齐民要术》中对于农家经营的商贾之事却是斤斤计较，如卷三《种蔓菁第十八》谈到种菘、芦菔"秋中卖银，十亩得钱一万"等可谓详之又细。此外，针对贾思勰生活地"鱼盐之利"的条件，《齐民要术》卷六《养鱼第六十一》、卷八《常满盐、花盐第六十九》单列卷目，详细记录了养鱼和制盐技术，可视为对姜齐时期发展经济的传承和具体化实践。

管子认为"地者，万物之本原"（《管子·水地》），主张"因天材，就地利"（《管子·乘马》）。"度地之宜"，合理利用土地资源。他认为老百姓应该"相高下，视肥硗，观地宜""使五谷桑麻皆安其处"（《管子·立政》）。通过集约化经营，提高土地利用率。在土地有限的情况下，应该对土地施以精耕细作，在定量土地上投入更多劳动，来提高土地的生产能力，最大限度地利用土地资源，促进农业生产的发展。在对待自然资源问题上，管子还有一些非常可贵的思想，如保护生态平衡问题，他甚至已经提出了"禁发有时"、注意森林防火等许多具体的保护自然资源的措施。

孙武非常重视自然条件对战争的影响，他在《孙子兵法》十三篇中用四篇专门论述战争与地理环境的关系。他强调"夫地形者，兵之助也"，（《孙子兵法·地形篇》）强调地形在战争中有着不可低估的作用，"知此而用战者必胜，不知此而用战者必败"（《孙子兵法·地形篇》）。孙武还对地形作了分类分析，总结出了许多因地制宜的作战方法，即使对现在的军事理论发展，也都具有重要的参考价值。

贾思勰也特别注重和强调因地制宜种植农作物，同时也非常注重通过防治病虫害来保护庄稼，从而达到增产增收的目的，以及通过人为干预来保持生态平衡等方法和措施。例如，卷二《大小麦第十》中援引民谣"高田种小麦，稏穆不成穗。男儿在他乡，焉得不憔悴？"就形象地说明了在不合适的土地种植不适合的作物，庄稼收成将会受很大影响这一事实。又如，《耕田第一》强调以冬雪保泽"冻虫死"；《收种第二》"以马践过为种，无好蚄"；《种谷第三》中对各类谷物性能的介绍中特别强调"免虫""免雀暴"等特性，溲种"令稼不蝗虫"等防治病虫害的方法。《伐木第五十五》引用《礼记·月令》、《孟子》、《淮南子》、崔寔的观点，如"孟春之月……禁止伐木""孟夏之月……无伐大树""季夏之月……无为斩伐""斧斤以时入山林""草木未落，斤斧不入山林""自正月以终季夏，不可伐木"等，都强调了采伐有时，一方面是根据木质因季节不同而具有不同的木质质量的特点；另一方面也体现了贾思勰对生态环境的保护意识。

（2）因民俗尚功利的优良传统。齐国建立之初，在如何对待夷地风俗的问题上，姜太公没有采取与鲁国伯禽"变其俗，革其礼"相同的做法，而是实行了"因其俗，简其礼"的方针。这种明智、务实的做法，尊重了当地人的风俗习惯，得到了东夷人的拥护。之后的管仲继承了这一传统，提出"俗之所欲，因而予之；俗之所否，因而去之"的观点，同时强调"民恶忧劳，我佚乐之；民恶贫贱，我富贵之；民恶危坠，我存安之；民恶灭绝，我生育之。""故从其四欲，则远者自亲；行其四恶，则近者叛之。"（《管子·牧民》）管仲主张"修旧法，择其善者而业用之"（《国语·齐语》），在《管子·权修》篇中，管仲还主张"量民之力"，因为"地之生财有时，民之用力有倦"，"民力竭，则令不行矣"，这些观点都是对齐国初期文化的发展，有着积极意义。

战国时期，晏婴治齐，一方面进一步发扬齐文化尊重民习、顺应民俗的传统，强调"古者百里而异习，千里而殊俗，故明王修道，一民同俗，上爱民为法，下相亲为义，是以天下不相遗，此明王教民之理也"（《晏子春秋》）；另一方面向齐景公提出了"一民同俗"的重要策略。晏婴还主张尚节俭以移侈，从而增强齐国实力。《齐民要术》中勤俭节约思想的表达也极为突出，如贾思勰在《序》中援引大量古代良吏的节俭故事，甚至直抒胸臆，强烈痛斥奢靡风气："夫财货之生，既艰难矣，用之又无节；凡人之性，好懒惰矣，率之又不笃；加以政令失所，水旱为灾，一谷不登，䬩腐相继：古今同患，所不能止也，嗟乎！"可谓是对晏婴节俭思想的全面继承。

姜太公实施了"尊贤上功"的用人之策，打破了以血缘关系为基础的尊尊亲亲传统，具有进取性、开放性和务实性。之后的管仲极力主张选贤任能，认为"秀民之能为士者必足赖也。有司见而不以告，其罪五"（《国语·齐语》），要求君主打破等级观念，提拔农民中的优秀者为士。再后来的晏婴则认为"有贤而不知""知而不用""用而不任"是国家的"三不祥"，从而提出"举贤以临国，官能以救民"的主张（《晏子春秋》）。战国时期，稷下学宫中，封七十六贤者皆为上大夫，并以高门大屋、丰厚俸禄尊崇之。齐威王以布衣之士邹忌为相，以刑余之人孙膑为军师、以赘婿出身的淳于髡为卿，都是姜太公创立的"尊贤"传统的继续。因此，齐国历来就有尊重知识、重视人才的风气和环境。

《齐民要术·序》中大量引用贤臣良吏的言论和故事，表达了对历史上有过贡献，受百姓爱戴的贤臣良吏的敬仰和尊重，而对那些"稼穑不修，桑果不茂，畜产不肥"者，认为"鞭之可也"，对"杝落不完，垣墙不牢，扫除不净"者，认为"笞之可也"，这也充分反映出了"尊贤上功"这一齐文化核心精神在贾思勰思想中的影子。

（3）讲道法重形势的实事求是。战国时期的"百家争鸣"进一步丰富和夯实了齐文化的理论内涵，以慎到、田骈为代表的稷下黄老学派，在批判继承老子思想和早期法家思想的基础上，创造性地提出了道法统一论。慎到认为"天道，因则大，化则细"（《慎子·因循》），主张"因循天道"，认为凡事只有遵循客观规律办事才能达到目的，否则就可能事与愿违；田骈主张"因性任物"，都是值得重视的辩证思想。

《管子》中《形势》《形势解》《势》三篇记载了管仲对"势"的见解，"山高而不崩，则祈羊至矣；渊深而不涸，则沈玉极矣""蛟龙得水，而神可立也；虎豹讬幽，而威可载也"（《管子·形势》）。意思是说，山高而不崩颓，人们就会来烹羊设祭；渊深而不枯竭，人们就会来投玉求神。蛟龙得水，才可以树立神灵；虎豹凭借深山幽谷，才可以保持威力。管子认为，"势"就是事物的发展态势、趋势，凭借"势"可以使事业有所成，人们做事必须依"势"，凡事顺"势"则成，逆"势"则多败。慎到认为"腾蛇游雾，飞龙乘云，云罢雾霁，与蚯蚓同，则失其所乘也"（《威德》）。意思是说，龙蛇只有凭借云雾的扶托之势，才能在天空中飞腾、遨游；而一旦云消雾散，失去它所能够依托的势，就和地上的蚯蚓没有什么两样了，与管子所说的"势"有异曲同工之妙。

孙武善于"因情任势"，认为"兵无常势，水无常形，能因敌变化而取胜者，谓之神"（《孙子兵法·虚实篇》），"故善战者，求之于势，不责于人"（《孙子兵法·势篇》）。鲁仲连提出"势数"之学，认为做事情必须认真分析客观实际情况，只有掌握并利用事物发展的必然趋势才能取得成功。"势数者，譬若门关，举之而便，则可以一指持中而举之，非便，则两手不胜。并非益加重，两手非加罢也。彼所起者，非举，势也。彼可举然后举之，所谓势数。"（《太平御览》卷一八四引《鲁仲连子》）

《齐民要术》卷三《种蒜第十九》对并州大蒜、芜菁、豌豆以及山东的谷子在不同地域产生的变异情况作过研究，贾思勰认为"皆余目所亲见，非信传疑；盖土地之异者也"；卷五《种椒第四十三》中，对"蜀椒"在青州的成功种植进行了认真的观察与分析，提出了"习以性成"的观点，这些记载充分说明了齐文化讲道法、重形势思想对贾思勰的深刻影响。

齐文化中的务实思想，包含了从天时、地利、人事的实际出发，按客观规律办事，因势利导等唯物主义的思想元素，而这些核心思想在农圣文化主体精神中的科学精神、实践精神、实事求是精神等方面有着充分的反映和体现，也充分证明齐文化对后世的影响巨大。

4. 爱国精神

爱国精神自古以来就是中华民族团结一致、自强自立的核心精神和强大力量。爱国主义是一个历史范畴，不同的历史时期、不同环境，爱国主义具有不同的内容和表现形式。在齐鲁文化尤其是齐文化中，爱国精神主要表现为以下几个突出的方面。

一是对国家统一、富强的追求和维护。主要观点最早来源于《春秋公羊传》的"大一统"思想，《春秋公羊传》相传为子夏的弟子、战国时齐人公羊高著。战国时期，管仲治齐，辅佐齐桓公"九合诸侯，一匡天下"成就了"春秋五霸"之首霸，成为国家一统和国家富强的具体实践。《论语·宪问》中孔子曾提出："管仲相桓公，霸诸侯，一匡天下，民到于今受其赐。微管仲，吾其披发左衽矣。"可见对管仲的成就，就连孔子也给予了相当高的评价。

二是对爱民、富民、惠民的重视。爱其民才能爱其国，而爱其国必爱其民。战国时期，《管子·霸形》载："霸王之所始也，以人为本""齐国百姓，公之本也"，这是对爱民的具体表述。《管子·五辅》

载："得民之道，莫如利之"，"利"即有利于，也即富民。《管子·治国》载："凡治国之道，必先富民"，同时，对老、幼、病、残等"行九惠之教"，管仲认为"政之所兴，在顺民心；政之所废，在逆民心"。《晏子春秋》卷四第二十二记载："德莫高于爱民，行莫厚于乐民……德莫下于刻民，行莫贱于害民也。"同时，晏婴还提出了"弛刑罚，若死者刑，若罚者免"的政治主张。这些观点和主张都无疑地体现出劝导执政者要爱民、富民和惠民思想。

三是忧患意识。《管子·小匡》记载了齐桓公做了齐王之后的一番话："昔先君襄公，高台广池，湛乐饮酒，……不听国政。卑圣侮士，唯女是崇。九妃六嫔，陈妾数千。食必粱肉，衣必文绣，而戒士冻饥。戎马待游车之弊，戎士待陈妾之余。倡优侏儒在前，而贤大夫在后。是以国家不日益，不月长。吾恐宗庙之不扫除，社稷之不血食。"从这番话可以看出，齐桓公对齐襄公"不听国政"而导致国家出现危机的警醒，表现出的是对国家前途命运的忧患意识。

当然，除此之外，通过《齐民要术》的文本研究还会发现，书中有对齐文化的继承，更有对齐文化的创新，既有对齐文化中正确思想的认同，也有对其不实之处的批评，显示出了齐文化中创新精神对贾思勰的影响之深。同时，我们还会发现贾思勰对历史上颇有建树的历代贤臣良吏以及学术领袖的尊重，也会看到贾思勰对大师级人物一些不实之言的怀疑与否定，这些文本记载都充分反映了贾思勰农学思想之科学精神在《齐民要术》中的具体体现，也是农圣文化主体精神的重要支点。

《齐民要术》的辩证思维还体现在，既有对"百家争鸣"时期黄老哲学思想的引用，又有所批判，反映了贾思勰农学思想的务实性、科学性、多样性特点。可以说，是从不同侧面反映出齐文化的核心精神对贾思勰思想的深刻影响，而这些影响的最终体现就是，使农圣文化三大价值体系内涵具有了鲜明的齐文化的特点和色彩。

第三节　农圣文化主体精神与社会主义核心价值观

一个国家走什么样的路，与它的历史传统、文化积淀、基本国情息息相关，是一个民族的集体认同和选择，不受任何外来力量的左右。中国特色社会主义道路，是在改革开放40多年的伟大实践中走出来的，是在中华人民共和国成立近 70 年的持续探索中走出来的，是在对中华民族5000多年悠久文明的传承中走出来的，具有深厚的历史渊源和广泛的现实基础。中华优秀传统文化是人类文明发展的优秀成果，包含着许多人类共同遵循的普遍性生存智慧，是中华民族的"根"和"魂"，更是社会主义核心价值观的源头活水。

农圣文化作为中华优秀传统文化的重要组成部分，与其他优秀传统文化一样，拥有中国文化特有的精神特质，体现了中华优秀传统文化的内在价值和魅力，其主体精神与社会主义核心价值观有着割舍不断的密切联系。

一、社会主义核心价值观的价值内涵

社会主义核心价值观是社会主义核心价值体系的内核，体现社会主义核心价值体系的根本性质和基本特征，反映社会主义核心价值体系的丰富内涵和实践要求，是社会主义核心价值体系的高度凝练和集中表达。社会主义核心价值观分为三个层面的价值内涵：

国家层面的价值目标：富强、民主、文明、和谐。

社会层面的价值取向：自由、平等、公正、法治。

个人层面的价值准则：爱国、敬业、诚信、友善。

"富强、民主、文明、和谐"，是我国社会主义现代化国家的建设目标，也是从价值目标层面对社会主义核心价值观基本理念的凝练，在社会主义核心价值观中居于最高层次，对其他层次的价值理念具有统领作用。富强即国富民强，是社会主义现代化国家经济建设的应然状态，是中华民族梦寐以求的美好夙愿，也是国家繁荣昌盛、人民幸福安康的物质基础。民主是人类社会的美好诉求。我们追求的民主是人民民主，其实质和核心是人民当家做主。它是社会主义的生命，也是创造人民美好幸福生活的政治保障。文明是社会进步的重要标志，也是社会主义现代化国家的重要特征。它是社会主义现代化国家文化建设的应有状态，是实现中华民族伟大复兴的重要支撑。和谐是中国传统文化的基本理念，集中体现了学有所教、劳有所得、病有所医、老有所养、住有所居的生动局面。它是社会主义现代化国家在社会建设领域的价值诉求，是经济社会和谐稳定、持续健康发展的重要保证。

"自由、平等、公正、法治"，是对美好社会的生动表述，也是从社会层面对社会主义核心价值观基本理念的凝练。它反映了中国特色社会主义的基本属性，是我们党矢志不渝、长期实践的核心价值理念。自由是指人的意志自由、存在和发展的自由，是人类社会的美好向往，也是马克思主义追求的社会价值目标。平等指的是公民在法律面前一律平等。它要求尊重和保障人权，人人依法享有平等参与、平等发展的权利。公正即社会公平和正义，它以人的解放、人的自由平等权利的获得为前提，是国家、社会应然的根本价值理念。法治是治国理政的基本方式，依法治国是社会主义民主政治的基本要求。它通过法制建设来维护和保障公民的根本利益，是实现自由平等、公平正义的制度保证。

"爱国、敬业、诚信、友善"，是公民基本道德规范，是从个人行为层面对社会主义核心价值观基本理念的凝练。它覆盖社会道德生活的各个领域，是公民必须恪守的基本道德准则，也是评价公民道德行为选择的基本价值标准。爱国是基于个人对自己祖国依赖关系的深厚情感，也是调节个人与祖国关系的行为准则。它同社会主义紧密结合在一起，要求人们以振兴中华为己任，促进民族团结、维护祖国统一、自觉报效祖国。敬业是对公民职业行为准则的价值评价，要求公民忠于职守，克己奉公，服务人民，服务社会，充分体现了社会主义职业精神。诚信即诚实守信，是人类社会千百年传承下来的道德传统，也是社会主义道德建设的重点内容，它强调诚实劳动、信守承诺、诚恳待人。友善强调公民之间应互相尊重、互相关心、互相帮助，和睦友好，努力形成社会主义的新型人际关系。

二、农圣文化主体精神与社会主义核心价值观的关系

（一）农圣文化主体精神与社会主义核心价值观的对应关系

1. 国家层面的价值内涵

农圣文化主体精神主要体现为忧患意识和实践精神两个方面。与社会主义核心价值观国家层面富强、民主、文明、和谐的价值内涵相比，农圣文化主体精神所体现的主要是对治国理政理念的高度重视。

农圣文化主体精神的价值取向是"要在安民，富而教之"，主张国家富强，人民安定，实现国之财富和家之财富的同步增长，然后再通过教育活动来提高劳动人民的素质，从而实现"大道之行也，天下为公，选贤与能，讲信修睦。故人不独亲其亲，不独子其子，使老有所终，壮有所用，幼有所长，鳏、寡、孤、独、废疾者皆有所养，男有分，女有归。货恶其弃于地也，不必藏于己；力恶其不出于身也，不必为己。是故谋闭而不兴，盗窃乱贼而不作，故外户而不闭，是谓大同"（《礼记·礼运》）"大同世界"的美好愿景。可以说，这一美好的憧憬与社会主义核心价值观国家层面的内涵殊途同归。

从表达形式和主体行为的角度分析，社会主义核心价值观体现的是群体价值目标、是结果，而农圣文化主体精神强调的则是一种个体思维与群体观念合而为一的思想统一和具体行动，认为"家犹国，国犹家"，要求无论个人还是国家，都要有一种居安思危的忧患意识，强调空谈误国，实干兴邦。"历览前贤国与家，成由勤俭败由奢。"国家的富强、民主、和谐、文明，需要每一个人（个体）在自己工作岗位上的实干、苦干，需要每一个人（个体）清醒、理智地面对困难挫折、成绩和荣誉，做到胜不骄，败不馁，富贵不能淫，贫贱不能移，威武不能屈，真正"为天地立心，为生民立命，为往圣继绝学，为万世开太平"。

2. 社会层面的价值内涵

农圣文化主体精神主要体现为科学精神、实事求是精神和勤俭朴素精神三个方面的内容。与社会主义核心价值观社会层面自由、平等、公正、法治的价值内涵相比，农圣文化主体精神所体现的主要是对社会风气的高度重视。

农圣文化主体精神对社会风气的重视，主要体现在崇尚科学，强调"顺天时，量地利"，实事求是，尊重自然规律，倡导全社会力行勤俭节约。社会风气是社会经济、政治、文化和道德等状况的一种综合性反映，同时也反映了一个民族的价值观念、风俗习惯与精神面貌。社会风气是推动或阻碍社会前进的巨大力量，它直接关系到人民群众的身心健康、社会安危、国家存亡与民族兴衰。一个国家、一个民族的发展，一旦远离了科学的轨道，被封建迷信和虚假科学所左右，就会偏离实事求是的科学原则，而一味追求一种虚无缥缈的表面繁荣、虚假文明，过度消费国家财富、社会财富，整个社会必将"金玉其外，败絮其中"，而陷于一片危机四伏的混乱和不堪，必将遭受到亡国灭种的致命打击。近代中国苦难的发展历史已经充分证明了这一点，世界曲折的发展史也充分证明了这一点。

相对于农圣文化主体精神，社会主义核心价值观社会层面的内涵更加具体和全面，它既有对自由、平等、公正等良好社会风气的积极倡导，又有对平等、公正、法治等社会秩序的高度概括，体现了历尽艰难困苦而依然顽强不屈的中华民族对历史的正视，对未来社会发展的美好的向往和愿景。应该说，农圣文化主体精神与社会主义核心价值观在社会层面的价值内涵互为补充，各有侧重，属于一体多表。

3. 个人层面的价值内涵

农圣文化主体精神主要体现为家国情怀、责任担当精神、敬业创新精神、严谨治学精神和职业精神五个方面的内容。与社会主义核心价值观个人层面爱国、敬业、诚信、友善的价值内涵相比，农圣文化主体精神所体现的主要是对个人修为的重视。

农圣文化主体精神强调，每个人都应该有一定的责任担当，自觉认真地学习各种门类的科学知识和社会知识，提高个人修养，建立扎实稳固的知识基础，从而履职尽责，发挥个人的主观能动性，努力开创一番事业，报效国家。可以看出，无论是农圣文化主体精神，还是社会主义核心价值观，爱国主义作为个人层面的价值取向是核心，也是最主要的。"家国一体"是中华民族始终坚守的一种民族情怀，我们有"愿得此身长报国，何须生入玉门关"（唐代戴叔伦《塞上曲二首·其二》）壮士扼腕、一去不复返式的男儿爱国豪情，也有"生当作人杰，死亦为鬼雄。至今思项羽，不肯过江东"（宋代李清照《绝句》）巾帼女儿的爱国雄心，我们不乏"但使龙城飞将在，不教胡马度阴山"（唐代王昌龄《出塞》句）"臣心一片磁针石，不指南方不肯休"（宋代文天祥《扬子江》句）的坚贞不渝，也不乏"僵卧孤村不自哀，尚思为国戍轮台"（宋代陆游《十一月四日风雨大作》）"捐躯赴国难，视死忽如归"（三国曹植《白马篇》）的忧思忧怀与坦荡坦然……由此可以看出，"家国一体"从来就是中华民族潜意识里的民族情节，爱国主义也毫无疑义地成为中华民族精神的核心。

有国才有家，家是最小国，国有千万家，有家才有人生的起点和事业的支点；只有国家强大了，人民富裕了，个人的发展才会天高地阔更有价值，人与人之间才能更加文明和谐。从理想抱负与个人行为的角度讲，一个人只要有了爱国主义精神的思想驱动，就会有内心自觉的责任担当，也会积极主动地去学习去努力去拼搏去奋斗，在祖国广阔的土地上和火热的建设事业中，大显身手，建功立业，为国家强盛奉献自己的聪明智慧。

（二）农圣文化主体精神与社会主义核心价值观的内在联系

1. 同根同源而各有其态

农圣文化主体精神与社会主义核心价值观都源于博大精深的中华优秀传统文化，是中华民族在历史发展过程中不断思考、实践、选择、凝练而成具有鲜明中国特色的价值观，其价值目标、价值取向和价值准则不仅有交集，而且在很大程度上呈现出一致性。

农圣文化主体精神与中国精神中所包含的五四精神、井冈山精神、长征精神、延安精神、抗战精神、"两弹一星"精神、抗洪精神、特区精神、航天精神、奥运精神等众多行业、事业、时代精神一样，既有交叉融合，又有各自特色，如一方方巨石壁垒筑起了中国精神的巍峨高峰，又如一株株参天大树，让中国精神之山生机勃发，万古长青。而社会主义核心价值观既是成石之微粒、造峰之巨石，更是发树之枝干、强本之所在。

2. 同向同求而各有其表

农圣文化主体精神不乏国家和社会层面的价值标准，但更多地倾向于个人层面的价值准则要求，强调个人修为和对科学精神的追求，社会主义核心价值观则充分体现了国家、社会、个人三个层面的综合性价值内涵，既具体全面又重点突出。但从本质意义上讲，它们的价值追求目标是相同的，具有一致性或同向性，即国家富强、人民幸福。

3. 践行社会主义核心价值观必须尊重传统文化

世界上任何一个国家的价值观都不是某一个政权机构天马行空的一时所为，它体现的一定是一个国家、一个民族自古以来所形成的文化心理和价值取向，而这种文化心理和价值取向是本国和本国人民在长期的历史发展中逐渐形成的，代表了国家的意志、人民的选择。传统文化是劳动人民在伟大的生产实践和社会实践中逐渐形成，并为最广大群众所接受了的文化，代表了群众的意志，反映了群众的智慧。因此，要践行社会主义核心价值观，就必须要尊重中华民族在长期的历史发展中形成的、选择的、传承的，包括农圣文化在内的一切中华优秀传统文化。

三、小结

农圣文化的形成和发展，体现了中华传统文化形成和发展的一般规律，具有一定的代表性和示范意义。在中华传统文化的大花园里，农圣文化仅仅是其中一枝，而正是无数像农圣文化一样的丰富多彩的地域文化的存在，才最终形成了中华优秀传统文化的百花齐放，这些优秀的地域文化将以其不同的方式，为中华优秀传统文化增添魅力，从而不断增强我们的道路自信、制度自信、理论自信和文化自信，为实现中华民族伟大复兴增添无限动力。

参 考 文 献

一、古籍及古籍整理本

（东汉）班固：《汉书》，北京：中华书局，1962 年。

（晋）陈寿：《三国志》，北京：中华书局，1959 年。

陈涛译注：《晏子春秋》，北京：中华书局，2007 年。

崔钟雷主编：《老子庄子》，哈尔滨：哈尔滨出版社，2011 年。

高诱注：《国语》，上海：上海古籍出版社，1990 年。

（北魏）贾思勰：《齐民要术》，南京：江苏古籍出版社，2001 年。

（北魏）贾思勰著，李立雄、蔡梦麒译：《齐民要术》，北京：团结出
版社，1998 年。

（后魏）贾思勰著，缪启愉、缪桂龙校释：《齐民要术校释》，北京：
农业出版社，1998 年。

刘利译注：《左传》，北京：中华书局，2007 年。

（战国）吕不为：《吕氏春秋》，北京：农业出版社，1979 年。

吕思勉：《中国通史》，长春：吉林出版集团有限公司，2013 年。

（西汉）司马迁：《史记》，北京：中华书局，1959 年。

（清）孙希旦集解：《礼记集解》，沈啸寰、王星贤点校，北京：中华
书局，1989 年。

万丽华，蓝旭译注：《孟子》，北京：中华书局，2007 年。

（东汉）王充撰，黄晖校释：《论衡校释》，北京：中华书局，1990 年。

许嘉璐主编：《二十四史全译·魏书》，上海：汉语大词典出版社，
2004 年。

二、专著

曾雄生,《中国农学史》,福州:福建人民出版社,2012 年。

(英)达尔文著,叶笃庄、方宗熙译:《动物和植物在家养下的变异》,北京:北京大学出版社,2014 年。

(英)达尔文著,周建人、叶笃庄、方宗熙译:《物种起源》,北京:商务印书馆,1995 年。

郭文韬,严火其:《贾思勰王祯评传》,南京:南京大学出版社,2001 年。

胡道静:《胡道静文集·农史论集》,上海:上海人民出版社,2011 年。

胡适:《胡适文存》第三集,合肥:黄山书社,1996 年。

黄惠贤:《中国政治制度通史》第四卷,北京:人民出版社,1996 年。

贾效孔,国乃全:《贾思勰里籍考证研究》,北京:中国农业科学技术出版社,2017 年。

李兴军:《齐民要术之农学文化思想内涵研究及解读》,北京:中国农业科学技术出版社,2017 年。

李长年:《齐民要术研究》,北京:农业出版社,1959 年。

梁漱溟:《中国文化要义》,上海:上海人民出版社,2011 年。

刘永辉:《寿光历史人物》,北京:中国文化出版社,2009 年。

栾调甫:《国学汇编》第 2 册,济南:私立齐鲁大学出版部,1934 年。

缪启愉:《齐民要术导读》,北京:中国国际广播出版社,2008 年。

(北魏)贾思勰著,缪启愉、缪桂龙译注:《齐民要术译注》,上海:上海古籍出版社,2009 年。

农业部农村经济研究中心:《当代农史研究文集》,北京:当代中国出版社,2016 年。

石声汉:《从齐民要术看中国古代的农业科学知识》,北京:科学出版社,1957 年。

石声汉:《石声汉农史论文集》,北京:中华书局,2008 年。

孙金荣:《齐民要术研究》,北京:中国农业出版社,2015 年。

孙有华,王焕新:《齐民要术之饮食文化研究兼及"齐民大宴"》,北京:中国农业科学技术出版社,2017 年。

唐长孺：《魏晋南北朝史论拾遗》，北京：中华书局，1983 年。

万国鼎：《中国田制史》，北京：商务印书馆，2011 年。

王文亮：《中国圣人论》，北京：中国社会科学出版社，1993 年。

王新文，信俊仁：《合纵连横—— 助推寿光蔬菜产业再发展》，北京：
　　中国农业出版社，2015 年。

徐莹，李昌武主编：《贾思勰与齐民要术研究论集》，济南：山东人民
　　出版社，2012 年。

俞鹿年：《北魏职官制度考》，北京：社会科学文献出版社，2008 年。

中国农业科学院，南京农学院中国农业遗产研究室编著：《中国农学史
　　（初稿）》，北京：科学出版社，1959 年。

钟敬文主编：《民俗学概论》，上海：上海文艺出版社，1998 年。

三、学术论文

安作璋，唐志勇：《傅斯年与齐鲁文化研究》，《文史哲》2004 年第
　　4 期。

曾雄生：《贾思勰的富民思想及启示》，《中国农史》2006 年增刊。

常大群：《中国传统文化的圣人观》，《齐鲁学刊》2007 年第 2 期。

陈仁仁：《"圣"义及其观念溯源》，《伦理学研究》2011 年第 6 期。

方立天：《贾思勰的朴素唯物主义真理观》，《哲学研究》1979 第 4 期。

郭文韬：《试论中国古农书的现代价值》，《中国农史》2000 年第 2 期。

黄天绶：《从〈齐民要术〉看中国古代农学史上的儒法斗争》，《遗传
　　学报》1974 年第 2 期。

惠富平：《试论中国农书的起源》，《西北农业大学学报》1994 年第
　　3 期。

惠吉兴：《中国传统哲学的内在性实践精神》，《兰州学刊》2006 年第
　　6 期。

康君奇：《略论中国古代农书及其现代价值》，《陕西农业科学》2007
　　年第 6 期。

匡瑛，范军：《职业精神之国内外研究述评》，《职教通讯》2015 年第
　　31 期。

李根蟠，王小嘉：《中国农业历史研究的回顾与展望》，《古今农业》

2003 年第 3 期。

李根蟠：《从〈齐民要术〉看少数民族对中国科技文化发展的贡献》，《中国农史》2002 年第 2 期。

李群：《贾思勰与〈齐民要术〉》，《自然辩证法》1997 年第 2 期。

李维香：《试论齐文化的务实精神》，《管子学刊》1998 年第 2 期。

李维香：《试论齐文化的务实精神》，《管子学刊》1998 年第 2 期。

李兴军：《〈齐民要术〉农学思想主体精神及其溯源》，《农业考古》2017 年第 6 期。

李兴军：《农圣文化中的严谨治学精神探析》，《潍坊工程职业学院学报》2014 年第 27 期。

李兴军：《〈齐民要术〉农学思想科学精神内涵及当代价值》，《古今农业》2017 年第 2 期。

李元卿：《贾思勰故里考》，《中国石油大学学报》（社会科学版）1993 年第 4 期。

梁家勉：《〈齐民要术〉的撰者、注者和撰期——对祖国现存第一部古农书的一些考证》，《华南农业科学》1957 年第 3 期。

刘德龙：《"齐鲁十二圣"的界定及其文化现象研究的时代价值》，《管子学刊》2009 年第 2 期。

刘慧：《职业精神的概念界定与辨析》，《江苏教育》2015 年第 48 期。

刘素华：《精神、物质与社会——理解文化生产的三个维度》，《中国文化产业评论》2015 年第 2 期。

吕宗力：《谶纬与〈齐民要术〉》，《中国农史》2015 年第 1 期。

马宗申：《〈齐民要术〉征引农谚注释并序》，《中国农史》1985 年第 3 期。

孟天运：《齐文化通论》，《社会科学战线》1999 年第 2 期。

倪根金：《〈齐民要术〉农谚研究》，《中国农史》1998 年第 17 期。

潘吉星：《达尔文和中国》，《技术与市场》1980 年第 4 期。

潘吉星：《达尔文与〈齐民要术〉——兼论达尔文某些论述的翻译问题》，《农业考古》1990 年 2 期。

逄振镐：《齐鲁文化体系比较》，《文史哲》1994 年第 2 期。

任重：《东夷文化的历史沿革》，《山东大学学报》（哲学社会科学版）2001 年第 1 期。

盛邦跃：《试论〈齐民要术〉的主要哲学思想》，《中国农史》2000 年第 3 期。

寿光市博物馆：《山东寿光东魏贾思同墓清理简报》，《中原文物》
2016 年第 5 期。

宋海庆，蔡书贵：《论增强忧患意识》，《湘潭大学社会科学学报》
2001 年第 4 期。

孙金荣：《贾思勰为官"高阳"郡治考》，《山东社会科学》2014 年第
1 期。

孙一慰：《〈齐民要术〉部分饮食品溯源》，《扬州大学烹饪学报》
2004 年第 4 期。

孙永，宋若臣：《山东地域文化的多源与多元》，《山东行政学院学
报》2014 年第 2 期。

万国鼎：《齐民要术所记农业技术及其在中国农业技术史上的地位》，
《南京农学院学报》1956 年第 1 期。

万书波，王祥峰：《论农业对齐鲁文化的影响》，《农业科技管理》
2011 年第 6 期。

汪维辉：《试论〈齐民要术〉的语言特点和价值》，《中国农史》2006
年增刊。

王春梅：《农圣文化中的爱国主义精神探析》，《潍坊工程职业学院学
报》2014 年第 28 期。

王福昌：《中国古代农书的乡村社会史料价值——以〈齐民要术〉和
〈四时纂要〉为例》，《北京林业大学学报》（社会科学版）2013
年第 3 期。

王钧林：《齐鲁文化与中华民族核心价值观》，《齐鲁师范学院学报》
2012 年第 6 期。

王玲：《〈齐民要术〉与北朝胡汉饮食文化的融合》，《中国农史》
2005 年第 4 期。

王思明：《农史研究：回顾与展望》，《中国农史》2002 年第 4 期。

王志民：《挖掘地方文化资源弘扬中华优秀传统》，《甘肃理论学习》
2014 年第 2 期。

吴德铎：《再论达尔文与中国古代的百科全书》，《社会科学战线》
1984 年第 3 期。

肖克之，张合旺：《〈齐民要术〉研究概说》，《中国农史》1999 年第
2 期。

萧克之，张合旺：《〈齐民要术〉中反映的南北朝饮食文化》，《古今农业》1996 年第 1 期。

徐舒映：《齐文化民本思想价值观的当代解读》，《管子学刊》2006 年第 3 期。

宣兆琦：《论齐鲁文化与爱国主义教育》，《山东理工大学学报》（社会科学版）2005 年第 21 期。

颜谱：《齐鲁文化的基本精神内涵》，《东岳论丛》2002 年第 6 期。

杨同卫，黄麟雏：《〈齐民要术〉所体现的中国古代农业朴素的可持续发展系统观》，《科学技术与辩证法》1998 年第 5 期。

杨雅琳：《传统文化与区域经济的发展》，《经济管理》2006 年第 5 期。

杨直民，张法瑞：《从思想文化层次考虑〈齐民要术〉研究》，《中国农史》2006 年增刊。

杨宗杰，贾斌昌，刘若斌：《"齐鲁十二圣"文化现象的客观基础、文化条件和精神特质》，《管子学刊》2009 年第 3 期。

袁弘毅：《从〈齐民要术〉试论贾思勰的世界观》，《湖南农学院学报》1998 年第 2 期。

张斌荣：《试论齐鲁文化的创新精神及其当代价值》，《鲁东大学学报》（哲学社会科学版）2008 年第 5 期。

张达：《论齐鲁文化的形成及其根本特征》，《理论学刊》2003 年第 6 期。

张五钢：《儒家"重农"思想研究——以〈齐民要术〉为例》，《浙江农业学报》2009 年第 5 期。

张越：《富民思想——齐文化的价值内核》，《东岳论丛》2006 年第 6 期。

赵建国：《〈齐民要术〉与古代食俗》，《民俗研究》1988 年第 2 期。

赵建民：《中国蒸菜文化与蒸菜养生之道的文化阐释——兼对《齐民要术》"蒸缹法第七十七"技艺赏析》，《四川烹饪高等专科学校学报》2011 年第 11 期。

周光华：《东夷齐文化与华夏文化的融合发展》，《管子学刊》2005 年第 1 期。

附　录

附录一　《齐民要术·序》

《史记》曰："齐民无盖藏。"如淳注曰："齐，无贵贱，故谓之齐民者，若今言平民也。"

盖神农为耒耜，以利天下；尧命四子，敬授民时；舜命后稷，食为政首；禹制土田，万国作乂，殷周之盛，《诗》《书》所述，要在安民，富而教之。

《管子》曰："一农不耕，民有饥者；一女不织，民有寒者。""仓廪实，知礼节；衣食足，知荣辱。"丈人曰："四体不勤，五谷不分，孰为夫子？"《传》曰："人生在勤，勤则不匮。"古语曰："力能胜贫，谨能胜祸。"盖言勤力可以不贫，谨身可以避祸。故李悝为魏文侯作尽地力之教，国以富强；秦孝公用商君急耕战之赏，倾夺邻国而雄诸侯。

《淮南子》曰："圣人不耻身之贱也，愧道之不行也；不忧命之长短，而忧百姓之穷。是故禹为治水，以身解于阳盱之河；汤由苦旱，以身祷于桑林之祭，""神农憔悴，尧瘦癯，舜黎黑，禹胼胝。由此观之，则圣人之忧劳百姓亦甚矣。故自天子以下，至于庶人，四肢不勤，思虑不用，而事治求赡者，未之闻也。""故田者不强，囷仓不盈；将相不强，功烈不成。"

《仲长子》曰："天为之时，而我不农，谷亦不可得而取之。青春至焉，时雨降焉，始之耕田，终之簠簋，惰者釜之，勤者钟之。矧夫不

339

为，而尚乎食也哉？"《谯子》曰："朝发而夕异宿，勤则菜盈倾筐。且苟无羽毛，不织不衣；不能茹草饮水，不耕不食。安可以不自力哉？"

晁错曰："圣王在上，而民不冻不饥者，非能耕而食之，织而衣之，为开其资财之道也。""夫寒之于衣，不待轻暖；饥之于食，不待甘旨。饥寒至身，不顾廉耻。一日不再食则饥，终岁不制衣则寒。夫腹饥不得食，体寒不得衣，慈母不能保其子，君亦安能以有民？""夫珠、玉、金、银，饥不可食，寒不可衣。……粟、米、布、帛，……一日不得而饥寒至。是故明君贵五谷而贱金玉。"刘陶曰："民可百年无货，不可一朝有饥，故食为至急。"陈思王曰："寒者不贪尺玉而思短褐，饥者不愿千金而美一食。千金、尺玉至贵，而不若一食、短褐之恶者，物时有所急也。"诚哉言乎！

神农、仓颉，圣人者也；其于事也，有所不能矣。故赵过始为牛耕，实胜耒耜之利；蔡伦立意造纸，岂方缣、牍之烦？且耿寿昌之常平仓，桑弘羊之均输法，益国利民，不朽之术也。谚曰："智如禹、汤，不如尝更。"是以樊迟请学稼，孔子答曰："吾不如老农。"然则圣贤之智，犹有所未达，而况于凡庸者乎？

猗顿，鲁穷士，闻陶朱公富，问术焉。告之曰："欲速富，畜五牸。"乃畜牛羊，子息万计。九真、庐江，不知牛耕，每致困乏。任延、王景，乃令铸作田器，教之垦辟，岁岁开广，百姓充给。燉煌不晓作耧犁；及种，人牛功力既费，而收谷更少。皇甫隆乃教作耧犁，所省庸力过半，得谷加五。又燉煌俗，妇女作裙，挛缩如羊肠，用布一匹。隆又禁改之，所省复不赀。茨充为桂阳令，俗不种桑，无蚕织丝麻之利，类皆以麻枲头贮衣。民惰窳，少粗履，足多剖裂血出，盛冬皆然火燎炙。充教民益种桑、柘，养蚕，织履，复令种纻麻。数年之间，大赖其利，衣履温暖。今江南知桑蚕织履，皆充之教也。五原土宜麻枲，而俗不知织绩；民冬月无衣，积细草，卧其中，见吏则衣草而出。崔寔为作纺绩、织纴之具以教，民得以免寒苦。安在不教乎？

黄霸为颍川，使邮亭、乡官，皆畜鸡、豚，以赡鳏、寡、贫穷者；及务耕桑，节用，殖财，种树。鳏、寡、孤、独有死无以葬者，乡部书言，霸具为区处：某所大木，可以为棺；某亭豚子，可以祭。吏往皆如言。龚遂为渤海，劝民务农桑，令口种一树榆，百本薤，五十本葱，一畦韭，家二母彘，五鸡。民有带持刀剑者，使卖剑买牛，卖刀买犊，曰："何为带牛佩犊？"春夏不得不趣田亩；秋冬课收敛，益蓄果实、菱、芡。吏民皆富实。召信臣为南阳，好为民兴利，务在富之。躬劝农耕，出入阡陌，止舍离乡亭，稀有安居。时行视郡中水泉，开通沟渎，起水门、提阏，凡数十处，以广溉灌。民得其利，蓄积有余。禁止嫁娶送终奢靡，务出于俭约。郡中莫不耕稼力田。吏民亲爱信臣，号曰"召父"。僮种为不其令，率民养一猪，雌鸡四头，以供祭祀，死买棺木。颜斐为京兆，乃令整阡陌，树桑果；又课以闲月取材，使得转相教匠作车；又课民无牛者，令畜猪，投贵时卖，以买牛。始者，民以为烦；一二年间，家有丁车、大牛，整顿丰足。王丹家累千金，好施与，周人之急。每岁时农收后，察其强力收多者，辄历载酒肴，从而劳之，便于田头树下，饮食劝勉之，因留其余肴而去；其惰嬾者，独不见劳，各自耻不能致丹，其后无不力田者，聚落以致殷富。杜畿为河东，课民畜牸牛、草马，下逮鸡、豚，皆有章程，家家丰实。此等岂好为烦扰而轻费损哉？盖以庸人之性，率之则自力，纵之则惰窳耳。

故《仲长子》曰："丛林之下，为仓庾之坻；鱼鳖之堀，为耕稼之场者，此君长所用心也。是以太公封而斥卤播嘉谷，郑、白成而关中无饥年。盖食鱼鳖而薮泽之形可见，观草木而肥硗之势可知。"又曰："稼穑不修，桑果不茂，畜产不肥，鞭之可也；杝落不完，垣墙不牢，扫除不净，笞之可也。"此督课之方也。且天子亲耕，皇后亲蚕，况夫田父而怀窳惰乎？

李衡于武陵龙阳泛州上作宅，种甘橘千树。临死敕儿曰："吾州里有千头木奴，不责汝衣食，岁上一匹绢，亦可足用矣。"吴末，甘橘成，岁得绢数千匹。恒称太史公所谓"江陵千树橘，与千户侯等"者也。樊重欲作器物，先种梓、漆，时人嗤之。然积以岁月，皆得其用，向之笑者，咸求假焉。此种植之不可已已也。谚曰："一年之计，莫如树谷；十年之计，莫如树木。"此之谓也。

《书》曰："稼穑之艰难。"《孝经》曰："用天之道，因地之利，谨身节用，以养父母。"《论语》曰："百姓不足，君孰与足？"汉文帝曰："朕为天下守财矣，安敢妄用哉！"孔子曰："居家理，治可移于官。"然则家犹国，国犹家，是以家贫则思良妻，国乱则思良相，其义一也。

夫财货之生，既艰难矣，用之又无节；凡人之性，好懒惰矣，率之又不笃；加以政令失所，水旱为灾，一谷不登，胔腐相继：古今同患，所不能止也，嗟乎！且饥者有过甚之愿，渴者有兼量之情。既饱而后轻食，既暖而后轻衣。或由年谷丰穰，而忽于蓄积；或由布帛优赡，而轻于施与：穷窘之来，所由有渐。故《管子》曰："桀有天下而用不足；汤有七十二里而用有余，天非独为汤雨菽粟也。"盖言用之以节。

《仲长子》曰："鲍鱼之肆，不自以气为臭；四夷之人，不自以食为异：生习使之然也。居积习之中，见生然之事，夫孰自知非者也？"斯何异蓼中之虫，而不知蓝之甘乎？

今采捃经传，爰及歌谣，询之老成，验之行事；起自耕农，终于醯醢，资生之业，靡不毕书，号曰《齐民要术》。凡九十二篇，束为十卷。卷首皆有目录，于文虽烦，寻览差易。其有五谷、果蓏非中国所殖者，存其名目而已；种莳之法，盖无闻焉。舍本逐末，贤哲所非；日富岁贫，饥寒之渐，故商贾之事，阙而不录。花草之流，可以悦目，徒有春花，而无秋实，匹诸浮伪，盖不足存。

鄙意晓示家童，未敢闻之有识，故丁宁周至，言提其耳，每事指斥，不尚浮辞。览者无或嗤焉。

附录二　贾思伯、贾思同传

一、贾思伯传

贾思伯，字士休，齐郡益都人也。世父元寿，高祖时中书侍郎，有学行，见称于时。思伯释褐奉朝请，太子步兵校尉、中书舍人，转中书侍郎。颇为高祖所知，常从征伐。

及世宗即位，以侍从之勤，转辅国将军。任城王澄之围钟离也，以思伯持节为其军司。及澄失利，思伯为后殿。澄以思伯儒者，谓之必死。及至，大喜，曰："仁者必有勇，常谓虚谈，今于军司见之矣。"思伯托以失道，不伐其功，时论称其长者。后为河内太守，不拜。寻除鸿胪少卿，以母忧免。服阕，征为荥阳太守，有政绩。迁征虏将军、南青州刺史。初，思伯与弟思同师事北海阴凤授业，无资酬之，凤遂质其衣物。及思伯之部，送缣百匹遗凤，因具车马迎之，凤惭不往。时人称叹焉。寻以父忧免。后除征虏将军、光禄少卿，仍拜左将军、兖州刺史。

肃宗时，征为给事黄门侍郎。因请拜扫，还乡里。未拜，以风闻免。寻除右将军、凉州刺史。思伯以州边远，不乐外出，辞以男女未婚。灵太后不许，舍人徐纥言之，得改授太尉长史。又除安东将军、廷尉卿。思伯自以儒素为业，不好法律，希言事。俄转卫尉卿。

于时议建明堂，多有同异。思伯上议曰："按《周礼·考工记》云：夏后氏世室，殷重屋，周明堂，皆五室。郑注云：'此三者，或举宗庙，或举王寝，或举明堂，互言之，以明其制同也。'若然，则夏殷之世已有明堂矣。唐虞以前，其事未闻。戴德《礼记》云：明堂凡九室，十二堂。蔡邕云：'明堂者，天子太庙，禴功养老，教学选士，皆于其中，九室十二堂。'按戴德撰《记》，世所不行。且九室十二堂，其于规制，恐难得厥衷。《周礼》营国，左祖右社，明堂在国之阳，则非天子太庙明矣。然则《礼记·月令》，四堂及太室皆谓之庙者，当以天子暂配享五帝故耳。又《王制》云：'周人养国老于东胶。'郑注云：'东胶即辟雍，在王宫之东。'又《诗·大雅》云：'邕邕在宫，肃肃在庙。'郑注云：'宫，谓辟雍宫也，所以助王。养老则尚和，助祭则尚敬。'又不在明堂之验矣。按《孟子》云：'齐宣王谓孟子曰，吾欲毁明堂。'若明堂是庙，则不应有毁之问。且蔡邕论明堂之制云：'堂方一百四十尺，象坤之策；屋圆径二百一十六尺，象干之策；方六丈，径九丈，象阴阳九六之数；九室以象九州；屋高八十一尺，象黄钟九九之数；二十八柱以象宿；外广二十四丈以象气。'按此皆以天地阴阳气数为法，而室独象九州，何也？若立五室以象五行，岂不快也？如此，蔡氏之论非为通典，九室之言或未可从，窃寻《考工记》虽是补阙之书，相承已久，诸儒注述无言非者，方之后作，不亦优乎？且《孝经援神契》、《五经要义》、旧《礼图》，皆作五室，及徐刘之论，同《考工》者多矣。朝廷若独绝今古，自为一代制作者，则所愿也。若犹祖述旧章，规摹前事，不应舍殷周成法，袭近代妄作。且损益之极，极于三王，后来疑议，难可准信。郑玄云：'周人明堂五室，是帝各有一室也，合于五行之数，《周礼》依数以为之室。施行于今，虽有不同，时说然耳。'寻郑此论，非为无当。按《月令》亦无九室之文，原其制置，不乖五室。其青阳右个即明堂左个，明堂右个即总章左个，总章右个即玄堂左个，玄堂右个即青阳左个。如此，则室犹是五，而布政十二。五室之理，谓为可安。其方圆高方，自依时量。戴氏九室之言，蔡子庙学之议，子干灵台之说，裴逸一屋之论，及诸家纷纭，并无取焉。"学者善其议。

又迁太常卿，兼度支尚书，转正都官。时太保崔光疾甚，表荐思伯为侍讲，中书舍人冯元兴为侍读。思伯遂入授肃宗《杜氏春秋》。思伯少虽明经，从官废业，至是更延儒生夜讲昼授。性谦和，倾身礼士，虽在街途，停车下马，接诱恂恂，曾无倦色。客有谓思伯曰："公今贵重，宁能不骄？"思伯曰："衰至便骄，何常之有？"当世以为雅谈。为元义所宠，论者讥其趣势。孝昌元年卒。赠镇东将军、青州刺史，又赠尚书右仆射，谥曰文贞。

子彦始，武定中，淮阳太守。

二、贾思同传

思伯弟思同，字士明。少厉志行，雅好经史。释褐彭城王国侍郎，五迁尚书考功郎，青州别驾。久之，迁镇远将军、中散大夫、试守荥阳太守。寻即真。后除平南将军、襄州刺史。虽无明察之誉，百姓安之。及元颢之乱也，思同与广州刺史郑光护并不降。庄帝还宫，封营陵县开国男，邑二百户，除抚军将军、给事黄门侍郎、青州大中正。又为镇东、金紫光禄大夫，仍兼黄门。寻加车骑大将军、左光禄大夫。迁邺后，除黄门侍郎、兼侍中、河南慰劳大使，仍与国子祭酒韩子熙并为侍讲，授静帝《杜氏春秋》。又加散骑常侍，兼七兵尚书。寻拜侍中。兴和二年卒。赠使持节、都督青徐光三州诸军事、骠骑大将军、尚书右仆射、司徒公、青州刺史，谥曰文献。

初，思同之为别驾也，清河崔光韶先为治中，自恃资地，耻居其下，闻思同远乡，遂便去职。州里人物为思同恨之。及光韶之亡，遗诫子侄不听求赠。思同遂上表讼光韶操业，登时蒙赠谥。论者叹尚焉。

思同之侍讲也，国子博士辽西卫冀隆为服氏之学，上书难《杜氏春秋》六十三事。思同复驳冀隆乖错者十一条。互相是非，积成十卷。诏下国学集诸儒考之，事未竟而思同卒。卒后，魏郡姚文安、乐陵秦道静复述思同意。冀隆亦寻物故，浮阳刘休和又持冀隆说。至今未能裁正焉。

注：许嘉璐主编：《二十四史全译·魏书》卷七十二，上海：汉语大词典出版社，2004年。

附录三　贾思伯、贾思伯夫人刘静怜墓志铭释文

魏故散骑常侍、尚书右仆射、使持节镇东将军
青州使君贾君墓志铭

　　君讳思伯，字士休，齐郡益都县钓台里人也。其先乃武威之冠族，远祖谊，英情高迈，才峻汉朝。十世祖文和，佐命黄运，经纶魏道。九世祖机，作牧幽蓟，中途值乱，避地东徙，遂宅中齐，为四履冠冕。考道，最州主簿、州中正、本郡太守。伯父元寿，中书侍郎，追赠青州刺史。自太傅已降，贤明间出。

　　君之生也，海岱萃灵，含章式载。十岁能诵书诗，成童敦悦礼传，备阅流略之书，多识前古之载。工草隶，善辞赋，文苑儒宗，遐迩归属，学优来士，游宦北都。年廿一，释褐奉朝请。时齐使继好来聘上国，以君造次清机，有端木之辨，命对南客，应西华之选。稍迁步兵校尉，转中书郎，如纶之诏，擅美〇时。太和廿三年，高祖躬总六军，五牛南指。时厕行间，参谋帷幕。凯旋之交，文皇不预，革辂奄次，大渐弥流。唯机之际，执笔记言，导扬末命，顾托宣于君手。宫车宴驾，武皇继统，以君事往奉居，忠照大节，除辅国将军、河内太守。非其好也，改授鸿胪少卿。正始三年，丁母忧，去职；服阕，除荥阳太守。岁序云周，策授持节征虏将军、南青州刺史，莅政未期，遭父艰离任。君性纯孝，善执丧，四载之间，再集荼蓼，哀毁骨立，未曾见齿。终丧，除光禄少卿，迁左将军、兖州刺史。班条邹鲁，化行如神。征给事黄门侍郎，转凉州刺史，未拜，除太尉公、清河府长史。俄迁廷尉卿，转卫尉，迁太常兼度支尚书，摄都官七兵二局，真殿中尚书。司管帝阍，邈巡警柝。克谐金石，礼畅乐和；献替莫违，敷奏无隐。元凯润世弘多，号称武库；子〇立道不回，未旬三陟。抚绩筹人，千载非二。加安东将军、青州大中正，斟酌乡部，氏〇区分，抑扬昌替，污隆唯允。俄除侍读，讲《杜氏春秋》于显阳前殿。接筵御座，东面挥尘；讨论经传，博举宗致；言约义敷，辞高旨远。在己斯逸，帝功伊倍，爱业尊师，日隆其敬。虽营丘之训周王，安昌之师汉主，礼顾隆崇，亦不是过。

方当服衮台阶，位穷三吏，奉文思之君，陪升中之礼，而降年不永，春秋五十八，以孝昌元年七月甲辰朔十六日，薨于洛阳怀仁里。一人恸情，百寮轸泣。齐桓之追仲父，况此非酸；汉明之悼子良，方兹未切。

惟君禀承明之略，载询直之姿；含利主之道，负经国之器，忠以奉帝，孝以承亲，守虚嘿以藏声，不炫能而求誉。凡典二郡、牧两州、历五隶、迳三省，莫不廉白持身，平恕宰物，加以温侔冬日，润等春云，穆若清风，淡如白水，厥德可依，其人可仰，不幸早逝，呼可悲矣！即以其年十一月归葬于青州，追赠散骑常侍、尚书右仆射、使持节镇东将军、青州刺史。虽歌颂被于管弦，容像存于图画，但缣彩无弗朽之姿，玄石有永全之质，撰载芳猷，贻之九泉。其辞曰：

> 惟君笃生，命世抽英。岐嶷初载，气秀神清。
>
> 行高童稚，业〇弱〇。体无明〇，遒骏有声。
>
> 文极词宗，学穷替古。怀女引系，钟鸣齐鲁。
>
> 运属飞龙，时乘九五。〇潜入仕，利见高祖。
>
> 释褐素枢，衣冠象阙。陟降承明，负映日月。
>
> 类彼腾〇，易麟化骨。位缘德进，劳无一代。
>
> 列隶骤升，纳言亟践。饱恩饫泽，丰荣醉显。
>
> 作守登州，目青徂兖。爱结民恩，黎歌勿煎。
>
> 训商者伊，师周唯吕；道贵名尊，阿衡尚父。
>
> 允穆具瞻，乃膺斯举。东面旷位，君来入〇。
>
> 阴阳纮燮，〇实修〇。垂乘台路，将启黄扉。
>
> 可言天道，福善如疑。〇焉没世，武〇〇〇。
>
> 百川泻海，翻潮不息。浮舟以济，埋灵乡域。
>
> 萧瑟松声，苍茫云色。将同万古，丘陵谁识！

魏故镇东将军兖州刺史尚书右仆射文贞贾公夫人刘氏墓志铭

夫人讳静怜，长广人也。自黄云流润，西秦寔焉，命氏月瑞，播辉东齐，以之茂族。虽炎凉遂往，乃绵邈于本枝；槐柳载侵，亦芬蔼于祖祢。夫人行唯履善，言实资仁；冰洁其心，淹凝其度。风仪闲畅，无可狎之容；神识密微，有宛然之则。比物芝兰，迈春丛而开馥；连类玑璧，并秋月以贞明，升灌载谐饯祢，爰及尊朝。既显贵室，攸归阴德。外成柔仪，内朗趣舍，必以撝谦。造次期于酌损，不以所善；尚人唯以贤明，范物而思顺。寡期孀厘早遘，稚子种年，训彰岐龀。堂有老成，阶无饰履。藐是诸孤，恃圣善而弘济，眇焉泉尘，凭养丏以克家。至于阃门存礼，停间崇信；综相分明，断机严厉；寔禀玄鉴，非因言告。加以婉嫕仪伦，明敏工式，言无简辞，动成衡轨，温恭恺悌，竭勤恪于舅姑，慈慧宽仁，尽和让于闺阃。似训备于异宫，母仪彰于两族，譬彼朱蓝，素丝资焉以变质；况诸规矩方圆，禀之以宣影。信善庶凭，克申永锡。而四序之来靡御，三星逝也不追，春秋五十八。以兴和三年，岁在枥木六月十九日丁丑，薨于青州齐郡益都县益城里。便以武定二年十一月廿九日，祔窆宅兆。寒雾栖林，凝霜依垄。泉扃一掩，眇夜何期。

有子彦始，顾影然，孝感翔禽，诚贯林卉。永唯煦育，怀屺上之悲；遐念劬劳，深浚下之慕。盖踟蹰引辆者，故恻怆于亲朋；节行冠世者，宜镌述于玄石。光仪虽谢，芳烈若存。敬采琁璐，永署重昏，其词粤：

夕月效灵，朝云拘庆。徘徊四德，优游六行。
动迈兰芬，静侔川镜。业实易从，贞唯不更。
绚彼在素，渐归斯吉。女饰绸缪，妇仪致密。
月皎鸣环，星烂启室。居泰思冲，在盈念逸。
缅惟洪绪，绵恻遥潦。兽归高趾，锡土淄蕃。
聿宣风彩，德以世繁。非唯广巷，亦乃高门。
处华织茂，出炳务容。荆媛载俦，卫姬是蹤。
绤绤婉娩，苹藻肃雍，微管无爽，素履攸从。
归妹顺动，家人丏位。郁穆外成，绢熙中馈。
听车察贤，望颜知事。其德斯柔，其文斯贲。
敬姜善训，密母识微。于以况之，仁智是归。
履信成构，积善为基。钦承宫醮，率礼无违。
天道久长，人生晄忽。白犬促期，履危云发。
庭寝旷虚，唯寥唯歇。隧径深沉，唯芜唯没。
寥歇伊何，膶月悲凉。芜没伊何，垄日沦光。
玄宫杳眇，原野荒芒，哀哉岚风，痛矣穹仓。
衡峤不固，灵丘载扬。髶髶遗行，昭晢泉场。

注：1. 铭文中"○"者，表示原碑文字迹漫灭不可识者。

　　2. 此两碑原件现藏于寿光市博物馆。

附录四 魏兖州刺史贾使君碑及其释文

一、魏兖州刺史贾使君碑

贾使君碑又名《兖州刺史贾思伯碑》《贾思伯碑》，北魏孝明帝神龟二年（519）刻，碑高 215 厘米，宽 84 厘米，厚 20 厘米。《金石萃编》载：碑高六尺五寸，宽三尺四寸，文共二十四行，满行四十四字，书法高古，极似《张猛龙碑》。额饰浮雕龙纹，题"魏兖州贾使君之碑"，正文记贾思伯兖州任内政绩，碑阴上载有宋哲宗绍圣三年温益观跋，称褚遂良笔法得自此碑；下截刻元惠宗至正十二年丘镇立碑题记，碑侧为康熙五十九年金一风（兖州知府）移碑庑下题记，以及翁方纲跋。

原碑存于兖州，宋绍圣三年（1096）、元至正二十二年（1362）两度湮而复出，1951 年移入曲阜孔庙。此碑笔法高古，结构精绝，为北魏名碑。最旧拓本为明拓，第九行漫漶处文字完好，清拓则较残泐，近拓已字形全无。有石印本明拓传世，王孝禹收藏题字，原本今藏北京故宫博物院。

附图 1　魏兖州贾使君碑（碑额部分）

二、魏兖州贾使君碑释文

魏兖州刺史贾使君之碑

夫琁〇〇〇因方祇以〇绪〇因既启廉〇〇〇〇德〇〇〇〇〇〇风〇

○○○○○使君○源遐缅，皸邺崇深，识照天玑，冲光警智，冰清玉映，有夷齐之操。莅政○○化○○○○○○○○○○作捍青蕃，流爱屋之歌，垂芳河济，欣来苏之咏，可谓动众化○○○○○○○○盛○○○○○○○○○○刊方来何述，前治中从事史、东平内史□昌伯、东平□祖**毗**长○○○山○○○○○○○○○○威将军，治中从事吏吴兴沈预民○徐贞思等，镂石镌○○徽万。

君讳思伯，字士休，武威姑臧人也。晋太师贾他之后，○○太傅谊○○○○○○九世祖贾机，前魏青龙中为幽州刺史，行达冀州○州事，因忠丧亡，遂○○○○○○○○○○○○○州刺史。高祖腾燕冀州别驾，宜都王司马。曾祖弘，少有令誉，未宦早丧。祖○○○○○遂○青州○○录本州岛○中正、州主簿、齐郡太守。君童龀之中，卓然岐嶷，亲临纨绮，○○○善文赋，慷慨○志○○张良○超怅致○。太和中，起家为奉朝请，尊○○得，优游雅集，逍遥集○○○○○○高谊○文○○○相○虽年始弱冠，便○然公辅之○，稍迁杨州将军、○○校尉、○前军将军○拜，仍授辅国将军○○○○○○○盛○○○○夜勤王，匪躬斯着，遐迩钦风，缙○引领。除河内太守，以亲老○○○除○○○○○○○○○寻○○将○一载，召拜荥阳太守，辞不获，已遂恭丽授○任，未莙风教○○○○○○不○○○泽渐○○方之○君有惭○矣。寻除持节督南青州诸军事，征○将○南青州○○○○○○○○○○丁父忧，复召拜光禄少卿，将军如故。君谅闇在躬，○昔皓发继○○几○毁○○○哀○○○○○流○○财赈施亲疏，周给门侄长幼，靡不布威，其怀○○，年○○○，除持节○兖州诸军○左，○○○○○○，土荒馑连，岁不登，又境上之民好○，去○，君按之以法，○之○○○○○○，在优平赋○未○，之○○○岁稔，○○既实，礼仪用兴，关境怀仁，外怜○附，民庶欣歌，士女○咏，外仰○○○○，○○○○○○，照灼英徽蝉○，懋○德楷，世○仁惟○矩声溢……气……叶绮绩雕思，三○○，辩湣……绮……既……良……挟……义彰咏兼系管○○甘堂○莅○齐○光○○○○赵才超○○○○○翔凤……猛相资惠和并○○厉秋霜泽○○露岩栖以空丘，因知慕异域○○○邻襁附○谞载，○声教○○○○○，民庶未融，敬惟德化于此，知○○○○○永馥芳风。神龟二年岁次已亥四月戌辰朔廿日丁亥讫功，大义主翟旭仁，义主□文化令曹安都……义主姜甫德……

附图 2　贾使君碑碑阴温益题跋拓片（部分）

附碑阴温益题跋释文：

题贾使君碑阴

余昔尝见此碑墨本于鼓城刘希道家，希道语余曰：我先君与石曼卿善，曼卿酷爱此字，谓其行笔似褚遂良，疑褚书得此笔法，余来兖州即访此碑于州人，无有知者。及余重修相悦堂，亲为经度行堂下庖舍中，忽见此碑灶后，为膳夫压肉石矣。余使人出之，于泥中汲水濯涤，久之始可读此。昔时所见墨本，虽班班有刓缺处，而加有古气，尤为可爱。因募工取石为座，刬其中以上承之，立堂之西，偏以备好事者之观。既安固矣，庶可久无虞也。绍圣三年丙子岁中元日，太原温益禹弼题。

附图 3　贾使君碑碑阴下半部分翁方纲识文（左）
及碑侧兖州知府金一凤识文（右）拓片

附翁方纲、金一凤识文释文：

此碑自三国时至今几二千年，真神物也，兴废之由详于此碑阴、金石录中。云使君碑在兖州向立风日中，字多剥落，今置之庑下以护之，○后之好古君子得以永久观览云。

是碑魏神龟二年四月立，非三国之魏也，北平翁方纲识。

康熙庚子之夏卓异兖州府知府山阴金一凤识。

注：碑文中"○"者，表示原碑文漫灭不可识者。

附录五　刘仁之传

刘仁之，字山静，河南洛阳人。其先代人，徙于洛。父尔头，在《外戚传》。仁之少有操尚，粗涉书史，真草书迹，颇号工便。御史中尉元昭引为御史。前废帝时，兼黄门侍郎，深为尔朱世隆所信用。出帝初，为著作郎，兼中书令，既非其才，在史未尝执笔。出除卫将军、西兖州刺史，在州有当时之誉。武定二年卒，赠卫大将军、吏部尚书、青州刺史，谥曰敬。

仁之外示长者，内怀矫诈。其对宾客，破床敝席，粗饭冷菜，衣服故败，乃过逼下。善候当途，能为诡激。每于稠人广众之中，或挝一奸吏，或纵一孤贫，大言自眩，示己高明，矜物无知。浅识皆称其美，公能之誉，动过其实。性又酷虐，在晋阳曾营城雉，仁之统监作役，以小稽缓，遂杖前殷州刺史裴瑗、并州刺史王绰，齐献武王大加谴责。性好文字。吏书失体，便加鞭挞，言韵微讹，亦见捶楚，吏民苦之。而爱好文史，敬重人流。与齐帅冯元兴交款，元兴死后积年，仁之营视其家，常出隆厚。时人以此尚之。

注：辑自魏收《魏书》卷八十一，列传第六十九，上海：汉语大词典出版社，2004年。

附录六　冯远兴传

冯元兴，字子盛，东魏郡肥乡人也。其世父僧集，官至东清河、西平原二郡太守，赠济州刺史。元兴少有操尚，随僧集在平原，因就中山张吾贵、常山房虬学，通《礼》传，颇有文才。年二十三，还乡教授，常数百人。领僚孝廉，对策高第，又举秀才。时御史中尉王显有权宠，元兴奏记于显，召为检校御史。寻转殿中，除奉朝请，三使高丽。

江阳王继为司徒，元兴为记室参军，遂为元叉所知。又秉朝政，引元兴为尚书殿中郎，领中书舍人，仍御史。元兴居其腹心，预闻时事，卑身克己，人无恨焉。家素贫约，食客恒数十人，同其饥饱，曾无吝色，时人叹尚之。及太保崔光临薨，荐元兴为侍读，尚书贾思伯为侍讲，授肃宗《杜氏春秋》于式干殿，元兴常为摘句，儒者荣之。及叉欲解领军，以访元兴。元兴曰："未知公意如何耳？"叉曰："卿谓吾欲反也？"元兴不敢言，因劝之。叉既赐死，元兴亦被废。乃为《浮萍诗》以自喻曰："有草生碧池，无根绿水上。脆弱恶风波，危微苦惊浪。"

丞相、高阳王雍召为兼属。未几，去任还乡。仆射元罗为东道大使，以元兴为本郡太守。寻征赴阙。以母忧还家，频值乡乱，数为监军，元兴多所赏罚，乡党颇以此憾焉。上党王天穆之讨邢杲，引为大将军从事中郎。元颢入洛，复为平北将军、光禄大夫，领中书舍人。庄帝还宫，天穆以为太宰谘议参军，加征虏将军。普泰初，安东将军、光禄大夫，领中书舍人。太昌初，卒于家，赠征东将军、齐州刺史。文集百余篇。元兴世寒，因元叉之势，托其交道，相用为州主簿，论者以为非伦。

注：辑自魏收《魏书》卷七十九，列传第六十七。上海：汉语大词典出版社，2004 年。

附录七　二十四节气及其"三候"表征与农事活动、习俗、养生知识

一、立春

立　春

（唐）韦庄

青帝东来日驭迟，暖烟轻逐晓风吹。

閿袍公子樽前觉，锦帐佳人梦里知。

雪圃乍开红菜甲，彩幡新翦绿杨丝。

殷勤为作宜春曲，题向花笺帖绣楣。

立春正月节

（唐）元稹

春冬移律吕，天地换星霜。

冰泮游鱼跃，和风待柳芳。

早梅迎雨水，残雪怯朝阳。

万物含新意，同欢圣日长。

　　立春是二十四节气中的第一个节气，干支历的岁首，建寅月之始日；到达时间点在公历每年2月3—5日，太阳到达黄经315°时。立春是汉族民间重要的传统节日之一。"立"是"开始"的意思，自秦代以来，中国就一直以立春作为春季的开始。从立春时节当日一直到立夏前这段时间，都被称为春天。我国古时以"春为岁首"，立春称为"春节"（1912年民国建元时，以公元纪年为国历，将公元1月1日称为元旦，农历正月初一改称春节，立春从此不再称为春节）。

　　1. 立春三候

　　特指黄河中下游的物候：初候东风解，二候蛰虫始振，三候鱼陟负冰。

　　2. 立春农事

　　"立春雨水到，早起晚睡觉"。虽然立春开始天气逐渐变暖了，但是农业生产上还要继续做好防冻、防寒和防雪工作。果树要继续做好修剪和施重肥。畜牧业要注意栏舍保暖，防止倒春寒，特别是要做好牲畜疫病的预防。

　　3. 立春习俗

　　郊祭。立春，意味着冬去春来，万象更新，既是一年中第一个节气，同时也是一个重大的节日。在周代，这一天天子要亲率诸侯、大夫到京城东郊举行迎春盛典，布德四方，施惠万民，祈求国泰民安。

　　咬春。在这一天，北方吃的食品是春饼，南方则流行吃春卷或春盘，有的地方还吃生萝卜，有"一卷春色"的说法，是人们对"一年之计在于春"的美好祝福，这一习俗延续至今。

鞭春牛。鞭春牛又称鞭牛、鞭土牛、鞭春，即在立春日或春节开年，造土牛以劝农耕，州县及农民用柳条鞭打土牛，象征春耕开始，以示丰兆，策励农耕。

祭句芒神。在周代就设有"东堂迎春"之国家仪礼，说明"祭句芒"由来已久。浙江地区立春前一日有迎春之俗。在立春前一天的早晨，乡民抬着句芒神出村上山祭拜，同时祭太岁。太岁为值岁之神，坐守当年，主管当年之休咎，占卜吉凶善恶。祭祀句芒、太岁诸神，都是为了祈求五谷丰登，六畜兴旺，农业丰收。

耍社火。又称耍故事，是乡村群众在春节至立春期间普遍开展的汉族传统民俗文娱活动。

4. 立春养生

传统中医认为，春季养生要顺应春天阳气生发、万物始生的特点，逐渐从"秋冬养阴"过渡到"春夏养阳"，注意保护阳气。因春属木，与肝相应，所以在春季养生上主要是护肝。中医认为肝主情致，因此护肝要从心情着手，养肝的关键就是要保持心情舒畅，防止"肝火上升"。在饮食上，也十分讲究。

首先，立春后饮食忌酸辣，宜食辛甘发散之品，不宜食酸收之味，利于阳气的生发和肝气的疏泄。

其次，立春宜吃"升发"食物。中医认为，春季应该特别注意对肝脏进行保养，以顺应天时。所以，在饮食调养时要考虑到春季属于阳气开始升发的特点，适合多吃一些具有辛甘发散性质的食物。

所以立春养生可以总结为以下六点：（1）早睡加早起。《黄帝内经》说："春三月，此谓发陈，天地俱生，万物以荣，夜卧早起，广步于庭，被发缓形，以使其生，生而勿杀。"（2）不能早减衣。"春不减衣，秋不加帽"。立春气温还未转暖，不要过早减掉冬衣。冬季穿了几个月的棉衣，身体需要缓慢地适应。（3）每天百梳头。《养生论》说："春三月，每朝梳头一二百下。"春季每天梳头是很好的养生保健方法。取意是，春天阳气升发。（4）多吃阳气菜。春季阳盛阴衰，饮食要注意升发阳气，应适当吃些辛甘发散之菜，不宜吃酸收之味。（5）少进补和盐。冬季要进补，春后要少进补。四季有"春生、夏长、秋收、冬藏"的特点。人生于自然，应顺应自然。（6）防旧病复发。古谚语："百草回芽，旧病萌发。"立春后，疾病多发。春天的多发病有肺炎、肝炎、流行性脑脊髓膜炎、麻疹、腮腺炎等。

二、雨水

春 夜 喜 雨

（唐）杜甫

好雨知时节，当春乃发生。

随风潜入夜，润物细无声。

野径云俱黑，江船火独明。

晓看红湿处，花重锦官城。

临安春雨初霁

（宋）陆游

世味年来薄似纱，谁令骑马客京华。

小楼一夜听春雨，深巷明朝卖杏花。

矮纸斜行闲作草，晴窗细乳戏分茶。

素衣莫起风尘叹，犹及清明可到家。

雨水是二十四节气中的第2个节气。每年的正月十五前后（公历2月18—20日），太阳黄经达330°时，气温回升、冰雪融化、降水增多，故取名为雨水。雨水节气时段一般从公历2月18日或19日开始，到3月4日或5日结束。

在二十四节气的起源地——黄河流域，雨水之前天气寒冷，但见雪花飞，难闻雨水声；到了雨水时节，桃李含苞，樱花盛开，正是"雨润春华"的大好时光。雨水不仅表明降雨的开始和雨量增多，而且也表示气温的升高，沁人心菲的春天气息洒满大地。

《月令七十二候集解》："正月中，天一生水。春始属木，然生木者必水也，故立春后继之雨水。且东风既解冻，则散而为雨矣。"意思是说，雨水节气前后，万物开始萌动，春天悄悄地来到了。如在《逸周书》中就有雨水节后"鸿雁来""草木萌动"等物候记载。

1. 雨水三候

一候獭祭鱼；二候鸿雁来；三候草木萌动。

2. 雨水农事

雨水节气的 15 天，正好是从"七九"的第六天到"九九"的第二天。农谚说："七九河开，八九燕来，九九加一九，耕牛遍地走。"这时候，除了仍在寒冬之中的西北、东北、西南高原等地，全国大部分地区都在春风雨水中，呈现出了春耕春种的繁忙景象。

雨水前后，油菜、冬麦返青生长，对水分要求较高。"春雨贵如油"。华北、西北以及黄淮地区，雨水时节的降水量一般较少，常常不能满足农业生产的需要。因此雨水前后要及时春灌，确保农业稳产高产。淮河以南地区，则要做好田间的清沟沥水，以防春雨过多而导致农作物的湿害烂根。农谚说："麦浇芽，菜浇花，全靠水当家。"当然，对已经起苔的油菜别忘了追施苔花肥。在华南，双季的早稻育秧已经开始，要在"冷尾暖头"时抢晴播种，力争全苗壮苗。

总之，雨水时节，雨量渐渐增多，有利于越冬作物返青或生长，要抓紧越冬作物田间管理，做好选种、春耕、施肥等春耕春播的各项准备工作。此外，雨水季节，忽冷忽热，乍暖还寒，天气变化不定，会对已经萌动和返青生长的作物、林果造成危害，特别要注意做好农作物、大棚蔬菜的防寒防冻工作。

3. 雨水习俗

回娘家。雨水这天，出嫁的女儿携郎君和儿女，回娘家去看望父母。通常是带一个炖了猪脚的砂锅"罐罐肉"，罐口用红纸红绳封扎，作为献给父母的礼物，表示对父母的感谢和敬意。如果女儿出嫁后久不生育，则由母亲为女儿缝制一条红裤子，贴身穿，民间相信这样能怀上孩子。这个习俗现仍在农村流行。

接寿。雨水这天，陪着老婆回娘家的女婿，要专门给岳父岳母送节。送节的礼品通常是两把藤椅，上面缠着一丈二尺长的红带，意思是"接寿"，祝岳父岳母长命百岁。这时，岳父岳母则要给女婿回赠雨伞，意即给出门挣钱养家的女婿遮风挡雨，也有保佑女婿人生旅途顺达平安的祈愿。

拉保保。雨水这天，还有一个民俗叫"拉保保"，就是拜干爹。雨水节拜干爹，有"雨露滋润，苗壮成长"之意。这一天，各地的寺庙山门，总是人流如潮，欢声笑语，热闹非凡。要给儿女请干爹的父母们，手提装有酒菜香蜡的提篮，带上自家的娃娃，在茫茫人海中为娃娃物色一个干爹。如果想让娃娃知书识礼，就找寻一个断文识字的文化人做干爹；如果娃娃体弱多病，就拉一个身材高大强壮的人做干爹。游人中，被拉着当"干爹"并应允以后，从此两家人就结为亲戚，逢年过节互相往来，有的就把这个"拉来"的干儿子干女儿当作自己的儿女，负起干爹的教育责任。

撞拜寄。和上面说的拉保保相似，也是为儿女拜干爹的民俗。但是，拉干爹是有主观选择的，而撞干爹就多一点随机随缘的意味了。"撞拜寄"事先并没有预定的目标人选，撞着谁就是谁。雨水这天一早，不管天晴下雨，晨曦蒙蒙的乡村大路边，就站着一些穿戴漂亮的年轻妇女，手牵幼小的儿子或女儿，在等待第一个从路上经过的行人。一旦有人经过，不管是男是女，年轻妈妈就会主动拦住对方，让儿子或女儿磕头拜寄。对方领了拜寄，就意味着认了这个干儿子或干女儿，当上了干妈或干爹。现在一些乡村还保留着这一习俗。"撞拜寄"找干爹干妈，同样是希望让儿女们能健康顺利，长大成人。

占稻色。占稻色就是爆炒糯米花来占卜年成丰歉的民俗。糯米爆出的米花越多，爆出的米花越大，爆出的米花越全越齐，就表明这一年的收成越好，生活越好。如果爆出来的米花少，则预示这一年的收成可能不好，米价可能比较贵，人们就要努力做一些副业来增加收入，或者加强田间管理来提高产量。

4. 雨水养生

雨水节气前后，阴雨天气较多，气温变化大。在日常保健中，防寒祛湿是关键，应做到"春捂"防病。春捂也要"捂"得恰到好处。春捂的原则是注意"下厚上薄"，捂的重点在于背、腹、足底。背部保暖可预防寒气损伤督脉，它是"阳脉之海"；腹部保暖是有助于预防消化不良和寒性腹泻。雨水节气前后，有三类病人要特别注意防病：一是感冒（尤其是流感）、肺炎、支气管炎患者；二是高血压、脑溢血、冠心病患者；三是风湿痹痛患者。

除了"春捂"之外，还可以采取精神调摄的养生之法。按《小有经》的说法："少思、少念、少欲、少事、少语、少笑、少愁、少乐、少喜、少怒、少好、少恶，行此十二少，养生之都契也。"

雨水节气要格外注意保暖、祛湿，不要在阴雨天外出锻炼。可以适当多吃些具有祛湿功效的薏米、扁豆、赤小豆、茯苓等食物。身上寒湿较重的人，还可以在日常菜肴中多加入生姜、胡椒等。老人、小儿、产妇和慢性病患者，不要过早地脱掉棉毛衣服，以防风寒侵入而致病。

三、惊蛰

拟古（其三）

（晋）陶渊明

仲春遘时雨，始雷发东隅。

众蛰各潜骇，草木纵横舒。

翩翩新来燕，双双入我庐。

先巢故尚在，相将还旧居。

自从分别来，门庭日荒芜；

我心固匪石，君情定何如？

惊蛰二月节

（唐）元稹

阳气初惊蛰，韶光大地周。

桃花开蜀锦，鹰老化春鸠。

时候争催迫，萌芽㸦矩修。

人间务生事，耕种满田畴。

惊蛰，古称"启蛰"，是二十四节气中的第 3 个节气，时间点在公历 3 月 5—6 日，太阳到达黄经 345° 时。

惊蛰的意思是天气回暖，春雷始鸣，惊醒蛰伏于地下冬眠的昆虫。《月令七十二候集解》中说："二月节，万物出乎震，震为雷，故曰惊蛰。是蛰虫惊而出走矣。"晋代诗人陶渊明有诗曰："仲春遘时雨，始雷发东隅。众蛰各潜骇，草木纵横舒。"实际上，昆虫是听不到雷声的，大地回春，天气变暖才是它们结束冬眠，"惊而出走"的原因。惊蛰时节正好是"九九"艳阳天，我国除东北、西北地区还有一些地方有银装素裹的冬日景象外，大部分地区已是东风阵阵、春光融融的大好春天了。

现代气象科学表明，"惊蛰"前后，偶有春雷，是大地湿度渐高而促使近地面热气上升，或北上的湿热空气势力较强且活动频繁，造成大气层的冷热气流相遇所致。从我国各地自然物候进程看，由于南北跨度大，春雷始鸣的时间迟早不一样。

1. 惊蛰三候

"一候桃始华；二候仓庚（黄鹂）鸣；三候鹰化为鸠。"描述已是进入仲春，桃花红、李花白，黄莺鸣叫、燕飞来的时节。按照一般气候规律，惊蛰前后各地天气已开始转暖，雨水渐多，大部分地区都已进入了春耕。

2. 惊蛰农事

惊蛰在农业生产上是一个重要的节气，我国自古就把它视为春耕开始的日子。古代天子往往也在这个时候发布劝农耕种的诏书，唐代诗人韦应物有诗云："微雨众卉新，一雷惊蛰始。田家几日闲，耕种从此起。"农谚也说："过了惊蛰节，春耕不能歇""九尽杨花开，农活一齐来。"

在华北，冬小麦开始返青生长，土壤仍冻融交替，及时耙地是减少水分蒸发的重要措施。"惊蛰不耙地，好比蒸馍走了气"，这是农民春季防旱保墒的经验。在江南，小麦已经拔节，油菜花开，干旱少雨的地方应适当浇水灌溉和施肥。在岭南各地，降水一般可满足农田作物的生长的需要，反过来要防止低洼地的湿渍侵害了。谚曰："麦沟理三交，赛过大粪浇""要得菜籽收，记得勤疏沟。"这是南方的农事，即搞好清沟沥水工作。

在华南地区，早稻播种应抓紧进行，同时要做好秧田防寒工作。随着气温回升，茶树也渐渐开始萌芽，应进行修剪，并及时追施"催芽肥"，促其多分枝，多发叶，提高"明前茶"的产量，因为明前茶的价格最贵。"明前采一筐，谷雨值一担"。各种果树如桃、梨、苹果等要施好花前肥。

温暖的气候容易引发作物病虫害，田间杂草也相继萌发。要及时搞好病虫害防治和中耕除草。还有，农谚说"桃花开，猪瘟来"，这是千百年的积累的经验，因此这个季节要重视家禽家畜的防疫工作。

3. 惊蛰习俗

惊蛰的节气神是雷神。雷神作为九天之神，地位崇高。俗谚云："天上雷公，地下舅公。"雷公是天庭中继天公之后的重要神祇。因此，惊蛰的习俗大多都与雷公有关。

惊蛰祭白虎。民间传说，白虎是一个喜欢搬弄是非口舌的神。它在每年惊蛰出来觅食，咬畜噬人，作恶多端。如果你出来猎捕拦阻，它就会在这一年里，处处给你作梗添乱，使得你万事不顺。于是民间便在惊蛰这天，举办一个白虎祭，千百年来相沿成俗。所谓白虎祭，是指拜祭用冥纸绘制的白老虎。纸老虎一般为黄色黑斑纹，口角画有一对獠牙。拜祭时，需以肥猪血喂之，使其吃饱后不再出口伤人，继而以生猪肉抹在纸老虎的嘴上，使之充满油水，不能张口说人是非。

惊蛰吃梨。惊蛰吃梨源于何时，已经无迹可寻。至于为什么要吃梨，说法很多。一是惊蛰这个节气万物复苏，乍暖还寒，天干地燥，容易让人口干舌燥、外感咳嗽。所以民间形成惊蛰吃梨的习俗，吃梨有助益脾气、平和五脏、通顺肝脏的功效，最终能够增强体质而使人体抵御病菌的侵袭。二是惊蛰这一天，万虫苏醒出没，容易叮咬伤人。吃梨是提醒大家注意预防，因为梨与离谐音，意即提醒大家远离害虫。三是在苏北及山西一带，传说有个人家，其子在惊蛰这天要远行经商，乃父便送他一个梨，大概有"离家创业"之意。后来这个儿子业就功成，富甲天下，衣锦还乡，施惠乡邻。人们将他的成功归因于当年离家时"惊蛰吃梨"，所以纷纷仿照，传承至今。

惊蛰蒙鼓皮。惊蛰是雷声引起的。古人想象，雷神是位鸟嘴人身、长了翅膀的大神，重击天鼓，发出震撼乾坤的巨大雷声。为了呼应天神的惊雷，在惊蛰这天，人间也要蒙大鼓以击发天籁之音。在《周礼》中即有"凡冒鼓必以启蛰之日"的记载。后人对之作注释说："惊蛰，孟春之中也，蛰虫始闻雷声而动；鼓，所取象也；冒，蒙鼓以革。"可见，不仅生灵万物要与一年四季的运行相契合，作为万物之灵的人类也要应天时、尽地利，凡事才"用力少而成功多"。惊蛰蒙鼓皮的习俗就成了寄托美好愿望的美好习俗。

惊蛰"打小人"。惊蛰平地一声雷，唤醒冬眠的蛇虫鼠蚁。所以古时在惊蛰当日，人们会手持清香、艾草，熏家中四角，以香辛之味驱赶蛇、虫、蚊、鼠和霉味。久而久之，渐渐演变成遇到不顺心时，就拍打一个特意制作的人偶，一为消消气，二为赶走心中郁结的霉运霉气。这就是惊蛰"打小人"的由来。如果用粤语来念打小人咒语，就别有一番情趣："打你个小人头，打到你有气冇定抖，打到你食亲野都呕"（大意是：打你个小人头，打到了你有气无力还手，打到了你吃啥都会呕）。打小人只是人们祈求事事如意、没有小人作梗添乱的意愿表达，是宣泄内心不满、纾解愤懑不平的习俗。据说在香江此俗比较盛行。

在山东的一些地区，农民在惊蛰日要在庭院之中生火炉烙煎饼，意为烟熏火燎杀死害虫。在陕西，一些地区过惊蛰要吃炒豆。人们将黄豆用盐水浸泡后放在锅中爆炒，发出噼啪之声，象征虫子在锅中受热煎熬时的蹦跳之声。在山西的雁北地区，农民在惊蛰日要吃梨，意为与害虫别离。

广西金秀县的瑶族同胞，在惊蛰日家家户户要吃"炒虫"，"虫"炒熟后，放在厅堂中，全家人围坐一起大吃，还要边吃边喊："吃炒虫了，吃炒虫了！"尽兴处还要比赛，谁吃得越快，嚼得越响，大家就来祝贺他为消灭害虫立了功。其实"虫"就是玉米，是取其象征意义。

4. 惊蛰养生

惊蛰时节，万物复苏，是春暖花开的季节，但同时也是各种病毒和细菌活跃的季节。惊蛰时，人体的肝阳之气渐升，阴血相对不足，养生应顺乎阳气的升发、万物始生的特点，使自身的精神、情志、气血也如春日一样舒展畅达，生机益然。

从饮食方面来看，宜多吃富含植物蛋白质、维生素的清淡食物，少食动物脂肪类食物。可多食鸭血、菠菜、芦荟、水萝卜、苦瓜、木耳菜、芹菜、油菜、山药、莲子、银耳等食物。由于春季与肝相应，如养生不当则可能伤肝。惊蛰属肝病的高发季节。此外，诸如流感、流脑、水痘、带状疱疹、流行性出血热等在这一节气都易流行暴发，因此要严防此类疾病。

宜食用清利肺热、健脾祛湿的食物。另外，蒲公英、马齿苋、荠菜等野菜也有清热祛湿解毒、健脾润肠通便的作用。

另外，春天肝气旺，易伤脾，所以惊蛰季节要少吃酸，多吃大枣、山药等甜食以养脾，可做成大枣粥、山药粥等。惊蛰时肝气容易亢奋，而食物五味中的酸味可以助肝气，多吃会造成肝气过旺，不仅身体不适，而且会损伤脾胃，使吃下的食物不易消化，所以此时要少吃酸梅、话梅等零食。糯米、黑米、燕麦、南瓜、红枣、桂圆、栗子等甘味食物要多吃，甘味最宜补脾气，脾脏强健了反过来可以滋养肝气。

四、春分

春分二月中
（唐）元稹

二气莫交争，春分雨处行。

雨来看电影，云过听雷声。

山色连天碧，林花向日明。

梁间玄鸟语，欲似解人情。

癸丑春分后雪
（宋）苏轼

雪入春分省见稀，半开桃李不胜威。

应惭落地梅花识，却作漫天柳絮飞。

不分东君专节物，故将新巧发阴机。

从今造物尤难料，更暖须留御腊衣。

春分，是春季九十天的中分点，二十四节气之一，每年公历3月20日左右，春分时节，太阳正好位于黄经0°，阳光直射赤道。《月令七十二候集解》："二月中，分者半也，此当九十日之半，故谓之分。秋同义。"《春秋繁露》说："春分者，阴阳相半也，故昼夜均而寒暑平。"这天昼夜等长，又正当春季九十日之半，故"春分"同时兼有昼夜均分和春季中分的含义。春分以后，阳光直射位置逐渐北移，日子也逐渐变成昼长夜短。南北半球季节相反，北半球是春分，南半球则是秋分。

在北方，春分15天，正处在3月底到4月初，大风卷起的扬沙、高空飘来的浮尘形成沙尘暴，对大气造成污染。尤其是西北、华北有"十年九春旱"和"春雨贵如油"之说。进入春分节之后，春季作物由南向北依次开始播种，如果此时降水偏少，旱象就会显现出来。

在南方，春分时期，常会出现持续低温并伴有连绵阴雨，对农作物的危害很大。尤其是每当气温快速回升之后，忽然又出现一段时间的持续低温，这种天气现象被称作"倒春寒"。倒春寒对南方最主要的影响是早稻烂秧，对北方的影响会涉及花生、蔬菜、棉花的生长，严重时还会造成小麦的死苗现象。

1. 春分三候

"一候元鸟至；二候雷乃发声；三候始电。"这是说春分日后，燕子便从南方飞来了，下雨时天空便要打雷并发出闪电。

2. 春分农事

俗话讲："春分麦起身，肥水要紧跟。"春分是农活大忙的季节，春耕春种开始了，人们进入一年最繁忙的阶段。其间，越冬作物进入生长阶段，要加强田间管理。由于气温回升快，需水量相对较大，要加强蓄水保墒。"春分麦起身，一刻值千金"。

我国地域辽阔，农业生产的地区和季节差异很大，要根据地宜、时宜、物宜的"三宜"原则做好生产的安排。北方春季少雨的地区要抓紧春灌，浇好拔节水，施好拔节肥，注意防御晚霜冻害；南方则要搞好排涝防渍工作。江南早稻育秧和江淮地区早稻薄膜育秧工作已经开始，早春天气冷暖变化频繁，要注意在冷空气来临时浸种催芽，冷空气结束时抢晴播种。

除了加紧稻麦等主粮作物的管理，也要注意各种经济作物、杂粮作物和果蔬瓜豆作物的播种和管理。抢种玉米、甘蔗、花生、大豆、西瓜等旱地作物，并加强前期田间管理；抢种各种瓜菜类、豆角、春白菜，对冬番茄、辣椒、茄子做好搭架、追肥、培土、剪枝、剪蔓等各项工作。

春分也是植树造林的极好时机，古诗中就有"夜半饭牛呼妇起，明朝种树是春分"之句。要加强护林检查，防止森林火灾；春茶已开始抽芽，应及时追施速效肥料，防治病虫害，力争茶叶丰产优质。此外还要加强春季家畜家禽的饲养管理，防病治病。

3. 春分习俗

春分的民间习俗很多，而且多与品尝时鲜蔬菜、进行户外活动有关。宋代的欧阳修在一阙《阮郎归》的咏春词中对春分描述道："南园春半踏青时，风和闻马嘶。青梅如豆柳如眉，日长蝴蝶飞。"春分是春意融融的时节。

玩竖蛋。据说，每年春分，世界各地都有人玩"竖蛋"。被称为

"中国习俗"的玩竖蛋，竟成了"世界游戏"，大概是由于竖蛋的玩法简单且有趣。该游戏的玩法是：选择一个光滑匀称的新鲜鸡蛋，然后想尽办法将它在桌子上竖立起来。成败完全取决于玩家的平衡技巧。结果总是失败者居多。也正如此，才能映衬出竖蛋成功者的本事高强。春分成了玩竖蛋游戏的最佳时光，故有"春分到，蛋儿俏"的民谚。

吃春菜。"春分吃春菜"是沿袭了千百年的古老习俗。"春菜"是早春时蔬的统称，并不特指某一种蔬菜。但是乡民多以当地的某种野生蔬菜为上品，相沿成俗。比如，在南方，有一种野苋菜，称为"春碧蒿"。此菜早发早生，到春分时已经长成嫩株，野地里到处都长，旧时曾是讨人嫌的农地杂草。古人春分"吃春菜"是否也有顺便除杂草的作用呢？真未可知。总之，每逢春分那天，村民全都出去采摘春菜。采回的春菜要与鱼片"滚汤"，名为"春汤"。谚曰："春分吃春汤，老少都健康。"

送春牛。春分一到，乡间的族长便出面张罗给村民挨家送春牛图。这春牛图的制作绘画是很有讲究的。先是在一幅对开的红纸或黄纸上，刻印上当年农历的节气时辰，还有四时八节的时宜禁忌等，配上劝农力耕的图画，名曰"春牛图"。送图的人常常挑选村中巧语善言者，登门送图时，对出迎的主家尽说些五谷丰登、发财吉祥的好话。言词随口而出，内容因人而异。虽然是逢场作戏，却能做到字字如珠，句句入韵，直说得主人乐不可支，送钱酬谢为止。民间俗称"说春"，这个说春人便叫"春官大人"。

粘雀子嘴。这是江南稻作地区的春分民俗。春分时节，正是南方水稻播种的季节。稻种撒到了田里，常常会被鸟雀吃掉，对稻田育秧的危害很大。因此，每到春分这一天，江南的农民，每家都要做糯米汤圆。这种汤圆都是实心的，里面没有加豆沙、芝麻馅之类。汤圆煮好后，每家都用细竹叉插着二三十个小汤圆，分别放置在秧田地坎各处。农民相信，糯米汤圆的黏性能把害稼鸟雀的嘴粘住，让它不能吃田里的稻种，故名"粘雀子嘴"。这种习俗表达了农民祈求粮食丰收的一种美好愿望。

犒劳耕牛。江南地区与春耕有关的另一个习俗是犒劳耕牛。春分时节，耕牛要开始一年的辛苦劳作了，主人就以糯米团喂耕牛来犒赏它，让耕牛在下地挽犁牵耙之前，吃饱吃好，膘肥体壮，以便帮助主人耕好地，种好粮，获得一年好收成，蕴含祈祷丰年之意。

赛风筝。春分期间，还是孩子们放风筝的好时候，有时大人们也参与，遂成春分风俗。风筝有王字风筝、鲢鱼风筝、眯蛾风筝、雷公虫风筝、月儿光风筝等，其大者有两米高，小的也有二三尺。放风筝时，要相互竞争，看哪家的风筝放得高，飘得远，胜者会获得谷种的奖赏，表示当年五谷丰登，财运旺达。

春祭。有的地方，在春分节扫墓祭祖，叫春祭。先在祠堂举行祭祖仪式，杀猪、宰羊，请鼓手吹奏，由礼生念祭文，带引行三献礼。然后全族和全村都要出动，集体到宗族墓地，祭扫开基祖、远祖墓茔。开基祖和远祖墓扫完之后，后世各房分别扫祭共祖，最后各家扫祭家庭私墓。大部分客家地区春季祭祖扫墓，都从春分或更早一些时候开始，最迟清明要扫完。民间有一种说法，清明节后，阴府墓门关闭，祖先的魄灵就享用不到祭品了。

祭日。在周代，就有春分祭日的仪式。《礼记》："祭日于坛。"唐人孔颖达疏："谓春分也。"此俗历代相传。清潘荣陛《帝京岁时纪胜》："春分祭日，秋分祭月，乃国之大典，士民不得擅祀。"明清时期的帝京日坛，又叫朝日坛，是明、清两代皇帝在春分这一天祭祀大明神（太阳）的地方。朝日定在春分的卯刻，每逢甲、丙、戊、庚、壬年份，皇帝亲自祭祀，其余的年岁由官员代祭。

4. 春分养生

春分节气平分了昼夜和寒暑，是一个气候和时辰交替变换的季节，这时候的保健养生就要突出"平"和"分"，注意保持人体的阴阳气血的平衡。成书于春秋时代的医书《黄帝内经·素问》说："谨察阴阳所在而调之，以平为期。"此处所说的阴阳，可以理解为人体的内外运动。"内在运动"是脏腑、气血、精气的生理运动，"外在运动"是肢体和感官的物理运动。起居行止都要做到"以平为期"。

在饮食上也要遵循"以平为期"的原则。日常的饮食要能够保持机体平衡协调。春分时节不能吃大寒大热之物。中医主张多食菜花、莲子和牛肚。菜花可以强身健体，抵抗流感；莲子可以稳固精气、强健体魄、滋补虚损、祛除湿寒；牛肚可以滋养脾胃、补中益气。另外，还可以将寒、热之物搭配食用，这样可以将寒和热相中和，如寒性的鱼、虾可以和温性的葱、姜、醋等调料搭配，以中和鱼、虾之寒。补阳和滋阴的食物也可搭配食用，如可以将助阳的韭菜和滋阴的蛋类搭配。

春分时节，精神疾病高发，此时我们可以选择一些缓解压力、调节精神的食物，如多吃一些富含 B 族维生素的食物。缓解躁狂可选择的食品主要有：猪腿肉、大豆、花生、里脊肉、火腿、黑米、鸡肝、胚芽米等富含维生素B1的食品；动物肝脏、牛奶、酵母、鱼类、蛋黄、榛子、菠菜、奶酪等富含维生素 B6 和维生素 B12 的食品。

春分节气，人体血液也正处于旺盛时期，激素水平也处于相对高峰期，此时易发非感染性疾病如高血压、月经失调、痔疮及过敏性疾病等。膳食总的原则是要禁忌大热、大寒的饮食，保持寒热均衡。这段时期也不适饮用过肥腻的汤品。

五、清明

清　明

（唐）杜牧

清明时节雨纷纷，

路上行人欲断魂。

借问酒家何处有？

牧童遥指杏花村。

清明三月节

（唐）元稹

清明来向晚，山渌正光华。

杨柳先飞絮，梧桐续放花。

鴽声知化鼠，虹影指天涯。

已识风云意，宁愁雨谷赊。

清明，是二十四节气中的第 5 个节气，更是干支历辰月的起始；时间点在农历每年三月初一前后（公历4月4—6日），太阳到达黄经15°时。清明又名"三月节"或"踏青节"。西汉时期的《淮南子·天文训》中说："春分后十五日，斗指乙，则清明风至。""清明风"即清爽明净之风。《岁时百问》则说："万物生长此时，皆清洁而明净。故谓之清明。"

清明是表征春季物候特点的节气，含有天气晴朗、草木繁茂的意思。清明也是中国重要的传统节日，是民间"八节"（春节、元宵、清明、端午、中元、中秋、冬至和除夕）之一。

清明节始于古代"墓祭"之礼。每年此日，举国朝野，无论天子凡夫，都要祭祖扫墓，这是中华民族通行的风俗。清明既有慎终追远的怀古情怀，又有赏春览景的欢娱气氛。

1. 清明三候

"一候桐始华；二候田鼠化为鴽；三候虹始见。"意即在这个时节先是白桐花开放，接着喜阴的田鼠不见了，全回到了地下的洞中，然后是雨后的天空可以见到彩虹了。

2. 清明农事

清明时节，除东北与西北地区外，中国大部分地区的日平均气温已升到 12℃以上，大江南北，长城内外，到处是一片繁忙的春耕景象。"清明时节，麦长三节"，黄淮地区以南的小麦即将孕穗，油菜花已经盛开，东北和西北地区小麦也进入拔节期，应抓紧搞好后期的肥水管理和病虫防治工作。北方旱作、江南早中稻进入大批播种的适宜季节，要抓紧时机抢晴早播。"梨花风起正清明"，这时多种果树进入花期，要注意搞好人工辅助授粉，提高坐果率。华南早稻栽插扫尾，耘田施肥应及时进行。各地的玉米、高粱、棉花也将要播种。"明前茶，两片芽"，茶树新芽抽长正旺，要注意防治病虫；名茶产区已陆续开采，应严格科学采制，确保产量和品质。

北方的四月清明节，天气仍时有寒潮反复，依然会忽冷忽热，乍暖还寒，这样的天气，对已萌动和返青生长的农作物、林果蔬菜生长，反而危害更大。在冷暖多变的天气中，应注意防御低温和晚霜冻天气对小麦、水稻秧苗和开花果树以及其他春播作物的危害。要注意做好农作物、大棚蔬菜防寒防冻工作。在南方，此时的雨水更多，要注意做好农田清沟排水、中耕除草工作，预防湿渍烂根。

3. 清明习俗

清明习俗丰富多彩，家家蒸清明粿互赠，不仅讲究禁火寒食（清明节前一天为寒食节），还有踏青、荡秋千、蹴鞠、打马球、插柳等一系列体育活动。

蹴鞠。蹴鞠，蹴是踢的文语词，鞠是古代用皮革做成的皮球，球内用动物毛塞紧。到了唐代，人们开始向球内充气了。这时的鞠，已经跟现代的足球很相似。蹴鞠，其实现代白话就是"踢足球"。这是古代清明节非常普遍的体育竞技游戏，相传为黄帝发明。蹴鞠最初是用来训练武士的科目，后来传到民间，成为很受欢迎的体育项目。

荡秋千。这是我国古代清明节习俗。秋千的起源，可追溯到原始时代，那时，我们的祖先要上树采摘野果、猎取野兽或者遇险逃跑时，急中生智抓住身边的藤蔓，依靠藤条的摇荡摆动而跃上大树，跨过深沟，这就是秋千的雏形。今天我们看到的秋千在春秋时期就定型了。《艺文类聚》有"北方山戎，寒食日用秋千为戏"的记载，说明寒食荡秋千是非常古老的习俗。古时秋千两字写作"鞦韆"，表明秋千的绳索和踏板都是用皮革做成的。

到了宋代，人们发明了一种"水秋千"。它是在江湖水上置两艘雕饰精美的大船，船头竖起高高的秋千架。表演时，船上鼓声大作，表演者次第登上秋千，奋力悠来荡去。当踏板荡悠到与秋千架的横梁平齐之，他们突然双手脱绳，飘悬在空中，还借势在空中翻几个造型夸张的跟斗，然后轻轻倒插入水，只溅起几点浪花。大概与今天的高台跳水表演很相似。因表演者姿势各异，看上去惊险刺激而又变化无穷，颇受看客欢迎。

放风筝。与春分时的习俗相似，许多地方清明节也放风筝。每逢清明时节，人们不仅白天放风筝，夜间也放。在夜里，风筝下或风筝的拉线上挂上一串串彩色的小灯笼，像闪烁的明星，被称为"神灯"。在风筝放上蓝天后，即剪断牵线，让它们自由飞翔，直上苍穹，这叫"天地畅达，无牵无挂"。

碰鸡蛋。每到清明，总有一些小朋友玩起碰鸡蛋游戏。碰鸡蛋就是将两个鸡蛋对在一起，互相碰，看谁能把对方的鸡蛋碰破。因为不能吃热食，所以这个游戏成了小朋友们的最爱。

植树。古时人们在寒食祭祖扫墓，次日清明就出去踏青，放风筝、荡秋千，还要插柳枝。这是"有心插柳"，期盼它日后成荫，为祖茔遮蔽，为祭者纳凉。还有一说是寒食扫墓烧纸钱，不小心把墓地附近的草木烧掉了，次日清明到来，赶紧去多植些新树，算是向九泉下的亲人认错改正。

四月清明，春回大地，自然界到处呈现一派生机勃勃的景象，正是郊游的大好时光。清明前后正是踏青的好时光，所以踏青成为清明节习俗的一项重要内容。

4. 清明养生

清明养生，主要归结为下面的四句话：

一是平肝保暖不放松。清明时节，风多气燥，加上人体内肝火旺盛，内外相逼，就容易出现口干、鼻干的症状，此时不可进补肝脏。在外出时，要保暖，还要多饮水。在食养方面，以平肝、补肾、润肺的食材为主，以健脾、扶阳、祛湿的功效为原则，应多吃柔肝养肺的食品，如荠菜，益肝和中；菠菜，利五脏、通血脉；山药，健脾补肺；淡菜，益阴，利肝，多吃新鲜上市的果蔬。也可宜适度进食姜、葱、韭菜等温润食品。要避免吃燥性、刺激性食物如羊肉、辣椒等。

二是踏青日晒重护肤。清明风和日丽，柳丝吐芽，经过寒冬季节，人们情趣生发，阳气升扬。应多做户外活动，到山清水秀的郊外春游，助其畅达，养其怡情。极目天地，开阔心胸，对养生保健大有益处。但是户外日晒，容易发生植物日光皮炎。外出时最好穿着长袖衣裤及长靴，避免皮肤暴露。清明时也是花粉过敏症高发期，有过敏体质的人到野外扫墓应戴好口罩、墨镜，应选择花草树木上风方行走，必要时还应带上防过敏的药物。

三是扫墓凭吊心神定。清明节祭祀扫墓，难免睹物思人，引发悲伤惆怅、旧痛新创之情。因此保持心理健康更需珍视。有心理疾患的人，要调适心怀，轻弛性情，不能过度悲伤而不能自持。有医生提醒说，对于焦虑症患者，在扫墓时更可能产生内心压迫感，出现自责愧疚的情绪。总之，清明养生先养心，心旷才能神怡。

有心脑血管疾病、血压偏高的人，更要注意不要劳累或伤心，要稳定自己的情绪。扫墓时最好有亲人陪伴。心情应保持舒畅，通过踏青、散步等活动，调节心情，愉悦身心。

四是避食发物防疾病。清明时节是多种慢性疾病（如关节炎、哮喘、精神病等）易发多发之时，因此要忌食少食"发物"。中医里的"发物"，是指易"动风生痰、发毒生火、压正助邪"之食品，如常见的海鱼、海虾、海蟹、咸菜、竹笋、毛笋、羊肉、公鸡等。有条件的话，多喝些"明前新茶"。饮茶能起到养肝清头目、化痰除烦渴、提神醒脑的作用。按传统中医养生理论，肝属木，木生火，火为心，而心火在此节气中会过于旺盛。饮茶就能克服肝火上举，收到清心疏肝的功效。

六、谷雨

谷雨三月中

（唐）元稹

谷雨春光晓，山川黛色青。

叶间鸣戴胜，泽水长浮萍。

暖屋生蚕蚁，喧风引麦葶。

鸣鸠徒拂羽，信矣不堪听。

牡　丹　图

（明）唐寅

谷雨花枝号鼠姑，

戏拈彤管画成图。

平康脂粉知多少，

可有相同颜色无。

谷雨是二十四节气中的第6个节气，每年4月19—21日时太阳到达黄经 30°时为谷雨，源自古人"雨生百谷"之说。《月令七十二候集解》中说，"三月中，自雨水后，土膏脉动，今又雨其谷于水也……盖谷以此时播种，自上而下也"，故此得多雨之名。

谷雨是春季最后一个节气，清代农书《群芳谱》说："谷雨，谷得雨而生也。"谷雨节气的到来意味着寒潮天气基本结束，气温回升加快，有利于谷类农作物的生长。不过，雨水并不按人们的需要而适时适量而来，而是降雨或过量而成水灾，或干旱而成旱灾，对农业生产造成严重危害，影响农业产量。在黄河中下游，谷雨有着特殊意义，既有"春雨贵如油"的降雨期盼，也有暴雨成灾的警示防范。

1. 谷雨三候

"初候萍始生；二候鸣鸠拂其羽；三候戴胜降于桑。"意思是说，谷雨后降雨量增多，浮萍开始生长，接着布谷鸟便开始提醒人们播种了，然后是桑树上开始见到戴胜鸟。戴胜鸟又名胡哱哱、花蒲扇、山和尚、鸡冠鸟等，是有名的食虫益鸟，大量捕食金针虫、蝼蛄、行军虫、步行虫和天牛幼虫等害虫，在保护森林和农田方面有着较为重要的作用。

2. 谷雨农事

谷雨是春季的最后一个节气，我国大部分地区进入了春种春播的关键时期。谷雨是播种移苗、埯瓜点豆的最佳时节。

这时节，南方大部分地区雨水充沛，对水稻栽插和玉米、棉花苗期生长有利。常常出现"随风潜入夜，润物细无声""蜀天常夜雨，江槛已朝晴"的诗情画意。这种夜雨昼晴的天气，对春种的农作物生长和越冬作物的收获都是有益的。但在西北高原山地，降水稀少，雨量通常少于 20 毫米。

特别需要注意的是，谷雨时气温偏高，阴雨频繁，会造成三麦病虫害发生和流行。要根据天气变化，搞好三麦病虫害防治。

此外，谷雨节以后，一些地方常会出现30℃以上的高温，开始有炎热之感。南方局部的低海拔河谷地带，已经提前进入酷暑的夏季。

在黄淮平原的棉作区，农民总结出了"谷雨前，好种棉"的经验，还有"谷雨不种花，心头像蟹爬"的警示之句。棉农把谷雨节作为棉花播种的时令标志，编成谚语，世代相传。

在东北水稻产区，要根据温度变化，做好育秧大棚保暖工作；西北地区要趁墒播种，雨后及时划锄保墒。已栽播地区应做好田间排水，防止春播作物受浸受淹。

3. 谷雨习俗

谷雨是春季的最后一个节气，有很多跟谷雨有关的民间习俗。

谷雨祭仓颉。据《山海经》《水经注》《策海·六书》《河图玉版》《陕西金石志》《洛南县志》等古籍记载，仓颉是黄帝的史官，随黄帝南巡时来到洛南保安阳虚山下。仓颉"登阳虚之山，临玄扈洛汭之水"，承神仙托梦，得灵龟负书，"遂穷天地之变，仰观奎星圆曲之势，俯察龟文、鸟迹、山川，指掌而创文字。"仓颉祭祀仪式是历史悠久的汉族民俗及民间祭祀活动，体现了汉民族对文字始祖的崇拜和社祭文化，承载着许多重大的历史文化信息和原始记忆。祭祀仪式可以使仓颉造字故事与仓颉开拓精神得到有效传承。

禁蝎咒符。"禁蝎咒"又叫谷雨贴，属于民间绘画的一种。有的禁蝎咒符以木刻雕版，批量印制，可见这个习俗的广泛普遍。咒符上刻印的文字包括："谷雨三月中，蝎子逞威风。神鸡叼一嘴，毒虫化为水""谷雨三月中，蛇蝎永不生""谷雨三月中，老君下天空，手迟七星剑，单斩蝎子精"等。其画面有雄鸡衔虫，爪下还有一只大蝎子。《西游记》第五十五回也有雄鸡治蝎的故事：孙悟空和猪八戒都敌不过毒性极大的蝎子精，观音也自知近它不得。唐僧只好让孙悟空去请昴日星官，结果马到成功。这个神通广大的"昴日星官"其实就是一只双冠子大公鸡。

走谷雨。古时有"走谷雨"的风俗。谷雨这天，村中的青年妇女走村串亲，有的到野外走一圈就回来，寓意与自然相融合，强身健体，同时也是走出深闺，寻觅爱情知己的表露。有诗为证："深谷幽幽齐映红，布谷声声杜鹃中。岂非农家时节好，郊外依亦走出情。"

谷雨食香椿。谷雨前后是香椿树萌发嫩芽的时节，这时的香椿醇香爽口且营养价值高，有"雨前香椿嫩如丝"之说。香椿具有提高机体免疫力、健胃、理气、止泻、润肤、抗菌、消炎、杀虫之功效，所以北方有谷雨节气吃香椿的习俗。香椿拌豆腐，香椿炒鸡蛋，甚至只是简单地开水焯过，加盐调味，吃起来也是醇厚美味。

谷雨摘茶。谷雨茶也叫雨前茶，又叫二春茶。谷雨茶在茶道里分为好多种。如一芽一嫩叶的被称为旗枪；一芽两嫩叶的被称为雀舌等。谷雨茶与清明茶同为茶中佳品。一般雨前茶比较经济实惠，水中造型好，口感上也不比明前茶逊色。

谷雨赏牡丹。谷雨前后，牡丹花开，因此牡丹花也被称为谷雨花。诗有"谷雨三朝看牡丹"之句。谷雨时节赏牡丹是绵延千年的古习俗。清顾禄《清嘉录》曰："神祠别馆筑商人，谷雨看花局一新。不信相逢无国色，锦棚只护玉楼春。"现今山东菏泽、河南洛阳、四川彭州等地，都在谷雨时节举行牡丹花会或牡丹节，以推动经济发展。

谷雨祭海。谷雨时节，正是下海捕鱼的好日子。俗话说"骑着谷雨上网场"。为了能够出海平安、满载而归，谷雨这天渔民要举行海祭，祈祷海神保佑。因此，谷雨节也叫"壮行节"。据说清朝道光年间曾有将谷雨节易名为"渔民节"的倡议。在谷雨这天，渔民们要隆重举行"祭海"活动，向海神娘娘敬酒。酒宴毕，渔民即扬帆出海。

谷雨爬坡节。在黔东南，苗族同胞在谷雨时举行"爬坡节"，苗语称为"纪波"，是苗族青年男女择偶恋爱的盛会。在爬坡季节，青年们借赶集机会，或由男方请求，或由女方邀请，相约某日在女方寨子某个地点举行爬坡。爬坡节这天，山坡上数千男女青年对歌、吹笙、踩鼓，青年们各自物色心仪对象。今天，在爬坡节中又增加了许多游艺、体育活动，如斗牛、斗雀、对歌、篮球、赛跑等，活动更加丰富多彩。

洗澡消灾避祸。谷雨时节，虽然黄河上的桃花汛容易引发洪灾，但是西北地区自古传说，这时节用桃花水洗浴，可消灾避祸。"桃花水"浴毕，再举行射猎、跳舞等庆祝活动，具有净身明志的蕴意。"桃花水"亦称桃华水。《汉书·沟洫志》说："来春桃华水盛，必羡溢，有填淤反壤之害。"颜师古注："《月令》：'仲春之月，始雨水，桃始华。'盖桃方华时，既有雨水，川谷冰泮，众流猥集，波澜盛长，故谓之桃华水耳。"清代蒲松龄的《聊斋志异·白秋练》说："至次年桃花水溢，他货未至，舟中物当百倍於原直（值）也。"

4. 谷雨养生

谷雨节气降雨增多，空气中的湿度逐渐加大，会让人体由内到外产生不适反应，所以需要针对其气候特点进行调养。谷雨前后早晚的气温较低，因此人们应随时注意天气的变化，防止受冷，切勿大汗后吹风，更要注意避免淋雨。白天气温转暖，人们的室外活动增加，北方地区的桃花、杏花等开放；杨絮、柳絮四处飞扬，过敏体质者应注意防止花粉症及过敏性鼻炎、过敏性哮喘等，外出需做好防护。

日常起居要早睡早起，不要过度出汗，以调养脏气。另外，由于谷雨时节雨水较多，易出现肩颈痛、关节疼痛、脘腹胀满、不欲饮食等病症，要防湿邪侵入人体。

谷雨时节饮食原则是养肺、疏肝、健脾，食物以清淡、富于营养为好，强调粗细搭配、荤素搭配。口干舌燥者，可食用百合银耳莲子羹、冬瓜海带莲藕汤，以清利肺热，健脾祛湿。另外，蒲公英、马齿苋、荠菜等野菜也有清热祛湿解毒、健脾润肠通便的作用。

要特别注意，谷雨是季节转换的季节。谷雨一过，春季就要过去了。此时，肝脏气伏，心气渐旺，是身体补益的好时机，应根据个人体质，食用一些益肝补肾的食物，疏肝养肝，养血明目，健脾益肾，利水祛湿，为健康平顺进入夏天打下良好基础。

七、立夏

立夏四月节

（唐）元稹

欲知春与夏，仲吕启朱明。

蚯蚓谁教出，王瓜自合生。

帘蚕呈茧样，林鸟哺雏声。

渐觉云峰好，徐徐带雨行。

立　　夏

（宋）陆游

赤帜插城扉，东君整驾归。

泥新巢燕闹，花尽蜜蜂稀。

槐柳阴初密，帘栊暑尚微。

日斜汤沐罢，熟练试单衣。

立夏，是二十四节气中的第7个节气，也是阳历辰月的结束以及巳月的起始。立夏在农历上的日期并不固定，为每年四月初一前后，此因农历是阴阳历。"斗指东南，维为立夏，万物至此皆长大，故名立夏也。"每年5月5日或5月6日，太阳到达黄经45°为立夏节气。《月令七十二候集解》中说："立字解见春。夏，假也，物至此时皆假大也。"是说春天播种的植物已经直立长大了。

1. 立夏三候

"一候蝼蝈鸣；二候蚯蚓出；三候王瓜生。"即说这一节气中首先可听到蝲蝲蛄（即蝼蛄）在田间的鸣叫声（一说是蛙声），接着大地上便可看到蚯蚓掘土，然后王瓜的蔓藤开始快速攀爬生长。

在天文学上，立夏表示即将告别春天，是夏天的开始，但实际上，若按气候学的标准，日平均气温稳定升达22℃以上为夏季开始，"立夏"前后，我国只有福州到南岭一线以南地区是真正的"绿树浓阴夏日长，楼台倒影入池塘"的夏季，而东北和西北的部分地区这时则刚刚进入春季，全国大部分地区平均气温在18—20℃，正是"百般红紫斗芳菲"的仲春和暮春季节。进入了五月，很多地方槐花也正开。

2. 立夏农事

人们习惯上把"立夏"当作是温度明显升高，炎暑将临，雷雨增多，农作物进入旺季生长的一个重要节气。立夏时节，万物繁茂。古有："孟夏之日，天地始交，万物并秀。"这时夏收作物进入生长后期，夏收作物年景基本定局，故农谚有"立夏看夏"之说。水稻栽插以及其他春播作物的管理也进入大忙季节。"多插立夏秧，谷子收满仓"，立夏前后正是早稻插秧的火红季节。

立夏以后，江南正式进入雨季，雨量和雨日均明显增多，连绵的阴雨不仅导致作物的湿害，还会引起多种病害的流行。小麦抽穗扬花是最易感染赤霉病的时期，若未来有温暖但多阴雨的天气，要抓紧在始花期到盛花期喷药防治。在阴雨连绵或乍暖乍寒的天气条件下，南方的棉花往往会暴发炭疽病、立枯病等，造成大面积的死苗、缺苗。应及时采取必要的增温降湿措施，并配合药剂防治，以保全苗正苗壮。

"能插满月秧，不薅满月草"，立夏时气温仍较低，栽秧后要立即加强管理，早追肥，早耘田，早治病虫，促进早发。中稻播种要抓紧扫尾。茶树这时春梢发育最快，稍一疏忽，茶叶就要老化，正所谓"谷雨很少摘，立夏摘不辍"，要集中全力，分批突击采制。

立夏前后，华北、西北等地气温回升很快，但降水仍然不多，加上春季多风，蒸发强烈，大气干燥和土壤干旱常严重影响农作物的正常生长。小麦灌浆乳熟前后的干热风更是导致减产的重要灾害性天气，适时灌水是抗旱防灾的关键措施。"立夏三天遍地锄"，这时杂草生长很快，"一天不锄草，三天锄不了"。中耕锄草不仅能除去杂草，抗旱防渍，又能提高地温，加速土壤养分分解，对促进棉花、玉米、高粱、花生等作物苗期健壮生长有十分重要的意义。

3. 立夏习俗

在立夏，各地有许多有趣的风俗，较为普遍的是秤人。在村口或台门里挂起一杆大木秤，秤钩悬一根凳子，大家轮流坐到凳子上面秤人。司秤人一面打秤花，一面讲着吉利的话。秤老人要说"秤花八十七，活到九十一"。秤姑娘说"一百〇五斤，员外人家找上门。勿肯勿肯偏勿肯，状元公子有缘分。"秤小孩则说"秤花一打二十三，小官人长大会出山。七品县官勿犯难，三公九卿也好攀"。打秤花只能里打出（即从小数打到大数），不能外打里。至于这一风俗的由来，民间相传与孟获和刘阿斗的故事有关。据说孟获被诸葛亮收服，归顺蜀国之后，对诸葛亮言听计从。诸葛亮临终嘱托孟获每年要来看望蜀主一次。诸葛亮嘱托之日，正好是这年立夏，孟获当即去拜阿斗。从此以后，每年夏日，孟获都履行诺言来蜀拜望。过了数年，晋武帝司马炎灭掉蜀国，掳走阿斗。而孟获不忘丞相之托，每年立夏带兵去洛阳看望阿斗，每次去则都要秤阿斗的重量，以验证阿斗是否被晋武帝亏待。他扬言如果亏待阿斗，就要起兵反晋。晋武帝为了迁就孟获，就在每年立夏这天，用糯米加豌豆煮成饭给阿斗吃。阿斗见豌豆糯米饭又黏又香，就加倍吃下。孟获进城秤人，每次都比上年重几斤。阿斗虽然没有什么本领，但有孟获立夏秤人之举，晋武帝也不敢欺侮他，日子也过得清静安乐，福寿双全。这一传说，虽与史实有异，但是充分体现了百姓的美好愿望，即拥有"清静安乐，福寿双全"的太平世界。除此之外，"李会""浴佛节"等也是民间较为普遍的习俗。

4. 立夏养生

一年四季中，夏天属火，火气通于心，故夏季与心气相通。夏天人们易感到烦躁不安，容易出现失眠、口腔溃疡等上火症状，因此立夏养生首先要"养心"。情志上，要做到"戒燥戒怒"，切忌大喜大悲，要保持精神安静、心志安闲，心情舒畅，笑口常开。做一些如绘画、钓鱼、书法、下棋、种花等活动。饮食上，应少吃高脂厚味及辛辣上火之物，多食清淡和富含维生素的食物，如山药、小麦、玉米、海产品、蛋类，这些食物既能清热、防暑、敛汗、补液，还能增进食欲。衣着上，天气逐渐炎热，温度明显升高，但此时早晚间仍比较凉，日夜温差仍较大，早晚要适当添衣。起居上，应相对"晚睡""早起"，以接受天地的清明之气，但仍应注意睡好"子午觉"，尤其要适当午睡，以保证饱满的精神状态以及充足的体力。

八、小满

小满四月中

（唐）元稹

小满气全时，如何靡草衰。

田家私黍稷，方伯问蚕丝。

杏麦修镰钐，锄芥竖棘篱。

向来看苦菜，独秀也何为？

五绝·小满

（宋）欧阳修

夜莺啼绿柳，皓月醒长空。

最爱垄头麦，迎风笑落红。

　　小满，二十四节气中的第 8 个节气。公历每年 5 月 20 日到 22 日之间太阳到达黄径 60° 时为小满。小满的含义是夏熟作物的籽粒开始灌浆饱满，但还未成熟，只是小满，还未大满。《月令七十二候集解》："四月中，小满者，物致于此小得盈满。"这时全国北方地区麦类等夏熟作物籽粒已开始饱满，但还没有成熟，约相当乳熟后期，所以叫小满。南方地区的农谚赋予小满以新的寓意："小满不满，干断田坎""小满不满，芒种不管。"用"满"来形容雨水的盈缺，指出小满时田里如果蓄不满水，就可能造成田坎干裂，甚至芒种时也无法栽插水稻。

　　1. 小满三候

　　"一候苦菜秀；二候靡草死；三候麦秋至。"意思是说小满节气中，苦菜已经枝叶繁茂；而喜阴的一些枝条细软的草类在强烈的阳光下开始枯死；此时麦子开始成熟。

　　2. 小满农事

　　"小满"时节，标志着农事活动即将进入大忙季节，夏收作物已经成熟，或接近成熟；春播作物生长旺盛；秋收作物播种在即。北方地区的春播工作已基本结束，各地要做好春播作物的田间管理。出现降雨的地区要抓住雨后的有利时机，及时查苗、补种，力争苗全、苗壮；同时注意防御大风和强降温天气对春播作物幼苗造成的危害。

　　北方冬小麦已进入产量形成的关键阶段，应加强后期肥水管理，防止根、叶早衰，促进冬小麦充分灌浆，提高籽粒重；墒情偏差的地区要适时灌溉，防御高温、干旱和"干热风"天气造成的危害，对可能出现大雨、大风的地区，在极端天气来临前不要浇水，以减少小麦倒伏。

　　南方夏收粮油作物产区要抓住晴好天气，适时收晒成熟的小麦、油菜，避免不利天气造成损失。江南、华南地区在早稻移栽后应注意浅水灌溉、适时施肥，促进早稻早生快发和多分蘖；对够苗的田块要及时排水晒田，控制无效分蘖，并注意做好稻田病虫害的监测与防治工作。

民间还流传着这样一则农事诗："小满小麦粒渐满，收割还需十多天。收前十天停浇水，防治麦蚜和黄疸。去杂去劣选良种，及时套种粮油棉。干旱风害和雹灾，提早预防灾情减。芝麻黍稷种尚可，春棉播种为时晚。早春作物勤松土，行间株间都锄严。植棉擗杈狠治虫，酌情追肥和浇灌。麦前抓紧把炕换，炕洞砸碎堆田边。早修农具早打算，莫等麦熟打转转。果树疏果治病虫，及时收理桑蚕茧。畜禽管理加措施，怀孕母畜要细管。鱼塘昼夜勤观察，做到防患于未然。养鱼犹如种粮棉，管理得当夺高产。"

3. 小满习俗

"抢水"是旧时民间的农事习俗。旧时人们用水车排灌，可谓是农村的一件大事。有谚语云"小满动三车"，其中一项为旧时水车，在水车启动之前，农户以村圩为单位举行"抢水"仪式。举行这个仪式时，一般由年长执事者召集各户，在天气晴好时燃起火把，在水车基上吃麦糕、麦饼、麦团，待执事者以鼓锣为号，群人以击器相和，踏小河岸上事先装好的水车，数十辆一齐踏动，把河水引灌入田，直至河浜水光方止。

小满还有"祭车神"的习俗。传说"车神"为白龙，农家在车水前的车基上置鱼肉、香烛等祭拜祈祷，这种习俗的特殊之处为祭品中有白水一杯，祭祀时，泼入田中，有祝愿水源涌旺之意。

相传小满为蚕神诞辰，因此江浙一带在小满节气期间有一个"祈蚕节"。我国农耕文化以"男耕女织"为典型。对于女织的原料，北方以棉花为主，南方以蚕丝为主。蚕丝需靠养蚕结茧抽丝而得，所以我国南方农村养蚕极为兴盛，尤其是江浙一带。蚕是娇养的"宠物"，很难养活。气温、湿度，桑叶的冷、热、干、湿等均影响蚕的生存。由于蚕难养，古代把蚕视作"天物"。为了祈求"天物的宽恕"和养蚕有个好的收成，人们在四月放蚕时节举行"祈蚕节"。

4. 小满养生

"春风吹，苦菜长，荒滩野地是粮仓。"苦菜是中国人最早食用的野菜之一。据《周书》记载："小满之日苦菜秀。"《诗经》有云："采苦采苦，首阳之下。"当年红军长征途中，曾以苦苦菜充饥，渡过了一个个难关，江西苏区有歌谣唱："苦苦菜，花儿黄，又当野菜又当粮，红军吃了上战场，英勇杀敌打胜仗。"所以苦苦菜被誉为"红军菜""长征菜"。现代养生专家认为，苦菜含有蛋白质、脂肪、碳水化合物以及多种无机盐、维生素等营养成分，可清热、凉血、解毒，对疖肿、吐血、鼻出血、便秘、感冒等都有很好的防治作用。

有农谚说道："小满见三鲜。""三鲜"指的是黄瓜、蒜薹和樱桃。中医认为：樱桃性温，味甘微酸；入脾、肝经，具有补中益气、健脾和胃、祛风胜湿、嫩白皮肤、去皱消斑的功效。可营养肌肤，提高机体免疫力，预防心血管病，防癌抗癌。其富含胡萝卜素，有助于维持正常视觉功能、促进儿童生长发育、维持上皮细胞的完整性并预防呼吸道感染和腹泻。

小满时节，助火生热品不宜多食。有谚语云："勿食生姜易伤阴。"由于热与湿的特点较为明显，因此，一切影响阴津、助火生热的食物均不宜多食。对于体内有实热，或患痔疮、高血压的患者尤须忌食；石榴易于助火生痰，不宜食用，患有便秘、尿道炎、糖尿病的患者不宜多吃。

九、芒种

芒种五月节
（唐）元稹
芒种看今日，螗螂应节生。
彤云高下影，鹩鸟往来声。
渌沼莲花放，炎风暑雨情。
相逢问蚕麦，幸得称人情。

梅雨五绝
（宋）范成大
乙酉甲申雷雨惊，
乘除却贺芒种晴。
插秧先插蚤籼稻，
少忍数旬蒸米成。

芒种，是二十四节气中的第 9 个节气，公历每年 6 月 6 日前后太阳到达黄经75°时为芒种。华北地区有"四月芒种麦在前，五月芒种麦在后"的说法，这种情况是阴历算法造成的。按阴历计算，一年实际上是344—345 天。这比地球绕太阳一周的天数要少10—11天，因此必须三年一闰（有时是两年一闰），补充所短的天数。闰月时，节气不是提前就是推后，因而芒种有时在 4 月，有时在 5 月。中国农民深知 4 月芒种由于打春早，节气推前，所以种庄稼就种得早，要种在芒种前，5 月芒种，就把庄稼种在节气之后。

《月令七十二候集解》："五月节，谓有芒之种谷可稼种矣。"意指大麦、小麦等有芒作物种子已经成熟，抢收十分急迫。晚谷、黍、稷等夏播作物也正是播种最忙的季节，故又称"芒种"。春争日，夏争时，"争时"即指这个时节的收种农忙。人们常说"三夏"大忙季节，即指忙于夏收、夏种和春播作物的夏季管理。

芒种的"芒"字，是指麦类等有芒植物的收获，芒种的"种"字，是指谷黍类作物播种的节令。"芒种"二字谐音为"忙种"，表明一切作物都在"忙种"了，所以"芒种"也称为"忙种"。

1. 芒种三候

"一候螳螂生；二候鵙始鸣；三候反舌无声。"在这一节气中，螳螂在上一年深秋产的卵因感受到阴气初生而破壳生出小螳螂；喜阴的伯劳鸟开始在枝头出现，并且感阴而鸣。与此相反，能够学习其他鸟叫的反舌鸟，却因感应到了阴气的出现而停止了鸣叫。

2. 芒种农事

"芒种"的农事活动讲究"适时而作"。对中国大部分地区来说，芒种一到，夏熟作物要收获，夏播秋收作物要下地，春种的庄稼要管理，收、种、管交叉，是一年中最忙的季节。长江流域"栽秧割麦两头忙"，华北地区"收麦种豆不让响"，"芒种芒种，样样都忙"。由于小麦成熟期短，收获的时间性强，天气的变化对小麦最终产量的影响极大。这时沿江多雨，黄淮平原也即将进入雨季，芒种前后若遇连阴雨天气及风、雹等，往往使小麦不能及时收割、脱粒和贮藏而导致麦株倒伏、落粒、穗上发芽霉变及"烂麦场"等，使眼看到手的庄稼毁于一旦。所以，"收麦如救火，龙口把粮夺"的农谚形象地说明了麦收季节的紧张气氛，必须抓紧一切有利时机，抢割、抢运、抢脱粒。"春争日，夏争时"，一般而言，夏播作物播种期以麦收后越早越好，以保证到秋季前有足够的生长期。

芒种到来预示着全国各地农忙季节的正式来临。陕西、甘肃、宁夏是"芒种忙忙种，夏至谷怀胎"。广东是"芒种下种、大暑莳"。江西是"芒种前三日秧不得，芒种后三日秧不出"。贵州是"芒种不种，再种无用"。福建是"芒种边，好种籼，芒种过，好种糯"。江苏是"芒种插得是个宝，夏至插得是根草"。山西是"芒种芒种，样样都种""芒种糜子急种谷"。四川、陕西是"芒种前，忙种田，芒种后，忙种豆"。从以上农事可以看出，到芒种节，我国从南到北都在忙种了，农忙季节已经进入高潮。

我国各大农业地区的主要农事如下。

东北区：冬、春小麦灌水追肥。稻秧插完。谷子、玉米、高粱、棉花定苗。大豆、甘薯完成第一次铲耥。高粱、谷子、玉米两次铲耥。棉花打叶，水稻锄草，准备追肥，防治病虫害，做好防雹工作。华北区：一般麦田开始收割。夏收夏种同时抓紧。加强棉田管理，治蚜、浇水、追肥。西北区：冬小麦防治病虫。春玉米浇水、中耕、锄草、追肥。谷子中耕锄草，间苗，糜子播种、查苗、补苗。西南区，抢种春作物，及时移栽水稻。抢晴收获夏熟作物。随收、随耕、随种。华中区：抢晴收麦，选留麦种。抢种夏玉米、夏高粱、夏大豆、芝麻等。中稻追肥，发棵末期结合耘耥排水烤田。加强单季晚稻管理，认真除杂。北部地区麦茬稻、江淮之间单季晚稻开始栽插。双季晚稻育秧。防治稻田病虫害。林地培土锄草。华南区：早稻追肥，中稻耘田追肥。晚稻播种，早玉米收获，早黄豆收获，晚黄豆播种。春、冬植蔗，宿根蔗中耕追肥，小培土、防治蚜虫。

3. 芒种习俗

在古代，农历二月二花朝节上要迎花神。芒种已近五月间，百花开始凋残、零落，民间多在芒种日举行祭祀花神仪式，饯送花神归位，同时表达对花神的感激之情，盼望来年再次相会。著名小说家曹雪芹的《红楼梦》第二十七回中可窥见一斑："（大观园中）那些女孩子们，或用花瓣柳枝编成轿马的，或用绫锦纱罗叠成千旄旌幢的，都用彩线系了。每一棵树上，每一枝花上，都系了这些物事。满园里绣带飘飘，花枝招展，更兼这些人打扮得桃羞杏让，燕妒莺惭，一时也道不尽……"

芒种的"安苗"习俗是皖南的农事习俗活动，该习俗始于明初。每到芒种时节，种完水稻，为祈求秋天有个好收成，各地都要举行安苗祭祀活动。家家户户用新麦面蒸发包，把面捏成五谷六畜、瓜果蔬菜等形状，然后用蔬菜汁染上颜色，作为祭祀供品，祈求五谷丰登、村民平安。

贵州东南部一带的侗族青年男女，每年芒种前后都要举办打泥巴仗节。当天，新婚夫妇由要好的男女青年陪同，集体插秧，边插秧边打闹，互扔泥巴。活动结束，检查战果，身上泥巴最多的，就是最受欢迎的人。

在南方还有"煮梅"的习俗，每年五月、六月是梅子成熟的季节，三国时有"青梅煮酒论英雄"的典故。青梅含有多种天然优质有机酸和丰富的矿物质，具有净血、整肠、降血脂、消除疲劳、美容、调节酸碱平衡、增强人体免疫力等独特营养保健功能。但是，新鲜梅子大多味道酸涩，难以直接入口，需加工后方可食用，这种加工过程便是煮梅。

4. 芒种养生

芒种时节，我国长江中下游地区开始进入梅雨季节，持续阴雨，雨量增多，气温升高，空气非常潮湿，天气十分闷热，各种物品容易发霉，蚊虫开始滋生，此时极易传染疾病。此时的养生要点是：精神方面，应使自己保持轻松愉快的心情，忌恼怒忧郁，这样可使气机得以宣畅、通泄得以自如。起居方面，要顺应昼长夜短的季节特点，晚睡早起，适当地接受阳光照射但要避开太阳直射、注意防暑，以顺应旺盛的阳气，利于气血运行、振奋精神。中午最好能小睡一会，时间以30分钟至1个小时为宜，以解除疲劳，利于健康。衣着起居方面因天热易出汗，衣服要勤洗勤换，要"汗出不见湿"，因为若"汗出见湿，乃生痤疮"。要经常洗澡，但出汗时不能立刻用冷水冲澡。不要因贪图凉快而迎风或露天睡卧，也不要大汗而光膀吹风。饮食方面，宜食清淡，多食蔬菜、豆类、水果，如菠萝、苦瓜、西瓜、荔枝、杧果、绿豆、赤豆等。这些食物含有丰富的维生素、蛋白质、脂肪、糖等，可提高机体的抗病能力。

十、夏至

夏至五月中

（唐）元稹

处处闻蝉响，须知五月中。

龙潜渌水坑，火助太阳宫。
过雨频飞电，行云屡带虹。
蕤宾移去后，二气各西东。

和昌英叔夏至喜雨
（宋）杨万里
清酣暑雨不缘求，犹似梅黄麦欲秋。
去岁如今禾半死，吾曹遍祷汗交流。
此生未用愠三已，一饱便应哦四休。
花外绿畦深没鹤，来看莫惜下邳侯。

夏至是二十四节气中的第10个节气，为二十四节气中最早被确定的节气之一。公元前7世纪，先人采用土圭测日影，就确定了夏至，即每年公历6月21日或22日。夏至这天，太阳运行至黄经90°。据《恪遵宪度抄本》："日北至，日长之至，日影短至，故曰夏至。至者，极也。"夏至这天，太阳直射地面的位置到达一年的最北端，几乎直射北回归线（北纬 23° 26'），北半球的白昼达到最长，且越往北昼越长。夏至以后，太阳直射地面的位置逐渐南移，北半球的白昼日渐缩短。民间有"吃过夏至面，一天短一线"的说法。而此时南半球正值隆冬。

中国民间把夏至后的15天分成"三时"，一般头时3天，中时5天，末时7天。其间我国大部分地区气温较高，日照充足，作物生长很快，生理和生态需水均较多。此时的降水对农业产量影响很大，有"夏至雨点值千金"之说。一般年份，这时长江中下游地区和黄淮地区降水一般可满足作物生长的要求。《荆楚岁时记》中记有："六月必有三时雨，田家以为甘泽，邑里相贺。"可见在 1000 多年前人们已对此降雨特点有明确的认识。

1. 夏至三候

"一候鹿角解；二候蝉始鸣；三候半夏生。"麋与鹿虽属同科，但古人认为，二者一属阴一属阳。鹿的角朝前生，所以属阳。夏至日阴气生而阳气始衰，所以阳性的鹿角便开始脱落。而麋属阴，所以在冬至日角才脱落。雄性的知了在夏至后因感阴气之生便鼓翼而鸣；半夏是一种喜阴的药草，因在仲夏的沼泽地或水田中出生所以得名。

2. 夏至农事

夏至时节，我国南方大部分地区农业生产因农作物生长旺盛，杂草、病虫迅速滋长蔓延而进入田间管理时期，高原牧区则开始了草肥畜旺的黄金季节。此时，华南西部雨水量显著增加，因此，要特别注意做好防洪准备。夏至节气是华南东部全年雨量最多的节气，往后常受副热带高压控制，出现伏旱。为了增强抗旱能力，夺取农业丰收，在这些地区，抢蓄伏前雨水是一项重要措施。

"不过夏至不热"，"夏至三庚数头伏"。天文学上规定夏至为北半球夏季开始，但是地表接收的太阳辐射热仍比地面反辐射放出的热量多，气温继续升高，故夏至日不是一年中天气最热的时节。大约再过二三十天，一般是最热的天气了。夏至后进入伏天，北方气温高，光照足，雨水增多，农作物生长旺盛，杂草、害虫迅速滋长漫延，需加强田间管理。

夏至前后，淮河以南早稻抽穗扬花，田间水分管理上要足水抽穗，湿润灌浆，干干湿湿，既满足水稻结实对水分的需要，又能透气养根，保证活熟到老，提高籽粒重。俗话说："夏种不让晌。"夏播工作要抓紧扫尾，已播的要加强管理，力争全苗。出苗后应及时间苗定苗，移栽补缺。夏至时节各种农田杂草和庄稼一样生长很快，不仅与作物争水争肥争阳光，而且是多种病菌和害虫的寄主，因此农谚说："夏至不锄根边草，如同养下毒蛇咬。"抓紧中耕锄地是夏至时节极重要的增产措施之一。棉花一般已经现蕾，营养生长和生殖生长两旺，要注意及时整枝打权，中耕培土，雨水多的地区要做好田间清沟排水工作，防止涝渍和暴风雨的危害。

3. 夏至习俗

"夏至尝黍，端午食粽"是夏至节的古时食俗。据《吕氏春秋》载，当早黍于农历五月登场时，天子要在夏至时举行尝黍仪式。古人要用黍和鸡祭祀祖先，仿照西周人用牛角或羊角祭祖庆丰收时的传统形式，将黍用竹叶或苇叶包成形如牛角的角黍，先祭祖然后蒸熟品尝。黍曾是北方先民们的主食，并可酿成美酒，《诗经》中就有不少 "年丰多黍"的诗句，大家一起尝食角黍被认为是一种欢庆年丰的标志。

在我国北方地区还有"冬至饺子夏至面"的习俗。因为地处黄河流域的北方地区主要的农作物是麦子，在新麦收获之时，人们用新面制作喜面是喜庆年丰的最好方式。吃面条不但能满足人们的口腹需求，而且吃着巧手制出的众多样式的面条，生活中平添了多样的乐趣。有人爱在酷热的夏天吃热面，除了爱好，据说还有 "辟恶"之意，即吃热面可以多出汗以祛除人体内滞留的潮气和暑气。记载中杜甫爱吃槐叶冷陶面，还曾写诗："青青高槐叶，采掇付中厨。新面来近市，汁滓宛相俱。人鼎资过熟，加餐愁欲无。"

有些地方还有女子头上戴枣花的习俗，据说可治腿脚不适。每当夏至时节，枣花盛开，小星星似的米黄色枣花幽幽飘香。妇女们便一起去采集枣花，然后戴在头上。年长的妇女在戴枣花时，嘴里还会念念有词："脚麻脚麻，头上戴朵枣花。"

4. 夏至养生

古人对于夏季的养生是很有讲究的。《素问·四气调神大论》曰："使志无怒，使华英成秀，使气得泄，若所爱在外，此夏气之应，养长之道也"。就是说，夏季要神清气和，快乐欢畅，心胸宽阔，精神饱满，如万物生长需要阳光那样，对外界事物要有浓厚的兴趣，培养乐观外向的性格，以利于气机的通泄。与此相反，举凡懈怠厌倦，恼怒忧郁，则有碍气机通跳，皆非所宜。稽康《养生论》对炎炎夏季有其独到之见，认为夏季炎热，"更宜调息静心，常如冰雪在心，炎热亦于吾心少减，不可以热为热，更生热矣。"即"心静自然凉"，这里所说就是夏季养生法中的精神调养。

夏至养生的要点是：起居方面，以顺应自然界阳盛阴衰的变化，宜晚睡早起，合理安排午休时间。每日温水洗澡，可以洗掉汗水、污垢，使皮肤清洁凉爽消暑防病。另外，夏日炎热，腠理开泄，易受风寒湿邪侵袭，睡眠时不宜扇类送风，有空调的房间，室内外温差不宜过大，更不宜夜晚露宿。饮食方面，中医认为此时宜多食酸味，以固表，多食咸味以补心。饮食宜清淡不宜肥甘厚味，要多食杂粮以寒其体，不可过食热性食物，以免助热；冷食瓜果当适可而止，不可过食，以免损伤脾胃；厚味肥腻之品宜少勿多，以免化热生风，激发疔疮之疾。

十一、小暑

小暑六月节

（唐）元稹

倏忽温风至，因循小暑来。

竹喧先觉雨，山暗已闻雷。

户牖深青霭，阶庭长绿苔。

鹰鹯新习学，蟋蟀莫相催。

销　　暑

（唐）白居易

何以销烦暑，端居一院中。

眼前无长物，窗下有清风。

热散由心静，凉生为室空。

此时身自得，难更与人同。

小暑，是二十四节气中的第 11 个节气。公历每年 7 月 7 日或 8 日视太阳到达黄经 105° 时为小暑，到 7 月 22 日或 23 日结束。此时正值初伏前后。小暑期间，全国大部分地区进入盛夏。《月令七十二候集解》："六月节……暑，热也，就热之中分为大小，月初为小，月中为大，今则热气犹小也。"暑，表示炎热的意思，古人认为小暑期间，还不是一年中最热的时候，故称为小暑。也有节气歌谣曰："小暑不算热，大暑三伏天。"指出一年中最热的时期已经到来，但还未达到极热的程度。俗话说："热在三伏。"我国三伏天气一般出现在夏至的 28 天之后，即所谓"夏至三庚数头伏"。

1. 小暑三候

"一候温风至；二候蟋蟀居宇；三候鹰始鸷。"小暑时节大地上所有的风中都带着热浪；《诗经·七月》中描述蟋蟀的字句有"七月在野，八月在宇，九月在户，十月蟋蟀入我床下。"文中所说的八月即是夏历的六月，即小暑节气的时候，由于炎热，蟋蟀离开了田野，到庭院的墙角下以避暑热；在这一节气中，老鹰因地面气温太高而在清凉的高空中活动。

2．小暑农事

小暑来临，降水明显增加，且雨量比较集中，华南、西南、青藏高原也处于来自印度洋和我国南海的西南季风雨季中，而长江中下游地区则一般为副热带高压控制下的高温少雨天气，常常出现的伏旱对农业生产影响很大，及早蓄水防旱显得十分重要。农谚说："小暑一声雷，倒转做黄梅"，小暑时节的雷雨常是"倒黄梅"的天气信息，预兆雨带还会在长江中下游维持一段时间。"伏天的雨，锅里的米"，这时出现的雷雨、热带风暴或台风带来的降水虽对水稻等作物生长十分有利，但有时也会给棉花、大豆等旱作物及蔬菜造成不利影响。

小暑前后，除东北与西北地区收割冬、春小麦等作物外，农业生产上主要是忙着田间管理了。早稻处于灌浆后期，早熟品种大暑前就要成熟收获，要保持田间干干湿湿。中稻已拔节，进入孕穗期，应根据长势追施穗肥，促穗大粒多。单季晚稻正在分蘖，应及早施好分叶肥。双晚秧苗要防治病虫，于栽秧前 5—7 天施足"送嫁肥"。"小暑天气热，棉花整枝不停歇。"大部分棉区的棉花开始开花结铃，生长最为旺盛，在重施花铃肥的同时，要及时整枝、打杈、去老叶，以协调植株体内养分分配，增强通风透光，改善群体小气候，减少蕾铃脱落。盛夏高温是蚜虫、红蜘蛛等多种害虫盛发的季节，适时防治病虫是田间管理上的又一重要环节。

3．小暑习俗

"头伏饺子二伏面，三伏烙饼摊鸡蛋"。头伏吃饺子是小暑节气的传统习俗。伏日人们食欲不振，往往比常日消瘦，俗谓之苦夏，而饺子在传统习俗里正是开胃解馋的食物。山东有的地方吃生黄瓜和煮鸡蛋来治苦夏，入伏的早晨吃鸡蛋，不吃别的食物。徐州人入伏吃羊肉，称为"吃伏羊"，这种习俗可上溯到尧舜时期，在民间有"彭城伏羊一碗汤，不用神医开药方"之说法。徐州人对吃伏羊的喜爱从当地民谣中可以看出："六月六接姑娘，新麦饼羊肉汤。"

伏日吃面习俗至少在三国时期就已开始了。《魏氏春秋》："伏日食汤饼，取巾拭汗，面色皎然。"这里的汤饼就是热汤面。《荆楚岁时记》中说："六月伏日食汤饼，名为辟恶。"五月是恶月，六月亦沾恶月的边儿，故也应"辟恶"。伏天还可吃过水面、炒面。所谓炒面是用锅将面粉炒干炒熟，然后用水加糖拌着吃，这种吃法汉代已有，唐宋时更为普遍，不过那时是先炒熟麦粒，然后再磨面食之。唐代医学家苏恭说，炒面可解烦热，止泄，实大肠。另外，山东临沂地区有给牛改善饮食的习俗，伏日煮麦仁汤给牛喝，据说牛喝了身子壮，能干活，不淌汗。民谣有："春牛鞭，舐牛汉（公牛），麦仁汤，舐牛饭，舐牛喝了不淌汗，熬到六月再一遍。"

4. 小暑养生

小暑时节，标志着夏天最热的时候已经来临。养生保健专家说，夏季情感障碍综合征的发生与气温、出汗、饮食情况和睡眠时间有密切关系。当环境气温超过35℃，日照时间超过12小时，湿度高于80%时，情感障碍发生率明显上升，加上出汗增多，人体内的钙、镁、钾、钠等电解质代谢出现障碍，影响大脑神经活动，从而产生情绪、心境和行为方面的异常。有研究数据表明，16%的正常人会因高温而乱发脾气。约有10%的人会出现情绪、心境和行为异常。天气太热，导致大量出汗，加上睡眠和食欲不好，以及工作压力大，很容易令人发生情绪和行为方面的异常，造成"情绪中暑"。"情绪中暑"的主要症状是心情烦躁，易动肝火，好发脾气，思维紊乱，行为异常，对事物缺少兴趣，不少人常因一些鸡毛蒜皮的小事而大动肝火，注意力不集中，容易健忘。为了预防"情绪中暑"，养生专家建议，天热时，要保证充足睡眠。当环境超过33℃时，要减少工作量或暂停工作，不要做剧烈运动，以免造成体能消耗过多，有损身体新陈代谢。饮食方面，人们容易出现食欲降低、胃口不佳、肠胃不适等状况，有谚语云"小暑大暑，有米也懒煮"，意指天气太热了，人变得散漫，连三餐都懒得准备。其实，恰恰相反，医学专家表示，酷暑时节，人们应该通过适当的"食疗"来改善对热天的不适感，常吃西瓜、黄瓜、冬瓜、茄子、绿豆等，这些食物味甘性凉，具有清热、去暑、解毒的作用。

十二、大暑

大暑六月中

（唐）元稹

大暑三秋近，林钟九夏移。

桂轮开子夜，萤火照空时。

瓜果邀儒客，菰蒲长墨池。

绛纱浑卷上，经史待风吹。

销　暑

（唐）白居易

何以销烦暑，端居一院中。

眼前无长物，窗下有清风。

热散由心静，凉生为室空。

此时身自得，难更与人同。

大暑，二十四节气中的第12个节气。公历每年7月23日或24日太阳到达黄经 120° 时为大暑。《月令七十二候集解》："六月中，……暑，热也，就热之中分为大小，月初为小，月中为大，今则热气犹大也。"大暑是一年中最热的节气，"大暑"与"小暑"一样，都是反映夏季炎热程度的节令。"大暑"表示炎热至极。大暑正值"中伏"前后，全国大部分地区进入一年中最热时期，也是喜温作物生长最快的时期，但旱、涝、台风等自然灾害发生频繁。有谚语说："东闪无半滴，西闪走不及。"人们也常把夏季午后的雷阵雨称为"西北雨"，并形容"西北雨，落过无车路"。

1. 大暑三候

"一候腐草为萤；二候土润溽暑；三候大雨时行。"世界上萤火虫约有两千多种，分水生与陆生两种，陆生的萤火虫产卵于枯草上，大暑时，萤火虫卵化而出，所以古人认为萤火虫是腐草变成的；第二候是说天气开始变得闷热，土地也很潮湿；第三候是说时常有大的雷雨会出现，这大雨使暑湿减弱，天气开始向立秋过渡。

2. 大暑农事

"禾到大暑日夜黄"，对我国种植双季稻的地区来说，一年中最紧张、最艰苦、顶烈日战高温的"双抢"战斗已拉开了序幕。俗话说"早稻抢日，晚稻抢时""大暑不割禾，一天少一箩"，适时收获早稻，不仅可减少后期风雨造成的危害，确保丰产丰收，而且可使双晚适时栽插，争取足够的生长期。要根据天气的变化，灵活安排，晴天多割，阴天多栽，在7月底以前栽完双晚，最迟不能迟过立秋。"大暑天，三天不下干一砖"，酷暑盛夏，水分蒸发特别快，尤其是长江中下游地区正值伏旱期，旺盛生长的作物对水分的要求更为迫切，真是"小暑雨如银，大暑雨如金"。棉花花铃期叶面积达一生中最大值，是需水的高峰期，要求田间土壤湿度占田间持水量在70%—80%为最好，低于60%就会受旱而导致落花落铃，必须立即灌溉。要注意灌水不可在中午高温时进行，以免土壤温度变化过于剧烈而加重蕾铃脱落。大豆开花结荚也正是需水临界期，对缺水的反应十分敏感。农谚说"大豆开花，沟里摸虾"，出现旱象应及时浇灌。

"稻在田里热了笑，人在屋里热了跳。"盛夏高温对农作物生长十分有利。民间流传着这样的农谚："大暑处在中伏里，全年温高数该期。"这个节气雨水多，有"小暑、大暑，淹死老鼠"的谚语，要注意防汛防涝。大暑农事歌如下："春夏作物追和耪，防治病虫抓良机。玉米人工来授粉，棒穗上下籽粒齐。棉花管理须狠抓，修追治虫勤锄地，顶尖分次来打掉，最迟不宜过月底。大搞积肥和造肥，沤制绿肥好时机。雨季造林继续搞，成片零星都栽齐，早熟苹果拣着摘，红荆绵槐到收期。高温预防畜中暑，查治日晒（病）和烂蹄（病）。水中缺氧鱼泛塘，日出之前头浮起。矾水泼洒盐水喷，全塘鱼患得平息。"

3. 大暑习俗

山东南部地区有在大暑到来这一天"喝暑羊"（即喝羊肉汤）的习俗。在枣庄市，不少市民大暑这天到当地的羊肉汤馆"喝暑羊"。营养学家对此进行过深入研究，认为羊肉在伏天吃营养程度最高。三伏天，人体内积热，此时喝羊汤，同时把辣椒油、醋、蒜喝进肚里，必然全身大汗淋漓，这汗可带走五脏积热，同时排出体内毒素，极有益健康。

浙江地区有送"大暑船"的习俗。送"大暑船"是浙江沿海地区，特别是台州好多渔村都有的民间传统习俗，其意义是把"五圣"送出海，送暑保平安民。送"大暑船"时，伴有丰富多彩的民间文艺表演。大暑送"大暑船"活动在浙江台州沿海已有几百年的历史。"大暑船"完全按照旧时的三桅帆船缩小比例后建造，长8米、宽2米、重约1.5吨，船内载各种祭品。活动开始后，50多名渔民轮流抬着"大暑船"在街道上行进，鼓号喧天，鞭炮齐鸣，街道两旁站满祈福人群。"大暑船"最终被运送至码头，进行一系列祈福仪式。随后，这艘"大暑船"被渔船拉出渔港，然后在大海上点燃，任其沉浮，以此祝福人们五谷丰登，生活安康。台州椒江人还有大暑节气吃姜汁调蛋的风俗，姜汁能去除体内湿气，姜汁调蛋"补人"，也有老年人喜欢吃鸡粥，谓能补阳。

莆田人在大暑时节有吃荔枝、羊肉和米糟的习俗，叫作"过大暑"。荔枝含有葡萄糖和多种维生素，富有营养价值，所以吃鲜荔枝可以滋补身体。先将鲜荔枝浸于冷井水之中，大暑时刻一到便取出品尝。这一时刻吃荔枝，最惬意、最滋补。于是，有人说大暑吃荔枝，其营养价值和吃人参一样高。

广东很多地方在大暑时节有"吃仙草"的习俗。仙草又名凉粉草、仙人草，唇形科凉粉草属草本植物，是重要的药食两用植物资源。由于其神奇的消暑功效，被誉为"仙草"。仙草茎叶晒干后可以做成烧仙草，广东一带叫凉粉，是一种消暑的甜品。烧仙草本身也可入药。民谚："六月大暑吃仙草，活如神仙不会老。"烧仙草也是台湾著名的小吃之一，有冷、热两种吃法。烧仙草的外观和口味均类似于粤港澳地区流行的另一种小吃龟苓膏，也同样具有清热解毒的功效。

各地种种趣味盎然的大暑习俗，体现了人们追求身体健康的美好情感，也给我国丰富多彩的民间习俗增添了一抹独特的色彩。

4. 大暑养生

大暑是全年温度最高、阳气最盛的时节，在养生保健中常有"冬病夏治"的说法，故对于那些每逢冬季发作的慢性疾病，如慢性支气管炎、肺气肿、支气管哮喘、腹泻、风湿痹证等阳虚症，大暑是最佳的治疗时机。每个伏天（夏季三个伏天）贴一次，每年三次，连续贴三年，可增强机体非特异性免疫力，降低机体的过敏状态。这种内外结合的治疗可以有效地根除或缓解病症。

"冬补三九，夏补三伏"。民间有一种传统的进补方法，就是大暑吃童子鸡。童子鸡，是指还不会打鸣，生长刚成熟但未配育过的小公鸡，或饲育期在三个月内体重达一斤至一斤半、未曾配育过的小公鸡，后来也有专门的品种称为童子鸡。童子鸡体内含有一定的生长激素，对处于生长发育期的孩子以及激素水平下降的中老年人都有很好的补益作用。

"天生万物以养民"。大暑天气酷热，出汗多，脾胃活动相对较差。这时人会感觉比较累和食欲不振。而淮山有补脾健胃、益气补肾作用。多吃淮山一类益气养阴的食品，可以促进消化，改善腰膝酸软问题，使人感到精力旺盛。对于高血压或糖尿病患者，吃南瓜就最好不过。南瓜富含维生素、蛋白质和多种氨基酸，而且以碳水化合物为主，脂肪含量很低，多吃有助于降低血糖和血脂。另外，俗语说"冬吃萝卜夏吃姜"。吃姜有助于驱除体内寒气，大家可以尝试一下子姜炒牛肉、子姜炒木耳等菜式。但吃姜的时间也有讲究，最好不要在晚上吃。

十三、立秋

诗 经 瓠 叶

幡幡瓠叶，采之亨之，

君子有酒，酌言尝之。

有兔斯首，炮之燔之，

君子有酒，酌言献之。

有兔斯首，燔之炙之，

君子有酒，酌言酢之。

有兔斯首，燔之炮之，

君子有酒，酌言酬之。

立秋七月节

（唐）元稹

不期朱夏尽，凉吹暗迎秋。

天汉成桥鹊，星娥会玉楼。

寒声喧耳外，白露滴林头。

一叶惊心绪，如何得不愁？

立秋，是二十四节气中的第13个节气，公历每年8月7日或8日太阳到达黄经135°时为立秋。立秋的"立"是开始的意思，《说文解字》说，"秋，禾谷熟也"，是指庄稼成熟的时期。立秋表示暑去凉来，秋天开始之意。《月令七十二候集解》："秋，揪也，物于此而揪敛也"。立秋不仅预示着炎热的夏天即将过去，秋天即将来临，也表示草木开始结果孕子，收获季节到了。

1. 立秋三候

"初候凉风至；二候白露降；三候寒蝉鸣。"第一候，凉风至，经过大暑的大雨，暑气渐消，凉风已经由热带吹来的热风改为西太平洋吹来的台风；第二候，白露降，是指立秋之后早晚温差渐大，夜间湿气接近地面，在清晨形成白雾，未凝结成珠，有秋天的凉意；第三候，寒蝉鸣，与夏至第二候"蝉始鸣"相呼应。在秋天叫的蝉称为寒蝉，寒蝉感应到阴气生而开始鸣叫。

据记载，宋时立秋这天宫内要把栽在盆里的梧桐移入殿内，等到"立秋"时辰一到，太史官便高声奏道："秋来了。"奏毕，梧桐应声落下一两片叶子，以寓报秋之意。其实，按气候学划分季节的标准，下半年日平均气温稳定降至 22℃ 以下为秋季的开始，除长年皆冬和春秋相连无夏区外，我国很少有在"立秋"就进入秋季的地区。

2. 立秋农事

"秋后一伏热死人"，立秋前后我国大部分地区气温仍然较高，各种农作物生长旺盛，中稻开花结实，单晚圆秆，大豆结荚，玉米抽雄吐丝，棉花结铃，甘薯薯块迅速膨大，对水分要求都很迫切，此期受旱会给农作物最终收成造成难以补救的损失。所以有"立秋三场雨，秕稻变成米""立秋雨淋淋，遍地是黄金"之说。双晚生长在气温由高到低的环境里，必须抓紧当前温度较高的有利时机，追肥耘田，加强管理。当前也是棉花保伏桃、抓秋桃的重要时期，"棉花立了秋，高矮一齐揪"，除对长势较差的田块补施一次速效肥外，打顶、整枝、去老叶、抹赘芽等要及时跟上，以减少烂铃、落铃，促进正常成熟吐絮。茶园秋耕要尽快进行，农谚说"七挖金，八挖银"，秋挖可以消灭杂草，疏松土壤，提高保水蓄水能力，若再结合施肥，可使秋梢长得更好。立秋前后，华北地区的大白菜要抓紧播种，以保证在低温来临前有足够的热量条件，争取高产优质。播种过迟，生长期缩短，菜棵生长小且包心不坚实。立秋时节也是多种作物病虫集中危害的时期，如水稻三化螟、稻纵卷叶螟、稻飞虱、棉铃虫和玉米螟等，要加强预测预报和防治。北方的冬小麦播种也即将开始，应及早做好整地、施肥等准备工作。

3. 立秋习俗

立秋节，也称七月节，时间在每年公历8月7日或8日。在周代这一天天子亲率三公九卿诸侯大夫，到西郊迎秋，并举行祭祀少嗥、蓐收的仪式，（见《礼祀·月令》）。汉代仍承此俗。《后汉书·祭祀志》：

"立秋之日，迎秋于西郊，祭白帝蓐收，车旗服饰皆白，歌《西皓》、八佾舞《育命》之舞。并有天子入圃射牲，以荐宗庙之礼，名曰躯刘。杀兽以祭，表示秋来扬武之意。"到了唐代，每逢立秋日，也祭祀五帝。《新唐书·礼乐志》："立秋立冬祀五帝于四郊。"宋代，立秋之日，男女都戴楸叶，以应时序。有以石楠红叶剪刻花瓣簪插鬓边的风俗，也有以秋水吞食小赤豆七粒的风俗（见《临安岁时记》）。明承宋俗。清代在立秋节这天，悬秤称人，和立夏日所秤之数相比，以验夏中之肥瘦。近代以来，在广大农村中，在立秋这天的白天或夜晚，有预卜天气凉热之俗。还有以西瓜、四季豆尝新、奠祖的风俗。又有在立秋前一日，陈冰瓜，蒸茄脯，煎香薷饮等风俗。另外在我国湖南的花垣、凤凰、泸溪等地，苗族在这一天会举行隆重的赶秋节。每年农历立秋日，当地群众盛装汇聚在传统秋坡，进行荡秋千、吹芦笙、歌舞等娱乐活动，预祝丰收。男女青年借机相互结识。赶秋节反映着苗族人民对五谷丰收、六畜兴旺与幸福的追求。

4. 立秋养生

立秋是进入秋季的初始，《管子》中记载："秋者阴气始下，故万物收。"在秋季养生中，《素问·四气调神大论》指出："夫四时阴阳者，万物之根本也，所以圣人春夏养阳，秋冬养阴，以从其根，故与万物沉浮于生长之门，逆其根则伐其本，坏其真矣。"此乃古人对四时调摄之宗旨，告诫人们，顺应四时养生要知道春生夏长秋收冬藏的自然规律。要想达到延年益寿的目的就要顺应之，遵循之。整个自然界的变化是循序渐进的过程，立秋的气候是由热转凉的交接节气，也是阳气渐收，阴气渐长，由阳盛逐渐转变为阴盛的时期，是万物成熟收获的季节，也是人体阴阳代谢出现阳消阴长的过渡时期。因此秋季养生，凡精神情志、饮食起居、运动锻炼，皆以养收为原则。秋内应于肺，肺在志为悲（忧），悲忧易伤肺，肺气虚则机体对不良刺激的耐受性下降，易生悲忧之情绪，所以在进行自我调养时切不可背离自然规律，循其古人之纲要"使志安宁，以缓秋刑，收敛神气，使秋气平；无外其志，使肺气清，此秋气之应，养收之道也"。

一是精神调养。要做到内心宁静，神志安宁，心情舒畅，切忌悲忧伤感，即使遇到伤感的事，也应主动予以排解，以避肃杀之气，同时还应收敛神气，以适应秋天容平之气。

二是起居调养。立秋之季已是天高气爽之时，应开始"早卧早起，与鸡俱兴"。早卧以顺应阳气之收敛，早起为使肺气得以舒展，且防收敛之太过。立秋乃初秋之季，暑热未尽，虽有凉风时至，但天气变化无常，即使在同一地区也会出现"一天有四季，十里不同天"的情况。因而着衣不宜太多，否则会影响机体对气候转冷的适应能力，易受凉感冒。

三是饮食调养。《素问·脏气法时论》说："肺主秋……肺收敛，急食酸以收之，用酸补之，辛泻之"。可见酸味收敛肺气，辛味发散泻肺，秋天宜收不宜散，所以要尽量少吃葱、姜等辛味之品，适当多食酸味果蔬。秋时肺金当令，肺金太旺则克肝木，故《金匮要略》又有"秋不食肺"之说。秋季燥气当令，易伤津液，故饮食应以滋阴润肺为宜。《饮膳正要》说："秋气燥，宜食麻以润其燥，禁寒饮。"更有主张入秋宜食生地粥，以滋阴润燥者。总之，秋季时节，可适当食用芝麻、糯米、粳米、蜂蜜、枇杷、菠萝、乳品等柔润食物，以益胃生津。

四是运动调养。进入秋季，是开展各种运动锻炼的大好时机，每人可根据自己的具体情况选择不同的锻炼项目，这里给大家介绍一种秋季养生功，即《道藏·玉轴经》所载"秋季吐纳健身法"，具体做法：清晨洗漱后，于室内闭目静坐，先叩齿 36 次，再用舌在口中搅动，待口里液满，漱练几遍，分三次咽下，并意送至丹田，稍停片刻，缓缓做腹式深呼吸。吸气时，舌舔上腭，用鼻吸气，用意送至丹田。再将气慢慢从口中呼出，呼气时要默念呬字，但不要出声。如此反复 30 次。秋季坚持此功，有保肺健身之功效。

十四、处暑

处暑七月中

（唐）元稹

向来鹰祭鸟，渐觉白藏深。

叶下空惊吹，天高不见心。

气收禾黍熟，风静草虫吟。

缓酌樽中酒，容调膝上琴。

处 暑 古 诗

天上双星合，人间处暑秋。

稿成今夕会，泪洒隔年愁。
梧叶风吹落，璇霄火正流。
将陈瓜叶宴，指影拜牵牛。

处暑，是二十四节气中的第14个节气，公历每年 8 月 23 日前后太阳到达黄经 150° 时为处暑。《月令七十二候集解》："七月中，处，止也，暑气至此而止矣。"意思是炎热的夏天即将过去。虽然处暑前后我国北京、太原、西安、成都和贵阳一线以东及以南的广大地区和新疆塔里木盆地地区日平均气温仍在22℃以上，处于夏季，但是这时冷空气南下次数增多，气温下降逐渐明显。

1. 处暑三候

"一候鹰乃祭鸟；二候天地始肃；三候禾乃登。"此节气中老鹰开始大量捕猎鸟类；天地间万物开始凋零；"禾乃登"中的"禾"指的是黍、稷、稻、粱类农作物的总称，"登"即成熟的意思。

2. 处暑农事

处暑以后，除华南和西南地区外，我国大部分地区雨季将结束，降水逐渐减少，尤其是华北、东北和西北地区必须抓紧蓄水、保墒，以防秋种期间出现干旱而延误冬作物的播种期。处暑是华南雨量分布由西多东少向东多西少转换的前期。这时华南中部的雨量常是一年里的次高点，比大暑或白露时多。因此，为了保证冬春农田用水，必须认真抓好这段时间的蓄水工作。高原地区处暑至秋分会出现连续阴雨水天气，对农牧业生产不利。我国南方大部分地区这时也正是收获中稻的大忙时节。这时节连作晚稻正处于拔节、孕穗期，是最需要肥料和水的关键时期，要注意灌好"养胎水"，施好"保花肥"，并加强以防治稻飞虱和白叶枯病为主的田间管理。一般年辰处暑节气内，华南日照仍然比较充足，除了华南西部以外，雨日不多，有利于中稻割晒和棉花吐絮。可是少数年份也有如杜甫诗中所言"三伏适已过，骄阳化为霖"的景况，秋绵雨会提前到来。所以要特别注意天气预报，做好充分准备，抓住每个晴好天气，不失时机地搞好抢收抢晒工作。

3. 处暑习俗

民间有处暑吃鸭子的传统，做法也五花八门，有白切鸭、柠檬鸭、子姜鸭、烤鸭、荷叶鸭、核桃鸭等。北京至今还保留着这一传统，一般处暑这天，北京人都会到店里去买处暑百合鸭等。日本有泼水降温的习俗，从大暑到处暑的一个月时间内，日本各地有组织泼水降温的习俗。对于沿海渔民来说，处暑以后是渔业收获的时节。每年处暑期间，在浙江省沿海都要举行一年一度的隆重的开渔节，即在东海休渔结束的那一天，举行盛大的开渔仪式，欢送渔民开船出海。

4. 处暑养生

《黄帝内经》认为，处暑后阳消阴长，也就是阳气减弱、阴气增长。这种特征与人们的饮食起居都有密切联系。中医认为，处暑占有"暑"和"燥"两种外邪。所以，这个季节要早睡早起，早睡可以收敛阴气；早起可以舒展阳气。此时，穿衣宜秋冻，散掉夏季在体内蕴结的湿热之气。

处暑属于长夏，这个季节的饮食养生讲究淡补。虽然已经立秋，但是此时不宜"贴秋膘"。淡补，也就是饮食清淡，用"淡"来养生。因为这个季节仍有暑气，脾胃功能较弱，过食辛辣、油腻容易造成食积。而且，因为处暑也有"燥"的特点，辛辣等刺激性的饮食会助长肺气，肺气旺则会伤肝，所以处暑时节的饮食应该"少辛多酸"，主要以清热化湿、健脾化湿、润肺滋阴等为主，如水果：梨、葡萄；蔬菜：百合、菠菜、莲藕、银耳；禽类：鸭子、鸭蛋；粮食：粳米、薏米、红小豆；药材：西洋参；饮品：水、牛奶；等等。

十五、白露

白露八月节

（唐）元稹

露霑蔬草白，天气转青高。

叶下和秋吹，惊看两鬓毛。

养羞因野鸟，为客讶蓬蒿。

火急收田种，晨昏莫辞劳。

杂 诗

（魏晋）左思

秋风何冽冽，白露为朝霜。

柔条旦夕劲，绿叶日夜黄。

明月出云崖，皦皦流素光。

披轩临前庭，嗷嗷晨雁翔。

高志局四海，块然守空堂。

壮齿不恒居，岁暮常慨慷。

白露，是二十四节气中的第15个节气，公历每年9月7日到9日太阳到达黄经165°时为白露。《月令七十二候集解》中说："八月节……阴气渐重，露凝而白也。"天气渐转凉，会在清晨时分发现地面和叶子上有许多露珠，这是因夜晚水汽凝结在上面，故名白露。古人以四时配五行，秋属金，金色白，故以白形容秋露。进入"白露"，晚上会感到一丝丝的凉意。

1. 白露三候

"初候鸿雁来，二候玄鸟归，三候群鸟养羞。"时值白露节气，鸿雁与燕子等候鸟准备南飞避寒，百鸟开始贮存干果粮食以备过冬。可见白露实际上是天气转凉的预兆。在此节气白天的温度仍有三十几摄氏度，每到夜晚之后，会下降到二十几摄氏度，两者之间的温度差甚大。人们能明显地感觉到已远离炎热的夏天，凉爽的秋天已经来到了。

2. 白露农事

白露是收获的季节，也是播种的季节。富饶辽阔的东北平原开始收获谷子、大豆和高粱，华北地区秋收作物成熟，大江南北的棉花正在吐絮，进入全面分批采收的季节。西北、东北地区的冬小麦开始播种，华北的秋种也即将开始，应抓紧做好送肥、耕地、防治地下害虫等准备工作。黄淮地区、江淮及以南地区的单季晚稻已扬花灌浆，双季双晚稻即将抽穗，都要抓紧目前气温还较高的有利时机浅水勤灌。待灌浆完成后，排水落干，促进早熟。如遇低温阴雨，还要注意防治稻瘟病、菌核病等病害。秋茶正在采制，同时要注意防治叶蝉。

3. 白露习俗

福州有个传统叫作"白露必吃龙眼"。民间的意思为，在白露这一天吃龙眼有大补身体的奇效，龙眼本身就有益气补脾、养血安神、润肤美容等多种功效，还可以治疗贫血、失眠、神经衰弱等多种疾病，而且白露之前的龙眼个个大颗，核小甜味口感好，所以白露吃龙眼是再好不过的了，不管是不是真正大补，反正吃了就是补，所以福州人也习惯了这一传统习俗。

浙江温州等地有过白露节的习俗。苍南、平阳等地民间，人们于此日采集"十样白"（也有"三样白"的说法），以煨乌骨白毛鸡（或鸭子），据说食后可滋补身体，去风气（关节炎）。这"十样白"乃是十种带"白"字的草药，如白木槿、白毛苦等，以与"白露"字面上相应。

有些地方过白露，还有一个专为小孩补露祛病的习俗。如果小孩子患有哮喘、尿床等疾病，白露这天，家人会宰杀鸡、鸭，煮熟后盛入碗中，让这个孩子端到岔路口去吃。吃完后，将空碗放在一条路上，孩子则从另一条路回家。过一会家人再去收回碗筷。据说，这是因为白露的"露"和"路"谐音，白露日将孩子吃饭的饭碗放到另一条路上，意味着借着白露日，使哮喘、尿床等疾病从此远离孩子。

浙江温州文成地区民间认为白露吃番薯可使全年吃番薯丝和番薯丝饭后，不会发胃酸，故旧时农家在白露节以吃番薯为习。

老南京人都十分青睐"白露茶"，此时的茶树经过夏季的酷热，白露前后正是它生长的极好时期。白露茶既不像春茶那样鲜嫩，不经泡，也不像夏茶那样干涩味苦，而是有一种独特甘醇清香味，尤受老茶客喜爱。

苏南籍和浙江籍的老南京人中还有自酿白露米酒的习俗，旧时苏浙一带乡下人家每年白露一到，家家酿酒，用以待客，常有人把白露米酒带到城中。白露酒用糯米、高粱等五谷酿成，略带甜味，故称"白露米酒"。

白露时节也是太湖人祭禹王的日子。禹王是传说中的治水英雄大禹，太湖畔的渔民称他为"水路菩萨"。每年正月初八、清明、七月初七和白露时节，这里将举行祭禹王的香会，其中又以清明、白露春秋两祭的规模为最大，历时一周。在祭禹王的同时，还祭土地神、花神、蚕花姑娘、门神、宅神、姜太公等。活动期间，《打渔杀家》是必演的一台戏，它寄托了人们对美好生活的一种祈盼和向往。

4. 白露养生

《黄帝内经》载："肺者，气之本，魄之处也。其华在毛，其充在皮。为阳中之太阴。通于秋气。"白露属于初秋，民谚道："白露勿身露。"所以，老幼及病弱之人早晚要注意增加衣物。白露之后最常见的疾病就是感冒、过敏性鼻炎、咽炎和秋季腹泻。白露之后可以增加一些耐寒训练，为秋冬到来做准备，比如做一些运动、用凉水洗脸、适当秋冻等。

饮食宜滋阴润燥，以平补为主。平补就是要避免大鱼大肉等油腻之品，虽然秋高气爽能促进消化液分泌进而促进食欲，但是脾胃经过一个夏天的暑气，刚进入恢复状态，所以不宜暴饮暴食、过食油腻。而且，过度生冷、海鲜、辛辣之物都应尽量避免。水果以梨、葡萄、西瓜、香蕉、椰子、鲜枣、龙眼、乌梅为宜；蔬菜以百合、莲藕、银耳为佳；禽类可适当多吃鸭子、鸭蛋等。

十六、秋分

和侃法师三绝诗二

（南北朝）庾信

客游经岁月，

羁旅故情多。

近学衡阳雁，

秋分俱渡河。

秋分八月中

（唐）元稹

琴弹南吕调，风色已高清。

云散飘飖影，雷收振怒声。

乾坤能静肃，寒暑喜均平。

忽见新来雁，人心敢不惊？

秋分，是二十四节气中的第16个节气，公历每年9月22日或23日太阳到达黄经180°时为秋分，此时太阳直射地球赤道，因此这一天24小时昼夜均分，各12小时；全球无极昼极夜现象。从秋分这一天起，气候主要呈现三大特点：阳光直射的位置继续由赤道向南半球推移，北半球昼短夜长的现象将越来越明显；昼夜温差逐渐加大，幅度将高于10℃以上；气温逐日下降，一天比一天冷，逐渐步入深秋季节。南半球的情况则正好相反。

1. 秋分三候

"一候雷始收声；二候蛰虫坏户；三候水始涸。"古人认为雷是因为阳气盛而发声，秋分后阴气开始旺盛，所以不再打雷了。第二候中的"坏"字是细土的意思，就是说由于天气变冷，蛰居的小虫开始藏入穴中，并且用细土将洞口封起来以防寒气侵入。"水始涸"是说此时降雨量开始减少，由于天气干燥，水汽蒸发快，所以湖泊与河流中的水量变少，一些沼泽及水洼便处于干涸之中。

2. 秋分农事

秋分时节，我国大部分地区已经进入凉爽的秋季，南下的冷空气与逐渐衰减的暖湿空气相遇，产生一次次的降水，气温也一次次地下降，但秋分之后的日降水量不会很大。此时，南、北方的田间耕作各有不同。在我国的华北地区有农谚说："白露早，寒露迟，秋分种麦正当时。"谚语中明确规定了该地区播种冬小麦的时间；而"秋分天气白云来，处处好歌好稻栽"则反映出江南地区播种水稻的时间。此外，劳动人民对秋分节气的禁忌也总结成谚语，如"秋分只怕雷电闪，多来米价贵如何"。

另外秋季降温快的特点，使得秋收、秋耕、秋种的"三秋"大忙显得格外紧张。秋分棉花吐絮，烟叶也由绿变黄，正是收获的大好时机。华北地区已开始播种冬麦，长江流域及南部广大地区正忙着晚稻的收割，抢晴耕翻土地，准备油菜播种。秋分时节的干旱少雨或连绵阴雨是影响"三秋"正常进行的主要不利因素，特别是连阴雨会使即将到手的作物倒伏、霉烂或发芽，造成严重损失。"三秋"大忙，贵在"早"字。及时抢收秋收作物可免受早霜冻和连阴雨的危害，适时早播冬作物可争取充分利用冬前的热量资源，培育壮苗安全越冬，为来年奠定下丰产的基础。"秋分不露头，割了喂老牛"，南方的双季晚稻正抽穗扬花，是产量形成的关键时期，早来低温阴雨形成的"秋分寒"天气，是双晚开花结实的主要威胁，必须认真做好预报和防御工作。

3. 秋分习俗

秋祭月。秋分曾是传统的"祭月节"。古有"春祭日，秋祭月"之说。现在的中秋节则是由传统的"祭月节"而来。据考证，最初"祭月节"是定在"秋分"这一天，不过由于这一天在农历八月里的日子每年不同，不一定都有圆月。而祭月无月则是大煞风景的。所以，后来就将"祭月节"由"秋分"调至中秋。

据史书记载，早在周朝，古代帝王就有春分祭日、夏至祭地、秋分祭月、冬至祭天的习俗。其祭祀的场所称为日坛、地坛、月坛、天坛，分设在东南西北四个方向。我国各地至今遗存着许多"拜月坛""拜月亭""望月楼"的古迹。民间的祭月习俗因地区不同而仪式各异。

北京的"月坛"就是明嘉靖年间为皇家祭月修造的。《北京岁华记》记载北京祭月的习俗说："中秋夜，人家各置月宫符象，符上兔如人立；陈瓜果于庭；饼面绘月宫蟾兔；男女肃拜烧香，旦而焚之。"北京祭月还有一个特别的风俗，就是"惟供月时，男子多不叩拜"，此即民谚所说"男不拜月"。

杭州祭月风俗略同于北京，但谓祭月为"斋月宫"。"每户瓶兰、香烛、望空顶礼，小儿女膜拜月下，嬉戏灯前，谓之'斋月宫'。"民间供小财神，大不盈尺，并设有台阁、几案、盘匜、衣冠、乐器等物，此等物均缩小为寸余，俗称"小摆设"。

在广东，人们祭月时祭拜一位木雕的凤冠霞帔月亮神像。在南方部分地区有以芋头作供品的习俗。传说元末农民起义推翻元朝的统治，曾用元朝统治者的头祭月亮，因"元"与"芋"音近，后来人们以"芋"代头。

南昌以往有句老话，叫"男不拜月，女不祭灶"。意思就是说在拜月时，男子是不能参加的，因为古代有"男尊女卑"的思想，月宫里的嫦娥是位女子，而且代表阴性，男子是不能给女子下跪的。

竖蛋。"秋分到，蛋儿俏"。在每年的春分或秋分这一天，我国很多地方都会有数以千万计的人在做"竖蛋"实验。选择一个"身量匀称"的新鲜鸡蛋，轻手轻脚地竖放在桌上，失败者虽然多，成功者也不少，竖立起来的蛋儿好不风光。

为什么春分或秋分这天鸡蛋容易竖起来？不同的人给出了不同的说法。有人认为，春分、秋分是南北半球昼夜等长的日子，地球地轴与地球绕太阳公转的轨道平面处于一种力的相对平衡状态，鸡蛋较容易竖立，也有人说，春秋分时节天气晴朗，人的心情舒畅、思维敏捷、动作也利索，有利于"竖蛋"成功。

有专家称，鸡蛋确实是可以竖立的，且并不仅限于春分、秋分时节，春分、秋分这两天，地球在太阳系的位置并没有什么特别的，"竖蛋"成功的关键在蛋壳上面。鸡蛋表面高低不平,有许多突起的"小山"。根据三点构成一个三角形以及三点决定一个平面的原理,只要找到三个"小山"和由这三个"小山"构成的三角形,并使鸡蛋的重心线通过三角形,那么鸡蛋就能竖立起来了。另外,最好选择生下四五天的鸡蛋,因为此时鸡蛋的蛋黄下沉,鸡蛋重心下降,最有利于"竖蛋"。

吃秋菜。在岭南地区,昔日四邑(现在加上鹤山为五邑)的开平苍城镇的谢姓,有个不成节的习俗,叫作"秋分吃秋菜"。"秋菜"是一种野苋菜,乡人称之为"秋碧蒿"。逢秋分那天,全村人都去采摘秋菜。在田野中搜寻时,多见是嫩绿的,细细棵,约有巴掌那样长短。采回的秋菜一般家里与鱼片"滚汤",名曰"秋汤"。有顺口溜道:"秋汤灌脏,洗涤肝肠。阖家老少,平安健康。"一年自秋,人们祈求的还是家宅安宁,身壮力健。

野苋菜含有多种营养成分。其中丰富的胡萝卜素、维生素 C 有助于增强人体免疫功能,提高人体抗癌作用。炒野苋菜具有情热解毒、利尿、止痛、明目的功效,食之可增强抗病、防病能力,健康少病,润肤美容。适用于痢疾、目赤、雀盲、乳痈、痔疮等病症。

实际上,岭南习俗所谓的"秋汤"和现在中医学提倡的秋天滋补是一致的,只不过岭南习俗更加典型,有点土生土长的味道,没有上升到中医学理论的高度罢了。

送秋牛。秋分随之即到,其时便出现挨家送秋牛图的习俗。把二开红纸或黄纸印上全年农历节气,还要印上农夫耕田图样,名曰"秋牛图"。送图者都是些民间善言唱者,主要说些与秋耕和吉祥有关的不违农时的话,每到一家更是即景生情,见什么说什么,说得主人乐而给钱为止。言词虽随口而出,却句句有韵动听。俗称"说秋",说秋人便叫"秋官"。

粘雀子嘴。秋分这一天农民都按习俗放假,每家都要吃汤圆,而且还要把不用包心的汤圆十多个或二三十个煮好,用细竹叉扦着置于室外田边地坎,名曰粘雀子嘴,免得雀子来破坏庄稼。

希望用汤圆将麻雀的嘴粘住当然只是农民朋友的美好想象和愿望,不过其中也说明了一个道理,那就是汤圆的黏性比较大,不易消化,不宜多食。汤圆多以糯米为主原料和其他一些配料制成,糯米性温,味甘,所加配料亦往往是高糖分、高热量之物,在春寒季节少量食用有助于补充身体热能,补虚调血、升阳健脾。但糯米黏滞、难消化，多食容易导致食滞。搭配葱、蒜等辛味食物，可以平衡汤圆的滞缓效果。

秋分期间也是孩子们放风筝的好时候，尤其是秋分当天，甚至大人们也参与。风筝类别有王字风筝、鲢鱼风筝、眛蛾风筝、雷公虫风筝、月儿光风筝，其大者有两米高，小的也有二三尺。市场上有卖风筝的，多比较小，适宜于小孩子们玩耍，而大多数还是自己糊的，较大，放时还要相互竞争看哪个的放得高。

4. 秋分养生

秋分节气已经真正进入秋季，作为昼夜时间相等的节气，人们在养生中也应本着阴阳平衡的规律，使机体保持"阴平阳秘"的原则，按照《素问·至真要大论》所说："谨察阴阳之所在，以平为期"，阴阳所在不可出现偏颇。

要想保持机体的阴阳平衡，首先要防止外界邪气的侵袭。秋季天气干燥，主要外邪为燥邪。秋分之前有暑热的余气，故多见于温燥；秋分之后，阵阵秋风袭来，使气温逐渐下降，寒凉渐重，所以多出现凉燥。同时，秋燥温与凉的变化，还与每个人的体质和机体反应有关。要防止凉燥，就得坚持锻炼身体，增强体质，提高抗病能力。秋季锻炼，重在益肺润燥，如练吐纳功、叩齿咽津润燥功。饮食调养方面，应多喝水，吃清润、温润的食物，如芝麻、核桃、糯米、蜂蜜、乳品、梨等，可以起到滋阴润肺、养阴生津的作用。

精神调养方面，最主要的是培养乐观情绪，保持神志安宁。老人可减少说话，多登高远眺，让忧郁、惆怅等不良情绪消散。同时，秋分后，气候渐凉，是胃病的多发与复发季节。胃肠道对寒冷的刺激非常敏感，患有慢性胃炎的人，应特别注意胃部的保暖。

十七、寒露

池　　上

（唐）白居易

袅袅凉风动，凄凄寒露零。

兰衰花始白，荷破叶犹青。

独立栖沙鹤，双飞照水萤。

若为寥落境，仍值酒初醒。

寒露九月节
（唐）元稹
寒露惊秋晚，朝看菊渐黄。
千家风扫叶，万里雁随阳。
化蛤悲群鸟，收田畏早霜。
因知松柏志，冬夏色苍苍。

寒露，是二十四节气中的第17个节气，公历每年10月8日或9日太阳到达黄经195°时为寒露。《月令七十二候集解》说："九月节，露气寒冷，将凝结也。"寒露的意思是气温比白露时更低，地面的露水更冷，快要凝结成霜了。寒露时节，南岭及以北的广大地区均已进入秋季，东北和西北地区已进入或即将进入冬季。北京大部分年份这时已可见初霜，除全年飞雪的青藏高原外，东北和新疆北部地区一般已开始降雪。

1. 寒露三候

"一候鸿雁来宾；二候雀入大水为蛤；三候菊有黄华。"此节气中鸿雁排成一字或人字形的队列大举南迁；深秋天寒，雀鸟都不见了，古人看到海边突然出现很多蛤蜊，并且贝壳的条纹及颜色与雀鸟很相似，所以便以为是雀鸟变成的；第三候的"菊始黄华"是说在此时菊花已普遍开放。

2. 寒露农事

此时正值晚稻抽穗灌浆期，要继续加强田间管理，做到浅水勤灌，干干湿湿，以湿为主，切忌后期断水过早。寒露以后，北方冷空气已有一定势力，我国大部分地区在冷高压控制之下，雨季结束。天气常是昼暖夜凉，晴空万里，对秋收十分有利。我国大陆上绝大部分地区雷暴已消失，只有云南、四川和贵州局部地区尚可听到雷声。华北10月降水量一般只有9月降水量的一半或更少，西北地区则只有几毫米到20多毫米。干旱少雨往往给冬小麦的适时播种带来困难，成为旱地小麦争取高产的主要限制因子之一。

海南和西南地区这时一般仍然是秋雨连绵，少数年份江淮和江南也会出现阴雨天气，对秋收秋种有一定的影响。

"寒露不摘棉，霜打莫怨天"。趁天晴要抓紧采收棉花，遇降温早的年份，还可以趁气温不算太低时把棉花收回来。江淮及江南的单季晚稻即将成熟，双季晚稻正在灌浆，要注意间歇灌溉，保持田间湿润。

南方稻区还要注意防御"寒露风"的危害。华北地区要抓紧播种小麦，这时，若遇干旱少雨的天气应设法造墒抢墒播种，保证在霜降前后播完，切不可被动等雨导致早茬种晚麦。寒露前后是长江流域直播油菜的适宜播种期，品种安排上应先播甘蓝型品种，后播白菜型品种。淮河以南的绿肥播种要抓紧扫尾，已出苗的要清沟沥水，防止涝渍。华北平原的甘薯薯块膨大逐渐停止，这时清晨的气温在10℃以下或更低的概率逐渐增大，应根据天气情况抓紧收获，争取在早霜前收完，否则在地里经受低温时间过长，会因受冻而导致薯块"硬心"，降低食用、饲用和工业用价值，也不能贮藏或作种用。

3. 寒露习俗

寒露时节我国有些地区会出现霜冻，北方已呈深秋景象，白云红叶，偶见早霜，南方也秋意渐浓，蝉噤荷残。北京人登高习俗更盛，景山公园、八大处、香山等都是登高的好地方，寒露时节到香山赏红叶早已成为北京市民的传统习惯与秋季出游的重头戏。在江南地区，人们除了赏菊花还有吃螃蟹、钓鱼的习俗。甚至人们有"秋钓边"的说法。其含义就是，每到寒露时节，气温快速下降，深水处太阳已经无法晒透，鱼儿便都向水温较高的浅水区游去，便有了人们所说的"秋钓边"。

寒露时节民间还有"寒露吃芝麻"的习俗。到了寒露，天气由凉爽转向寒冷，根据中医"春夏养阳，秋冬养阴"的四时养生理论。这时人们应养阴防燥、润肺益胃。于是，在北京，与芝麻有关的食品都成了寒露前后的热门货，如芝麻酥、芝麻绿豆糕、芝麻烧饼等。

4. 寒露养生

饮食养生应在平衡饮食五味基础上，根据个人的具体情况，适当多食甘、淡滋润的食品，既可补脾胃，又能养肺润肠，可防治咽干口燥等症。水果有梨、柿、香蕉等；蔬菜有胡萝卜、冬瓜、藕、银耳等及豆类、菌类、海带、紫菜等。早餐应吃温食，最好喝热药粥，像甘蔗粥、玉竹粥、沙参粥、生地粥、黄精粥等，因为粳米、糯米均有极好的健脾胃、补中气的作用。中老年人和慢性患者应多吃些红枣、莲子、山药、鸭、鱼、肉等食品。

寒露以后，随着气温的不断下降，感冒是最易流行的疾病。在气温下降和空气干燥时，感冒病毒的致病力增强。此时很多疾病的发生会危及老年人的生命，其中最应警惕的是心脑血管病。另外，中风、老年慢性支气管炎复发、哮喘病复发、肺炎等疾病也严重地威胁着老年人的生命安全。据统计，老年慢性支气管炎病人感冒后90%以上会导致急性发作，因此要采取综合措施，积极预防感冒。在这多事之秋的寒露节气中，老年人合理地安排好日常的起居生活，对身体的健康有着重要作用。

十八、霜降

霜降九月中
（唐）元稹
风卷晴霜尽，空天万里霜。
野豺先祭月，仙菊遇重阳。
秋色悲疏木，鸿鸣忆故乡。
谁知一樽酒，能使百秋亡。

九日登李明府北楼
（唐）刘长卿
九日登高望，苍苍远树低。
人烟湖草里，山翠县楼西。
霜降鸿声切，秋深客思迷。
无劳白衣酒，陶令自相携。

霜降，是二十四节气中的第18个节气，公历每年10月23日或24日太阳到达黄经210°时为霜降。《月令七十二候集解》："九月中，气肃而凝，露结为霜矣。"古籍《二十四节气解》中也说："气肃而霜降，阴始凝也。"此时，我国黄河流域已出现白霜，千里沃野上，一片银色冰晶熠熠闪光。随着霜降的到来，不耐寒的作物已经收获或者即将停止生长，草木开始落黄，呈现出一派深秋景象。

1. 霜降三候

"一候豺乃祭兽；二候草木黄落；三候蜇虫咸俯。"豺狼开始捕获猎物，祭兽，以兽而祭天报本也，方铺而祭秋金之义；大地上的树叶枯黄掉落；蜇虫也全在洞中不动不食，垂下头来进入冬眠状态中。

气象学上，一般把秋季出现的第一次霜叫作"早霜"或"初霜"，而把春季出现的最后一次霜称为"晚霜"或"终霜"。从终霜到初霜的间隔时期，就是无霜期。也有把早霜叫"菊花霜"的，因为此时菊花盛开。北宋大文学家苏轼有诗曰："千树扫作一番黄，只有芙蓉独自芳。"

2. 霜降农事

霜降，北方大部分地区已在秋收扫尾，即使耐寒的葱，也不能再长了，因为"霜降不起葱，越长越要空"。在南方，却是"三秋"大忙季节，单季杂交稻、晚稻才在收割，种早茬麦，栽早茬油菜；摘棉花，拔除棉秸，耕翻整地。"满地秸秆拔个尽，来年少生虫和病"。收获以后的庄稼地，都要及时把秸秆、根茬收回来，因为那里潜藏着许多越冬虫卵和病菌。华北地区大白菜即将收获，要加强后期管理。霜降时节，我国大部分地区进入了干季，要高度重视护林防火工作。

霜降又是黄淮流域羊配种的好时候，农谚有"霜降配种清明乳，赶生下时草上来"。母羊一般是秋冬发情，接受公羊交配的持续时间一般为 30 小时左右，和南方白露配种一样，羊羔落生时天气暖和，青草鲜嫩，母羊营养好，乳水足，能乳好羊羔。

防霜措施：（1）适时早种，错开晚秋霜冻。（2）选用早熟高产品种。（3）浇水，因为干土比湿土散热快。（4）熏烟，可在小范围内形成保温云层，减轻冻害。（5）锄地，"锄头有火"，可提高地温。（6）施腐殖酸钠或磷肥，使作物提前成熟。实验证明：施于山药、玉米、穈谷，可提前成熟 5—7 天。（7）最根本是植树造林，它可调节气温，彻底改变环境。

3. 霜降习俗

在中国的一些地方，霜降时节要吃红柿子。在当地人看来，吃柿子不但可以御寒保暖，同时还能补筋骨，因此柿子是非常不错的霜降食品。泉州老人对于霜降吃柿子的说法是："霜降吃丁柿，不会流鼻涕。"有些地方对于这个习俗的解释是：霜降这天要吃柿子，不然整个冬天嘴唇都会裂开。住在农村的人们到了这个时候，则会爬上一棵棵高大的柿子树，摘几个光鲜香甜的柿子吃。

广西等地还有壮族霜降节。下雷镇霜降节举办时间定在每年阳历的10月23日前后"霜降"期间。节庆持续三天，分为"初降"（或称头降）、"正降"与"收降"（或称尾降）。《大新县志》里对霜降节的描述是："当时吃汤圆、杀鸭宴请、烧香供祖先，以示五谷丰登。下雷连续活动三天，节日气氛极浓。"初降这一天，传统上主要是敬牛，这一天让牛休息。人们一早就开始忙碌做粽子、糍粑、杀鸡宰豚准备款待来自四面八方的亲戚朋友。下雷镇地处中越边境，又是古桂滇古道的必经之地，同时，下雷还处在大新、天等、靖西、德保四县交界的边缘地带。因此，初降这一天，大新、天等、靖西、德保等县的人纷纷来到下雷参加节庆。客商们更是早早地摆开摊位，降节的商品从生产到生活用具，应有尽有。正降这一天的上午为敬神活动。人们先拿着糍粑、肉、香烛等祭品到娅莫庙祭拜进香，一些人负责打扮成士兵模样，举着牙旗，敲锣打鼓，在狮子的开道下把娅莫画像抬出来巡游。传说娅莫（玉音夫人）的形象是长毛裸体，骑在牛背上，娅莫像要挨家挨户把下雷街都巡过，巡到哪家，哪家就要放鞭炮。巡游时，被认为"命轻"的孩子是不能出门观看的，以免生病。在清代，不但一般百姓祭祀，土官也必身着官服，率众顶礼拜祭。游神结束后，霜降节进入闻名的"霜降圩"。人们传说"霜降节购买的东西耐用，吉祥。"旧时人们会省下一年的钱，到霜降节时才买新东西，图个吉利。小孩子特别盼望过霜降节，因为到了霜降节就有新衣服穿了。沿袭下来的俗信观念，使得人们特别乐意在霜降节期间购买生产用具、生活器具等。做买卖的客商来自云南、湖南、江浙以及广西百色、崇左、南宁等地。在顾客中，越南的侬族占了很大一部分。正降晚上，进入丰富多彩的文体活动时间。人们搭起舞台，演上土戏（壮戏）。年轻人三三两两地对起山歌，对歌活动一直持续到第二天的尾降，形成规模宏大的霜降歌圩。节庆活动中最值一提的是壮族板鞋舞。相传板鞋舞源自明代嘉靖年间，壮族女英雄瓦氏夫人率领广西郎兵赴浙江抗击倭寇时，她用三人缚腿赛跑的方法训练郎兵，使得军纪严明、同心协力，后来便演变成这种有趣的运动了。

4. 霜降养生

霜降时节，养生保健尤为重要，民间有谚语说"一年补透透，不如补霜降"，足见这个节气对我们的影响。

霜降节气是慢性胃炎和胃十二指肠溃疡病复发的高峰期。老年人也极易患上"老寒腿"（膝关节骨性关节炎）的毛病，慢性支气管炎也容易复发或加重。这时应该多吃些梨、苹果、白果、洋葱，芥菜（雪里蕻）。

霜降之时，在五行中属土，根据中医养生学的观点，在四季五补（春要升补、夏要清补、长夏要淡补、秋要平补、冬要温补）的相互关系上，此时与长夏同属土，所以应以淡补为原则，并且要补血气以养胃。饮食进补当依据食物的性味、归经加以区别。

霜降作为秋季的最后一个节气，此时天气渐凉，秋燥明显，燥易伤津。霜降养生首先要重视保暖，其次要防秋燥，运动量可适当加大。饮食调养方面，此时宜平补，要注意健脾养胃，调补肝肾，可多吃健脾养阴润燥的食物，玉蜀黍、萝卜、栗子、秋梨、百合、蜂蜜、淮山、奶白菜、牛肉、鸡肉、泥鳅等都不错。

十九、立冬

立冬日作
（宋）陆游

室小财容膝，墙低仅及肩。

方过授衣月，又遇始裘天。

寸积篝炉炭，铢称布被绵。

平生师陋巷，随处一欣然。

立冬十月节
（唐）元稹

霜降向人寒，轻冰渌水漫。

蟾将纤影出，雁带几行残。

田种收藏了，衣裘制造看。

野鸡投水日，化蜃不将难。

立冬，二十四节气中第19个节气，公历每年11月7日或8日，太阳运行到黄经225°时为立冬节气。立冬过后，日照时间将继续缩短，正午太阳高度继续降低。《月令七十二候集解》说："立，建始也"，又说："冬，终也，万物收藏也。"意思是说秋季作物全部收晒完毕，收藏入库，动物也已藏起来准备冬眠。"立冬"表示冬季开始，万物收藏，规避寒冷。

1. 立冬三候

"一候水始冰；二候地始冻；三候雉入大水为蜃。"从此节气开始，水已经能结成冰；土地也开始冻结；三候"雉入大水为蜃"中的雉即指野鸡一类的大鸟，蜃为大蛤，立冬后，野鸡一类的大鸟便不多见了，而海边却可以看到外壳与野鸡的线条及颜色相似的大蛤。所以古人认为雉到立冬后便变成大蛤了。

2. 立冬农事

立冬前后，我国大部分地区降水显著减少。东北地区大地封冻，农林作物进入越冬期；江淮地区"三秋"已接近尾声；江南正忙着抢种晚茬冬麦，抓紧移栽油菜；而华南却是"立冬种麦正当时"的最佳时期。此时水分条件的好坏与农作物的苗期生长及越冬都有着十分密切的关系。华北及黄淮地区要在日平均气温下降到 4℃左右，田间土壤夜冻昼消之时，抓紧时机浇好麦、菜及果园的冬水，补充土壤水分不足，改善田间小气候环境，防止"旱助寒威"，减轻和避免冻害的发生。江南及华南地区，开好田间"丰产沟"，搞好清沟排水，防止冬季涝渍和冰冻危害。另外，立冬后空气一般渐趋干燥，土壤含水较少，应加强林区管理，做好防火工作。

3. 立冬习俗

立冬与立春、立夏、立秋合称"四立"，是农耕社会中的传统节日。古时此日，天子有出郊迎冬之礼，并有赐群臣冬衣、矜恤孤寡之制。《吕氏春秋·孟冬》记载"是月也，以立冬。先立冬三日，太史谒之天子，曰：'某日立冬，盛德在水。'天子乃斋。立冬之日，天子亲率三公九卿大夫以迎冬于北郊。还，乃赏死事，恤孤寡。" 晋崔豹《古今注》载："汉文帝以立冬日赐宫侍承恩者及百官披袄子。""大帽子本岩叟野服，魏文帝诏百官常以立冬日贵贱通戴，谓之温帽。"后世大体相同。在民间，有谚语"立冬补冬，补嘴空"，农民劳动了一年，"立冬"这一天要休息，顺便犒赏一家人一年来的辛苦。

"贺冬"亦称"拜冬"，在汉代即有此俗。东汉崔定《四民月令》："冬至之日进酒肴，贺谒君师耆老，一如正日。"宋代每逢此日，人们更换新衣，庆贺往来，一如年节。清代"至日为冬至朝，士大夫家拜贺尊长，又交相出谒。细民男女，亦必更鲜衣以相揖，谓之"拜冬。"（见顾禄《清嘉录》卷十一）。近代以来，贺冬的传统风俗，似有简化的趋势，但有些活动逐渐固定化和程式化，如办冬学、拜师活动，大都在冬季举行。

有些地方庆祝"立冬"的方式也有创新，在黑龙江哈尔滨、河南商丘、江西宜春、湖北武汉等地，"立冬"之日，冬泳爱好者们更乐于用冬泳这种方式迎接冬天的到来。

在我国北方，"立冬"有吃水饺的风俗。为什么立冬吃饺子？因为饺子是来源于"交子之时"的说法。大年三十是旧年和新年之交，立冬是秋冬季节之交，故"交子之时"的饺子不能不吃。现代人延续着这一古老习俗，立冬之日，各式各样的饺子卖得很火。

4. 立冬养生

立冬是非常重要的节气，气候变冷，是人们进补的大好时机。中医认为，立冬后是阳气潜藏，阴气盛极，草木凋零，蛰虫伏藏。万物活动趋向休止，以冬眠状态养精蓄锐，为来年春天生气勃发做准备。人类虽然没有冬眠之说，但每到冬季，都会以不同的方式进补，以养生息。

在养生中强调静养，控制情绪，含而不露，使阳气得以潜藏。起居以"无扰乎阳，早卧晚起，必待日光"。保暖就更显得重要，尤其注意颈部、腹部和足部的保暖，很多时候，疾病就是从受寒开始的，感冒咳嗽，胃涨腹痛迁延难愈，严重的会拖到来年的春天。"冬时天地气闭，血气伏藏，人不可作劳汗出，发泄阳气。"出汗要及时擦干，以免感冒。

饮食适宜以甘温之品，有滋补功效的高蛋白食物，气温低时可以适当多吃，多喝水，配以滋润下火的蔬菜水果。药补最好根据自己的体质，在中医的指导下进行。

二十、小雪

小雪十月中

（唐）元稹

莫怪虹无影，如今小雪时。

阴阳依上下，寒暑喜分离。

满月光天汉，长风响树枝。
横琴对渌醑，犹自敛愁眉。

小　雪
（唐）李咸用

散漫阴风里，天涯不可收。
压松犹未得，扑石暂能留。
阁静萦吟思，途长拂旅愁。
崆峒山北面，早想玉成丘。

小雪是二十四节气中第20个节气。每年11月22—23日，视太阳到达黄经240°时为小雪。小雪是反映天气现象的节令。《月令七十二候集解》曰："十月中，雨下而为寒气所薄，故凝而为雪。小者未盛之辞。"古籍《群芳谱》中说："小雪气寒而将雪矣，地寒未甚而雪未大也。"

1. 小雪三候

"一候虹藏不见；二候天气上升地气下降；三候闭塞而成冬。"意思是说，由于天空中的阳气上升，地中的阴气下降，天地不通，阴阳不交，所以万物失去生机，天地闭塞而转入严寒的冬天。

2. 小雪农事

在小雪节气初，东北土壤冻结深度已达10厘米，往后差不多一昼夜平均多冻结1厘米，到节气末便冻结了一米多。所以俗话说"小雪地封严"，之后大小江河陆续封冻。农谚道："小雪雪满天，来年必丰年。"这里有三层意思，一是小雪落雪，来年雨水均匀，无大旱涝；二是下雪可冻死一些病菌和害虫，来年减轻病虫害的发生；三是积雪有保暖作用，利于土壤的有机物分解，增强土壤肥力。俗话说"瑞雪兆丰年"，这是有一定科学道理的。

北方地区小雪节以后，果农开始为果树修枝，以草秸编箔包扎株杆，以防果树受冻。且冬日蔬菜多采用土法贮存，或用地窖，或用土埋，以利食用。俗话说"小雪铲白菜，大雪铲菠菜"。白菜深沟土埋储藏时，收获前十天左右即停止浇水，做好防冻工作，以利贮藏，尽量择晴天收获。收获后将白菜根部向阳晾晒3—4天，待白菜外叶发软后再进行储藏。沟深以白菜高度为准，储藏时白菜根部全部向下，依次并排沟中，天冷时多覆盖白菜叶和玉米秆防冻。而半成熟的白菜储藏时沟内放部分水，边放水边放土，放水土之深度以埋住根部为宜，待到食用时即生长成熟了。

小雪时节，冰雪封地天气寒。要打破以往的猫冬坏习惯，农事仍不能懈怠，利用冬闲时间大搞农副业生产，因地制宜进行冬季积肥、造肥、柳编和草编，从多种渠道开展致富门路。为迅速提高农民的科学文化素质，要安排好充分的时间，搞好农业技术的宣讲和培训。

3. 小雪习俗

小雪后气温急剧下降，天气变得干燥，是加工腊肉的好时候。小雪节气后，一些农家开始动手做香肠、腊肉，等到春节时正好享受美食。在南方某些地方，还有农历十月吃糍粑的习俗。古时，糍粑是南方地区传统的节日祭品，最早是农民用来祭牛神的供品。有俗语"十月朝，糍粑禄禄烧"，指的就是祭祀事件。

4. 小雪养生

小雪节气前后，天气常是阴冷晦暗的。从中医角度来讲，此时身体内循环正处于阴盛阳衰的阶段。天气渐渐进入真正的寒冷，多穿衣服来御寒，注意保暖是必不可少的，而对于患有心脑血管疾病的人来说，最要保护的就是心脏。

对于有晨练习惯的老年人来说，这段时间里，最好将锻炼安排在日出后或者午后。由于这一阶段室内外温差较大，到户外活动时，要注意提前做好热身运动。

阴冷时节还容易让人产生抑郁情绪，抑郁情绪会造成肝脏功能紊乱，诱发血压波动等不良反应。因此专家也提醒市民，特别是老年朋友，这段时期，最好能让家人陪伴身边，一旦出现不适，能及时送往医院救治。

二十一、大雪

大雪十一月节

（唐）元稹

积阴成大雪，看处乱霏霏。

玉管鸣寒夜，披书晓绛帷。

黄钟随气改，鸒鸟不鸣时。

何限苍生类，依依惜暮晖。

大 雪
（唐）陆游

大雪江南见未曾，今年方始是严凝。

巧穿帘罅如相觅，重压林梢欲不胜。

毡幄掷卢忘夜睡，金羁立马怯晨兴。

此生自笑功名晚，空想黄河彻底冰。

　　大雪，二十四节气之第21个节气，时间点为公历每年12月7日或8日视太阳达黄经255°时。《月令七十二候集解》说："至此而雪盛也。"节气"大雪"的意思是天气更冷，降雪的可能性比"小雪"时更大了，并不指降雪量一定很大。此时中国黄河流域一带渐有积雪，北方则呈现万里雪飘的迷人景观。

　　1. 大雪三候

　　"一候鹖鴠不鸣；二候虎始交；三候荔挺出。"是说此时因天气寒冷，寒号鸟也不再鸣叫了；此时是阴气最盛时期，所谓盛极而衰，阳气已有所萌动，老虎开始有求偶行为；一种名叫"荔挺"的兰草，感到阳气的萌动而抽出新芽。

　　2. 大雪农事

　　大雪时节，太阳直射点已快接近南回归线，北半球各地日短夜长，因而有农谚"大雪小雪，煮饭不歇"等说法，用以形容白昼短到了农妇们几乎要连着做三顿饭了。人们常说，"瑞雪兆丰年"。严冬积雪覆盖大地，可保持地面及作物周围的温度不会因寒流侵袭而降得很低，为冬作物创造了良好的越冬环境。积雪融化时又增加了土壤水分含量，可供作物春季生长的需要。另外，雪水中氮化物的含量是普通雨水的5倍，还有一定的肥田作用，所以有"今年麦盖三层被，来年枕着馒头睡"的农谚。

　　大雪时节，除华南和云南南部无冬区外，我国辽阔的大地已披上冬日盛装，东北、西北地区平均气温已达-10℃以下，黄河流域和华北地区气温也稳定在0℃以下，冬小麦已停止生长。但此期间，农事活动仍然不能放松。

江淮及以南地区小麦、油菜仍在缓慢生长，要注意施好肥，为安全越冬和来春生长打好基础。华南、西南小麦进入分蘖期，应结合中耕施好分蘖肥，注意冬作物的清沟排水。继续加强已播种（移栽）的油菜、蔬菜、马铃薯、绿肥、鲜食玉米等的水肥管理，中耕培土，查苗、补苗和病虫草害防治，仍缺墒的地块应及时浇水，确保幼苗健壮生长。华南部分地区应继续抓紧晚稻等收获后的腾茬、整地，施足底肥，趁雨后增墒的有利时机抢播或移栽蔬菜、马铃薯、鲜食玉米等，以充分利用冬季气候和土地资源，实现增收和确保市场供应，并利用降雨间隙收获秋玉米、秋大豆、秋花生、红薯，采摘已成熟柑橘、香蕉等水果，晾晒晚稻等，确保增产、增收。

3. 大雪习俗

关于大雪时节的习俗，鲁北民间有"碌碡顶了门，光喝红黏粥"的说法，意思是天冷不再串门，只在家喝暖乎乎的红薯粥度日；江苏南京有俗语"小雪腌菜，大雪腌肉"，即大雪节气一到，家家户户忙着腌制"咸货"，以迎接新年。

4. 大雪养生

大雪时节，属万物潜藏，养生同样要顺应自然规律，在"藏"字上下一下功夫。起居调养宜早起早眠，收敛神气，特别在南方的人士需要保持肺气清肃。由于早晚温差较大，老年人要谨慎起居，适当运动，增强抵抗力，以应对气候变化的适应能力。

大雪节令的特点是干燥，空气湿度很低。此外，衣服要随着温度的降低而增加，宜保暖贴身，不使皮肤开泄汗出，保护阳气免受侵夺。夜晚的温度会更低，夜卧时要加多衣被，使四肢暖和，气血流畅，这样则可避免许多疾病的发生，如感冒、支气管炎、支气管哮喘、脑血栓形成等。

从中医养生学的角度看，大雪已到了"进补"的大好时节。如何进补应根据身体状况，在咨询医生后进行，而不可滥补，如若药补太过则会发生阴阳的偏盛偏衰，使机体新陈代谢产生失调而事与愿违。

二十二、冬至

冬　　至

（唐）杜甫

年年至日长为客，忽忽穷愁泥杀人。

江上形容吾独老，天边风俗自相亲。

杖藜雪后临丹壑，鸣玉朝来散紫宸。

心折此时无一寸，路迷何处望三秦？

冬至十一月中

（唐）元稹

二气俱生处，周家正立年。

岁星瞻北极，舜日照南天。

拜庆朝金殿，欢娱列绮筵。

万邦歌有道，谁敢动征边？

冬至，二十四节气之一，每年的 12 月 21 或 22 日太阳到达黄经270°（冬至点）时开始为"冬至"。冬至日太阳直射南回归线，北半球昼最短、夜最长。

在我国，冬至是一个古老而重要的节日。古代曾有"冬至大如年"的说法，而且有庆贺冬至的习俗。《汉书》中说："冬至阳气起，君道长，故贺。"人们认为：过了冬至，白昼一天比一天长，阳气回升，是一个节气循环的开始，也是一个吉日，应该庆贺。《晋书》上记载有"魏晋冬至日受万国及百僚称贺……其仪亚于正旦。"说明了古代对冬至日的重视。

1. 冬至三候

"一候蚯蚓结；二候麋角解；三候水泉动。"传说蚯蚓是阴曲阳伸的生物，此时阳气虽已生长，但阴气仍然十分强盛，土中的蚯蚓仍然蜷缩着身体；麋与鹿同科，却阴阳不同，古人认为麋的角朝后生，所以为阴，而冬至一阳生，麋感阴气渐退而解角；由于阳气初生，所以此时山中的泉水可以流动并且温热。

2. 冬至农事

冬至后，虽进入了"数九天气"，但我国地域辽阔，各地气候景观差异较大。东北大地千里冰封，琼装玉琢；黄淮地区也常常是银装素裹；大江南北这时平均气温一般在5℃以上，冬作物仍继续生长，菜麦青青，一派生机，正是"水国过冬至，风光春已生"；而华南沿海的平均气温则在10℃以上，更是花香鸟语，满目春光。冬至前后是兴修水利、大搞农田基本建设、积肥造肥的大好时机，同时要施好腊肥，做好防冻工作。江南地区更应加强冬作物的管理，做好清沟排水，培土壅根，对尚未犁翻的冬壤板结要抓紧耕翻，以疏松土壤，增强蓄水保水能力，并消灭越冬害虫。已经开始春种的南部沿海地区，则需要认真做好水稻秧苗的防寒工作。

3. 冬至习俗

冬至经过数千年发展，形成了独特的节令食文化。诸如馄饨、饺子、汤圆、赤豆粥、黍米糕等都可作为年节食品。曾较为时兴的"冬至亚岁宴"的名目也很多，如吃冬至肉、献冬至盘、供冬至团、馄饨拜冬等。

较为普遍的有冬至吃馄饨的风俗。早在南宋时，临安人就在冬至吃馄饨，开始是为了祭祀祖先，后逐渐盛行开来，民间有"冬至馄饨夏至面"之说。馄饨发展至今，更成为名号繁多、制作各异、鲜香味美、遍布全国各地而深受人们喜爱的著名小吃。馄饨在江浙等大多数地方称馄饨，而广东则称云吞，湖北称包面，江西称清汤，四川称抄手，新疆称曲曲，等等。

吃汤圆也是冬至的传统习俗，在江南尤为盛行。"汤圆"是冬至必备的食品，是一种用糯米粉制成的圆形甜品，"圆"意味着"团圆""圆满"，冬至吃汤圆又叫"冬至团"。民间有"吃了汤圆大一岁"之说。冬至团可以用来祭祖，也可用于互赠亲朋。旧时上海人最讲究吃汤团。古人有诗云："家家捣米做汤圆，知是明朝冬至天。"

在我国台湾还保存着冬至用九层糕祭祖的传统，用糯米粉捏成鸡、鸭、龟、猪、牛、羊等象征吉祥如意福禄寿的动物，然后用蒸笼分层蒸成，用以祭祖，以示不忘老祖宗。同姓同宗者于冬至或前后约定之早日，集到祖祠中照长幼之序，一一祭拜祖先，俗称"祭祖"。祭典之后，还会大摆宴席，招待前来祭祖的宗亲们。大家开怀畅饮，相互联络久别生疏的感情，称之为"食祖"。冬至节祭祖先，在台湾一直世代相传，以示不忘自己的"根"。

冬至是一个内容丰富的节日，据传，冬至在历史上的周代是新年元旦，曾经是个很热闹的日子。在今天江南一带仍有吃了冬至夜饭长一岁的说法，俗称"添岁"。

4. 冬至养生

冬至是养生的大好时机，主要是因为"气始于冬至"。因为从冬季开始，生命活动开始由盛转衰，由动转静。此时科学养生有助于保证旺盛的精力而防早衰，达到延年益寿的目的。冬至时节饮食宜多样，谷、果、肉、蔬合理搭配，适当选用高钙食品。饮食宜清淡，不宜吃浓浊、肥腻和过咸食品。冬天阳气日衰，脾喜温恶冷，因此宜吃温热的食物以保护脾肾。吃饭宜少量多餐。应注意"三多三少"，即蛋白质、维生素、纤维素多，糖类、脂肪、盐少。

二十三、小寒

小寒十二月节
（唐）元稹

小寒连大吕，欢鹊垒新巢。
拾食寻河曲，衔紫绕树梢。
霜鹰近北首，雊雉隐丛茅。
莫怪严凝切，春冬正月交。

小　寒
（当代）吴藕汀

众卉欣荣非及时，漳州冷艳客来饴。
小寒惟有梅花饺，未见梢头春一枝。

小寒，二十四节气中的第23个节气，时间点在公历每年1月5—7日，太阳位于黄经285°。小寒标志着开始进入一年中最寒冷的日子。

小寒与大寒、小暑、大暑及处暑一样，都是表示气温冷暖变化的节气。《月令七十二候集解》中说"月初寒尚小……月半则大矣"，就是说，在黄河流域，当时大寒是比小寒冷的。《历书》记载："斗指戊，为小寒，时天气渐寒，尚未大冷，故为小寒。"现在，根据中国的气象资料，小寒是气温最低的节气，只有少数年份的大寒气温低于小寒。

1. 小寒三候

"一候雁北乡，二候鹊始巢，三候雉始雊。"古人认为候鸟中大雁是顺阴阳而迁移，此时阳气已动，所以大雁开始向北迁移；此时北方到处可见到喜鹊，并且感觉到阳气而开始筑巢；第三候中的"雊"为鸣叫的意思，雉在接近四九时会感阳气的生长而鸣叫。

2. 小寒农事

小寒时节要继续抓好春花作物的培育，做好防冻、防湿工作，力争春花作物好收成。要防止积雪冻雨压断竹林果木，冬季多大雾、大风天，海上或江湖捕鱼、养殖作业需特别注意安全。

3. 小寒习俗

生活上，除注意日常保暖外，进入小寒年味渐浓，人们开始忙着写春联、剪窗花，赶集买年画、彩灯、鞭炮、香火等，陆续为春节作准备。饮食上，涮羊肉火锅、吃糖炒栗子、烤白薯成为小寒时尚。俗语说"三九补一冬，来年无病痛"，说的就是冬令食羊肉调养身体的做法。据《津门杂记》记载，天津地区旧时有小寒吃黄芽菜的习俗。黄芽菜是天津特产，用白菜芽制作而成。冬至后将白菜割去茎叶，只留菜心，离地二寸左右，以粪肥覆盖，勿透气，半月后取食，脆嫩无比，弥补冬日蔬菜的匮乏。而现代人们的生活水平提高了，各种蔬肉食四季都有，不再像过去那样为冬日蔬菜的稀缺而担忧。

4. 小寒养生

寒为冬季的主气，小寒又是一年中最冷的季节。寒为阴邪，易伤人体阳气，寒主收引凝滞。所以，虽然小寒养生包括的内容很多，但基本的原则仍是《黄帝内经》中的那一句格言："春夏养阳，秋冬养阴。"冬日万物敛藏，养生就该顺应自然界收藏之势，收藏阴精，使精气内聚，以润五脏。

在小寒节气里，患心脏病和高血压病的人往往会病情加重，患"中风"者增多。中医认为，人体内的血液，得温则易于流动，得寒就容易停滞，所谓"血遇寒则凝"，所以保暖工作一定要做好，尤其是老年人。

人们常说"冷在三九，热在三伏"，最寒冷的节气也是阴邪最盛的时期，从饮食养生的角度讲，要特别注意在日常饮食中多食用一些温热食物以补益身体，防御寒冷气候对人体的侵袭。

虽然此时节是"进补"的最佳时期，但进补并非是指"吃大量的滋补品"，而是要有的放矢。日常食物中属于热性的食物主要有辣椒、肉桂、花椒等；属于温性的食物有糯米、高粱米、刀豆、韭菜、茴香、香菜、荠菜、芦笋、芥菜、南瓜、生姜、葱、大蒜、杏子、桃子、大枣、桂圆、荔枝、木瓜、樱桃、石榴、乌梅、香橼、佛手、栗子、核桃仁、杏仁等。

善于养生的人，在冬季都要坚持体育锻炼，以取得养肝补肾，舒筋活络、畅通气脉、增强自身抵抗力之功效。比如瑜伽、太极拳、散步、慢跑、跳绳、踢毽子、打球、做操、练拳舞剑等，都是适合冬季锻炼的项目。

冬天经常叩齿，有益肾、坚肾之功；肾之经脉起于足部，足心涌泉穴为其主穴，冬夜睡前最好用热水泡脚，并按揉脚心；冬天人处于阴盛阳衰状态，宜进行日光浴，以助肾中阳气升发；注意背部保暖，着件棉或毛背心，以保肾阳。

二十四、大寒

大　寒　吟
（宋）邵雍
旧雪未及消，新雪又拥户。
阶前冻银床，檐头冰钟乳。
清日无光辉，烈风正号怒。
人口各有舌，言语不能吐。

大寒十二月中
（唐）元稹
腊酒自盈樽，金炉兽炭温。
大寒宜近火，无事莫开门。
冬与春交替，星周月讵存？
明朝换新律，梅柳待阳春。

大寒，二十四节气最后一个节气。公历每年 1 月 20 日前后太阳到达黄经 300° 时为大寒。《月令七十二候集解》："十二月中，解见前（小寒）。"《授时通考·天时》引《三礼义宗》："大寒为中者，上形于小寒，故谓之大……寒气之逆极，故谓大寒。"这时寒潮南下频繁，是我国大部分地区一年中的寒冷时期，风大，低温，地面积雪不化，呈现出冰天雪地、天寒地冻的严寒景象。大寒是中国二十四节气最后一个节气，过了大寒，又迎来新一年的节气轮回。

1. 大寒三候

"一候鸡乳；二候征鸟厉疾；三候水泽腹坚。"就是说，到大寒节气便可以孵小鸡了；而鹰隼之类的征鸟，却正处于捕食能力极强的状态中，盘旋于空中到处寻找食物，以补充身体的能量抵御严寒；在一年的最后五天内，水域中的冰一直冻到水中央，且最结实、最厚。

2. 大寒农事

大寒节气里，各地农活依旧很少。北方地区老百姓多忙于积肥堆肥，为开春作准备；或者加强牲畜的防寒防冻。南方地区则仍加强小麦及其他作物的田间管理。广东岭南地区有大寒联合捉田鼠的习俗。因为这时作物已收割完毕，平时看不到的田鼠窝多显露出来，大寒也成为岭南当地集中消灭田鼠的重要时机。除此以外，各地人们还以大寒气候的变化预测来年雨水及粮食丰歉情况，便于及早安排农事。

3. 大寒习俗

小寒之后过 15 天就是大寒。大寒也是全年二十四节气中的最后一个节气。此时天气虽然寒冷，但因为已近春天，所以不会像大雪到冬至期间那样酷寒。大寒节气中充满了喜悦与欢乐的气氛，是一个欢快轻松的节气。这时节，由于中国人最重要的节日——"春节"即将到来，人们开始忙着除旧布新，腌制年肴，准备年货。其间还有一个对于北方人非常重要的日子——腊八，即阴历十二月初八。在这一天，人们用五谷杂粮加上花生、栗子、红枣、莲子等熬成一锅香甜美味的腊八粥，这是人们过年中不可或缺的一道主食。尾牙是闽南地区的民间传统节日。尾牙源自拜土地公做"牙"的习俗。所谓二月二为头牙，以后每逢初二和十六都要做"牙"，到了农历十二月十六日正好是尾牙。尾牙同二月二一样有春饼（南方叫润饼）吃，这一天买卖人要设宴，白斩鸡为宴席上不可缺的一道菜。

4. 大寒养生

三月是生机潜伏、万物蛰藏的时令，此时人体的阴阳消长代谢也处于相当缓慢的时候，所以此时应该早睡晚起，不要轻易扰动阳气，凡事不要过度操劳，要使神志深藏于内，避免急躁发怒。大寒的养生，要着眼于"藏"。意思是说，人们在此期间要控制自己的精神活动，保持精神安静，把神藏于内不要暴露于外。这样才有利于安度冬季。

附录八　致寿光市《齐民要术》研究会会长刘效武的信

尊敬的刘会长：

您好！

我是学院党委宣传部的李兴军。因为 2013 年申报"以农圣文化为特色的校园文化体系建设研究——以潍坊科技学院为例"课题一项，入选了学院"百项课题"，春节假期前后，闲着无事就其中核心内容"农圣文化"的基本内涵作了一些研究（家属王春梅做了大量材料搜集工作，其中几篇故署其名），共写了 9 篇文章（年前 4 篇，年中 2 篇，年后 3 篇），约 6 万字，都是基于精神文化层面对农圣文化作的一些探析（拙文附后）。借用贾公一言"每事指斥，不尚浮辞。览者无或嗤焉。"您老是寿光市《齐民要术》研究会的会长，在"贾学"研究方面有很深的造诣，费尽心血编辑了《贾思勰与齐民要术研究论集》，对传承发展农圣文化做出了积极贡献，是晚辈学习的榜样。

我因受学院委托，历时 3 年（2009 年始至 2010 年完成初稿，2011—2012 年进行了二、三稿的修改完善）独立创作完成了 52 集近 30 万字的动画剧本《农圣贾思勰》，并于 2012 年被确定为寿光市重点文艺创作立项资助项目。由于在创作剧本时翻看了部分史书和专家论文，我对贾思勰和《齐民要术》产生了浓厚兴趣，同时发现对贾思勰和《齐民要术》的研究大多局限于农学史或农业科技方面，涉及文化方面的也限于语言、饮食等的研究，总感觉对农圣文化还没有挖掘到位，心有不甘，故借各专家学者的研究为基，结合自己的阅读、学习、理解、分析和研究，斗胆试笔，初成拙文9篇，从9个方面对农圣文化作了精神层面的探析。

因为学识浅薄，视野狭小，语焉不详，恐贻笑大方，故不敢妄喜，不敢妄发，首呈刘会长，若在不影响刘老案牍之繁、工作之劳和身体健康的闲暇之时能给以斧正，当给作为学生的我以极大的鼓励；若能得刘老扶掖，拙文倘能出阁，作为农圣乡梓，也算是学生对农圣文化的发扬光大献出的一点绵薄之力。

另，又想以此研究为基础写一篇《贾思勰与农圣文化》的综合文章，待出稿时再呈刘老审阅，诚盼斧正。

又及，热忱欢迎您方便时到学院宣传部检查指导工作。也祝您身体健康，生活幸福。

顺颂

春安

学生：李兴军 敬上

2014 年 2 月 25 日

附录九　寿光市《齐民要术》研究会成立十周年记

1. 一秩花开春妒艳　神州万里尽书香——纪念寿光市《齐民要术》研究会成立十周年记

因为个人秉性，我向来对无病呻吟、风花雪月、蝇营狗苟、自吹自擂、附庸风雅诸流弊深恶痛绝，而在这个协会那个组织此流弊并不鲜见，没有好感也就自然没想加入，总认为扯虎皮唱大戏浪费时间。这虽是我个人的偏见，似乎也不能完全排除。对寿光市《齐民要术》研究会（下简称研究会）我却情有独钟。

我不是研究会会员，至少在2009年以前。实事求是地说，到2010年我才勉强有了一点做会员的资格。再严格点说，直到2013年充其量我算是有了点羞于出手而又不成敬意的入会投门礼，而真正入会应该是在2014年。之后，我与研究会日渐密切，与研究会诸位前贤师友交往也多了，研究会在发展，我也在成长，记忆遂丰厚起来。

既然对协会有偏见，又为何加入寿光市《齐民要术》研究会呢？一切真的得于一缘，得于农圣贾思勰的缘，说来话长，且借研究会成立十周年之际，聊述于后以为记。

2. 天作之缘　跨越千年的拜会

2009年，我还在潍坊科技学院文法系工作时，接到学院领导指示，安排我创作文学剧本《农圣贾思勰》。接到任务又惊喜又担心，惊喜的是领导重用，担心的是不能胜任。当时，我对贾思勰《齐民要术》的了解，除了教材上的知识别无其他，而我又是一个遇到困难不思退，不成事不甘心的固执人。虽然研究会于2005年成立，有些研究资料，但我不是会员，未参过会，也没机会学习；虽然学院承办了6届中华农圣文化国际研讨会，那也是始于2010年的事。我手里图书资料没有一本，网上资料又良莠不齐，有的语焉不详，甚至张冠李戴。但为了完成领导交办的任务，我只能硬着头皮接受，四处找资料，网上搜素材。看到一篇论文就奔着作者引用的参考资料再查资料源文，一个劲追一个劲查，直到自己认为够用了才作罢。

历史人物传记式的文学创作，不说年谱，至少相关的人生资料得有吧，但贾思勰没有，虽然是创作动画作品，但也绝不能毫无根据地胡诌，这是我的创作底线。面对历史空白和学术纷争，我只得自寻他路而求助于《齐民要术》原著。原著给了我答案，而我必须根据答案提出问题，并设计好情节和发展过程，激发舞台矛盾，这是我"众里寻他千百度"后确定的基本创作思路。基于此，我的功夫放在了对原著研读上。功夫不负有心人，当我根据书中涉及地名画出一幅地图时，仔细揣摩竟然发现了我认为能够自圆其说的，当年贾思勰可能的游历路线，找到了一条合乎基本逻辑的贾思勰人生曲线，再结合原著中的故事答案，创作构思水到渠成。历时8个多月，2010年7月，52集近30万字的《农圣贾思勰》文学剧本初稿最终完稿复命。2012年，《农圣贾思勰》获寿光市重点文艺创作立项资助，2014年底，52集同名动画片全部制作完成，并取得国产电视动画片发行许可证，正待机在央视播出。我想，这是因为农圣的原因，是沾了农圣的光，也算是与贾思勰《齐民要术》有缘吧。

如今回过头来看时才发现，当年我读了三个版本的《齐民要术》原著，《二十四史全译》（汉语大词典出版社）、《资治通鉴》等四种史书，一部《贾思勰王祯评传》（郭文韬，严火其著），贾思伯、贾思伯夫人刘静怜二人的墓志，石声汉、唐长孺、刘永辉、汪小烜编的四种专著，以及石声汉、缪启愉、万国鼎、梁家勉、王毓瑚、游修龄、杨直民、樊志民等20多位专家、学者的学术论文，自己还做了几本读书札记和学习笔记，还有从时任学院副院长、研究会副秘书长薛彦斌博士借来的部分会议和专题资料。也从此，我喜欢上了贾思勰，对枯燥的千年农书产生了浓厚兴趣。我想，这是因为文学创作而与贾思勰《齐民要术》结下的缘分，也算是与研究会的初次接触。虽然当时我仍未有入会想法，现在看来，姑且算是日后入会应做的基本功课，或者第一份见面礼吧。

3. 人续其缘　窃为农圣文化荐管见

在完成文学剧本《农圣贾思勰》创作之后，我对贾思勰《齐民要术》有了一个全新的认知，总感到写一个人一些事，关键是把主人公的精气神写出来，仅凭一个杜撰出来的故事，根本无法全面呈现一位圣人的全部。同时，我发现对贾思勰和《齐民要术》的研究大多局限于农学史或农业科技方面，涉及精神文化层面的很少，总感觉对农圣文化的挖掘还缺少点什么。所以意犹未尽，有许多自己的想法和深入学习后的见解如鲠在喉，便有再进一步写写的想法。

恰逢2013年单位开展"百项科研课题"立项活动，我主持的"以农圣文化为特色的校园文化体系建设研究——以淮纺科技学院为例"得以立项。虽然创作文学剧本时有些阅读积累，但把农圣文化作为一个课题来研究就不是那么简单的事了，因为科研求真求实，必须有自己的独到之处或一家之言。其实，在创作时我已经有这样的思想，初稿完成后在二、三稿的修改过程中，这个念头更强烈了。于是，我朝花夕拾，旧梦重温，又把《齐民要术》原著、当初积累的资料一一重新翻阅研读。大概是缘分深，抑或是农圣有托吧，我的激情热情毫不逊色于当初创作的时候，甚至可以用一发而不可收来形容。2013年寒假一开始，我便投入农圣文化的研究和梳理中，每每时至凌晨，星稀人寂，独坐灯影，思绪却源源不绝。于是乎一气呵成，2014年春节前完成4篇，春节期间又得空完成2篇，节后又完成3篇，上班后又得空乘势完成另外2篇。最终，我所研究和理解的农圣文化，分志存高远胸怀天下的责任担当精神、矢志不渝敢为人先的敬业创新精神、热爱劳动朴实无华的勤俭朴素精神、一丝不苟学而不厌的严谨治学精神、尊重规律敢于质疑的实事求是精神、支持创新潜心钻研的科学精神、脚踏实地身体力行的实践精神、居安思危防患未然的忧患意识、大爱无疆忠诚博大的家国情怀等九个方面，以近 6 万字的篇幅，基本按计划完成初稿。

稿件质量如何，不是以己之见便可的，还应该有相关专业的专家认可才行。我首先想到的就是寿光市《齐民要术》研究会，应该说这是地方贾学研究的权威。因学识浅薄，视野狭小，恐贻笑大方，虽有小成而不敢妄喜，不敢妄发，遂出研究文章小样信呈研究会刘效武会长，以求斧正。不期，刘老翌日便电，鞭策鼓励之余提出许多诚恳的意见建议，让我备感欣慰和感动。完成农圣文化精神内涵的研究，算是我对贾思勰《齐民要术》有了较为具体的学习思考，心里也好像有了点着落，充其量勉强算作有了一点入会的资格，也是我进入研究会的第二个见面礼吧。

4. 缘缘相生　甘为贾学一后生

2014—2015 年，是繁忙的两年，也是我成长较快的两年。

2014 年，在研究会刘效武会长的关心扶掖下，我填写了入会登记表，成为正式会员，参与研究会活动的机会也多了。又是在刘效武会长的信任、关心、鼓励和支持下，我完成了《农圣文化的基本精神内涵解读》近20万字的书稿，积极参与了《中华农圣贾思勰与〈齐民要术〉研究丛书》的立项、申报出版等辅助工作和研究会的日常事务性工作。其间，认识了早闻其名未见其人的众多寿光文化名人，通过与研究会诸同仁交往共事、研讨采风，被刘会长及研究会诸前贤师友的敬业高德和执着精神深深感动，深受教益，认为找对了组织，拥有了广阔的发展平台，便对农圣贾思勰和《齐民要术》更加感恩与敬畏。

2015 年 1 月，我受邀参加了山东省贸易促进会关于 2015 米兰世博会中国馆《齐民要术》展项专家评审会议，并就世博会中国馆《齐民要术》展项的文字内容、古书样式提供详细参考资料，协助省贸促会对展项内容进行了反复修改审定；4月，受市文联和刘效武会长之托，为寿光市申报"齐民要术研究中心"撰写6千余字的申请报告；4月3日，在《潍坊科技学院报》开辟"贾学探研"专刊，报道研究会发展动态，介绍研究会专家，登载优秀研究论文，宣传寿光农耕文化，弘扬农圣文化精神，产生积极影响，现已出版4期；7月，协助刘效武会长到市民政局进行了协会年度注册；9月，受寿光市委宣传部邀请，参加了在晨鸣国际大酒店举行的"中国民间文化之乡"评审会；10月17—18日，参加了在潍坊科技学院召开的山东省农业历史学会 2015 年学术年会，并有幸被增补为省农史学会理事……

2015 年 10 月，研究会迎来了她的 10 周岁生日，值得庆贺。而对我个人来讲，如果 2009 年创作《农圣贾思勰》时算作编外会员的话，屈指算来也有 6 年了。这 6 年来，在与研究会诸前贤师友交流交往过程中，除了在专业研究上有所进步外，我更多的是从他们身上学到了正派做人、严谨治学、公正处事的榜样和垂范，使我终身受益。研究会里前辈多、年长者多，又大多经历过不同的人生风雨，有着丰富的人生阅历，他们淡泊明志，心态好，绝无浮躁与浮夸者的虚言假意，是难得的人师，与他们交流是一种享受，更是一种教益，这也是我为什么加入研究会，以及寿光市诗词楹联艺术家协会这样以长者居多的协会组织的原因。我想，这就像我写农圣贾思勰，不管故事是荒诞或者可信，随着现代科技的发展，即使《齐民要术》记载的农业技术会慢慢消失，贾思勰身上体现出来、《齐民要术》里蕴含的农圣文化精神也不会过时，是永远泽被后世的。因此，我敬重诸位前贤师友，支持研究会发展，愿缘更深，愿份更明。

从此意义上讲，以研究贾思勰《齐民要术》、宣传农圣文化为己任的寿光市《齐民要术》研究会，未来任重而道远，有繁荣发展的必要和价值，也必定会繁荣发展。我，作为一个刚启蒙的普通小学生，愿为研究会的发展付出自己努力，愿与研究会同发展共成长。

散乱记往以鉴来，欣附小诗庆华诞，曰：

> 十年辛苦不寻常，惨淡经营鬓染霜。
> 邀月秉烛参巨典，遣词造句萃华章。
> 群贤毕至丹心立，少长咸集正气扬。
> 一秩花开春妒艳，神州万里尽书香。

2016 年 1 月 22 日于弥水西畔若水斋

后　记

有个问题一直让我萦怀难释——什么是农圣文化？而我又是一个对自己要求极为严格和认真的人，苦恼与烦躁便不时侵扰，让我难得平静。

寿光市是农圣贾思勰的故里，世界农学巨著《齐民要术》的诞生地。作为著名的"中国蔬菜之乡"，从2000年始，寿光市以"绿色·科技·未来"为主题，成功举办了19届"中国（寿光）国际蔬菜科技博览会"（简称"菜博会"），在国内外农业领域产生了巨大影响。菜博会期间，中华农圣文化艺术节也举办了9届，我所在单位潍坊科技学院也成功举办了9届"中华农圣文化国际研讨会"。但，我一直在思考这样一个问题，关于贾思勰《齐民要术》，学界已有大量研究，成果如山，自不待言。但现在，我们已经提出了"农圣文化"这一概念，我们也在天天说农圣文化，做农圣文化文章，那么到底什么是农圣文化？农圣文化到底有哪些内涵？农圣文化的当代价值是什么？我们传承创新农圣文化，应该传承些什么？如果随机采访，恐怕有人知道寿光蔬菜，知道蔬菜文化，却没有人能回答什么是农圣文化，或者回答不系统不科学。思之愈久便苦之愈深。

作为一名土生土长的寿光人，一名教育工作者，特别是作为山东省高等学校人文社会科学研究基地——农圣文化研究中心的负责人，我感觉到这是一个关于农圣文化的理论体系建设问题，事关农圣文化研究和发展的大问题，因此有责任有义务也有必要搞清楚。从宏观方面讲，文化是发展的重要原动力，一座城市、一个地方的发展如果没有文化作支撑，就没有了根和魂，更没有了特色，其发展也是不可能或难以持久的。微观方面讲，如果没有一个系统的农圣文化理论价值体系，没有一套在学术界立得住脚的系统理论支撑，任何所谓的农圣文化研究都很难站得稳立得住，也很难产出高质量、有影响的研究成果。这可能是杞人忧天，但作为一名教育工作者，一名工作在蔬菜之乡的高校教育工作者，我觉得有必要做些理论上的研究和争鸣，做出一点理论研究成果，也算是为弘扬家乡地域文化——农圣文化，献出自己的一点儿绵薄之力。当然，因受我学术视野、文献资料，以及研究水平所限，我所做的工作还相当粗糙，肯定也是不全面的，甚或严密性不足、严谨性不强、逻辑性欠妥等，出现漏洞百出的情况。但我想，凡事总得有第一个人去"吃螃蟹"，对于"农圣文化"我愿做这"第一个"，若能因此而得专家、地方重视，或再有专门研究之成果出现，那么即使有质疑有反对，也在所不辞，亦有所值。此足矣。

2009年至2010年间，根据单位的工作需要，我独立创作完成了近30万字52集的原创文学剧本《农圣贾思勰》。"妆罢低声问夫婿，画眉深浅入时无？"剧本虽成我却愈加不安，忐忑之余，问题又纷沓而来，贾思勰到底是一个什么样的人？《齐民要术》写了些什么内容？写了些什么故事？怎样才能让贾思勰这样一个历史人物活了？这是当初接手创作时首先浮现在脑海里的问题。众所周知，人物、情节、环境是文学创作的三要素，而要塑造好一个人物形象，他的思想精神，他的故事，他生活的时代背景都必须要搞清楚，特别是人物的思想和精神，如果把握不好人物的思想和精神，人物就没了精气神，必然导致创作的全盘皆输，也就失去了创作的实际意义。在没有任何思想准备和现成参考资料的情况下，为了创作《农圣贾思勰》，我一心两用，一边做好教书育人的本职工作，一边搜索查阅了众多前贤和专家学者的专著、学术论文、相关报道资料，对《齐民要术》作了细心研读，记了大量读书笔记，也曾试图勾勒出贾思勰一生的起伏与坎坷，捕捉其人生乐章的重大音符，实实积累了大量创作素材，自认为也基本把握住了贾思勰的思想和精神主体。

2012年，《农圣贾思勰》项目有幸获得寿光市重点文艺创作立项资助，潍坊科技学院决定投资百万余元进行拍摄，基于此我又对原剧本作了二稿、三稿修改。制作方尊重作者，但有疑问非经我认同不会轻易进行下去，于是从人物形象设定，到场景、剧情结构，再到人物服装、动作、表情，甚至语言等细节，反复斟酌修改。在与制作方交流过程中，我对农圣贾思勰的思想认识更加深入，也得益于电视动画的拍摄制作，让我对农圣文化也有了似清晰而又有些模糊的了解，我觉得有必要把塑造农圣形象时我所认为的"依据",也即贾思勰的思想精神写一写,于是在阅读、积累、沉淀和思考之后,2013 年寒假至 2014 年春节期间,基于农圣文化思想精神层面 6 万余字的 9 篇学习心得式的小论文出稿。相对于科学技术的发展,我个人总认为,精神方面的文化是难以或不会褪色过时的,特别是那些历经时光和人类实践验证的优秀的思想文化精神,其魅力不会因时间的流逝而受到丝毫的影响,如酒,愈陈则愈香。农圣文化主体精神亦当如此。这 9 篇文稿内容作为农圣文化主体精神的雏形,成为我日后研究、建立农圣文化理论体系的基础和关键部分。

思考是推动人类不断发展前进的动力。受传统文化理论影响,经过不断的阅读思考,我对农圣文化主体精神九个方面的概括仍感不足不全,似乎还有一种精神在等待我的发现采珍。2018 年 1 月,单位领导督促我策划组织《农圣文化与国学教育》校本教材的研究编撰工作,在长期的积累与思考下,关于"职业精神"的命题跃入脑海,又几经研阅,忘乎所以,关于农圣文化主体精神第十个方面的内涵——职业精神的论析便写了出来,农圣文化精神层面的价值体系内涵也因此得以更趋完整。

中国艺术研究院研究员、博士生导师,中国农业历史学会副理事长苑利,曾针对非物质文化遗产提出"活态保护"传承的新观点,其要点是让农民继续采用当地传统农业生产方式,将传统农业生产技术与技能、知识与经验原汁原味传承下来。一定程度上讲,建立农圣文化理论价值体系就是对以贾思勰《齐民要术》为载体的农圣文化进行"活态保护"的重要内容。更何况在寿光,人们虽然谈不上对《齐民要术》是原汁原味的传承,但我们仍然能从蔬菜产业的发展中看到《齐民要术》的影子,体味到农圣文化"活态"基因在寿光乃至全国的传承发展。由此讲,在坚持文化自信,服务乡村振兴战略,传承农耕文明的伟大实践中,建立农圣文化的理论价值体系工作,是一件非常有意义的事情。实事求是地讲,关于建立农圣文化理论体系的想法也是最近几年的事。这缘于:2014 年,我加入寿光市《齐民要术》研究会,并积极服务、参与研究会相关管理工作,协助《中华农圣贾思勰与〈齐民要术〉研究丛书》的立项、学术质询、签订出版协议、组织国家基金资助申报、定稿定版样,以及出版发行等工作,作为丛书副主编和分册作者之一,我以 9 篇研究文稿为基础,中立主体,上下探源,左右关联,系统梳理,全面补充完善成为 32.8 万字的《〈齐民要术〉之农学文化思想基本内涵研究及解读》书稿,并获国家出版基金资助,入选"十三五"国家重点图书出版规划项目，2017 年丛书还获得了第四届潍坊"风筝都文化奖"，2018 年获得了中共寿光市委、寿光市人民政府"农圣故里·文明寿光"核心文化品牌支撑特别奖。

动力源于责任，激励更多的时候是一种导火索。此时，萦绕于脑海中如何阐释农圣文化的想法也愈加强烈。2015 年，我有幸被增补为山东省农业历史学会理事（2017 年当选为学会副秘书长），2016 年又荣幸地当选为中国农业历史学会理事，2017 年再当选为中国农业历史学会当代农史专业委员会理事，2018 年 5 月又当选为山东省历史学会理事，这些无意识无准备中加之于身的社会兼职，无形之中让我心头的责任担子也越来越重。加之我主持的"农圣文化理论体系建设研究"项目获山东高校人社会科学研究基地——农圣文化研究中心重点课题立项，我参与的山东省艺术科学重点立项课题"传统文化育人背景下的农圣文化理论体系建设研究"，以及之前主持申报的"传统文化育人与乡村振兴背景下的农圣文化理论体系建设研究"成功立项为山东省高校科研计划项目（人文社科类）重点项目之后，这担子便愈发沉重起来。如何为农圣文化研究做点自己力所能及的工作，如何将自己累年的思考变成可读性文字，为同行者多一些"异途"别观，为后来者提供一些可能的思考基石，也为社会更多地了解农圣文化，增强内心自觉的文化自信，增强做中国人的自豪感，成为我对自己的一种内心责成与约定，也成为我内心绕不开躲不过的一个思维原点，为此，我不惜让一切可利用的时间为我的这些想法服务……

2017年初，所在单位以"农圣文化研究中心"名义申报的山东省"十三五"高校人文社会科学研究基地获得成功，受校领导委派我又兼任了中心负责人，校内兼职也近 7 个之多，我已无暇于常人的生活，虽有同仁相辅，惜少于专注者，又或我之标准要求高，一时心头思多、手上事杂、脚上履忙，多事并为已是常事，故实难释肩头重负；中心研究者一人难求，术业有专攻者更是寥若晨星，自然是疲于奔命，难计晨昏，复求他何？而领导反复多次嘱我应该出一本小册子，让全校师生都了解下农圣文化。在其位，谋其政。此时，建立农圣文化理论体系工作已提上日程，势在必行，久压心中的那份不安与焦躁也达到了极点。物极必反，我想是时候了。故此，以之前的 9 篇研究文稿和后成的"职业精神"一文为依托，以9年多的思索积累为基础，工作之余，焚膏继晷，不知有汉。为了言之有据，据之有源，源之可靠，又不断反复深入地研读《齐民要术》原著，更加广泛地搜集前贤著述文章，像得了强迫症一样反复修订书稿框架，再积极吸纳专家学者的相关意见，不断完善、充实体系内容，"繁霜尽是心头血，洒向千峰秋叶丹。"终成此书稿，权作一家之言，更待后来者参考、完善，甚至否定另作，也是寻常之事。

感谢时代的美好，感谢祖国的强大，感谢乡梓先贤农圣贾思勰和他的《齐民要术》，感谢西北农林科技大学樊志民教授、南京农业大学王思明教授、华南农业大学倪根金教授、农业农村部农村经济研究中心魏琦书记等等专家、学者给予的学术指导；特别感谢中国艺术研究院苑利研究员，他关于"活态保护"农业文化遗产方面的新思维给了我新的启发，并在百忙之中审阅书稿，欣然为序给以激励；感谢家人、同事、单位、项目组成员给予的理解、信任、支持与帮助，感谢一切予我以恩的一切……

"苔花如米小，也学牡丹开"，我自知学识浅薄，视野狭小，对农学领域更是无所长，故语焉不详，贻笑大方。若有可观，或得启发，但愿能为有志于农圣文化研究者提供一些思维参考，放开脑洞多一些着眼；因不尽善，故待来者，但愿能为后来者建立更加完善、系统、科学的农圣文化理论体系，做一块垫脚石，省他们一些攀援的力。

如此，尚不废时光之馈。

如此，亦不愧对农圣遗珠。

如此，当亦不薄诸公友朋之厚爱，家人之付出。

如此，吾愿亦达矣。

李兴军

2017 年 8 月大暑初识

2018 年 8 月潲暑复缮